国家出版基金项目
NATIONAL PUBLICATION FOUNDATION

国家出版基金项目
“十四五”时期国家重点出版物出版专项规划项目
智慧农业关键技术集成与应用系列丛书

智慧牧场

Smart Animal Farm

赵春江　李奇峰　余礼根◎主编

中国农业大学出版社
China Agricultural University Press
·北京·

内容简介

本书依托国家农业信息化工程技术研究中心在畜牧信息化领域的研究成果，紧密结合现代畜牧业发展需求，围绕信息化与畜牧业全面深度融合，系统介绍畜禽舍环境监控、行为监测、精准饲喂、疫病防控、智能育种、质量溯源、粪污处理等数字化技术装备和应用模式，反映了国内外科学研究和产业应用前沿，让读者了解信息技术在畜牧产业中的应用现状和发展前景，共同探索我国畜牧业高质量发展路径。本书可作为农业高校与科研院所、智慧养殖企业等机构相关从业人士的参考用书。

图书在版编目(CIP)数据

智慧牧场/赵春江，李奇峰，余礼根主编. --北京：中国农业大学出版社，2024. 12.
ISBN 978-7-5655-3404-1

Ⅰ. S812. 95-39

中国国家版本馆 CIP 数据核字第 2024S4M686 号

书　名　智慧牧场
Zhihui Muchang
作　者　赵春江　李奇峰　余礼根　主编

总 策 划　王笃利　丛晓红　张秀环
责任编辑　赵　艳
策划编辑　赵　艳
封面设计　中通世奥图文设计中心
出版发行　中国农业大学出版社
社　　址　北京市海淀区圆明园西路 2 号
邮政编码　100193
电　　话　发行部 010-62733489，1190
读者服务部 010-62732336
编辑部 010-62732617，2618
出　版　部 010-62733440
网　　址　http://www.caupress.cn
E-mail cbsszs@cau.edu.cn
经　　销　新华书店
印　　刷　涿州市星河印刷有限公司
版　　次　2024 年 12 月第 1 版　　2024 年 12 月第 1 次印刷
规　　格　185 mm×260 mm　16 开本　19 印张　470 千字
定　　价　128.00 元

智慧农业关键技术集成与应用系列丛书
编委会

编写人员

主　　编　赵春江　李奇峰　余礼根

副 主 编　祝　军　高荣华　丁露雨　马为红　于沁杨

编写人员（同单位人员按姓氏笔画排序）

北京市农林科学院信息技术研究中心　丁露雨　于沁杨　马为红　王　荣
邢　斌　吉增涛　竹　磊　任志雨　庄晏榕　刘　羽　李　卓
李奇峰　李明宇　李海燕　余礼根　罗　娜　孟　蕊　赵春江
祝　军　姚春霞　高荣华　郭宇航　彭　程　蒋瑞祥　赖成荣
薛向龙

北京市农林科学院智能装备技术研究中心　冯青春

中国农业大学　王朝元　童　勤

浙江大学　叶尊忠　泮进明

中国农业科学院北京畜牧兽医研究所　王　辉　杨　亮

中国畜牧业协会　刘强德　邱利伟　赵　印　程玛丽　樊　伟

天津瑞普生物技术股份有限公司　付旭彬　高华义

北京京鹏环宇畜牧科技股份有限公司　刘文权　李俊卫　高继伟　彭英霞

广西扬翔集团股份有限公司　高远飞

滨州中裕食品有限公司　王　彬　张志军

温氏食品集团股份有限公司　邝颖杰　蒋荣金

北京德青源农业科技股份有限公司　孔维健　刘旭明

天津市广源畜禽养殖有限公司　王　辉　刘　付

北京沃德博创信息科技有限公司　刘爱巧　刘斯斯　张海庆

哈尔滨完达山奶牛养殖有限公司　刘春东　杨海涛

天津嘉立荷牧业集团有限公司　云　水　赵　康

埃伍畜牧科技(宁波)有限公司　何永兵

总 序

智慧农业作为现代农业与新一代信息技术深度融合的产物，正成为实现农业高质量发展和乡村振兴战略目标的重要支撑。习近平总书记强调，全面建设社会主义现代化国家，实现中华民族伟大复兴，最艰巨最繁重的任务依然在农村，最广泛最深厚的基础依然在农村。智慧农业通过整合 5G、物联网、云计算、大数据、人工智能等新兴技术，助力农业全产业链的数字化、网络化和智能化转型，不仅显著提升农业生产效率与资源利用率，同时推动了农业经营管理模式的变革，促进农业可持续发展。智慧农业的意义，不仅在于技术的迭代，更体现在对农业发展模式的深刻变革，对农村社会结构的再塑造，以及对国家粮食安全的全方位保障。

纵观全球，发达国家在智慧农业领域已取得瞩目成效。例如，美国、加拿大、澳大利亚等资源富足国家已经通过智慧大田技术实现了一人种 5 000 亩地；以色列、荷兰等资源短缺国家通过智慧温室技术实现了一人年产 200 t 蔬菜、一人种养 100 万盆花；资源中等国家丹麦、德国通过智慧养殖技术实现了一人养殖 20 万只鸡、日产鸡蛋 18 万枚，一人养殖 1 万头猪、200 头奶牛、200 t 鱼。这些成功案例不仅展示了智慧农业在提高劳动生产率、优化资源配置和实现可持续发展方面的巨大潜力，也为我国发展智慧农业提供了宝贵的经验和参考。相比之下，我国农业仍面临劳动力老龄化、资源浪费、环境污染等挑战，发展智慧农业已迫在眉睫。这不仅是现代农业发展的内在需求，更是国家实现农业强国目标的战略选择。

党的二十大报告提出，到 2035 年基本实现社会主义现代化，到本世纪中叶全面建成社会主义现代化强国，而农业作为国民经济的基础产业，其现代化水平直接关系到国家整体现代化进程。从劳动生产率、农业从业人员比例、农业占 GDP 比重等关键指标来看，我国农业现代化水平与发达国家相比仍有较大差距。智慧农业的推广与应用，将有效提高农业的劳动生产率和资源利用率，加速农业现代化的步伐。

智慧农业是农业强国战略的核心支柱。从农业 1.0 的传统种植模式，到机械化、数字化的农业 2.0 和 3.0 阶段，智慧农业无疑是推动农业向智能化、绿色化转型的关键途径。智慧农业技术的集成应用，不仅能够实现高效的资源配置与精准的生产管理，还能够显著提升农产品的质量和安全水平。在全球范围内，美国、加拿大等资源富足国家依托智慧农业技术，实现了大规模的高效农业生产，而以色列、荷兰等资源短缺国家则通过智能温室和精细化管理创造了农业生产的奇迹。这些实践无不证明，智慧农业是农业强国建设的必由之路。

智慧农业还是推动农业绿色发展的重要抓手。传统农业生产中，由于对化肥、农药等投入品的过度依赖，导致农业面源污染和环境退化问题日益严重。而智慧农业通过数字化精准测控技术，实现了对农业投入品的科学管理，有效降低了资源浪费和环境污染。同时，智慧农业还能够建立起从生产到消费全程可追溯的质量监管体系，确保农产品的安全性和绿色化，满足人民群众对美好生活的需求。

“智慧农业关键技术集成与应用系列丛书”是为响应国家农业现代化与乡村振兴战略而精心策划的重点出版物。本系列丛书围绕智慧农业的核心技术与实际应用，系统阐述了具有前瞻性与指导意义的新理论、新技术和新方法。丛书集中了国内智慧农业领域一批领军专家，由两位院士牵头组织编写。丛书包含 8 个分册，从大田无人农场、无人渔场、智慧牧场、智慧蔬菜工厂、智慧果园、智慧家禽工厂、农用无人机以及农业与生物信息智能感知与处理技术 8 个方面，既深入地阐述了智慧农业的理论体系和最新研究成果，又系统全面地介绍了当前智慧农业关键核心技术及其在农业典型生产场景中的集成与应用，是目前智慧农业研究和技术推广领域最为成熟、权威和系统的成果展示。8 个分册的每位主编都是活跃在第一线的行业领军科学家，丛书集中呈现了他们的理论与技术研究前沿成果和团队集体智慧。

《无人渔场》通过融合池塘和设施渔业的基础设施和养殖装备，利用物联网技术、大数据与云计算、智能装备和人工智能等技术，实现生态化、工程化、智能化和国产化的高效循环可持续无人渔场生产系统，体现生态化、工程化、智慧化和国产化，融合空天地一体化环境、生态、水质、水生物生理信息感知，5G 传输，智能自主渔业作业装备与机器人，大数据云平台，以及三维可视化的巡查和检修交互。

《智慧牧场》紧密结合现代畜牧业发展需求，系统介绍畜禽舍环境监控、行为监测、精准饲喂、疫病防控、智能育种、农产品质量安全追溯、养殖废弃物处理等方面的智能技术装备和应用模式，并以畜禽智慧养殖与管理的典型案例，深入分析了智慧牧场技术的应用现状，展望了智慧牧场发展趋势和潜力。

《农用无人机》系统介绍了农用无人机的理论基础、关键技术与装备及实际应用，主要包括飞行控制、导航、遥感、通信、传感等技术，以及农田信息检测、植保作业和其他典型应用场景，反映了农用无人机在低空遥感、信息检测、航空植保等方面的最新研究成果。

《智慧蔬菜工厂》系统介绍了智慧蔬菜工厂的设施结构、环境控制、营养供给、栽培模式、智能装备、智慧决策以及辅助机器人等核心技术与装备，重点围绕智慧蔬菜工厂两个应用场景——自然光蔬菜工厂和人工光蔬菜工厂进行了全面系统的阐述，详细描述了两个场景下光照、温度、湿度、CO_2、营养液等环境要素与作物之间的作用规律、智慧化管控以及工厂化条件下高效生产的智能装备技术，展望了智慧蔬菜工厂巨大的发展潜力。在智慧蔬菜工厂基本原理、工艺系统、智慧管控以及无人化操作等理论与方法方面具有创新性。

禽蛋和禽肉是人类质优价廉的动物蛋白质来源，我国是家禽产品生产与消费大国，生产与消费总量都居世界首位。新时期和新阶段的现代养禽生产如何从数量上的保供向数量、品质、生态“三位一体”的绿色高品质转型，发展绿色、智能、高效的家禽养殖工厂是重要的基础保障。《家禽智能养殖工厂》总结了作者团队多年来对家禽福利化高效健康养殖工艺、智能设施设备与智慧环境调控技术的研究成果，通过分析家禽不同生长发育阶段对养殖环境的需求，提出家禽健康高效养殖环境智能化调控理论与技术、禽舍建筑围护结构设计原理与方法，研发数字化智能感知技术与智能养殖设施装备等，为我国家禽产业的绿色高品质转型升级与家禽智能养殖工厂建设提供关键技术支撑。

无人化智慧农场是一个多学科交叉的应用领域，涉及农业工程、车辆工程、控制工程、计算机科学与技术、机器人工程等，并融合了自动驾驶、机器视觉、深度学习、遥感信息和农机-农艺融合等前沿技术。可以说，无人化智慧农场是智慧农业的主要实现方式。《大田无人化智慧农场》依托“无人化智慧农场”团队的教研与推广实践，全面详细地介绍了大田无人化智慧农场的技术体系，内容涵盖了从农场规划建设至运行维护所涉及的各个环节，重点阐述了支撑农场高效生产的智能农机装备的相关理论与方法，特别是线控底盘、卫星定位、路径规划、导航控制、自动避障和多机协同等。

《智慧果园关键技术与应用》系统阐述了智慧果园的智能感知系统、果园智能监测与诊断系统、果园精准作业装备系统、果园智能管控平台等核心技术与系统装备，以案为例、以例为据，全面分析了当前智慧果园发展存在的问题和趋势，科学界定了智慧果园的深刻内涵、主要特征和关键技术，提出了智慧果园未来发展趋势和方向。

智慧农业的实现依靠快速、准确、智能化的传感器和传感器网络，智能感知与处理技术是智慧农业的基础。《农业与生物信息智能感知与处理技术》以作物生长信息、作物病虫害信息、土壤参数、农产品品质信息、设施园艺参数、有害微生物信息、畜禽生理生态参数等农业与生物信息的智能感知与检测等方面的最新研究成果为基础，介绍了智能传感器、传感器网络、3S、大数据、云计算以及5G通信与农业物联网技术等现代信息技术在农业中综合、全面的应用概况，为智慧农业的发展提供坚实的基础。

本系列丛书不仅在内容设计上体现了系统性与实用性，还兼顾了理论深度与实践指导。无论是对智慧农业基础理论的深入解析，还是对具体技术的系统展示，丛书都致力于为广大读者提供一套集学术性、指导性与前瞻性于一体的专业参考资料。这些内容的深度与广度，不仅能够满足农业科研人员、教育工作者和行业从业者的需求，还能为政府部门制定农业政策提供理论依据，为企业开展智慧农业技术应用提供实践参考。

智慧农业的发展，不仅是一场技术革命，更是一场理念变革。它要求我们从全新的视角去认识农业的本质与价值，从更高的层次去理解农业对国家经济、社会与生态的综合影响。在此背景下，“智慧农业关键技术集成与应用系列丛书”的出版，恰逢其时。这套丛书以前沿的视角、权威的内容和系统的阐释，填补了国内智慧农业领域系统性专著的空白，必将在智慧农业的研究与实践中发挥重要作用。

本系列丛书的出版得益于多方支持与协作。在此，特别要感谢国家出版基金的资助，为丛书的顺利出版提供了坚实的资金保障。同时，向指导本项目的罗锡文院士和赵春江院士致以诚挚的谢意，他们高屋建瓴的战略眼光与丰厚的学术积淀，为丛书的内容质量筑牢了根基。感谢每位分册主编的精心策划和统筹协调，感谢编委会全体成员，他们的辛勤付出与专业贡献使本项目得以顺利完成。还要感谢参与本系列丛书编写的各位作者与技术支持人员，他们以严谨的态度和创新的精神，为丛书增添了丰厚的学术价值。也要感谢中国农业大学出版社的大力支持，在选题策划、编辑加工、出版发行等各个环节提供了全方位的保障，让丛书得以高质量地呈现在读者面前。

智慧农业的发展是农业现代化的必由之路，更是实现乡村振兴与农业强国目标的重要引擎。本系列丛书的出版，旨在为智慧农业的研究与实践提供理论支持和技术指引。希望通过本系列丛书的出版，进一步推动智慧农业技术在全国范围内的推广应用，助力农业高质量发展，为建设社会主义现代化强国作出更大贡献。

李道亮

2024 年 12 月 20 日

前言

畜牧业是关系国计民生的重要产业，是农业农村经济的支柱产业，是保障食品安全和居民生活的战略产业，是农业现代化的标志性产业。2023 年全国肉类、禽蛋、奶类总产量分别为 9 641 万 t、3 563 万 t、4 197 万 t，肉类、禽蛋产量继续保持世界首位，奶类产量位居世界前列。当今世界正经历百年未有之大变局，“十四五”时期畜牧业发展的内外部环境更加复杂，如何看好“肉盘子”、把好“奶瓶子”、抓好“菜篮子”成为头等大事。《“十四五”全国畜牧兽医行业发展规划》明确提出要以生猪、奶牛、家禽为重点，建设一批高度智能化的数字牧场，促进现代信息技术与畜牧业的深度融合。

数字经济是继农业经济、工业经济之后的主要经济形态，党的十八大以来受到党中央高度重视，已上升为国家战略。党的二十大报告明确指出，加快发展数字经济，促进数字经济和实体经济深度融合，打造具有国际竞争力的数字产业集群。信息化是畜牧业现代化的制高点。畜牧业的发展已站在新的历史起点上，面临着转型升级的问题。如何加强大数据、人工智能、云计算、区块链、物联网、移动互联网等技术在畜牧业养殖各环节、各领域的研究与应用，提高圈舍环境调控、精准饲喂、动物疫病监测、畜禽产品追溯等智能化水平，推动畜牧业转型升级与智慧牧场建设，让传统畜牧业搭上“信息化”的快车，成为畜牧业高质量发展的关键问题。

本书采用“理论＋实践”“工艺＋装备”等形式，依托国家农业信息化工程技术研究中心在畜牧信息化领域的研究成果，紧密结合现代畜牧业发展需求，围绕信息化与畜牧业全面深度融合，系统介绍畜禽舍环境监控、行为监测、精准饲喂、疫病防控、智慧育种、质量溯源、粪污处理等数字化的技术装备和应用模式，反映了国内外科学研究和产业应用前沿，让读者掌握信息技术在畜牧产业中的应用现状与发展前景，共同探索我国畜牧业高质量发展路径。

本书共有 4 篇 11 章，第 1 章为综述篇；第 2～9 章为技术篇，第 10 章为应用篇，第 11 章为展望篇。综述篇主要介绍国内外畜牧业信息化的发展历程和现状、基本概念内涵、理论架构与系统组成以及畜牧业应用新一代信息技术的情况。技术篇主要介绍畜禽养殖环境监测控制、生物信息获取与行为监测、饲养精准管理、疫病防控决策、遗传育种信息化、畜禽产品质量安全追溯、畜禽养殖废弃物处理和资源化利用、智能畜牧机器人等关键技术。应用篇详细描述生猪、家禽、奶牛等畜禽智慧养殖与管理应用案例。展望篇重点分析智慧畜牧业产业、技术发展趋势以及未来发展目标和任务。

本书由国家农业信息化工程技术研究中心（北京市农林科学院信息技术研究中心）组织编写，北京市农林科学院智能装备技术研究中心、中国农业大学、浙江大学、中国农业科学院北京畜牧兽医研究所、中国畜牧业协会、天津瑞普生物技术股份有限公司、北京京鹏环宇畜牧科技股份有限公司等单位通力合作，广西扬翔集团股份有限公司、滨州中裕食品有限公司、温氏食品集团股份有限公司、北京德青源农业科技股份有限公司、天津市广源畜禽养殖有限公司、北京沃德博创信息科技有限公司、哈尔滨完达山奶牛养殖有限公司、埃伍畜牧科技（宁波）有限公司等企业提供了翔实数据与应用案例，在此一并衷心感谢对本书编写给予大力支持的高等院校、科研院所、行业企业和众多参加人员。

智慧牧场技术涉及知识面广，且数字技术飞速发展，加之编者水平有限，本书难免存在一些问题和不足之处，真诚欢迎读者批评指正。

编　者

2024 年 4 月于北京

目录

综述篇

技术篇

应用篇

展望篇

综述篇

第 1 章

畜牧业信息化概述

1.1 产业背景

我国经济科技飞速发展，现代信息技术不断发展，5G、大数据、云计算、人工智能、物联网、区块链等新兴信息技术的发展应用，使我国进入信息化时代。信息化驱动农业生产管理发生了巨大的变化，实现农业现代化必须大力发展和建设农业信息化。农业信息化包括农业生产信息化、农业经营信息化、农业管理信息化、农业服务信息化 4 个方面。2020 年 1 月，农业农村部、中央网络安全和信息化委员会办公室联合印发了《数字农业农村发展规划（2019—2025)》，提出要大力发展数字农业，实施数字乡村战略，推动农业数字化转型，进一步加强农业信息化建设。2022 年 1 月，中央网信办等 10 部门联合印发《数字乡村发展行动计划（2022—2025)》，对“十四五”时期数字乡村发展作出部署，部署了数字基础设施升级行动、智慧农业创新发展行动、新业态新模式发展行动、数字治理能力提升行动等 8 个方面的重点行动。2022 年 3 月，为推进“十四五”时期农业农村信息化加快发展，更好支撑农业农村现代化和乡村全面振兴，农业农村部组织编制了《“十四五”全国农业农村信息化发展规划》。该规划提出了“十四五”时期农业农村信息化的总体要求、重点任务和保障措施。发展智慧农业，提升农业生产保障能力，是“十四五”时期农业农村信息化发展的主攻方向，重点是聚焦行业发展需求，提升农业生产效率。从智慧种业、智慧农田、智慧种植、智慧畜牧、智慧渔业、智能农机和智慧农垦 7 个方面进行全面突破。

畜牧业是农业的重要组成部分，我国是畜牧业大国，畜牧总量位居世界前列，畜牧业发展在国民经济中占有极其重要的地位。2016 年，国务院印发《全国农业现代化规划（2016—2020 年)》，明确提出到 2020 年畜牧业产值占农业总产值的比重要超过 30%。规划提出要推进以生猪和草食畜牧业为重点的畜牧业结构调整，形成规模化生产、集约化经营为主导的产业发展格局，在畜牧业主产省（区）率先实现现代化。2020 年 9 月，国务院办公厅印发《关于促进畜牧业高质量发展的意见》，围绕加快构建现代养殖体系、动物防疫体系、加工流通体系以及推动畜牧业绿色循环发展等方面作出全面部署。2021 年 12 月，为推进畜牧兽医行业高质量发展，农业农村部制定了《“十四五”全国畜牧兽医行业发展规划》。该规划提出发展目标，到 2025 年，全国畜牧业现代化建设取得重大进展，奶牛、生猪、家禽养殖率先基本实现现代化；产业质量效益和竞争力不断增强，畜牧业产值稳步增长，动物疫病防控体系更加健全，畜禽产品供应能力稳步提升，现代加工流通体系加快形成，绿色发展成效逐步显现。

信息技术为畜牧产业的健康发展提供了有力支撑，畜牧业信息化实现了环境保护、畜禽健康养殖、畜牧业的可持续发展。5G、大数据、云计算、人工智能、物联网、区块链等新一代信息技术将应用到智慧畜牧领域，推动传统畜牧向智慧畜牧转变，达到提高生产效率、优化资源配置、降低生产成本、提升产品质量的目的，为社会创造更高的价值。

1.1.1 国外畜牧业信息化发展历程和现状

世界农业信息技术的发展起源于美国，之后在德国、日本等发达国家得到发展，印度等发展中国家虽然起步比较晚，但发展速度较快。世界农业信息技术的发展大致经过 3 个阶段：第一阶段是 20 世纪 50—60 年代的广播、电话通信及计算机科学计算阶段；第二阶段是 20 世纪 70—80 年代的计算机数据处理和数据库技术阶段；第三阶段是 20 世纪 90 年代的专家系统、网络技术、多媒体技术应用和自动化控制等。美国在农业和农村信息技术应用方面立法完善、体系健全，农业信息的投入高。日本农业信息化基础设施完善，形成了从农业信息采集、加工处理到发布的健全的农业信息体系。欧盟设置专门的农业信息采集、统计、分析和发布机构，并投入巨资。各国的国情和技术水平不同，农业信息化的发展道路与方式有所差异。

1.1.1.1 美国

信息技术对美国农业生产及经营具有深刻影响，美国农业信息化水平依赖于国家信息技术水平的发展。美国是世界上第一个进入信息化社会的国家，信息技术已经渗透到美国农业生产的方方面面，直接促成了美国精准农业的兴起，显著降低了美国农业的生产成本，并极大提高了美国农业的生产效率和农产品的国际竞争力。虽然美国农业信息化水平居于世界前列，但它的体系建设也经历了从起步到不断完善的过程。美国颁布了一系列关于信息公开、信息收集与发布、电子政府建设和个人隐私权保护的法律法规，为农业信息化发展提供了制度框架。美国首席信息官委员会（CIOC）和农业部首席信息官办公室（OCIO）的行政主导为农业信息系统互联、兼容和业务协同提供了组织保障。世界上最大的农业信息系统——农业计算机网络系统（AGNET），覆盖了美国国内的 46 个州，加拿大的 6 个省和美加以外的 7 个国家，连通美国农业部、15 个州的农业署、36 所大学和大量的农业企业，实现了农业信息资源共建共享。

基础信息网络的大范围覆盖和计算机技术的普及应用，为美国农业产业信息化奠定了坚实的基础。计算机和互联网在美国农场中普及迅速。美国农业部国际农业统计处公告显示，2017 年美国 205 万个农场中有 73%的农场拥有计算机，比 2005 年的 51%提高了 22 个百分点；2017 年有 71%的农场连接了互联网，比 2005 年的 51%提高了 20 个百分点；2017 年有 18%的农场用计算机进行农产品营销活动，比 2005 年的 9%提高了 9 个百分点。

美国是世界畜产品生产和出口的超级大国。美国农业以大型家庭农场为主要模式，全国土地中有一半以上是农场和牧场用地。作为世界上主要的粮食生产国和出口国，农业从业人员只有 300 万左右，人数不多，却生产出数量巨大、质量上乘的粮食、畜产品以及其他农产品。农业技术的发展对推动美国农业生产力具有重要作用。随着信息技术的进步，美国农业信息化迅速发展，许多大型农场采取了“全要素信息融合发展”的模式，将生产过程中采集的生产环境信息、气象信息、市场信息、劳动力信息和资本信息等进行融合，综合制定最佳种植、养殖方案，自动完成通风、施药、饲喂、疾病诊断等工作。在畜禽饲养尤其是养鸡、养牛方面，由于大量采用饲料粉碎机、挤奶机、牛奶保鲜加工机等成套机械设备，畜产品的生产也早已实现了机械化和自动化。还有其他许多农产品的加工，同样只需要按按开关即可自动完成。大规模的机械化生产极大地提高了美国农业的生产效率，现在美国农场平均每一个农业劳动力可以照料6万～7万只鸡、5 000头牛，可以生产肉类10 t左右。美国基本实现了所有农作物和畜产品生产的机械化、精准化。

1.1.1.2 欧洲

德国是欧洲农业信息化的典范，政府重视农业信息化专业化建设和科技含量。政府致力于农业信息化发展的政策环境、基础设施及数据库联合建设，信息从病虫害防治到农药残留，再到植物保护剂的使用等，贯穿于农业的各个领域。政府重视普及农业计算机技术教育，在农业院校和农业职业学校开设计算机及信息化课程。2013年德国的农户中，大约有90%在日常生产经营中使用计算机。农业科技含量大幅度提升，推动了农业信息化进程，形成了三大科技化信息网络：植物种植与保护管理系统（EDV）、病虫害防治信息系统（BTX）、各类农业综合信息数据库管理系统（GETS）。这三大农业信息系统覆盖农业生产的各个领域，为德国农业发展提供了巨大便利。

德国的畜牧业发达，是欧盟牛奶和猪肉产量的生产大国。德国的土地和劳动力资源相对稀缺，科技水平和技术实力雄厚，畜禽养殖业采用以家庭农场为单位的适度规模化生产和较大规模的工厂化养殖。家庭农场以养殖猪、牛、羊和禽类为主，兼营种植业。饲养家畜的同时，自主种植饲料作物或者牧草，注重土地轮作，走出了具有特色的生态畜牧业发展之路。近年来，德国着力推动养殖生产的标准化、规范化和福利化。畜舍结构与饲喂设施等方面有了很大改进，畜舍设计科学、设施先进、环境优良，饲养实现了饲喂自动化和智能化。自动收集的饲喂、环境数据应用于指导生产管理，对饲料进行优化，对环境进行自动监测，通过信息化实现生产、经营、管理现代化。在疫病综合防控中，全程实行可追溯管理，病畜的治疗信息需上传到网络管理系统，以便信息追溯。生产与育种的专业化使生产效率和育种水平得到了极大的提升，农业部、管理机构、教学单位、育种企业联合会和非政府组织、濒危动物保护协会等共同负责畜禽遗传资源保护工作，并建立了完整的管理机制。

法国政府高度关注农业信息化发展，一直重视为农户提供有价值的农业信息服务，农业部、大区农业部门和省农业部门负责向社会定期或不定期发布政策信息、市场动态。为此，法国于1997年启动了"信息社会的政府行动"（PAGSI）。为了更好地提供信息服务，由法国农业科学与环境研究院负责的农业大数据收集网站（Ag Gate）于2017年开通。该网站向使用者提供一站式服务，开放的农业数据库供用户随时查询，简单的数据处理工具为用户更好地分析数据，不同的板块设置为农民、科研人员提供各自需要的信息和经验，用户评价系统激励网站更新数据和服务。法国希望将此信息网站建成欧洲大数据农业的典范。农业信息化为农户提供了便捷的信息获取途径，农民足不出户就可以了解农业生产、加工、销售等领域的行情信息。法国是世界主要的农业出口国，畜牧业产值占农业总产值的70%以上，以肉牛和奶牛养殖为主的草地畜牧业又在畜牧业产值中占有相当大的比例。法国草地畜牧业采用集约型放牧和舍饲圈养相结合的方式，放牧地是经人工改良后形成的永久性草地，采用围栏划区轮牧，部分永久性草场也用来收获干草或制作青贮饲料。

英国作为欧洲老牌工业强国，农业、农村信息化起步早，20世纪30年代全面的信息化基础设施开始建设，并在种植、养殖、农场管理、农产品加工等领域普及了信息化装备和技术。政府重视城乡信息化同步发展，通过政策引导、资金支持等方式推进农业信息化基础设施建设。城乡信息化基础设施发展持续、均衡，农业信息技术装备普及率高。英国的畜牧业是农业的重要产业，其产值约占总产值的 2/3。英国的畜牧业以饲养牛、羊、猪和家禽为主，养牛业是英国最重要的畜牧业生产。畜牧业生产主要以农场主自主经营的方式、种养结合的生产模式。在畜牧业当中，草地畜牧业显得格外突出，其产值比种植业高几倍，畜产品 80%由牧草转化而来。据统计，英国的牧场面积接近全国总面积的一半，为畜牧业服务的饲料种植面积占了全国耕地面积的一半，大片耕地用来种植饲草、饲用甜菜和饲用芜菁等。优质天然的牧草，为牛羊等牲畜提供了优质的饲料，有了优质的饲料，才有了优质的奶源、奶粉以及各种肉制品。英国畜牧业具有经营规模大且集约化、专业化和社会化程度高的特点。英国是一个高度城镇化的国家，农业人口很少，高度城镇化不但提高了畜牧业集约化、机械化水平，而且比其他国家更容易采用标准化的生产和管理措施，进而他们的畜牧产品在品质上更有保障，质量上更容易监管。英国的畜禽养殖加工厂集供料、供水、通风、清粪、产蛋、挤奶、屠宰、加工、包装于一体，全部实行机械化、自动化作业。这样一来，不但大大解放了人力，解决了英国农业人口匮乏、劳动力缺乏的问题，而且因为机械化程度高，单位产出价值也跟着提高了。英国畜牧行业的稳定发展，对行业的可持续发展起到了积极的作用，保证了畜产品的品质，为自身赢得了更多的市场。

1.1.1.3 日本

日本的工业基础和信息基础设施发展水平处于全球领先水平，他们充分利用工业化的成果，加强农业基础设施建设。自 20 世纪 80 年代起，日本开始重视农业信息化建设，1993 年推出了农业信息技术全国联机网络(DRESS)，此后日本出台一系列政策和规划，目前日本已成为亚洲地区农业信息化较为发达的国家。同时，日本不断加强人工智能、物联网、大数据、云计算等新型信息技术在农业领域上的应用推广，近年来，日本政府不断加大智慧农业发展力度，2014—2016 年陆续采取开展“科学技术综合创新项目”、出台“机器人新战略”、加大资金投资等方式，以推动农业机器人的研发与应用，并将智能农业纳入“未来投资战略 2018”中，提出通过充分利用数据和尖端技术实现世界顶级智能农业的战略目标。

日本为世界先进的工业化、城市化国家，农业在国民经济中比重较低，但农业在日本占有非常重要的基础地位。日本畜牧业以适度规模为主。由于国土面积狭小，日本发展以家庭农场经营为主、加大资金投入和提高科技含量的集约化畜牧业。日本的畜牧业集约化发展，政府为农户提供大量的资金支持和技术扶持。在畜牧生产过程中，畜禽、养殖设施、装备等固定资产投入非常高，这种高投入的生产方式使得畜牧养殖场数量不断减少，规模不断扩大，畜牧业集约化生产水平得到提升，进一步推动了畜牧业可持续发展。日本加大对畜牧业科技研发的投入力度，将大量高科技运用到畜牧生产过程中，取得了较好的效果。日本畜牧业的科研投入在世界上处于领先地位，利用现代生物技术进行品种选育和改良，培育出一批适于规模化养殖的畜禽品种。大型农场基本实现了自动化管理，运用计算机技术完成饲料供应、环境控制等工作，减少了手工劳动，大大降低了人力成本，畜牧业养殖规模不断扩大。尽管从事畜牧业的农业人口不多，但日本非常重视对农民素质的培养，大力发展各种层次的农业教育，从而保证了畜牧业从业者具有较高的知识水平和专业技能，能够较快地掌握先进技术。

1.1.2 国内畜牧业信息化发展历程和现状

畜牧业发展对于农业和国民经济的持续发展具有不可或缺的支撑作用，2018 年以来，非洲猪瘟疫情、中美贸易关系变化以及新冠疫情，都对国内畜禽产业发展和畜禽产品贸易产生重要影响。畜牧信息化是实现生产规模大幅度提升，生产方式稳步升级，生产质量明显提高的重要方式和手段。以5G、大数据、云计算、人工智能、物联网、区块链等新一代信息技术推动传统畜牧养殖向集约化、规模化、标准化的现代化智慧畜牧养殖转变。利用科技优势，大力发展畜牧信息化，以驱动我国畜牧业快速发展。

1.1.2.1 我国畜牧业发展情况

我国畜牧业发展主要经历了4个发展阶段：第一阶段，改革开放前，畜牧业只是一项副业；第二阶段，改革开放到20世纪末，重点解决“不够吃”的问题，这个阶段也是我国畜牧业发展最快的阶段；第三阶段，21世纪初到“十二五”时期之后，重点解决“不安全”的问题，对畜牧业采取了4个最严——最严谨的标准、最严格的监管、最严厉的处罚、最严肃的问责；第四阶段，“十三五”时期到现在，重点解决“不协调、不充分”的问题。

我国畜牧业快速发展，对提高城乡居民生活水平发挥了关键作用。然而，当前我国畜牧业发展仍存在畜产品生产成本高、竞争力不足、资源利用不充分、增值空间受到制约、现代化水平有待提高等一系列问题，急需寻求新的发展动力。长期以来，中国畜牧业从业人员以数量庞大的散户为主，在畜牧业早期一定程度上有效满足了国内消费市场需求。随着经济社会发展，散户养殖的标准化生产水平不高、对疫情的防控能力薄弱、环保设备投入能力不足、单位产出规模效益低、高质量发展和创新不足等问题突出。从国家宏观政策环境来看，环保、生态和土地利用等国家法律政策红线越来越严格，散户自建的分散养殖场所面临着前所未有的土地、环保政策压力。现代畜牧业集约化、规模化、标准化，是我国当今和未来畜牧产业发展的方向。

集约化养殖是相对于分散化养殖而言的。传统意义而言，散户养殖模式在环保政策宽松和土地资源相对富足的情况下，农民为了生产发展，更倾向于就近就地养殖。这种养殖方式将农民房前屋后的空间资源进行了有效利用，且这些空间资源对于农民而言基本是不计成本的。但是，随着经济社会发展，散户养殖模式的局限性日益明显，面源污染、疫情控制、效益低下等问题逐渐暴露，集约化养殖是提升单位空间养殖产能的必由之路。

规模化是集约化所产生的附带效应，而规模化本身又会衍生出明显的生产优势，主要体现在两个方面：一是社会效应；二是规模经济效益。规模化生产能够有效降低管理、服务、运输等环节的成本投入。从发展趋势而言，宏观环境下分散化、小规模养殖户的生存空间越来越小，传统粗放式的养殖方式已经越来越不能适应时代发展的要求。

标准化是畜牧业从业主体进行生产控制、质量控制，达到市场需求的必然选择。分散化、小规模农户养殖的标准化程度较低，流程控制较难，由此导致畜禽产品安全的可控性比较低。集约化、规模化养殖较容易实现标准化养殖，生产流程的可控性较强，畜禽产品的安全性也随之增强。标准化养殖能够有效增强生产的可控性，通过标准化养殖，生产流程被严格限定，所生产的产品在质和量方面都能够得到有效提升。越是分散化、小规模的养殖，越难以实现标准化养殖，越是集约化、规模化的养殖其标准化程度越高，标准化养殖越容易实现。

1.1.2.2 畜牧信息化发展历程和现状

我国农业信息化起步较晚，20世纪70年代，计算机技术开始逐步应用于我国农业领域。自20世纪80年代以来，随着计算机技术的发展，数据库、信息管理系统、地理信息系统、专家系统等高科技被应用于许多行业，同时也渗透进入农业领域，取得了许多重要成果。但总体而言，畜牧信息化发展的整体水平与发达国家相比，还相对落后。各地发展不平衡，发展水平参差不齐。我国地区间经济水平贫富差距大，地区间信息化基础设施建设差距也很大。信息化基础设施不完善是发展现代畜牧业的制约因素。目前我国很多地区畜牧业仍然以小规模散养为主，养殖产能较低，规模化养殖较少，将信息技术、智能技术引入生产中，投入成本巨大，养殖场意愿不高，进而限制了畜牧信息化的发展。传统畜牧业从业人员凭借经验发展生产的思想根深蒂固，对于计算机、通信设备、网络等信息化技术接受程度低，彻底改变从业者的养殖方式需要不断地加以指导和培训。

信息化水平是一个国家现代化水平的重要衡量标准之一，我国政府也高度重视农业农村信息化的发展。2005 年，我国首次在中央一号文件中提出有关农业农村信息化的问题，指出要加快生物技术和信息技术等高新技术的研究，要加强农业信息化建设。《全国农业农村信息化发展"十二五"规划》是农业部（现农业农村部）编制的第一个全国农业农村信息化发展五年规划，通过规划的实施，我国成立了农业部农业信息化领导小组，全面加强农业农村信息化工作的组织领导和统筹协调，推动信息技术和农业农村的融合。此外，《中华人民共和国国民经济和社会发展第十四个五年规划和 2035 年远景目标纲要》中提出，"加强大中型、智能化、复合型农业机械研发应用""完善农业科技创新体系，创新农技推广服务方式，建设智慧农业"。

农业农村信息化促进了智慧畜牧业的发展。截至 2023 年年底，我国已在农村及边疆、海岛（礁）等偏远地区建设了 8 647 个 4G、5G 基站。全国行政村通宽带比例达到 100%，通 4G 比例超过 99%，通 5G 比例超过 80%。根据中国互联网络信息中心（CNNIC）第 53 次《中国互联网络发展状况统计报告》，截至 2023 年 12 月，我国网民规模达 10.92 亿，农村网民规模达 3.26 亿，农村地区互联网普及率为 66.5%，较 2022 年 12 月提升 4.6 个百分点。农业农村部信息中心编制的《中国数字乡村发展报告（2022 年）》显示，2021 年全国畜禽养殖信息化率达 34.0%。畜禽、奶业、疫病等信息服务平台相继建成，信息服务延伸到了养殖场户。养殖环境监控技术、发情监测技术、个体识别技术、精准饲喂技术、智能机器人技术等畜牧养殖监管数字化技术已逐步推广应用。

信息化逐步融入畜牧业的发展中，智慧畜牧技术得到初步应用。农业信息化技术在设施养殖领域，主要应用包括动物环境监测、动物个体形态与行为识别、精细饲喂、疫病防控、遗传育种等，特别是近年来，非洲猪瘟大范围发生后，高度智能化的楼房养猪发展迅速。畜牧产业的健康发展，需要依赖信息技术、智能技术为智慧畜牧提供新的解决方案，突破畜禽养殖核心关键技术，实现畜牧产业的可持续发展。以物联网、云计算、大数据及人工智能为代表的新一轮信息技术革命推动传统粗放式畜牧养殖向知识型、技术型、现代化的智慧畜牧养殖转变，利用技术优势已成为驱动畜牧业快速发展的重要因素。

1.1.3　我国畜牧信息化面临的挑战和机遇

我国是畜牧业生产大国，也是世界上最大的消费国。实施乡村振兴战略，为我国畜牧业的发展带来了巨大的历史机遇。"十三五"期间，畜牧业克服非洲猪瘟疫情冲击、生产异常波动等影响，以及一些地方超范围禁养限养等不利因素，生猪生产快速恢复，畜产品供应总量充足，质量安全保持较高水平，产业转型升级取得新成效。"十四五"期间，畜牧业转型升级将进入加速推进的关键时期，重点打造生猪、家禽两个万亿元级产业和奶畜、肉牛肉羊、特色畜禽、饲草四个千亿元级产业，加快畜牧业现代化建设步伐，实现高质量发展。

智慧畜牧的前提是自动化和信息化，但我国畜牧业智能装备与国外发达国家相比还存在着较大差距。高标准畜牧智能装备需求旺盛，供给端短缺严重，且产品质量参差不齐。近年来，国外畜牧装备企业看准中国市场，纷纷将成套装备系统引入中国。但国外成熟技术在本土化适应中出现诸多问题，如欧洲精细化管理的畜禽场规模相对较小，不适用于我国大规模化生产。此外，我国不同地区气候条件差异较大，这对畜禽舍环境控制提出了更高的要求。因此需要加大新型高端智能装备研发力度，加强集成养殖环境监测控制系统、生物信息获取与行为监测系统、饲喂精准管理系统、疫病防控决策系统、畜牧机器人等高端智能装备产品，推动传统畜牧向现代化畜牧加速转型。有关部门正在加大对畜牧信息化装备的研发支持力度，加快开展相关领域科技攻关，从国情出发，整体提升畜牧信息化水平。

传感器是智慧畜牧业信息感知、传输和应用的根本，我国应用于畜牧场景的专用传感器还受到不同程度的制约和限制。国内传感器大多按照工业标准设计，功耗、性能、成本、功能、使用场景等均不适用于农业。农业专用传感器主要包括农业环境信息传感器、动植物生命信息传感器、农产品品质与安全信息传感器等，它们是农业大数据的重要获取途径，也是发展智慧畜牧业的基础。通过自主研发适用我国畜牧生产的专用传感器，能够更好地对畜禽动物养殖环境监测、动物生理信息和行为监测、畜禽精准饲喂、疫病防控决策等进行认识和管理，提高畜禽养殖信息化、智能化水平，促进智慧畜牧业的健康发展。

加强智慧畜牧业人才的培养，是推动畜牧信息化建设的重要因素。农民信息意识淡薄、既掌握畜牧业知识又掌握信息技术的人才缺乏、畜牧业信息资源共享利用率低下，迫切需要培养“有文化、懂技术、会经营”的新型农民，迫切需要培养畜牧技术与信息技术相结合的复合型人才。一方面，要加强对农民进行计算机、智能手机等终端使用技能培训，鼓励农民通过社交网络媒体进行生产、经营、管理等方面农业知识的学习，加强农产品质量安全追溯等农业信息系统的应用，提升农户对农产品电子商务的采纳利用效率，提高农民信息化素养。另一方面，要加强畜牧信息化专业人才培养。联合高校和科研院所培养既掌握畜牧相关知识又通晓信息技术的高端人才，使信息技术应用到畜牧领域，不断提高研发和应用水平，及时有效地提供信息服务，推动畜牧信息化队伍的建设。

全球正加速进入数字经济时代，以5G、大数据、人工智能、云计算、物联网、区块链为代表的数字经济已经成为推动世界经济发展的新引擎，数字经济正日益成为推动畜牧业发展的主要动力。非洲猪瘟等疫情使我国畜牧业发展遭到了严重冲击，信息技术的强大功能在畜牧业恢复生产中发挥了重大作用。远程监控、线上培训、在线交易等数字经济的新模式和新工具得到了广泛应用，这让我们看到了信息技术在畜牧业应用的美好前景和巨大商机。随着农业信息化的不断发展，畜牧领域的数字化技术日益成熟，大数据不断聚合，畜牧领域各环节趋于精准化，必将使畜牧业生产提效降本，管理高效精准，食品安全进一步提升。

1.2 概念内涵

(1)育种　育种是通过创造遗传变异、改良遗传特性，以培育优良动植物新品种的技术。对发展畜牧业和种植业具有十分重要的意义。家畜育种是通过创造遗传变异和控制繁殖等手段来提高畜禽经济性能或观赏价值的科学技术。其内容主要包括引变、选种、近交(动物)、杂交以及品种(系)的培育、保存、利用和改良等。

(2)饲料　饲料是人饲养的动物的食物总称，主要指的是农业或牧业饲养的动物的食物。中华人民共和国国家标准《饲料工业术语》对饲料的定义为：能提供饲养动物所需营养素，促进动物生长、生产和健全且在合理使用下安全有效的可饲物质。饲料原料包括大豆、豆粕、玉米、鱼粉、氨基酸、杂粕、乳清粉、油脂、肉骨粉、谷物、饲料添加剂等10余个品种。

(3)饲养　饲养是指对动物进行培育与照料,给动物提供食物。牲畜就食饲料的方式,包括以饲料就牲畜与以牲畜就饲料两种基本类型。前者多在畜舍饲喂,故称舍饲;后者是使牲畜自行采食生长、遗留在土地上的饲料,故称放牧;部分舍饲、部分放牧的称半舍饲。

(4)疫病　疫病是发生在人、动物或植物上,并具有可传染性的疾病的统称,一般由寄生虫、细菌、病毒等引起。根据动物疫病对养殖业生产和人体健康的危害程度,《中华人民共和国动物防疫法》将动物疫病分为下列3类:一类疫病,是指口蹄疫、非洲猪瘟、高致病性禽流感等对人、动物构成特别严重危害,可能造成重大经济损失和社会影响,需要采取紧急、严厉的强制预防、控制等措施的;二类疫病,是指狂犬病、布鲁氏菌病、草鱼出血病等对人、动物构成严重危害,可能造成较大经济损失和社会影响,需要采取严格预防、控制等措施的;三类疫病,是指大肠杆菌病、禽结核病、鳖腮腺炎病等常见多发,对人、动物构成危害,可能造成一定程度的经济损失和社会影响,需要及时预防、控制的。

(5)经营　经营含有筹划、谋划、计划、规划、组织、治理、管理等含义。与管理相比,经营侧重动态性谋划发展的内涵,而管理侧重指使其正常合理地运转。经营和管理合称经营管理。

(6)市场　市场是各方参与交换的多种系统、机构、程序、法律强化和基础设施之一。经济学家从不同的角度提出几种市场的定义:①市场是商品交换的场所,也即买主和卖主发生交易的地点或地区;②市场是指商品流通领域,反映的是商品流通的全局,是交换关系的总和;③市场是买主、卖主力量的结合,是商品供求双方的力量相互作用的总和。

(7)消费　消费是社会再生产过程中的一个重要环节,也是最终环节。它是指利用社会产品来满足人们各种需要的过程。消费又分为生产消费和个人消费。前者指物质资料生产过程中的生产资料和生活劳动的使用和消耗。后者是指人们把生产出来的物质资料和精神产品用于满足个人生活需要的行为和过程,是“生产过程以外执行生活职能”。它是恢复人们劳动力和劳动力再生产必不可少的条件。

(8)宏观调控　宏观调控是政府作为市场经济的主体,通过行政手段与经济手段(主要是财政手段),实现以经济主体为主导、经济主体与经济客体的对称关系为核心、经济结构平衡与经济可持续发展的经济行为。宏观调控是政府对国民经济的总体管理,是一个国家政府特别是中央政府的经济职能。它是国家在经济运行中,为了促进市场发育、规范市场运行,对社会经济总体的调节与控制。宏观调控的过程是国家依据市场经济的一系列规律,实现宏观(总量)平衡,保持经济持续、稳定、协调增长,对货币收支总量、财政收支总量、外汇收支总量和主要物资供求进行的调节与控制。它是运用调节手段和调节机制,实现资源的优化配置,为微观经济运行提供良性的宏观环境,使市场经济得到正常运行和均衡发展的过程。

1.3　理论架构

1.3.1　养殖环境对畜禽生长生理的影响

环境是影响畜禽发挥遗传潜力的关键要素,是存在于畜禽周围,对畜禽个体产生直接作用,影响畜禽生存和健康的外界因素的总和,直接作用于整个生命过程。随着科学的进步,新的环境影响因素不断被发现,按照作用方式,当前认知中的养殖环境大致可以分为温热环境、气体环境、光环境、声环境和空间环境等。环境因素的变化对畜禽影响很大，主要表现在畜禽的生态特征、生产性能、繁殖性能、免疫力及健康水平等方面。畜禽多为恒温动物，对环境的变化非常敏感，适宜的环境是保证畜禽生长发育、产肉、产蛋乃至存活的前提条件，不良环境会影响畜禽的生产性能，降低瘦肉率、日增重和饲料转化效率等。对工厂化养殖模式而言，环境对动物生产成绩的影响占比可达30%～50%，尤其是家禽生产。因此，适宜的环境及环境调控技术对畜禽饲养管理十分重要。本书从畜禽养殖环境监控对象及方法、环境舒适度评估方法，以及热、光、气、声、空间等不同环境要素的调控技术方面，介绍智慧牧场环境调控的技术理论与实现方法。

1.3.2 畜禽生物信息获取与行为监测

现代畜禽养殖业规模化和集约化快速发展，与此同时畜禽疫病暴发、环境恶化及动物行为异常等健康福利问题越来越严重，因此监测畜禽健康状况、行为、生理等进行疾病预警，对改善动物福利状况显得尤为重要。国内外畜禽生物信息获取与行为感知技术主要围绕音频、体温、生长信息以及外观表型等方面展开，为提升信息获取精度与信息结构优化，生物信息获取与行为监测在降低生产投入、提升生产能力等方面，依然需要进一步研究，如群养模式感知效果不理想、感知模型泛化能力不足、可推广性不强、相对成本高等。因此，需要结合技术发展，从系统优化、专业领域交叉融合等方面优化。

(1)养殖个体在不同生长阶段、不同养殖环境下外在表征明显具有区别，为准确将感知的图像、声音等数据与其生理信息一一对应，需要融合不同专业学科领域，对信息获取、信息融合、信息映射等各阶段进行优化，量化专家经验知识，并结合畜禽生长阶段信息，形成针对性的信息映射模型。

(2)畜禽养殖领域应用的信息感知、数据采集的传感器等设备，多来源于较为成熟的工业、医学等领域，而养殖环境高粉尘、高温、高湿、生物干扰复杂等情况导致相关感知设备存在使用寿命短、精度低等问题。此外，接触式装备容易使畜禽产生应激性，因此体积小、功耗低、防水、耐腐蚀、数据传输稳定的专用设备是当前生物信息获取与行为监测的研究重点和难点。

(3)借助新一代人工智能技术，深度挖掘感知监测到的图像、声音、视频等生物信息与行为数据，并结合专家经验知识形成不同畜种、不同生命阶段的生理信息感知模型与异常行为识别模型，为准确分辨同一类型不同疾病、精准养殖提供深层参考，形成闭环系统，减少人工干预环节，提高养殖效率与实现人性化操作。

1.3.3 畜禽饲养精准管理

在科技飞速发展的当下，畜禽饲养精准管理正逐步成为畜牧养殖行业的核心竞争力。它以先进技术为依托，将传统的粗放式饲养模式转变为精细化、智能化的科学管理体系，极大地提升了养殖效益与产品质量。

精准营养管理是畜禽饲养精准管理的关键环节。畜禽在不同生长阶段、体重、品种以及生产用途下，对各类营养物质的需求各异。精准配制的饲料，不仅能满足畜禽特定的能量、蛋白质、矿物质和维生素需求，还充分考虑了饲料的适口性与消化率。例如，在奶牛的不同泌乳期，依据产奶量和乳成分变化精确调整饲料中的蛋白质、脂肪与矿物质比例，可显著提高牛奶产量与质量；在肉鸡养殖中，根据生长周龄调配氨基酸平衡的饲料，能有效促进肌肉生长、降低料肉比，实现养殖效益最大化。

畜禽精准饲喂是现代畜牧养殖的重要手段。它借助先进技术，如射频识别（RFID）或计算机视觉技术精准识别畜禽个体。通过自动化饲喂设备，严格按照每头（只）畜禽的实际需求投喂，确保饲料供给恰到好处。这不仅能提高饲料利用率，降低养殖成本，减少饲料浪费与环境污染，还可促进畜禽健康生长，提升养殖效益与产品品质。

畜禽饲养精准管理将现代科技与畜牧养殖深度融合，全方位提升了养殖的科学性与高效性。在未来，随着技术的不断创新与应用，畜禽饲养精准管理必将引领畜牧养殖行业迈向更加绿色、智能、可持续的发展新阶段，为满足人们日益增长的优质畜禽产品需求提供坚实保障。

1.3.4　畜禽疫病防控和诊疗

随着我国畜牧业集约化、规模化养殖模式的加快推进，畜禽疫病问题越来越凸显，畜禽疫病的发生不仅会影响畜牧业的现代化进程，也会威胁公共卫生安全。为降低畜牧养殖中因动物疫病与健康异常带来的经济损失与公共卫生安全风险，通过数字化、智能化手段实现畜禽疫病诊疗的自动化方法，如机器视觉分析、动物音频分析、红外温度感知、深度学习分类等方法，可有效提高对患病或异常畜禽动物的诊断效率、缩短诊断周期、降低畜牧养殖中人工巡检劳动力。不同于常规的基于病理学知识的诊断方法，畜禽疫病智能防控和诊疗主要通过各类传感器自动获取畜禽在养殖过程中的图像、声音、体温、心率、排泄物等各类特征信息，结合外观表现与行为动作、鸣叫与声音、体温、排泄物、呼吸与心率等数据，通过数学模型对传感器采集到的特征进行实时分析与归类，运用智能推理与人工神经网络等方法构建畜禽疾病预警模型，实现对畜禽健康监测与状态评价，成为解决畜禽疫病诊断防控的有效手段。

1.3.5　畜禽遗传育种信息化

在畜牧业信息化背景下，通过利用先进的信息技术，可以更好地支持畜禽遗传与育种、畜禽育种模型、畜禽育种信息化技术和畜禽繁殖生理与农业可持续发展。例如，可以建立基于云计算和物联网技术的畜禽育种数据平台，实现数据采集、存储、分析和共享。同时，还可以开发智能化的畜禽育种决策支持系统，通过对生产过程中各种因素的分析和模拟，为生产过程中的决策提供科学依据和参考，从而提高畜禽生产效率和经济效益，同时也可以减少环境污染和资源浪费，实现畜禽生产的可持续发展。畜牧信息化的理论架构包括以下方面。

（1）数据采集和分析　畜牧业信息化的数据采集和分析模块可以通过各种传感器和监测设备实时监测动物的生理指标及表型信息，包括产奶、产肉、产蛋、体温、心率、饮水量、饮食量等。这些数据可以上传到云平台进行大数据分析和处理，以获取更加准确的动物生理特征、繁殖性能、生产性能等的信息。同时，也可以通过对环境因素进行监测和分析，了解环境对动物生产的影响，并采取相应的管理措施来提高生产效率和降低成本。

（2）信息共享和交流　畜牧业信息化可以实现畜禽育种生理和选种选配的理论研究和实践应用的信息共享和交流。各畜牧业生产企业可以将自己的生产数据上传到云平台上，供其他企业参考和借鉴。同时，也可以通过互联网等平台，进行畜禽繁殖生理和选种选配的理论研究和实践应用的交流和分享，促进畜牧业发展的交流和合作。

(3)智能决策和管理　畜牧业信息化利用人工智能、大数据分析等技术，可以实现畜禽选种选配的智能化决策和管理。例如，可以通过大数据分析来预测动物的生产能力和潜力，从而更加精准地进行选种选配。同时，也可以通过智能化的管理系统，对畜禽生产的各个环节进行监控和管理，实现生产过程的自动化和信息化，提高生产效率和降低成本。

(4)优化资源配置和效益提升　畜牧业信息化可以帮助畜禽生产过程中的资源合理配置和优化。例如，通过利用云平台和大数据分析等技术，可以实现饲料成分的合理搭配和饲料的精准投喂。同时，也可以通过对动物生长和发育的监测和分析，合理规划饲料供应和药物治疗，提高动物生产效率和产出效益。

综上所述，畜牧业育种信息化可以帮助畜禽育种企业实现生产过程的智能化、自动化和信息化，提高生产效率和经济效益。

1.3.6　畜禽产品质量安全追溯

"民以食为天，食以安为先"，畜禽产品质量安全事关国计民生和社会稳定，已成为百姓普遍关注、国家高度重视的问题。构建"从牧场到餐桌"的畜禽产品及食品供应链涉及养殖、屠宰、加工、包装、运输、仓储、销售等不同环节。畜禽产品质量安全管理及追溯系统可以降低质量安全风险、提高产品召回效率、保障公众健康水平，同时结合我国畜禽产品供应特点、企业实际需求、不同监管模式，开展追溯技术的研究和追溯系统推广应用。从畜禽产品质量安全追溯中涉及的编码与标识技术、供应链各环节的信息采集技术及畜禽产品的多种溯源方式等方面入手，介绍畜禽产品质量安全追溯过程中涉及的技术理论与实现方法，构建畜禽产品质量安全管理及追溯系统模型，形成完整的追溯技术框架，对建立并加速形成"来源可追溯，去向可查询，责任可追究"的畜禽产品质量安全管理及全过程追溯体系发展有重要的意义。

1.3.7　畜禽养殖废弃物处理和资源化利用

畜禽养殖废弃物的有效处理和利用已成为影响农村环境治理和畜禽产品质量安全的一大难题。在"十三五"政策支持下，畜牧大县养殖场粪污处理设施实现从无到有，第二次全国污染源普查显示，全国粪污产生量由2015年的38亿t下降到30.5亿t，综合利用率提升到75%。养殖废弃物经过无害化处理后还田，具有改善土壤环境、增加肥力的效果，不仅能够促进农作物的生长、提高产量，还能改善产品品质。因此，还田处理、种养结合是多数国家养殖行业废弃物处理的首选。养殖业发达的国家或地区废弃物处理模式集中，管理专业化。美国养殖场普遍采用"厌氧发酵塘处理—贮存—还田"的模式，通常采用水清粪工艺进行粪便清理，废弃物进入配套厌氧发酵塘发酵处理后的养分，主要利用在自身配套的农场或合作种植场中，实现种养结合。欧洲与美国略有差别，除了粪便贮存还田处理模式外，"粪便—沼气—还田"也是主要处理模式之一。与欧美等养殖业发达国家不同，我国的养殖废弃物处理模式多样，李金祥将其概括为6种：①种养结合就地利用技术模式，适用于分散且具有一定农田面积的家庭农场和中小型规模化养殖场；②集中处理异地利用技术模式，适用于周边农田无法有效消纳畜禽粪便的养殖密集区或大型养殖场；③能源转化循环利用技术模式，适用于能够辐射大量农田、温室大棚、果树林地的大中型规模化养殖场；④基质转化综合利用技术模式，适用于无能源需求、自有大量农田进行特色种养的大中型规模化奶牛养殖场；⑤深度处理达标排放技术模式，适用于没有或少量自有农田的大中型规模化养殖场；⑥整县推进“链融体”技术模式，适用于具有一定产业链条基础、粪污治理存在短板的大型养殖龙头企业，且当地政府积极扶持。本书结合我国主流废弃物收集、处理模式，从养殖废弃物检测技术、处理装备、管理系统 3 个层面进行介绍，结合自动化和数字化技术，进一步推动畜禽养殖废弃物资源化利用工作不断达到新水平、迈上新台阶。

1.3.8 智能畜牧机器人

(1)传感器和感知技术　智能畜牧机器人依靠传感器来获取环境信息和动物数据。这些传感器可以包括摄像头、红外传感器、温湿度传感器、加速度计等。感知技术的发展是智能畜牧机器人实现自主操作和环境感知的基础。

(2)数据采集和处理　智能畜牧机器人需要收集和处理大量的数据，包括动物的生理参数、行为特征、环境条件等。数据采集可以通过传感器和摄像头等设备进行，然后使用算法和模型进行数据处理和分析，以提取有用的信息和知识。

(3)人工智能和机器学习　人工智能和机器学习技术在智能畜牧机器人中发挥着重要作用。通过机器学习算法，机器人可以学习和理解动物的行为模式、健康指标和环境关联等。这使得机器人能够进行智能决策、预测和适应环境变化。

(4)控制和执行　智能畜牧机器人需要具备自主控制和执行任务的能力。基于传感器数据和算法分析，机器人可以做出决策，并执行相应的操作，如自动喂养、清洁畜舍、监测动物健康等。控制系统应具备高度可靠性、安全性和灵活性。

(5)人机交互与农场管理　智能畜牧机器人需要与农场主或操作员进行有效的人机交互。这包括设计友好的用户界面、语音交互、远程监控和操作等。此外，畜牧机器人的开发还应考虑与农场管理系统的集成，以便实现数据共享和农场运营的优化。

综上所述，智能畜牧机器人的理论框架涉及传感器和感知技术、数据采集和处理、人工智能和机器学习、控制和执行，以及人机交互与农场管理等关键要素。这些方面相互交织，共同构成了智能畜牧机器人的工作原理和功能。

1.4 系统组成

1.4.1 监测系统

监测系统是现代农业生产的“千里眼”和“听诊器”，通过监测系统可以对养殖舍、加工车间等地进行指导、管理和维护。围绕设施化畜禽养殖场生产和管理环节，通过智能传感器在线采集养殖场环境信息(二氧化碳、氨气、空气温湿度、光照强度、视频等)，同时集成改造现有的养殖场环境控制设备、饲料投喂设备以及其他控制设备等，实现畜禽养殖场的智能生产与科学管理。养殖户可以通过手机、平板、计算机等信息终端，实时掌握养殖场环境养殖信息，及时获取异常报警信息，并可以根据监测结果，远程控制相应设备，实现健康养殖、节能降耗的目标。监测系统主要包括传感器以及监测软件两部分，传感器部分提供基础的数据采集，监测软件部分提供数据汇集与基本数据处理。

1.4.1.1 传感器

传感器是一种检测装置，能感受到被测量的信息，并能将感受到的信息，按一定规律变换成为电信号、光信号或其他所需形式的信号输出，以满足信息传输、处理、存储、显示、记录和控制等要求。畜牧传感器更是在传统传感器基础设施上，结合畜禽养殖特点所打造的畜禽传感设备硬件。

传感器的特点包括微型化、数字化、智能化、多功能化、系统化、网络化。它是实现自动检测和自动控制的首要环节。通常根据其基本感知功能将传感器感知元件分为热敏元件、光敏元件、气敏元件、力敏元件、磁敏元件、湿敏元件、声敏元件、放射线敏感元件、色敏元件和味敏元件十大类。针对畜禽养殖需求，可将不同类别基本感知单元进行拓展组合，研发专用型传感组件，应用于畜牧领域方向。

常用传感器包括如下几大类。

(1)温湿度传感器是目前畜牧业中应用范围最广的一类传感器，广泛用于畜禽养殖、加工、屠宰、孵化、育种等过程中的温湿度监测。其中无线空气温湿度传感器用于检测目标环境中空气的温湿度，确保环境稳定是生产养殖的首要因素，因此该类型传感器普遍存在于畜禽养殖各个环节。针对大型有机牧场养殖方式，除了养殖环境需要温湿度监测，土地温湿度状况同样需要监测，土壤温湿度传感器安装在草场作物根部土壤中，安装时根据饲料、饲草作物的不同根系深度情况确定传感器埋土深度，用于检测草场作物生长发育过程中土壤温度、水分含量及变动情况，便于及时和适量浇灌。

(2)光照度传感器是指测量物体被照明面上单位面积得到的光通量。畜牧业中的光照度传感器普遍采用对弱光也具有较高灵敏度的探测器，适用于蛋鸡舍等对光照变化要求较高的养殖场景，用来检测当前的光照强度是否匹配物种最优的生产性能，以决定是否需要补光，延长光照时间或提高光照强度。充足的光照，可增强动物肾上腺皮质的功能，提高免疫力，促进食欲，增强动物消化机能，提高动物增重速度与成活率。

(3)二氧化碳传感器实时监测舍内的二氧化碳浓度，通过调节二氧化碳气体的浓度来保证舍内养殖基本环境。畜牧养殖中二氧化碳浓度可直接影响物种的生长发育，如二氧化碳浓度对生猪的生长非常重要，养猪场内二氧化碳含量过高，会使猪慢性缺氧，体质虚弱，易感染各种慢性传染病。

(4)氨气传感器用于监测养殖环境中氨气浓度情况，氨气来自畜禽排泄的粪便、尿液，是动物圈舍内有害的气体之一，氨气浓度的高低将直接影响动物的生长发育及抵抗病毒的能力。一般的氨气传感器都配有蜂鸣器报警装置，当氨气浓度超标时，蜂鸣器就会出现报警声，提醒管理人员需要对氨气浓度进行调控。

(5)硫化氢传感器用于监测养殖环境中硫化氢气体浓度情况，硫化氢来自畜禽排泄的粪便、尿液，硫化氢易溶附于呼吸道黏膜和眼结膜上，并与钠离子结合形成硫化钠，对黏膜产生强烈刺激，引起呼吸道炎症和眼睛发炎。在畜禽养殖过程中物种长期处于高浓度硫化氢的环境中，会引起呕吐、恶心、腹泻等症状，严重时会引起中毒性肺炎、肺水肿等病症。

除了上述传感器，常用的还包括检测粉尘、压差等传感器。由于畜禽养殖环境多变，传感器应具备低功耗、易安装、耐腐蚀、高寿命等特点。不同传感器将安装于养殖舍内不同位置，合理科学的分布以及传感器节点的布设可提高对养殖舍的监测能力。

1.4.1.2 监测软件

监测软件通过网络协议汇总连接布设于舍内的传感器，通过软件系统监控和调节养殖场区所覆盖的养殖环境。畜禽养殖环境调节大致可以分为温湿度调节、有害气体的调节与光照强度的调节。以上所介绍的传感器或者检测仪便是养殖场中常用的监测设备，这些监测设备联动智能控制设备后形成完整的畜禽环境监控系统，能够完整地实现从养殖环境数据监测至数据记录，再至数据分析处理与控制信息，再反馈于控制设备的一整套动作，这种设备及系统的使用和搭建可以使养殖场增加更多的收益，减少更多的不必要浪费。软件基本功能如下。

(1)可在线 24 h 实时连续地采集和记录，监测布设点位的温度、湿度以及各类气体浓度等各项传感器数据情况，以数字、图形或图像等多种方式进行实时显示并记录、存储监测信息，监测点位可扩充。

(2)可设定各监控点位的温湿度以及其他传感参数报警限值，当出现被监控点位数据异常时可自动发出报警信号，报警方式包括现场多媒体声光报警、手机应用程序报警、手机短信报警、邮件报警等。

(3)软件需采用自适应标准图形界面，可适配中标麒麟、银河麒麟、Windows、iOS、Linux、Android、Harmony OS 等主流操作系统，以布局、仿真、曲线、表格等 4 种视图显示监测结果，方便用户观测。

(4)软件需对历史数据进行安全存储并备份，并可以根据客户的需求及筛选条件随意查询，支持数据导出及打印等多种输出形式，支持 PDF、Excel 等多种格式数据的导出。

1.4.2 分析系统

近年来，畜牧业信息化快速发展，生产管理、监测预警、质量安全追溯与监管、环境监测等畜牧信息化建设均有所突破，进一步提升了畜牧业生产方式以及相应的管理水平，同时保障了畜产品有效供给和质量安全。大数据时代，畜牧业信息化的核心内容是基于畜牧养殖过程的大数据分析，构成畜牧业大数据的信息主要包括品种信息、育种信息、生产经营信息、生态监测预警信息、产品质量安全监管信息、产品市场信息、专家和人才信息以及服务信息等。针对畜禽养殖过程中产生的数据信息进行分析，可提高畜牧生产管理效率以及提升对市场的分析能力。

分析方法是指用适当的统计分析方法对收集来的大量畜牧数据进行分析，将它们加以汇总和理解消化并输出展示，以求最大化地开发数据的功能，发挥数据的隐藏作用。分析是为了提取有用信息和形成结论而对数据加以详细研究和概括总结的过程。畜禽养殖系统中主要的分析方法如下。

1.4.2.1 描述型分析

描述型分析是对调查所得的大量数据进行初步的整理和归纳，以找出这些资料的内在规律，包括集中趋势和分散趋势，主要借助各种数据的统计量，如均数、百分比、最值、方差等。描述型分析方法主要用于对畜禽大数据的统计，或根据畜禽大数据的收集汇总所得各类信息，如对畜禽品种信息、生产经营信息、养殖场信息以及畜产品市场信息等进行统计分析，得出畜禽生产流通规律等内在信息。

1.4.2.2 诊断型分析

诊断型分析通过评估描述型数据，利用诊断分析工具深入地分析数据，获取数据的核心。应用于畜禽大数据方面，诊断型分析方法可弥补简单描述型分析对于特殊情况处理的不足。诊断型分析方法应用于畜牧行业主要有两种情况：一种是在养殖过程中出现了坏的结果，如大量的死淘或者产值下降，可应用大数据的规律性、连续性、数据关联关系等内容挖掘产生问题的原因以及提供相应的解决办法，避免坏结果的再次发生。另一种是在正常养殖过程中出现了产品价值提升或养殖效率提高等积极情况，通过数据的累积与分析，可在下一次相同的机会出现时把握住恰当的时机。例如，在某种情况下市场需求大幅度增加，通过总结养殖过程出现商业的信息，可在下一次市场需求提高时弥补市场缺陷。

1.4.2.3 预测型分析

预测型分析主要用于进行预测事件未来发生的可能性、预测一个可量化的值，或者预估事情发生的时间点。预测模型通常会使用各种可变数据来实现预测。在充满不确定性的环境下，预测能够帮助做出更好的决定。预测模型也是很多领域正在使用的重要方法。

通常情况下由于各养殖点畜牧养殖管理水平参差不齐且气候不一，畜产品的销售流通形式不同，往往会导致动物疫病的发生及流行。依据养殖场疫病流行现状及趋势，利用大数据技术，可有效采集、分析、处理各类疫病流行信息，并得出准确的预警信息、诊断信息，进而增强动物疫病防控工作的主动性及积极性。

1.4.2.4 指令型分析

指令模型基于对“发生了什么”“为什么会发生”和“可能发生什么”的分析，来帮助用户决定应该采取什么措施。通常情况下，指令型分析不是单独使用的方法，而是描述型分析、诊断型分析、预测型分析都完成之后，最后需要完成的分析方法。例如，针对养殖过程中出现的通风决策、饲喂决策、商品投放决策、选育决策以及防疫决策等，此类决策信息可根据大量积累信息汇总、分析得出最终决定。

1.4.3 作业系统

作业系统即执行器，是指针对智慧养殖过程中所进行的作业流程的汇总以及执行策略。在智慧养殖过程中，监测系统充当了眼睛的角色，分析系统充当了大脑的角色，那么作业系统就相当于手臂的角色。作业系统会根据分析系统所得结论进行针对性操作。

作业系统主要包含一个主体和两大核心组件。主体为作业内容，作业内容相当于分析系统所发出的某一具体指令，该指令是指派指定设备在指定时间、指定地点进行指定工作，同时监测系统也会保证执行的质量。在日常养殖管理中，重大的决策要包含多条作业指令，指令类型主要包括数据传送类指令、运算类指令、程序控制类指令、输入输出类指令。该4类指令普遍存在于所有养殖作业中，如进行饲料投喂时，先将需要投放的数量通过传输指令发送至指定执行器，执行器需通过运算指令计算料塔现有重量、需要投放重量，并向料塔挡板以及料线控制发送控制指令，并根据指定方向与方式进行传输投放，最后由输入输出指令控制投放的开始、暂停与结束。

两大核心组件包括作业队列与作业执行器。作业队列指需要执行的作业按照什么顺序执行。作业队列在作业系统中充当缓冲区作用，会根据作业量大小提供一个存储位置，使得需要执行的作业按顺序、按需求进行排列分布，作业队列具有解耦、异步、削峰三大作用。解耦是指剥离多个同类型执行器之间的关系，比如料塔开启输送模式需要多个执行器顺序执行，挡料口和传送带之间并没有直接通信，而是通过中心控制器进行统一调度，这样的队列方式解决了两个执行器之间的通信问题，这样可以更匹配系统的执行力。异步是指两个执行器通过作业队列可以同时进行，如同上文传送带示例，由于是由作业队列控制消息，作业队列可向不同的挡料板以及传送带发出指令，达到异步进行效果。削峰是指当有大量工作堆积时，执行器不能同时接受多个命令，而作业队列有效缓解了多个命令之间的关系，为执行器稳定运行提供基础。

作业执行器是指执行作业的终端。随着智慧畜牧业的发展，执行器更加偏向智能电子化。传统的养殖设施多以单体机械化养殖设备为主，需要固定操作人员且需要具备相应的操作技术，而现代化智能执行器通过结合人工智能技术、物联网技术、智能交互技术、多模态感知技术，克服了物联网和畜牧业深度融合难的问题。通过智能养殖装备，可降低养殖场人工劳动力与维护成本，提高工作效率及生产效益。

1.5 关键技术

1.5.1 物联网技术

物联网(internet of things，IoT)技术是指通过互联网将各种传感器、设备、物品等互相连接，实现数据的互通和共享，以实现智能化识别、定位、跟踪、监管等功能。

智慧牧场是指将物联网技术应用在牧场的生产、经营、管理和服务中，运用感知层的养殖环境监测传感器、生理体征监测传感器、音频信息采集传感器、视频信息采集传感器等感知设备，对牧场中的畜禽生长环境信息、个体体征信息等进行采集。然后通过网络层的无线传感网络、移动通信网络和互联网等现代信息传输手段，将获取到的大量牧场信息进行融合、处理。最后，通过智能化的操作终端，实现应用层的牧场产前、产中、产后的过程监控、科学决策和实时服务。这种技术使得牧场的人、机、物一体化互联，进而达到畜牧养殖的高产量、高效益、高效率、优质量、集约化和精细化的目标。物联网的发展，给畜牧业全过程都带来了巨大的变革。智慧牧场的农业物联网架构如图 1-1 所示。

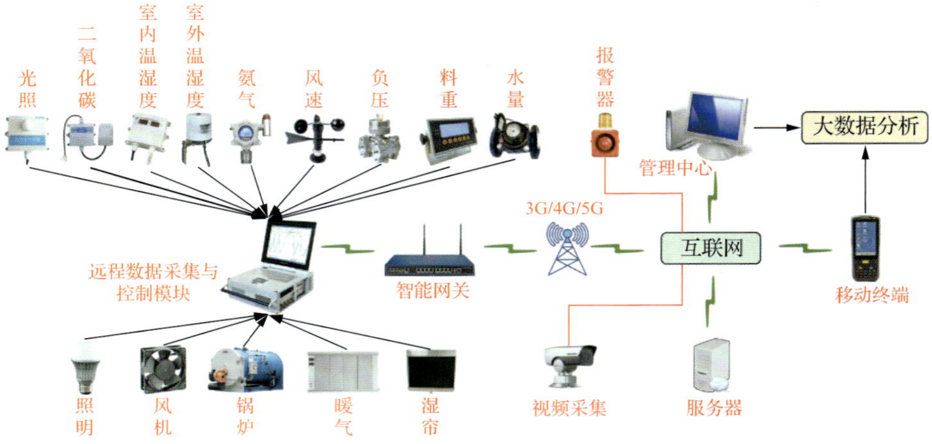

图 1-1　智慧牧场的农业物联网架构示意图

(1)感知层　感知层是农业物联网获取农业生产信息的关键手段,也是目前农业物联网发展技术瓶颈之一。根据检测对象的不同,可以将先进农业传感器技术划分为环境信息传感器技术和生命信息传感器技术。环境信息传感器技术设备可以采集和感知农业生产环境中的各种信息,如土壤温度、湿度、氢离子浓度、阳光强度、二氧化碳浓度、氮磷钾等营养元素含量,同时还可以监控和控制设备的运行状态和执行特定任务。生命信息传感器技术则是基于射频识别(RFID)的个体定位技术实现畜禽体征实时检测。

(2)网络层　网络层是连接感知层和云平台层的纽带,主要负责将感知层采集的数据和指令传输到云平台层中。农业物联网网络层通常使用无线通信技术,如蓝牙、ZigBee、LoRa、NB-IoT等,同时也会使用有线通信技术,如以太网、电力线通信(PLC)等。

(3)云平台层　云平台层是畜牧场的数据中心,它将感知层采集到的数据进行汇总和处理,通过数据挖掘、大数据分析等技术对数据进行深度挖掘和分析,以提取有效信息。同时,云平台层还可以提供数据可视化和远程控制等功能,便于用户对牧场进行监控和管理。例如,通过云平台层可以实现智能化的喂养计划和养殖管理系统、疫情监测和管理系统等。

(4)应用层　应用层是指利用云平台层中的数据进行分析和处理,实现决策支持和数据服务的部分。例如,基于大数据分析的养殖策略优化、动物行为监测和预测、疫情预警和管理等应用。此外,应用层还可以实现与其他系统如企业资源计划(ERP)、客户关系管理(CRM)、地理信息系统(GIS)等的互联互通,实现畜牧业的智能化管理和运营。

畜牧业是农业生产中规模化程度最高,技术、设备与资金投入相对集中的领域之一。从家畜个体的编码与标识,生产过程的数据采集与传输,家畜个体的精细饲养控制,到畜产品全程质量安全溯源等,都有相应的标准与规范以及相应技术产品与网络控制智能平台,并且这些技术在具有一定信息化基础的生产企业得到了示范应用,物联网技术已逐步成为提高生产力的主要要素,正在改变人们对农业信息技术应用效果的认识。

1.5.2　大数据技术

大数据(big data)为信息技术(IT)行业术语,是一种规模大到在获取、存储、管理、分析方面远远超出了传统数据库软件工具能力范围的数据集合,同时具有海量的数据规模、快速的数据流转、多样的数据类型和价值密度低四大特征。大数据技术的意义不在于掌握庞大的数据信息,而在于对这些含有意义的数据进行专业化处理。

大数据技术是指用于收集、存储、处理和分析大规模数据集的技术和工具。它可以帮助人们从海量、异构和复杂的数据中提取有价值的信息和知识,支持决策、预测和优化等应用。大数据技术包括数据采集、数据存储、数据处理和数据分析等环节,常见的技术和工具包括分布式存储系统、分布式计算框架、数据挖掘和机器学习算法、可视化工具等。随着数据量的不断增长和数据来源的多样化,大数据技术在各行各业都得到了广泛应用,成为推动信息技术和产业发展的重要力量。

畜牧数据同样具有多源、异构、跨平台、跨系统的典型大数据特征,随着信息化的不断发展,基于各种架构和技术的畜牧养殖物联网、数据中心相继建立,在解决信息化的同时,计算机存储技术快速发展,数据量跨入ZB(2^{70} B)时代,待处理的信息量超过了一般计算机在处理数据时所能使用的内存量,新的分布式系统架构 Hadoop 和计算模型 MapReduce 应运而生。全新的技术条件使得对海量数据的整合、聚类、回归等变得可行。将大数据技术应用于畜牧业,通过对畜牧生产、管理、市场等方面的大量数据进行采集、存储、处理和分析，提供决策支持和业务优化的解决方案。畜牧大数据技术主要包括以下方面。

(1)数据采集和处理　利用各种传感器、监测设备和智能化设备对畜禽的环境、生长、健康等信息进行实时采集和监测，将采集到的数据通过云计算、物联网等技术进行处理和分析。

(2)数据存储和管理　将采集到的数据进行分类、整理和存储，利用分布式存储技术、数据仓库、NoSQL 等技术构建可靠、安全、高效的数据存储和管理系统。

(3)数据分析和挖掘　通过数据挖掘、机器学习、人工智能等技术对数据进行深度分析，提取规律、发现问题、预测趋势，为畜牧业的决策提供科学依据。

(4)应用与服务　将畜牧大数据技术应用于畜禽养殖管理、疾病预防、营养调配、市场预测等方面，提供个性化的服务和决策支持，帮助畜牧业实现科学、精细化管理和高效、高质量产出。

1.5.3　机器人技术

机器人是一种具备一些与人或生物相似的智能能力，如感知能力、规划能力、动作能力和协同能力，具有高度灵活性的自动化机器。机器人技术包括机器人的机械结构、传感器、控制器、人工智能等方面，它使机器人具备了自主感知、智能决策、协同操作等功能。畜禽养殖类机器人是指在规模养殖环境下完成自主导航行走、动物行为识别、定向跟踪作业等任务的机器人，主要用于畜禽饲喂、环境消杀、挤奶打针、健康巡检等任务。关键技术包括计算机视觉技术、自主导航稳定行走技术、智慧决策技术、端-边-云协同技术等。

计算机视觉技术是机器人技术的重要内容之一，其关键是通过图像处理和分析识别作业路线，涉及机器视觉传感器标定、图像增强、图像分割与目标识别和导航作业路线提取等环节。机器视觉的摄像机标定是指确定摄像机内部几何和光学特性(内部参数)和相对一个世界坐标系统的摄像机坐标系统的三维位置和姿态(外部参数)。采用图像增强技术可以增强畜禽舍彩色图像中动物与背景之间的差异，便于进一步识别目标。图像分割与目标识别技术旨在采用图像分割方法，分离舍内背景信息，进而通过模式识别等手段确定特定的识别要求。

自主导航稳定行走技术提供了机器人路线行走方式的解决方案，关键技术包括移动底盘设计与驱控、实时精准定位、自主导航与避障技术、地图探索与构建，以及路径规划轨迹跟踪控制等。设计模块化、轻量化、高通过性农业机器人移动底盘，构建运动学与动力学模型，建立机器人与地面相互作用系统高维模态分析方法，开发负载敏感自适应、多驱动轮动力匹配的移动平台控制系统。路径规划轨迹技术主要有全覆盖的全局路径规划、局部路径规划两种方式结合的路径规划。全覆盖的全局路径规划是指环境信息已知，如一定区域的边界坐标点、规避障碍物点等，然后按照一定的算法确定最优路径，使机器人行驶能够合理高效地覆盖一定区域内除障碍区外的其他区域，减少重叠路径。局部路径规划是指利用自带的传感器，对周围环境进行自我感知，实现实时避障与路径动态规划。也可将两种作业路径规划方式结合，形成实时性好、适应性强和易于优化的路径规划路线。

智慧决策与智能控制系统旨在对感知信息进行深度融合、认知推理、预测规划，并协调控制机器人多个子系统作业，它是畜牧机器人的核心要素，其共性关键技术主要包括农业机器人软硬件控制平台技术、作业算法工具、作业决策应用。智慧决策主要取决于基于机器学习的感知、决策、控制算法，并以目标识别定位、环境重建、自主移动、高效收获、运维调度等作业决策通用组件的开发作为支撑。

端-边-云协同的畜牧机器人系统设计包括机器人本体数字化设计、控制系统架构设计、子系统协调控制、系统仿真与数字孪生、端-边-云协同的云脑控制技术，以及多机器人协同作业技术。畜牧机器人全程作业云端大数据库、云端知识图谱知识库的构建是开发畜牧机器人云管控系统的基础。面向无人农场、智慧牧场等系统级建设需求，畜牧机器人通过多机协作、机群调度、智能运维等云脑控制技术，实现多平台兼容机器人系统集成。

1.5.4 人工智能技术

人工智能(artificial intelligence，AI)技术是指通过模拟人类智能的思维和行为方式，使计算机系统能够自主学习、推理、感知、理解、交流、判断和决策的技术。它是计算机科学、数学、统计学、神经科学、心理学等多个学科交叉发展的产物。人工智能研究的科学目标是通过构建具有象征意义的推理或推理的计算机程序来理解智能。在集约化畜牧业中，人工智能技术在动物健康和福利改善领域辅助智慧养殖发挥重要作用，从而取得良好的经济效益。其中常用于畜牧业建模、预测和管理的人工智能技术包括人工神经网络、卷积神经网络、自适应神经模糊推理系统、机器学习和模式识别等。

人工神经网络(artificial neural network，ANN)是一种由许多简单的处理单元(人工神经元)组成的计算模型，通过多个处理层对数据进行分析和建模，是近年来最常见的人工智能模型。在畜牧业中，ANN被用于预测和管理畜禽生长和产量等方面的数据，如动物疾病检测、生长性能估计、环境条件监测与控制、预测奶牛产奶量、预测猪只体重等。

卷积神经网络(convolutional neural network，CNN)是一种由卷积层、池化层、全连接层等多个层次构成的深度学习神经网络，主要用于图像识别、图像分类、物体检测等计算机视觉领域。在畜牧业中，CNN主要集中在不同的昼夜时间条件下通过对图像、视频和音频处理实现动物姿势、位置和跟踪的行为识别。此外，基于福利、饲养和生长监测的目的，CNN提供了一种非侵入式个体自动识别和检测方法，包括面部和身体的识别、牲畜的体重估计、体况体貌自动化评价、饲喂量监测、动物反刍等。

自适应神经模糊推理系统(adaptive neural fuzzy inference system，ANFIS)是一种将模糊逻辑和人工神经网络结合起来的方法，可用于预测和管理畜牧业数据。它能够通过学习来自适应地生成系统的输出，并且可以轻松地处理非线性和复杂系统。ANFIS模型重点用于猪舍环境控制的氨或温室气体浓度和排放预测，肉鸡或养牛场的能量输出和消耗，牛粪产生的沼气排放量，以及鹅的喂养强度与饲料配比之间的关系等。

机器学习(machine learning，ML)是一种让计算机自动学习并改进经验的方法，用于预测和管理畜牧业数据。主要包括决策树算法、聚类算法、支持向量机算法和马尔可夫链等模型。在畜牧业中，ML可用于处理和分析大量数据，如预测牲畜死亡率、预测动物的行为、疾病检测，以及动物的声音检测分类等。

模式识别(pattern recognition，PR)是一种基于仿生学的智能技术，通过生物感知和计算机分析图像、视频、声音等数据信息，自动识别其中的数据模式。在畜牧业中，该技术被广泛应用于个体行为、肉质和生长表现的描述和识别。例如，利用反刍动物进食行为的声音信号，可以提高对颌骨运动的识别。

1.5.5 区块链技术

区块链(blockchain)是一个信息技术领域的术语。从本质上讲,它是一个共享数据库,存储于其中的数据或信息,具有"不可伪造、全程留痕、可以追溯、公开透明、集体维护"等特征。基于这些特征,区块链技术奠定了坚实的"信任"基础,创造了可靠的"合作"机制,具有广阔的运用前景。区块链作为促进数字农业发展的核心技术之一,农业数字化水平的不断提高为区块链技术的应用奠定了基础,而区块链技术的应用又将进一步促进数字农业的发展。区块链凭借其分布式存储、不可篡改和可追溯等特征,通过与物联网、大数据、云计算、人工智能、5G等数字技术的有效结合,能够解决数字农业发展过程中面临的农产品质量安全、农产品产供销以及农业保险信贷等难题,为数字农业发展"保驾护航"。在畜牧业中,区块链技术可以应用于提高畜产品的质量和安全性。通过区块链技术,畜牧业可以实现从生产到销售的全过程可追溯,消费者可以查看到畜产品的来源、饲养、兽医治疗记录等信息,提高产品的透明度和安全性。

区块链技术作为一种新兴的分布式账本技术,在畜牧业中得到了广泛的应用。主要应用包括追溯系统、养殖场智能化管理、畜产品交易、畜牧业保险等方面。

在畜牧业的追溯系统中,区块链技术可以实现从牧场到餐桌的全链条可追溯性。例如,消费者可以通过扫描产品包装上的二维码,获取这个产品的所有生产和运输过程,从而确保食品的来源和安全,提高畜产品的安全性和可信度。

在养殖场智能化管理中,区块链技术可以实现养殖环境监测、畜禽健康监测、饲料和药品管理等方面的智能化管理。通过区块链技术,可以为每个养殖场颁发一个数字证书,记录养殖场的质量和环保状况,以及生产过程的详细信息。这可以帮助养殖场向消费者展示他们的质量标准和生产过程,提高消费者对他们产品的信任度,提高畜牧业的生产效率和养殖质量。

在牲畜身份认证中,区块链技术可以用于身份认证,记录每头牲畜的基本信息,如年龄、性别和品种等。这可以帮助养殖场管理牲畜,追踪它们的生产过程和肉质品质,同时也可以为消费者提供更多的信息和选择。

在畜牧业交易、保险中,区块链技术可以实现畜牧业风险的分散和互助保险、畜产品的数字化交易和交割等功能,区块链技术可以使用智能合约来自动化畜牧业的管理和交易。例如,可以编写智能合约来管理养殖场的销售和购买,确保交易的安全和透明。同时,智能合约还可以自动执行合同条款,减少人工干预和错误的可能性,提高畜牧业的风险管理能力、交易效率和可信度。

虽然区块链技术在畜牧业中的应用还存在一些问题,如技术门槛高、数据隐私保护等问题,但其潜力和发展前景仍然十分广阔。随着技术的不断进步和应用场景的不断扩展,区块链技术在畜牧业中的应用将会越来越广泛。

技术篇

第 2 章

畜禽养殖环境监测控制

2.1　畜禽养殖环境监控对象

畜禽养殖环境监测与控制旨在构建针对不同养殖阶段、目标和品种的指标体系和生长环境表达模型，并建立报警机制。这有助于快速获取养殖环境信息、自动预警环境异常、自动控制相关设备，以确保养殖环境适宜，从而保障动物的正常生长发育和生产效率。要实现精准调控，环境监测的对象需要包含 3 类要素：一是直接作用的环境因子，主要包括温热环境、空气环境、光环境、声环境、空间环境等；二是调节环境因子的环控设施设备运行条件或状态，如风机运行数量及位置、小窗开启角度等；三是动物对于所处环境适宜情况的反应或生产管理效益，如采食饮水状况、饲料转化效率、系统能源消耗等。随着物联网技术的发展，上述监测对象通常是利用传感器自动获取，当前阶段已基本实现了环境因子的在线获取，正在逐步完善设备运行状态及动物反应的自动、在线获取，本章主要针对环境因子及环控设备运行状态的监控进行论述。

2.1.1　环境因子

温度、湿度、有害气体浓度等直接作用于畜禽个体的环境因子是养殖生产中环境监控的首要对象。经过近几十年传感器技术的发展，环境因子的监测在智慧养殖中的应用已经较为普遍，传感器的精度和稳定性也日趋提高，但由于不同环境因子的重要性、空间变异性、监测及维护成本不同，传感器的高效应用方面仍需要进一步加强。

2.1.1.1　温热环境

温热环境监测对象包括对畜禽热调节能够产生直接影响的外界环境因素：气温、气湿、气流和太阳辐射。获取环境中单一因子的参数值后，借助环境因素和数学模型间接地对畜禽冷、热应激程度进行评价，从而为保温、除湿、通风、喷淋及其他缓解应激措施提供依据。

目前，环境温度传感器主要分为热电偶式和热电阻式，热电偶式是利用 2 种不同导体或半导体两端相互连接组成回路，因两端温差产生电动势从而反映环境温度大小。湿度传感器主要分为电容式或电阻式，其中电容式的线性响应效果更佳，使用较为广泛。除了考虑传感器的形式和精度外，科学合理的监测布点也是精准环境管理成功的关键。环境监测传感器的布点要求具有代表性，能通过多点的监测最大限度地代表舍内实际环境分布状况，同时为了减少成本，需要以最少的布点实现对养殖整体环境的监控。在建筑环境监测方面，传感器布局优化的研究主要侧重于经验布点、聚类算法和统计学方法等。经验布局方案如梅花法和对角线法等，以固定、规律的布点方式安置传感器,虽然忽略了舍内温度的动态变化,但简单易行、标准化程度高,在科研和实际生产中得到了大量的应用。Lee 等(2019)以均方误差为评估标准筛选了传感器的最优组合,并利用熵值度量传感器探测温度变化的范围。赵国强等(2019)采用 R^2 描述传感器所测温度与植物区平均温度的偏离情况,分析了不同传感器布局与植物生长区温湿度变化的关系。Yoganathan 等(2018)利用聚类算法、信息损失法和帕累托原理得到楼内传感器的最优布置策略,实现了以较低的运行成本使智能建筑系统高效运行。Conti 等(2017)利用普通 Kriging 方法确定了 3 个最具代表性的传感器定位点,以便在夏季 12:00—15:00 这一关键时期为监测肉鸡舍通风系统运行效果提供支持。刘雁征(2007)提出了基于 K-means 聚类分析法和 Bayes 估计温室内传感器优化布置以及多传感器数据融合的方法。

2.1.1.2 光环境

畜禽舍的光环境主要包括光源、光强、光照时间等要素,各要素与畜禽的生长发育繁殖环节息息相关。自然采光畜禽舍中,采光窗的位置、形状、数量和面积均是采光设计中考虑或优化的目标。人工照明一般以白炽灯和荧光灯作为光源,多用于密闭舍的完全人工光照。光照强度对家禽和猪的生长影响显著。适度的弱光有助于雏鸡的健康生长,同时可以使肥猪保持平静,减少运动量,从而提高饲料的转化效率。目前,光照度传感器采用热电效应原理,太阳辐照使冷热接点产生温差电势,输出信号与光照度呈正比关系。

2.1.1.3 空气环境

畜禽舍空气环境监测对象除了常见的氨气、硫化氢、二氧化碳等有害气体外,还有粉尘和病原微生物等,主要来源于畜禽呼吸、粪便、饲料、垫料的分解等。二氧化碳是畜禽舍内卫生评定的一项重要指标,它反映畜舍内空气的污浊程度,常用的气体传感器有固态电解质和红外式两种,猪舍常用的双光束红外式 CO_2 传感器稳定性强、精度高,其原理是根据 CO_2 对特定波段红外辐射的吸收作用,使透过测量室的辐射能量减弱,能量减弱程度与 CO_2 浓度呈正比关系。

来自动物粪便、垫草以及其他排泄物的粉尘和病原微生物很容易积聚并形成微生物气溶胶,造成动物源性生物污染,也会影响动物生产性能。目前,生物气溶胶监测主要通过自然沉降法和仪器采样法采样后进行培养计数,尚未实现自动化快速测量。空气微生物采样器种类较多,主要包括固体撞击式、液体撞击式、气旋式、离心分离式和静点式,其中最常用的是撞击式空气微生物采样器。安德森多级采样器和国产 JMT-6 型采样器是最常用的固体撞击式采样器,AGI-30 是最常用的液体撞击式采样器。采样器采样效率是影响检测结果的重要性能,同时固体撞击式采样器还需要防止过载。另外,有研究提出了一种基于湿式旋风分离器的新型生物气溶胶采样系统,用于实时和连续监测空气中的微生物,并使用无线遥控系统将样品传送到传感设备,能够实现显著的颗粒富集和稳定的微生物回收,还适用于实时监测现实环境中的生物气溶胶。

2.1.1.4 声环境

噪声是指能引起不愉快和不安全感或引起有害作用的声音。畜禽本身不会发出高水平的噪声,畜禽舍的噪声多来自发电机、取暖系统、机械风扇、车辆出入等,可用专用仪器以分贝(dB)为单位对其强度进行度量。家禽对噪声比较敏感,鸡舍噪声不能超过 85 dB。家禽遇到噪声会受惊、炸群,突发高强度噪声会增加家禽死亡率或使产蛋率下降。

2.1.1.5 空间环境

集约化的饲养方式从生产效益上看是先进的,但动物福利要求考虑生产的合理性。高度集约化的饲养方式给动物带来极度不适，例如，蛋鸡的笼养使其自身行动和自由受到限制，导致蛋鸡产生啄羽、啄趾等恶习或长期处于应激状态。空间环境主要考虑家畜的活动空间、饲养密度、饲养方式和富集程度等指标，这些都与动物福利息息相关。活动空间包括自身活动空间（如躺卧、站立和伸展）和社会空间（与同伴之间的最小距离），如果最小空间范围受到侵犯，动物会逃跑或者对“敌对势力”进行攻击。环境富集指在单调的环境中，提供必要的环境刺激，促使畜禽表达其种属内典型的行为和心理活动，从而使该畜禽的心理和生理都达到健康状态。增加环境富集性的方法很多，如添加栖架和沙堆，为不同活动提供不同的场所、提供玩具等。

2.1.2 环境调控设备

畜禽舍环境调控多通过控制与舍内通风状态有关的通风口位置和大小、运行中的风机台数和位置等环境调控设备的运行状态来实现，环控设备的在线监控也是畜禽环境智能调控的重要组成部分。工厂化养殖多采用机械通风，配合湿帘进行夏季降温，风机-湿帘系统的运行及通风量的监测是环境调控的核心，下面以此为例进行介绍。

通过传感器检测风机运行时产生的可感知信号来推断风机运行状态，如风机振动感知、电流或电压感知等，但在实际的使用过程中投入及维护成本高。随着智能化手段推进，可基于图像处理技术，借助分析运行视频进行风机运行状态监测（图 2-1）。使用霍夫变换定位风机位置，稠密光流计算风机运行中像素点的运动数据，拟合特征数据与通风量等级，可实现视频检测风机运行状态，并在风机通风性能衰减 30%以上时进行报警。虽然增加了分析的难度，但这种监测模式领先于传统方法，为风机的监测开辟了新思路和新方法。

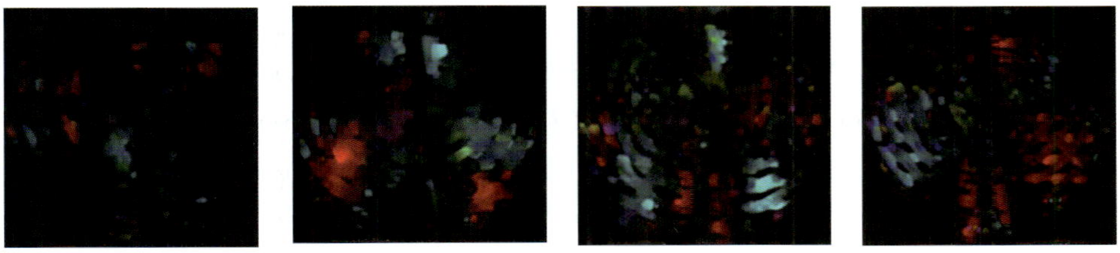

(a) (b) (c) (d)

图 2-1 不同功率下风机运行状态图像稠密光流计算后的可视化结果（Ding 等，2023）

（风机额定功率 50 Hz；a. 15 Hz；b. 25 Hz；c. 35 Hz；d. 45 Hz）

侧墙通风小窗开启大小是否适宜以及舍内所有通风小窗开启大小是否一致将直接影响各进风口风速大小，进而影响舍内环境的均匀与稳定。日常调整小窗开启大小的方法主要包括 AC2000 自动调节和手动操作两种方式进行，北京市华都峪口禽业有限责任公司总结了一种窗板刻度标记技术，可直接观察小窗开启大小，确保小窗开口大小均匀、一致，也便于随时校准小窗。

湿帘是一种用特种纸制成的蜂窝结构材料，湿帘使用的材料、厚度、作用角度、通过的空气速度、水流流量与使用时间都是影响降温作业效率的因素。湿帘供水应使湿帘均匀湿透达 90%以上，通过调节水泵减压阀的开度可调节湿帘总供水量。湿水流过会产生回流困难而使水从水槽溢出，水量过大还会造成上框挡板及湿帘毛边“飞水”现象，水量过小则使湿帘湿透不均。湿帘降温必须和风机相结合才能起到降温的效果。

2.2 畜禽舍环境舒适度评价方法

畜禽舍环境舒适度既是保障动物福利的要求，也与动物的生产性能息息相关。畜禽舍环境舒适度涉及多种环境因素，如温度、湿度、光照、气流、噪声、空气质量等，它们相互影响、相互作用。夏季畜禽舍空气湿度大不利于排热，会加重热应激；冬季畜禽舍潮湿会增加热传导而加重冷应激。

除了以独立环境参数或独立生理参数为评价指标的方法，在综合考虑多项环境参数的情况下，专家们提出了以温热环境综合评估指数为评价指标的方法，但是不同的评价指标在应用时各有侧重，也并未考虑空气质量的综合作用，所以，借助基于统计分析的数学模型算法，专家们设计了更加全面且定性的评价指标体系。同时，随着传感技术和人工智能算法的发展，通过对动物的视频监测、图像识别和声纹分析，以动物监测为基础的评估方法也被应用于畜禽养殖环境舒适度评价。

2.2.1 经验公式评估方法

温度、相对湿度、气流速度以及太阳辐射共同作用形成畜禽舍温热环境，决定了畜禽个体热舒适性，对畜禽生长有重要的影响。虽然畜禽具有保持体温恒定的能力，但过高过低的温度将消耗动物的大量热量，影响正常的生育进程，饲料转化率也大大降低。当环境温度超出动物自身的调节能力时，还可能造成动物死亡。

因环境因子综合作用而产生的动物不适一般称为环境应激，包括冷应激、热应激。为了定量评估环境应激的水平以便采取缓解措施，根据畜种、建模方法、调查重点、气候类型等的差异，科研人员研究了多个可用于评价环境应激水平的指标，常用温湿指数(temperature humidity index，THI)、温湿风指数(temperature-humidity-velocity index ，THVI)、热负荷指数(heat load index，HLI)、综合气候指数(comprehensive climate index，CCI)等作为评定畜禽的环境应激程度的主要依据。如果不考虑特定假设和各个参数的适用场景和推导过程，很可能造成参数误用。

2.2.1.1 温湿指数

温湿指数(THI)是从人体的不适指数引进的评估参数，仅通过空气温度和空气湿度这两个容易测量的参数来评价环境的应激性。温湿指数常用于评估牛只的应激程度，公式如下：

$$\mathrm{THI} = T_{\mathrm{d}} + 0.36\, T_{\mathrm{dp}} + 41.5 \qquad (2\text{-}1)$$

式中：T_{d}为干球温度，℃；T_{dp}为露点温度，℃。

传统上，THI 分为 4 个阈值水平，即正常，THI≤74 ℃；警报，74＜THI＜79 ℃；危险，79 ℃≤THI＜84 ℃；紧急，THI≥84 ℃(LCI，1970)。Mayer 等认为奶牛舍中 THI 的上、下临界值分别为 78 ℃和 72 ℃。而在肉牛舍中，Amundson 等总结出 0～60 日龄犊牛舍的最佳 THI 为 68 ℃，妊娠母牛舍的 THI 不应超过 72.9 ℃。Brown-Brand 等总结出育肥牛舍中 THI 的上、下限分别为 84 ℃和 74 ℃。由于 THI 将干球温度和湿球温度同等看待，而不同畜种的皮肤蒸发散热路径不同，难以适用于不同家畜。

2.2.1.2 温湿风指数

温湿风指数(THVI)又称体感温度，是根据温度、湿度和风速评价环境综合温度的指标，是陶秀萍(2003)基于对 18 种组合温湿风条件下肉鸡深部体温的变化进行监测后提出的，肉鸡的 THVI 计算公式为：

$$\mathrm{THVI} = (0.85\,T_{\mathrm{d}} + 0.15\,T_{\mathrm{wb}}) \times v^{-0.058} \tag{2-2}$$

式中：T_{d} 为干球温度，℃；T_{wb} 为湿球温度，℃；v 为气流速度，m/s。该公式在气流速度为 0.2～1.2 m/s 的范围内适用。根据肉鸡体温变化情况将体温平衡状态分成安全、警戒、危险和致死 4 个等级，各级的体温范围分别为小于 1.0 ℃、1.0～2.5 ℃、2.5～4.0 ℃和大于4.0 ℃。

陈昭辉(2018)根据实验动物的不同更换相应的系数，但未给出相应阈值。牛的 THVI 的计算公式为：

$$\mathrm{THVI} = (0.35\,T_{\mathrm{d}} + 0.65\,T_{\mathrm{wb}}) \times v^{-0.058} \tag{2-3}$$

2.2.1.3 热负荷指数

热负荷指数(HLI)是结合环境温度、湿度、风速和太阳辐射这 4 种环境因素来评价夏季环境炎热程度的指标。

其计算公式根据黑球温度分为两部分：

$$\mathrm{HLI}_{T_{\mathrm{bg}}<25} = 10.66 + 0.28 \times rh + 1.3 \times T_{\mathrm{bg}} - v \tag{2-4}$$

$$\mathrm{HLI}_{T_{\mathrm{bg}}>25} = 8.62 + 0.38 \times rh + 1.55 \times T_{\mathrm{bg}} - 0.5 \times v + \mathrm{e}^{2.14-v} \tag{2-5}$$

$$T_{\mathrm{bg}} = 1.33\,T_{\mathrm{d}} - 2.65\,T_{\mathrm{d}}^{0.5} + 3.21\log(sr + 1) + 3.5 \tag{2-6}$$

式中：T_{bg} 为黑球温度，℃；rh 为相对湿度，%；v 为气流速度，m/s；e 为自然对数；sr 为太阳辐射。

HLI 分为 4 个等级：热中性环境，HLI＜70；温热环境，70≤HLI＜下限临界值；炎热环境，下限临界值≤HLI≤上限临界值；极热环境，HLI＞上限临界值。

HLI 的初始临界值测定以无荫蔽条件、积粪厚度 50 mm 左右、身体健康、饲养日龄为 80～130 d、饮水温度为 21～30 ℃的黑色安格斯牛为例，其下限临界值和上限临界值分别为 77、86。当 HLI 高于下限临界值时，肉牛开始出现热应激；大于上限临界值时，肉牛体热调节失衡，出现热积聚状态，体温升高。上、下限临界值要根据肉牛的品种、毛色、健康状况、育肥天数和畜舍的遮阳情况、粪堆厚度、饮水温度等进行校正。

2.2.1.4 综合气候指数

综合气候指数(CCI)基于 HLI 和风冷指数(wind chill index，WCI)形成，适宜的温度范围在－30～45 ℃，因而既可以评估热应激，也可以评估冷应激，其计算公式如下：

$$\mathrm{CCI} = T_{\mathrm{a}} + \mathrm{RH}_{\mathrm{adj}} + V_{\mathrm{adj}} + \mathrm{RAD}_{\mathrm{adj}} \tag{2-7}$$

$$\mathrm{RH}_{\mathrm{adj}} = \exp(0.00182 \times rh + 1.8 \times 10^{-5} \times T_{\mathrm{db}} \times rh) \times (0.000054 \times T_{\mathrm{a}}^{2} + 0.00192 \times T_{\mathrm{a}} - 0.0246) \times (rh - 30) \tag{2-8}$$

$$V_{\mathrm{adj}} = \frac{-6.56}{\exp\left\{\dfrac{1}{(2.26 \times v + 0.23)^{0.45\times[2.9+1.14\times10^{-6}\times v^{2.5}-\log_{0.3}^{(2.26\times v+0.33)-2}]}}\right\}} - 0.00566 \times v^{2} + 3.33 \tag{2-9}$$

$$DSR_{adj} = 0.0057sr - 0.00002sr \times T_a + 0.00005 T_a^2 \times \sqrt{sr} \quad (2\text{-}10)$$

$$T_{gs} = T_a + 0.019sr \quad (2\text{-}11)$$

$$SR_{adj} = 0.1 \times T_{gs} - 2 \quad (2\text{-}12)$$

$$RAD_{adj} = DSR_{adj} + SR_{adj} = 0.0076 \times sr - 0.00002 \times sr \times T_a + 0.00005 \times T_a^2 \times \sqrt{sr} + 0.1 \times T_a - 2 \quad (2\text{-}13)$$

式中：RH_{adj}、V_{adj}、RAD_{adj}分别为相对湿度、气流速度和太阳辐射的调整值，℃；DSR_{adj}和SR_{adj}分别为太阳辐射与地表温度的影响，℃；T_{gs}为地表温度，℃。

基于CCI的热应激和冷应激分类阈值见表2-1。CCI的计算涉及根据相对湿度、风速和太阳辐射对环境温度的调整，因而可以确定奶牛所处实际环境的温度。由于CCI模型中的变量和校正计算都比较复杂，若牧场详细的管理和圈舍条件缺失，CCI的应用效果可能会出现不确定性。

表2-1 基于CCI的热应激和冷应激分类阈值（孙小琴等，2021）

应激程度	热应激/℃	冷应激/℃
无应激	<25	>0
轻度应激	25～30	−10～0
中度应激	30～35	−20～−10
高度应激	35～40	−30～−20
极端应激	40～45	−40～−30
危险应激	≥45	<−40

2.2.2 数学评估方法

对于畜禽生产来讲，若无法全面地对多种环境因子组成的环境条件进行综合分析与评价，就会导致多维数据间生动的有机联系被割断，无法深入挖掘其中包含的信息。由于畜禽舍环境舒适度自身的不绝对性和模糊性，除了上述基于温热环境的定量描述，还可利用基于统计分析的数学评估方法进行舒适度的定性评估，定性评估还会考虑畜禽舍的环境质量参数，常见的包括模糊综合评价方法、灰色关联度分析、云模型理论等。

2.2.2.1 模糊综合评价方法

模糊综合评价方法（fuzzy comprehension evaluation method，FCE）是一种基于模糊数学的综合评价方法，该方法根据模糊数学的隶属度理论把定性评价转化为定量评价，即用模糊数学对受到多种因素制约的事物或对象做出一个总体的评价。它具有结果清晰、系统性强的特点，能较好地解决模糊的、难以量化的问题，适合各种非确定性问题的解决。

由于评价因素的复杂性、评价对象的层次性、评价标准中存在的模糊性以及评价影响因素的模糊性或不确定性、定性指标难以定量化等一系列问题，人们难以用绝对的“非此即彼”来准确地描述客观现实，经常存在着“亦此亦彼”的模糊现象，描述也多用自然语言，而自然语言最大的特点是它的模糊性，而这种模糊性很难用经典数学模型加以统一量度。因此，建立在模糊集合基础上的模糊综合评价方法，从多个指标对被评价事物隶属等级状况进行综合性评判，它把被评判事物的变化区间做出划分，一方面可以顾及对象的层次性，使得评价标准、影响因素的模糊性得以体现；另一方面在评价中又可以充分发挥人的经验，使评价结果更客观，符合实际情况。模糊综合评判可以做到定性和定量因素相结合，扩大信息量，使评价精度得以提高，评价结论可信。

谢秋菊基于猪舍环境监测数据及模糊集理论，建立猪舍多环境因子的模糊综合评价模型。依据舍内环境控制标准，建立猪舍内温度、湿度、氨气浓度、二氧化碳浓度和硫化氢浓度的隶属度函数，基于层次分析法，建立模糊评价的权重向量，对各环境因子隶属关系进行模糊变换，根据最大隶属度原则，得到猪舍环境适宜性综合评价结果。与单因素评价方法相比，多环境因子模糊综合评价方法综合考虑了多个环境因子，评价结果更为合理，符合猪生长所需的复杂环境要求。

贾乐心运用模糊综合评价的思想，选取温度、相对湿度、风速、二氧化碳浓度、氨气浓度作为评价指标并将试验数据进行融合，通过层次分析法和灰色关联法相结合的方式，分别确定了冬、夏两季关键环境因素的权重，并将以上环境因素数据值进行评分转换，确定了蛋鸡舍环境舒适度评价指数。结合雷达图法对环境舒适度进行可视化呈现，并分别设置冬、夏两季对应的环境舒适度阈值（警示线），帮助对环境舒适度进行评价及预测。通过对比评价指数与传统评价方法（温湿指数）的应用结果，表明基于模糊综合评价建立的舒适度评价指数能够全面、直观地表征舍内整体环境舒适度的变化。

2.2.2.2 灰色关联度分析

在控制论中，Ashby 等将事物内部所有信息不明确的称为“黑箱”，所有信息均明确的称为“白箱”，而部分信息明确，部分信息不明确的称为“灰箱”。在此基础上，我国学者邓聚龙提出了灰色系统模型和灰色关联方法。

灰色关联度分析（grey relation analysis，GRA），即根据因素之间发展趋势的相似或相异程度作为衡量因素间关联程度的一种方法，使用灰色关联度表征动态系统中各比较数列与同一参考数列之间的远近程度，跳出了一般系统分析中因素之间两两比较的模式，将各因素统一于共同的参考数列进行比较与分析，因而在环境评价领域中得到了广泛的应用。灰色关联分析法不管样本量多少及有无规律性都同样适用，直接使用各指标的并行数据计算灰色关联度，不事先定义各指标间的耦合关系，具有较强的客观性。

温鹏等（2022）采用灰色关联分析方法进行鸡舍综合环境评价主要影响因子筛选以及权重的确定，用灰色关联度改进了层次分析法中判断矩阵的构建方法并确定了各环境因素的权重值，基于客观数据分析各因素间重要程度，降低了评价模型中人为主观因素的影响，使鸡舍综合环境评价体系的构建更加科学合理。

2.2.2.3 云模型理论

云模型理论（cloud model）由李德毅院士于 20 世纪 90 年代提出，该模型结合了模糊数学和传统概率论原理，通过建立云模型描述事物的随机不确定性和认知不确定性。云由大量云滴组成，云滴越多越能反映定性概念的整体特征（由期望 Ex、熵 En、超熵 He 表征）。期望是数域 U 内最能代表定性概念 T 的点，熵是定性概念模糊度的度量，超熵是熵的离散程度，即云层的厚度。

云模型实际上是一种概率模型，通过生成符合一定分布的云滴，对事物的随机性进行描述。简而言之，每一个云滴都是定性概念的一次随机估值及该估值对定性概念的隶属度的组合。通过建立事物的云模型，实现了随机性与模糊性的统一描述。在使用程度分析法量化定性标准的基础上建立评估标准云模型，随后基于底层指标实测值计算其云参数，并逐层向上汇总得到评估样本的云参数。最后基于样本云参数生成大量云滴，代入评估标准云模型中计算平均确定度，作为确定最终评级依据。云模型不能用于单独计算权重，在基于云模型的模糊综合评价中，采用云模型替代隶属函数来计算相应的权重系数及评价矩阵，建议样本量足够大时采用该模型。

丁露雨等(2020)提出一种基于云模型的奶牛养殖环境舒适度评价方法及系统，选取在测试季节影响或反映奶牛舍环境舒适度的温热环境、空气环境和动物生理 3 个方面的参数作为参评因素，该方法将 3 类不同维度的参数同时纳入评价中，能更科学、准确地评价奶牛舍内环境的舒适度。

2.2.3 以动物监测为基础的评估方法

动物是环境舒适度的天然传感器，通过监测动物的行为、空间利用情况和发声特征，可以构建一个全面的动物舒适度评估体系，用来评估动物所处环境舒适度，从而优化养殖场的环境设计，提升动物健康和生产性能。随着传感器和传感技术的飞速发展，畜禽信息监测技术得到了显著提升，使得摄像机、麦克风、生物传感器等设备得以小型化、低成本化，从而能够在养殖场中广泛部署。当前的畜禽信息监测技术主要分为穿戴式传感器和无接触监测技术两大类。其中，无接触监测技术因其不干扰动物行为而被认为是更为理想的监测手段，包括基于计算机视觉的动物行为与分布信息获取和基于声学的动物发声分析。计算机视觉技术尤其重要，因为它能够通过单个摄像机覆盖多只动物，降低成本，同时提供多模式、高通量的信息源，挖掘动物的表型信息和行为细节。

2.2.3.1 基于动物行为与分布监测的环境舒适度评估

动物的行为能够一定程度反映动物所处环境的舒适度，舒适的环境会促使动物花费更多时间休息和躺卧，应激行为如过度的舔舐、摇头或踱步，可能是环境不适的迹象，监测这些行为有助于评估动物的应激水平和环境舒适度。Becker 等采用温湿度指数、呼吸频率、喘息频率、躺卧时间、躺卧次数、体细胞评分以及身体卫生状况等多种指标，将动物行为融入热应激评分系统以评估奶牛热应激的严重程度。Fu 等结合奶牛生长的外界环境因素以及内在的生理因素，利用多层次分析法、遗传优化算法与多级模糊理论，构建了一种奶牛冷应激综合评估模型，结果表明被测奶牛的轻度和中度冷应激时间更长，且持续的冷应激导致奶牛产奶量降低，采食与躺卧时长增加，站立时长减少，证明了动物行为与环境舒适度之间的密切关系。

畜禽舍内的温热环境和空气质量情况也可以通过动物的空间分布和行为来体现，动物的空间分布扎堆聚拢等行为可以反映它们对舍内温度和空气质量的适应性，当舍内环境分布不均匀时，动物可能会聚集在温热环境舒适的地区，这种行为模式可以被观测到，并作为调整环境状况的依据。目前大多数现有的计算机视觉监测系统都专注于单个动物的行为：采食、饮水、对光的偏好、休息、运动等，这在监测大型动物(牛、猪)的行为时是相对容易的。Nasirahmadi 等基于生猪活动场景图像，通过使用 Delaunay 三角剖析法高精度、自动化地检测由猪舍温度变化导致的围栏内猪群躺卧姿势和位置的改变，以评估猪舍内的热环境，该方法直接观察了猪群的行为变化，从而评估环境舒适度。Tsai 等通过在视频流上使用卷积神经网络监测奶牛头部是否处于饮水槽上方，记录和分析饮水行为数据和环境条件来评估养殖环境，结果表明当 THI 值为 68～93 时，奶牛每日饮水总时长和饮水次数与 THI 指数高度相关，通过监测奶牛的饮水行为来评估环境舒适度，属于群体动物行为评估，验证了视觉环境评估的可行性。

对于家禽类个体体型较小的动物，行为分布状态也是群体健康的标志，患有跛行等潜在疾病的动物往往不太活跃，且由于行动不便更接近饮水区和采食区。Guo（2020）开发鸡舍地面分布成像技术，利用饲喂栏正上方的高清摄像头捕捉鸡群视频，从而进行图像分析，研究识别饮水区、采食区和休息运动区的肉鸡数量，该技术的突破为通过分布模式跟踪家禽福利和健康奠定基础。

（a）原始图像

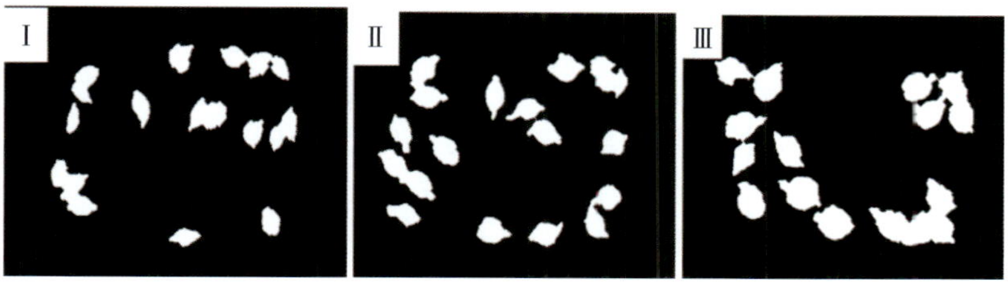

（b）基于GB color space算法的图像识别

图 2-2　基于机器视觉的家禽分布状态识别（Guo 等，2020）

视频感知方式通过监控摄像头自动采集动物视频数据并传输到 PC 端进行实时分析，不需要与动物身体密切接触，被越来越多应用于动物识别中。常用的视频感知方式仍依靠人工观察，当监控视频数据量增加，从海量视频关键帧内搜索有价值信息，需要从头到尾按顺序播放，要数倍于原始视频时间才能完成，且观察者主观描述性缺乏客观的定量指标。

人工智能技术在视频分析中的普及与应用，使得利用视频检测、图像处理技术，挖掘动物躺卧、站立、行走、奔跑、跳跃等典型行为特征，分析群体扎堆与分布情况，结合行为、动物分布情况与环境舒适度所建立的关联关系，实现对养殖过程中的合理行为及异常行为自动识别成为可能，对动物健康状况和所处环境舒适度及时预警，为规模化精准养殖提供技术支撑。

基于机器视觉的信息获取技术流程如图 2-3 所示，包括数据采集、数据预处理、感兴趣区域提取、特征提取和模式识别。涉及图像分析、模式识别、机器学习等理论方法。

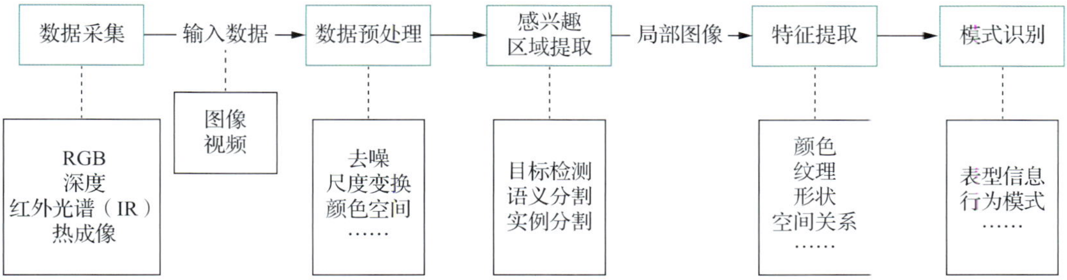

图 2-3　基于机器视觉的信息获取技术流程（刘冬，2020）

2.2.3.2 基于动物发声的舒适度评价

声音是动物传递信息的重要手段之一。畜禽的声音信号包含了其内部机体状况和需求的信息反馈。动物叫声与其生理健康状况与情绪状态密切相关,例如,动物咳嗽等呼吸道症状也是空气质量不佳的一个指标,频繁的咳嗽可能表明舍内空气中存在过多的灰尘、氨气或其他刺激性气体。与传统畜禽舍监测评估方法相比,畜禽发声监测方法具有无接触、非侵入、无干扰的优势。因此利用声信号数字化处理技术对设施养殖中畜禽的声信号进行采集、特征参数提取和分类识别,并通过构建声音监测系统可进行动物健康及福利水平的自动评估,提高畜禽场管理效率,保障动物福利水平。

声音监测技术已经成为分析动物行为、健康状况及福利的重要工具。国内外学者对畜禽动物发声进行了一系列研究,例如:羊咳嗽声监测、羊采食声音识别、蛋鸡发声检测和分类识别、肉鸡啄食声监测、牛呼吸道疾病监测、猪咳嗽声监测等研究。但目前声音监测技术研究主要集中于动物行为监测、疾病诊断、成长率监测、情绪状态识别等方面,鲜有畜禽舍环境与动物声音相关性方面的研究。

赵晓洋通过功率谱密度分析奶牛叫声定性揭示了不同热应激状态下奶牛的声音差异,同时在研究奶牛叫声与牛舍热环境相关性的基础上,又对不同空气质量环境下的仔猪和仔鸡叫声进行分析,结果表明智能分析动物叫声可以辅助畜禽舍内环境舒适度评估。

2.3 温热环境监控技术

适宜的温热环境有助于畜禽养殖中动物的健康发展。对畜禽舍温热环境的调控,畜禽舍建筑外围护结构的保温性能及其气密性是基础,畜禽舍的通风系统优化设计和调控是关键。

2.3.1 通风

畜禽舍内空气通过门、窗、通风设备、通气口和一切缝隙与舍外进行自然交换而发生舍内空气流动。畜禽舍通风系统的设计是空气环境调控技术的关键,畜禽舍的建筑结构在设计时就要考虑通风需求,有利于通风的结构形式可为全长式通风屋脊、透气屋顶和侧壁通风带等,后期优化时也可通过在屋顶下部空间和进风口内侧设置导流板等提升通风效果。

自然通风作为畜禽舍的首选通风方式,与机械通风相比,自然通风更加节能且安静。丁露雨等详细梳理了畜舍自然通风量理论和估算方法,总结了估算方法应用中提高准确度的原则,为更好指导通风量测算,推动畜舍自然通风或混合通风设计,优化环境调控策略提供了依据。

机械通风可分为正压通风、负压通风和零压通风 3 种。正压通风工艺可对进入的空气进行加热、冷却及过滤等处理,严寒、炎热等地区都可用,可很好地与控温设备配套,但设备投资大,运转费用高。国内密闭舍大都选用多台轴流式风机进行负压通风,进气口的设计对舍内空气流速和温度分布具有较大影响,穿堂式进气口采用檐下设置长条矩形进气口,可以均匀送入新鲜空气,并能造成舍内顶棚的升流贴附现象。零压通风也称联合式通风,可保持舍内压力为零,零压有利于风机发挥最大功率,但由于风机台数增加,设备投资较高。

按舍内气流组织方向,还可分为横向通风和纵向通风。通风不均、存在通风死区、气流速度小和舍内气流交叉污染等问题在横向通风系统畜禽舍内普遍存在。李保明等提出了纵向通风气流组织理论与设计方法,在鸡舍通风量相同情况下,纵向通风气流组织的舍内平均风速比横向通风系统高 5～10 倍，舍内气流速度达 1～3 m/s，且鸡舍越长，风速提高越明显。纵向通风鸡舍的射流进气口沿侧墙均匀布置，且舍内所有空气都向着鸡舍一端的排气口流动，舍内通风死区明显减少，解决了鸡舍横向通风系统存在的通风死区和舍间交叉感染难题。大直径的低压大流量节能风机应用于纵向通风系统中，风机的安装布置台数减少，但通风效率提高，比常用的鸡舍风机可节省设备投资及安装费 35%，节约电能和运行费 40% 以上，为规模化鸡场的通风系统设计应用提供了理论基础。

2.3.2 夏季降温

在畜禽舍设计建造时，要做好隔热、遮阳等防暑设计，可直接防止畜禽免受热辐射。有研究表明，良好设计的遮阳棚会减少 30%～50% 的热负荷。与无遮阳棚的奶牛（直肠温度 39.4 ℃，呼吸频率 82 次/min）相比，遮阳棚下的奶牛直肠温度较低（38.9 ℃）、呼吸频率较低（54 次/min），而且还可以增加 10% 的产奶量。遮阳棚的材料选择非常重要，尽量选择具有良好隔热性能且辐射系数小的材料，15 cm 厚的干草、木材、镀锌铁、顶部白色的铝、两侧均为白色的尼龙涂层橡胶、石棉瓦、90% 的遮阳布等遮阳材料均能达到理想的效果。

当用上述方法达不到降低空气温度目的时，只有采取降温的办法来缓和高温对畜禽健康和生产力的影响，喷淋（喷雾）、湿帘等设备与通风技术结合为常用的降温手段。通风技术已说明，下面主要介绍喷淋（喷雾）降温和湿帘降温。

2.3.2.1 喷淋（喷雾）降温

喷雾降温是蒸发降温的一种方式，但降温原理略有不同。喷淋降温是通过浸湿动物被毛及随后的水分蒸发直接冷却动物。喷雾降温通过将水雾化、浮于空气，利用水的蒸发气化给动物周围的空气降温。喷雾降温更适合用于密闭式畜禽舍，喷到空气中的水滴的颗粒大小及分布依赖于压力和喷嘴型号。相对湿度对降低空气温度至关重要，利用喷雾给空气降温的方式只适用于干燥气候。

喷淋降温更适用于开放或半开放式畜舍。在多种降温方式中，喷淋降温被认为是奶牛和肉牛降温效果最直接、最明显的方式之一，在养殖场得到广泛的应用。值得注意的是，喷淋降温用水量较大，研究中尝试降低水滴大小并增加喷淋时间来提高降温效果，但水滴直径过小会增加动物周围的空气湿度，限制水分从毛皮的蒸发，反而不利于动物散热。因此，一般将吹风和喷淋联合操作来增加动物周围的空气流通。较高的空气流速会防止湿气聚集在动物周围，从而保持被毛和动物周围空气之间的湿度差。有学者针对喷淋降温系统中喷嘴组合方案、喷嘴优化选择和喷淋水滴特性等方面进行研究，并对喷淋时长、间隔时间对降温效果的影响进行了试验评估。例如，蔡景义等和刘海林等分别从呼吸频率、直肠温度、心率、产奶量、血液指标等不同角度来衡量并证实了喷淋通风方式缓解奶牛热应激的效果。

2.3.2.2 湿帘降温

湿帘必须和风机相结合才能起到降温的效果，目前湿帘与风机有两种结合形式。一是“湿帘负压风机”降温系统，启动风扇将温室内的空气强制抽出，形成负压，同时，水泵将水打在湿帘上。室外空气因负压被吸入室内的过程中，以一定的速度从湿帘的缝隙穿过，导致水分蒸发和降温，冷空气流经温室，吸收室内热量后，经风扇排出，从而达到降温目的。二是湿帘冷风机降温系统是用循环水泵不间断地把接水盘内的水抽出，并通过布水系统均匀地喷淋在蒸发过滤层上，使室外热空气在蒸发换热器（蒸发湿帘）内与水分进行热量交换，通过水蒸发而达到降温、清凉,洁净的空气则由低噪声风机加压送入室内,以此达到降温效果。设计良好的蒸发降温系统可降温 5～10 ℃,降温效果非常明显。风口尺寸越大越好,进风口尺寸过小会增加静压,从而显著降低风机效率,增加耗电量。

2.3.3　冬季保温

畜禽舍内的热能通过屋顶、天棚、墙壁、地面和门窗向外放散。提高冬季畜禽舍保温性能,一方面要考虑建筑围护结构的保温隔热性能,另一方面要妥善解决冬季畜禽舍保温与通风除湿的矛盾。家畜产房和幼畜禽舍还可采用人工采暖以补充热源。

通过增加外围护结构保温隔热性能,可满足畜禽舍温度环境要求及减少采暖、制冷能耗。王阳等通过鸡舍热湿空气耦合传递的微环境模拟模型,建立了不同地区无供暖系统蛋鸡舍外围护结构热阻及保温材料经济性模型,得出了不同气候区鸡舍围护结构的热阻和控制舍内温度不低于下限值的变化规律。研究表明当冬季舍外计算温度分别不低于−25 ℃、−15 ℃、0 ℃时,蛋鸡舍墙体的比热阻应分别大于 0.78(m^2·℃)/W、0.57(m^2·℃)/W、0.27(m^2·℃)/W。解决畜禽舍冬季保温与通风矛盾的关键是确定影响舍内温度的主导因素。Wang 等推导得出了鸡舍内空气温度的解析式,揭示了外围护结构保温性能、通风量、饲养模式、舍外空气温度、舍外计算温度和舍内蓄热体等关键因素对舍内温度的影响机理。冬季畜禽舍为保温引起的通风不畅,也会致使舍内湿度过大,在寒冷地区还会形成冷凝结露等情况,进一步影响通风设备运行效果。丁涛等发明一种用于奶牛舍的推进式扁嘴通风系统,其特点在于射程远,出风均匀,已尝试用于寒区冬季奶牛舍,改善其除湿效果。王启超通过试验测试了高寒地区冬季牛舍屋顶烟囱风机系统的使用效果,发现使用屋顶烟囱风机后,舍内空气环境状况明显好于原有自然通风系统,与风机不运行时相比,风机运行期间舍内雾气现象明显减轻。

2.4　空气环境监控技术

畜禽舍空气环境调控技术包括源头减排、过程控制和末端处理三大类。源头减排通过改善饲料配方和使用饲料添加剂,改变饲料本身的理化性质以提高饲料中营养物质的利用率,从而改变粪尿的理化性质,减少粪尿中营养物质和气体污染物的排放。末端处理主要包括堆肥、沼气工程、酸化处理等粪污处理及贮存技术,通过它们减少粪便收集与贮存过程中的气体排放。例如,以 0.01 kg/kg 粪或 0.33 kg/m^2 的比例在鸡粪中添加硫酸铝、硫酸铁、硫酸氢钠进行酸化处理,分别可减少 79.59%、87.66%、78.39%的氨气排放。

过程控制主要采用物理、化学、生物或多种联合的空气过滤技术对舍内及场内气体污染物进行净化,或者利用局部粪坑通风系统等设施工程技术对气体污染物进行收集与过滤。过程控制类技术主要包括空气净化、设施通风两类,都依赖于生产工艺配套的设施设备,一般与环境控制设备联动。空气净化技术通过相应的技术装备对空气介质中有害气体、颗粒物及微生物进行减量或无害化转换,进而达到空气净化的目的。根据处理部位的不同,大致可以分为进气口过滤、舍内空气净化和排气口过滤 3 类,前两种是为了调控舍内的空气质量,最后一种主要目的是减少环境污染和养殖场臭气。

2.4.1 进气口过滤

进气口过滤技术采用过滤分离方法，通过在进风口设置不同性能的过滤器，除去空气中悬浮颗粒物和微生物，净化进入舍内的空气。应用时，舍外空气经外墙初效过滤器后进入洁净室，还可在洁净室内结合紫外线消毒，经亚高效过滤器过滤后再通过湿帘经过舍内。研究表明，外界空气通过多重空气过滤装置，能过滤掉 99.5%以上的 0.3 μm 的微粒，种公猪舍采用进气口空气过滤后能有效阻止猪繁殖与呼吸综合征（PRRS）病毒、猪瘟病毒、伪狂犬病毒等病原微生物感染，提高 5%的配种分娩率，降低 30%的 PRRS 感染率。过滤器的滤料为直径较小的纤维，既能使气流顺利通过，也能有效捕集尘埃粒子，控制过滤 0.1～10 μm 的微粒。一般通风用过滤器分类见表 2-2。

表 2-2　一般通风用过滤器分类（刘道清，2007）

项目	初效	中效	高中效	亚高效
粒径/μm	≥5.0	≥1.0	≥1.0	≥0.5
计数效率/%	20≤E≤80	40≤E≤70	70≤E≤99	95≤E≤99.9
作用	新风进口处作为预过滤器，截留大颗粒微粒。滤料一般为喷胶棉、涤纶无纺布、聚丙烯纤维、玻璃纤维，主要截留 5 μm 以上悬浮颗粒和 10 μm 以上的沉降性颗粒及异物	作为一般过滤系统的最后过滤器或中高效过滤系统的预过滤器。滤料一般为涤纶无纺布、聚丙烯纤维、玻璃纤维，主要截留 1～10 μm的悬浮微粒		作为新风系统的末端过滤器，也可以作为高效过滤系统的预过滤器。滤料一般为聚丙烯纤维、玻璃纤维，主要截留 1 μm 以下的粒子

按过滤效率，过滤器分为一般通风用过滤器和高效过滤器两类。根据 GB/T 14295—2019 和 GB 13554—2020，按照大气尘计数法可以将一般性过滤器分为粗效、中效、高中效和亚高效 4 类。畜禽场使用的过滤器多为一般性过滤器中的初效、中效或亚高效过滤器，高效过滤器因风阻太大而应用很少。一般性的亚高效过滤器对细菌的过滤效率可达 99.6%，基本可满足生物过滤净化要求。进气口空气过滤技术可以有效减少畜禽场病原微生物传播，但需要定期更换过滤器，否则会大大增加通风阻力同时降低甚至失去微生物过滤的效率。据报道，良圻原种猪场公猪站是国内第一家使用进气口空气过滤技术的猪场，采用部分过滤技术运营后的 2 年多内，猪场保持 PRRS、猪瘟、伪狂犬病等检测阴性，配种分娩率比常规猪场高 6 个百分点。但是，每年需要更换 2 次初效过滤器（273 片）和亚高效过滤器（237 片），更换过滤器成本为 18 万元。

2.4.2 舍内空气净化

舍内空气净化技术利用空气处理设备通过内循环的方式进行空气处理，将舍内空气泵入设备处理后再泵出设备回到舍内，如空气净化器、静电除尘等。由于畜禽舍通风量大、投入产出比不够高，甚至对畜禽健康会产生一定影响，该技术在生产中应用相对较少，本节以纳米二氧化钛（TiO_2）光催化除氨为例介绍舍内空气净化技术。

纳米 TiO_2 光催化技术原理是 TiO_2 表面经紫外光（UV）照射产生电子-空穴对，产生高活性的羟基自由基（·OH），NH_3 接触 TiO_2 表面，会发生一系列氧化还原反应，降解成 H_2O、N_2 等无害物质。2008 年意大利米兰大学兽医系 Guarino 等在猪舍内首次使用此技术，效果表现良好。Costa 等用同样方法对猪舍内氨气进行了处理，徐鑫等采用光催化和臭氧耦合技术研制了鸡舍空气净化设备，孙宏丽等将光催化技术和其他方法耦合研制出鸡舍用空气净化器。

纳米 TiO_2 负载活性炭技术对 NH_3 的降解率可达 85%以上，流经处理器的气流流量、光照强度、气体浓度等是影响光催化技术的关键因素（图 2-4）。气流流量是影响 NH_3 去除率的最主要因素，初始条件相同时增加气体流量，使得单位时间内催化剂表面的 NH_3 分子增多，去除量也随之增加，NH_3 被活性炭吸附的概率下降，在催化剂表面的停留时间缩短，导致光催化反应不够充分，最终导致降解率降低。研究表明，气体流量从 2 L/min 增加到 3 L/min 时，降解率从 90%下降到 88%；增加气体流量到 4 L/min 时，降解率则下降到 83%。类似地，随着处理浓度的增加，NH_3 降解率逐渐降低。初始浓度为 30 mg/m³ 时，5 h 内 NH_3 的最终降解率为 95%，而当处理浓度增加到 50 mg/m³、70 mg/m³ 时，NH_3 降解率逐渐降低为 93%、92%。

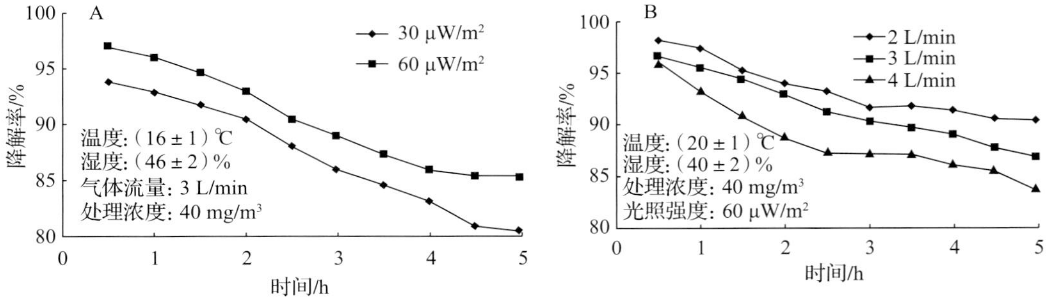

图 2-4　光照强度(A)及气流流量(B)对纳米 TiO_2 负载活性炭光催化降解 NH_3 的影响（赵同瑞等，2015）

随着光照强度增加，纳米 TiO_2/AC 光催化对氨气的去除效果呈现增大趋势。这是因为当紫外光照射到催化剂表面时，会产生大量的活性电子（e^-）和空穴（h^+），表现出很高的活性。在一定条件下，光强越强，能够激发更多的电子（e^-），从而生成更多的光生电子和光致空穴；而且还能活化空气中 O_2 和 H_2O 分子，产生更强的活性组分，达到加速降解氨气的目的。但是，当光强达到一定值时，继续增大光照强度对降解速率几乎没有改变，这可能是由于 TiO_2 利用光量子的能力具有一定范围。

河南科技大学赵芙蓉教授团队是国内研究光催化技术在畜牧领域应用的主要团队，根据光催化技术研发了光触媒空气净化器并在猪舍开展了应用测试。经测试验证，光触媒空气净化器能够降低空气中约 25%的 NH_3、54%的微粒浓度和 30%的微生物数量，改善猪舍空气质量，而且可提高猪只生产性能，增加 5%的日增重。

2.4.3　排气口过滤

排气口过滤技术是在畜禽舍出气口建立尾气收集装置，将排出的废气通过物理、化学、生物或联合的方法进行净化处理后再排到大气中。以排气口臭气过滤技术为例，主要包括物理除臭、化学除臭、生物除臭等方法，应用中通常进行联合使用，表 2-3 中对比了不同方法对畜舍尾气处理效果。

表 2-3　排气口过滤技术对畜舍尾气处理效果(易诚等,2020)

处理方法	NH_3/%	臭气/%	PM_{10}/%
生物法	70	45	80
化学法	90	30	35
物理法+化学法	85	70	80
物理法+生物法	85	70	80
物理法+化学法+生物法	70	80	80

物理除臭法是指处理过程中以物理方式为主的处理方法,主要有吸附、稀释扩散、过滤等。吸附是最常见的物理除臭法,当流体气与多孔固体接触时,流体中某一组分或多个组分在固体表面处产生积蓄的现象,多孔性固体吸附剂使流体中的一种或几种组分,在分子引力或化学键力的作用下被吸附在固体表面,从而达到分离的目的。

化学除臭法是添加某些化学药剂,使之与具有臭味的物质发生反应,从而达到除臭的目的,包括吸收、氧化、等离子体法等。吸收法应用较为普通,利用液体吸收剂进行脱臭,使可溶性臭气成分溶解于液体中,再通过化学吸收或物理吸收达到除臭的目的,是溶质从气相转移到液相的过程,生产中一般采用水与化学氧化剂相结合的方式。

生物除臭法是通过微生物的生理代谢将具有臭味的物质加以转化进而达到除臭的目的。生物除臭一般通过反应器完成,反应器中含有驯化和活性填料,填料对微生物的生长、增殖产生诱导和促进作用,增殖强化微生物。臭气进入反应器后吸附到活性填料中,再向微生物表面扩散、被微生物吸附转移到微生物体内,通过微生物的代谢活动而被降解。生物过滤器除臭工艺见图 2-5。

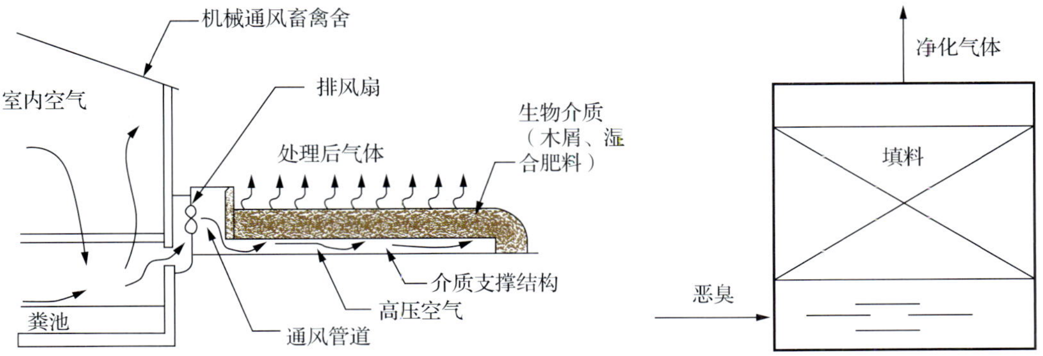

图 2-5　生物过滤器除臭工艺示意图

2.5　光环境监控技术

人工光照的光照周期、光照强度、光色(或光谱、光质)等因子是光环境控制的重点对象,一般考虑畜禽舍动物两个角度的需求:一是不同生长期所需的光照不一样,二是同一天所需的光照不一样。本节主要以家禽为例,探讨光照周期、光照强度、光色等因子的影响及其调控机制。

2.5.1 光照周期与光照强度的影响

光照周期与光照强度应根据动物不同生长期或同一天内不同时间段的光照需求进行控制。幼龄动物视觉系统尚未发育成熟，一般需要高水平的光照强度和光照时间，才能更好地发现食物与适应环境。例如全人工光照的封闭式肉鸡舍中，进鸡后前 3 d 一般采用光照强度 50 lx 左右的常亮模式，而随后的光照周期与光照强度则需要依据品种更加精细地加以控制，才能取得优秀的生长效果，尤其是种鸡与蛋鸡等动物，对光照周期与光照强度的控制异常苛刻。

光照周期对家禽等动物的生长、生理与健康产生全方位的影响。Lewis 等研究了光照周期对肉鸡生长的影响，设有日光照 2～21 h 和连续光照组，结果表明前 21 日龄时，肉鸡的饲料消耗和生长与日光照时间呈正相关关系，但 21 日龄后，6 h 以上日光照时间对饲料消耗无显著影响，日光照时间超过 12 h 则出现生长与日光照时间呈负相关关系的情况；至 35 日龄结束，6 h 以上的日光照时间对采食量和肉鸡的增重无显著影响，6 h 以下则显著降低；在 12 h 日光照时间下，肉鸡的饲料转化率最高，12 h 以下日光照时间对死亡率没有影响，而超过 12 h 的日光照时间与死亡率呈正相关关系。Yang 等也发现光照时间过长时，我国黄羽肉鸡的采食与生长均受到了负面影响。Down 等研究了光照周期对肉鸡生产性能的影响。采用恒定光照周期（23 h 光照 ∶ 1 h 黑暗）和先逐步降低后逐步增加的光照周期进行对比，研究发现后一种光照周期在肉鸡生长前期降低了采食量和体重的增长，但在生长后期却弥补了前期劣势，最终两种光照周期下肉鸡的体重和饲料消耗量没有显著差异。也有学者将一天的 24 h 分成多段，实行间歇性光照，如杨琳等研究了自然光照、12 h 光照（L）∶ 12 h 黑暗（D）、6 L ∶ 6 D、3 L ∶ 3 D 和 2 L ∶ 2 D 人工间歇光照对5 周龄黄羽公鸡蛋白质沉积和血浆中甲状腺激素、三碘甲腺原氨酸的影响，结果表明人工间歇光照能促进蛋白质的沉积（其中以 2 L ∶ 2 D 沉积效率显著最高），还可以降低血浆三碘甲腺原氨酸浓度，并提高甲状腺素浓度。

光照强度对家禽的影响主要体现在行为、健康与福利等方面。Blatchford 等研究了光照强度对肉鸡生长、眼睛和腿部的健康以及免疫功能的影响，设 5 lx、50 lx 和 200 lx 3 种水平，光照周期为 16 L ∶ 8 D，在暗期光照强度均为 1 lx，发现 3 种光照强度条件下肉鸡的体重和免疫指标无显著差别，5 lx 条件下肉鸡最不活跃，且亮期与暗期的活动性差别最低，此外肉鸡的眼球重量显著大于其余两组，其他眼睛健康指标无差异。Alvino 等研究了光照强度对肉鸡行为的同步性和休息的影响，光照强度设有 5 lx、50 lx 和 200 lx 3 种水平，光照周期为 16 L ∶ 8 D，结果表明 200 lx 光照强度条件下鸡的觅食、休息、取食、理毛等行为的同步性最高。Alvino 等继续研究了光照强度对肉鸡睡眠与活动及其分布的影响，发现在光亮期，5 lx 光照条件下鸡的行为活动发生最少，睡眠状态最多；在光暗期，5 lx 光照条件下鸡则具有更多的行为活动，该结果说明由于 5 lx 光照条件下光亮期和光暗期的光照差别不大，鸡的行为活动能够更加均匀地分布在一天中。

学者们试图从家禽自主选择的角度来发掘光照周期与光照强度的优化潜力。例如 Sherwin 将养殖在 4 lx 和 12 lx 环境下的火鸡转移到光照强度偏好实验系统中，该实验系统有 4 个不同光照强度的腔室（1 lx、5 lx、10 lx 与 25 lx），观察各腔室内火鸡停留的时间及行为习惯，结果表明 4 lx 的火鸡在 5 lx 室内停留的时间极显著地大于其他 3 组，12 lx 的火鸡在 25 lx 的腔室内逗留的时间极显著地大于其他 3 组；4 lx 和 12 lx 环境下的火鸡在小于 1 lx 的光照下的时间都显著少于其他 3 个光照强度组，说明生产中采用低光照强度（1 lx）养殖以降低啄癖与火鸡自身对光照强度的偏好性是相互违背的。Pan 等研究了带暗区的非均匀发光二极管(LED)光环境下肉鸡的行为偏好,发现在饮食偏好性方面,幼鸡倾向于在低光照强度区域饮水,成鸡则喜好在较高光照强度区域饮水;采食偏好性不受光照强度影响;肉鸡在昼间倾向于停留在较暗的区域,在夜间则倾向于停留在中等光照强度区域;幼鸡对高光照强度的喜好大于成鸡;此外发现鸡只在暗区的停留时间高于 8 h,因此推测鸡只自身需要的日光照时间可能低于实际生产中的常用值 16 h。肉鸡养殖光照周期案例见表 2-4。

表 2-4 肉鸡养殖光照周期案例(T/CSA 063—2020)

日龄/d	屠宰重低于 2.1 kg		屠宰重高于 2.1 kg	
	光照/h	非光照/h	光照/h	非光照/h
1～3	24	0	24	0
4～7	18	6	18	6
8～14	14	10	12	12
15～21	16	8	14	10
22～28	18	6	16	8
29～35	22	2	18	6
36～42	22	2	20	4
43 日龄至出栏	22	2	22	2

2.5.2 光色的影响

光的颜色由其波长决定,光的波长是指光波在传播过程中两个相邻的波峰或者两个相邻的波谷之间的长度。对人眼而言,可见光的波长为 380～780 nm,研究表明家禽等动物能看见低于 380 nm 的光照。单色光是指波长单一的光,它的频率只和波源有关,在任何介质中不会改变。一般来说,较长的波长通常比较短的波长穿透能力更强。家禽等动物具有优越的色彩感知能力,诸多研究也表明光照对家禽等动物不仅有照明的功能,同时不同光色也能产生超越照明的生物学效能,不同生长期采用不同的光色或者同时采用不同的光色组合也能进一步提高动物的生长性能。

光色对家禽等动物的影响是全方位的,不同动物受到的影响也不尽相同。Rozenboim 等在 23 L∶1 D、0.1 W/m^2 的光照周期和光照强度条件下,研究了白炽灯、蓝色、绿色和红色光对肉公鸡的影响,发现第 3 天开始,绿光组公鸡的体重一直显著高于其他 3 组;第 20 天开始,蓝光组公鸡的体重显著高于其他 2 组;第 23 天和第 35 天数据显示绿光组公鸡的胸肌重显著大于其他组,说明绿光和蓝光能促进肉公鸡的生长。Pan 等以一种中国半速生型肉鸡为研究对象,发现 30 日龄时,短波长 LED 光照的(蓝、绿光)占优势,LED 光照的波长值与体重呈线性负相关;速生型肉鸡和半速生型肉鸡对不同颜色的光照其反应存在一定差异性,在生长后期(>60 日龄),长波长 LED 光照(黄、红光)饲养下的肉鸡出现补偿性生长,生长优势逐渐凸显,LED 光照波长值与体重呈正相关关系。Yang 等为克服单次独立试验质量和标准很难绝对统一的缺点,利用元分析(meta-analysis)对当时已发表的 LED 光色-肉鸡(主要为速生型肉鸡)

生长相关主题文献的数据进行融合汇总，通过对照组光源种类、肉鸡品系、肉鸡性别模式、光照度水平、光照周期、育成期环境温度水平、育成期日粮营养的亚组分析，发现不同颜色的光照对肉鸡体重的提升作用与以上因素正常水平值无耦合关联（$P>0.05$）；单色光对肉鸡的主要生产性能产生显著影响（$P<0.05$），其中 LED 蓝光对肉鸡体重（BW）和饲料效率（FCR）的改善作用最为明显，LED 红光对 BW 和 FCR 无影响；LED 光色对国际流行商品肉鸡的生产性能提升程度大于地方品种商品肉鸡。Yang 等进一步研究了 LED 黄光与白光的配比对肉鸡的影响。

研究人员尝试了不同的光色组合方式，以期进一步提高效果。Rozenboim 等研究了 LED 绿光和蓝光及其组合对 Anak 肉鸡生长的影响，照明全部采用 23 L∶1 D 的光照制度，光照强度为 0.1 W/m^2。结果表明，4 d 后绿光下肉鸡的增重最大，10 d 后改用蓝光照明进一步促进了肉鸡的增重，并将优势保持到最后；与白光相比，20 d 后蓝光改绿光同样促进了体重增长。Cao 等系统研究了多种 LED 光色组合对 AA 肉公鸡生长与生产性能的影响，前期分别使用白、红、绿、蓝 4 种 LED，而在后期分别转化为其他 3 种光色，结果表明，绿-蓝和蓝-绿组合光色可以进一步提高肉鸡生长和生产性能。Pan 等则研究了同时使用 LED 蓝光与绿光是否存在协同作用或拮抗作用，发现光谱成分比例决定了起主导作用的是协同作用或是拮抗作用，与纯色光谱相比，绿与蓝 LED 组合光谱中蓝光成分高于 50%时，肉鸡生长优势光谱起促生长协同作用；绿与蓝 LED 组合光谱中蓝光成分低于 50%时，肉鸡生长优势光谱起促生长拮抗作用。

2.5.3 调控方式

对于 LED 光源的光照强度控制，目前主要有 3 种方式：一是线性调光，二是可控硅调光，三是脉冲宽度调制（PWM）调光。线性调光基于简单的分压原理，其优点是应用简单、不产生干扰，缺点在于调节效果不灵活、效率低下，而且在降低 LED 电流的时候，会引起 LED 白光光谱向黄色光谱偏移，同时还会因为分压产生过多的热量。可控硅调光在白炽灯主流时期就已广泛应用，也是目前在 LED 中应用最为广泛的一种调光方式，原理是将输入电压的波形通过导通角切波之后，产生一个切向的输出电压波形，可减少输出电压的有效值，以此来降低普通负载（电阻负载）的功率。PWM 调光则是通过改变输入的脉冲信号占空比来调制 LED 驱动芯片对功率场效应管的栅极控制信号，从而达到调节通过 LED 电流大小的目的。而不同的光谱可以通过更换光源来实现，也可以通过两种以上光谱的光源根据需求进行不同光照强度的固定配比或动态配比，从而得到不同的调制光谱。

2.6 声环境监控技术

2.6.1 畜禽舍内噪声分布及特征规律分析

规模化畜禽养殖场中，不仅风机数量众多，而且除通风系统产生的风机噪声以外，还有饲喂系统、清粪系统以及集蛋系统等生产性设备产生的大量噪声，不仅噪声类型多，而且声音特征是混合性的，音频特征较为复杂，因此对畜禽舍内噪声分布及特征规律进行分析，可为畜禽舍内动物音频识别提取提供基础。以高密度叠层笼养蛋鸡养殖舍为例，基于数字化信号处理技术量化笼养蛋鸡养殖舍内混合噪声，对于利用声学技术评估蛋鸡生长环境与福利状况具有重要的实现意义。

2.6.1.1 笼养蛋鸡舍内生产系统机械噪声发生规律

以 8 层叠层笼养工艺的产蛋鸡舍为例，对舍内各生产系统运行时间、生产状态和管理模式进行调研、记录、统计和分析。主要生产系统包括饲喂系统、通风系统、清粪系统、集蛋系统和上料系统，其运行规律包括发生时间、持续时长等如图 2-6 所示。

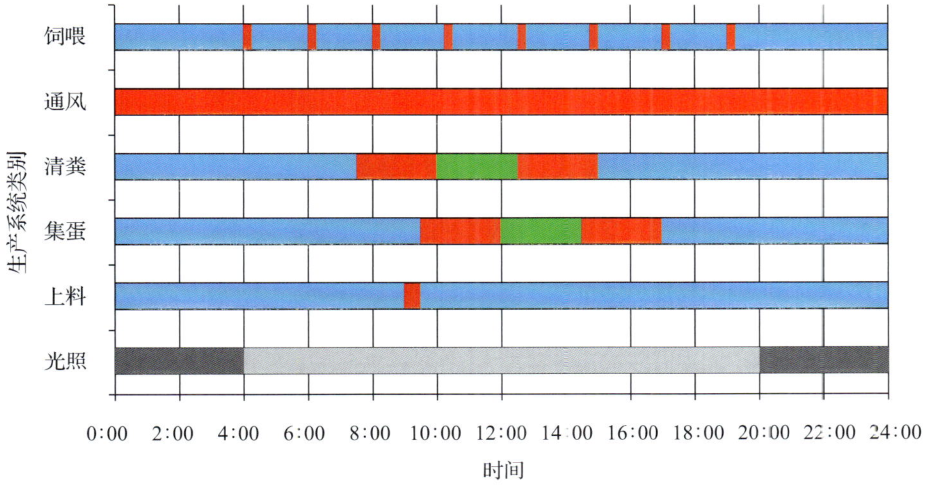

图 2-6　叠层笼养蛋鸡舍内机械设备噪声发生时间

按照海兰褐蛋鸡的饲养管理手册，严格与蛋鸡周龄大小、生长特征曲线相对应，试验期间产蛋鸡舍内的光照制度为 16 L∶8 D，黑色区域代表休息时间；对于上料系统，采用饲料运输车经上料泵输送至料塔，噪声主要来自螺旋泵的运行噪声、饲料与输送管道的撞击声，位于蛋鸡舍外舍内入口处，每天运行 1 次，发生时间为上午 10:00，持续时长为 15 min，红色区域代表噪声发生时间；对于饲喂系统，采用料车经导轨送入料槽，噪声主要来自料车与导轨的金属摩擦声、料车传送电机及饲料入槽的噪声，每天运行 8 次，发生时间固定，每次持续时长为 15 min，红色区域代表为噪声发生时间；对于集蛋系统与清粪系统，噪声主要来源于电机运行噪声、传动机构的摩擦声，持续时长为 120～150 min，共有 3 组，每组开始时间视距离远近而设定，红色和绿色区域代表噪声发生时间；通风系统配置有 36 台风机(含 4 台变频风机)，采用分组控制，风机系统 24 h 连续运行，根据舍内设定环境温度自动调整组别、运行数量，风机系统运行的工作数量最小为 4 台、最多为 25 台。

2.6.1.2 笼养蛋鸡舍内生产系统机械噪声特征分析与评价

笼养蛋鸡舍内各生产系统噪声为周期性噪声，为同一音节的重复，分别选取上料系统、饲喂系统、通风系统、集蛋系统和清粪系统的设备噪声进行测量与分析，其声学特征参数如表 2-5 所示，笼养蛋鸡舍内生产系统噪声的频谱结构如图 2-7 所示。

表 2-5　叠层笼养蛋鸡舍内生产系统噪声声学特征参数

声学特征参数	上料系统	饲喂系统	通风系统	集蛋系统	清粪系统
声强 I/dB	61.6±0.5	59.5±0.3	75.3±0.3	58.4±0.6	75.3±1.0
基音频率 f/Hz	520.1±55.5	203.6±22.9	105.1±32.5	464.0±18.5	123.0±0.3
第一共振峰 F_1/Hz	809.0±271.1	809.7±174.9	431.8±78.1	637.0±98.2	718.6±502.1
第二共振峰 F_2/Hz	1 142.3±164.4	1 752.2±74.7	1 229.6±287.0	1 620.5±228.1	1 919.8±514.0
第三共振峰 F_3/Hz	2 801.7±292.4	2 706.8±279.2	2 597.1±295.1	2 786.3±293.2	3 117.2±379.5
第四共振峰 F_4/Hz	3 926.9±396.8	3 958.4±250.9	3 811.1±449.6	4 128.0±275.3	4 236.5±351.1

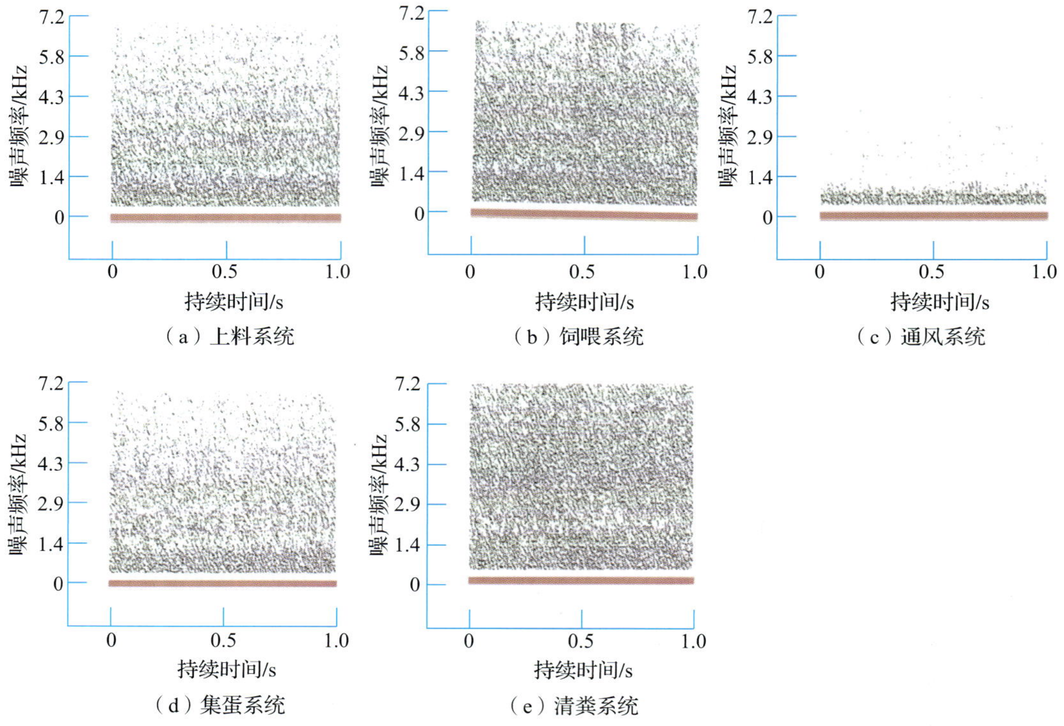

图 2-7　叠层笼养蛋鸡舍内生产系统噪声频谱结构

笼养蛋鸡舍内生产系统噪声声学特征参数分析结果表明，生产系统噪声间差异显著（$P<0.05$）；声强 I 计算结果表明，综合考虑到通风系统的 24 h 连续运行，按对舍内声环境影响的排序依次为：通风系统、清粪系统、上料系统、饲喂系统、集蛋系统；基音频率作为发声体的振动频率，是其固有属性，主要取决于发声体类别，对于同一发声体，基音频率随着环境、工作状态和运行过程的不同而有所差异，不过差异较小；对比分析第一、第二、第三和第四共振峰发现，生产系统噪声间存在显著性差异（$P<0.05$）。通常情况下，蛋鸡生产过程中不可能同时只存在一种噪声，往往是多种单一噪声的共同作用，需要考虑混合噪声对环境声质量的综合影响。综合考虑通风系统、清粪系统、上料系统、饲喂系统、集蛋系统等单一噪声的分析结果，得出舍内最大声压级的计算如式（2-14）所示。

$$L = 10\lg(10^{\frac{L_1}{10}} + 10^{\frac{L_2}{10}} + \cdots + 10^{\frac{L_n}{10}}) \qquad (2\text{-}14)$$

式中：L_1，L_2，…，L_n 分别为单个生产系统噪声声压级。在忽略人为干扰、外界环境噪声的情况下，根据表 2-5 中笼养蛋鸡舍内生产系统噪声的声强数据计算出叠层笼养蛋鸡养殖舍内混合噪声声压级最大值为 77.8～79.1 dB。

2.6.1.3 笼养蛋鸡舍内混合噪声特征空间分布

叠层笼养蛋鸡舍内混合噪声各测量点频率计权声压级分析结果如表 2-6 所示。从表 2-6 可以看出，纵截面上，每个通道混合噪声的 Z 值、C 值和 A 值存在显著性差异($P<0.05$)，但其变化规律不一致。混合噪声的 $L_Z$eq 和 $L_C$eq 大小与通风系统的距离有关，距离越近声压级越高，混合噪声 $L_A$eq 没有明显的特征变化，主要原因是 A 计权对于信号的中低频有较大程度的衰减。横截面上，第 1 行以中间位置第 3 通道声压级 T_{31} 高于第 2 通道 T_{21} 和第 5 通道 T_{51}；第 2 行中，频率计权声压级大小排序为 $T_{22}>T_{32}>T_{52}$；第 3 行中，频率计权等效声压级以 T_{53} 为最大值，然后依次分别是 T_{23}、T_{33}，频率计权声压级大小与分布可以选用权值 Z、权值 C 或权值 A 进行标识。A 计权是模拟人耳对声音的响应，覆盖频率范围为 20 Hz 至 20 kHz。据此可以得出笼养蛋鸡舍内混合噪声声压大小为 69.0～75.0 dB(A 计权)。

表 2-6 叠层笼养蛋鸡舍内混合噪声声压值

计权声级/dB	T_{21}	T_{22}	T_{23}	T_{31}	T_{32}	T_{33}	T_{51}	T_{52}	T_{53}
Z 值	73.5±2.5	75.8±2.2	76.2±1.5	74.9±1.4	74.3±0.6	75.7±3.4	72.9±0.9	74.2±1.1	78.0±0.8
C 值	72.3±2.7	74.9±2.4	75.1±1.4	73.9±1.5	73.3±1.1	74.3±2.8	70.8±1.6	72.8±1.4	76.4±1.9
A 值	70.4±3.6	73.8±3.4	72.4±2.9	72.9±1.8	71.8±2.2	72.5±3.3	69.0±2.2	71.6±1.3	74.9±3.0

2.6.2 噪声对畜禽健康的影响

目前，噪声对人类的危害已有比较系统深入的研究，形成了较为完整的理论，建立了针对性的评价方法和防护措施。龚军等为了解工作场所生产性混合噪声对作业人身体的影响，对部分工作场所进行了调查和监测，结果显示接触噪声的工作者出现听力损伤、情绪不稳定、血压异常、心电图和脑电图改变等情况，与对照组中未接触到明显噪声的相比有显著性差异。生产性噪声的预防与控制、车内噪声质量的主客观评价及人居声环境质量防控等已逐渐得到重视。人类并不是唯一会受到噪声影响的。Reynolds 等研究表明，在生活中人类清晰可见的声音可能被老鼠感知到的程度很低，或者根本没有感知。Talling 等对生猪在整个生产过程中所经历的声音进行了探究，结果表明在运输过程和屠宰场出现的声音及声音类型会让猪反感。

畜禽生产过程中的噪声同样会对畜禽的生理机能、机体健康和生产性能产生较大的影响。一般来讲，噪声对于畜禽机体健康的危害可以概括为听觉系统损伤(特异性的)和听觉外影响(非特异性的)两个方面，包括一系列生理和心理反应。噪声可造成激素分泌的变化，如肾上腺活性下降影响到食糜通过消化道速度，进而造成采食量下降；同时也会对畜禽行为、心率变异性和器官组织形态等产生深远影响。Morgan 等研究发现对畜禽舍内动物产生负面影响的潜在压力源中，声音是畜禽舍内动物产生负面影响的原因之一。潘琦等对噪声污染影响种鸡生产性能进行试验，结果表明 87 dB 的噪声能使种鸡的产蛋率和受精率显著降低，破蛋率升高。吴懿等研究了噪声对鸡的行为、心率变异性和卵巢组织形态的影响，结果表明动物在噪声刺激下会产生相应的反应、对于心率变异性的分析可以判定动物对于不同噪声应激反应及其差异，且噪声刺激会使幼年蛋鸡卵巢发育减缓，影响刺激卵泡的发育生成。因此，畜禽养殖舍内噪声管理及人为活动的控制对于保证畜禽良好的生长生活状态有重要作用，创造适应现代畜禽生理需求的环境条件显得至关重要。

2.7 空间环境监控技术

2.7.1 空间环境对畜禽生产的重要性

当动物被禁闭在一定范围内，受到限制或制约时，例如家畜的饲养和运输，空间环境是主要的限制或制约因素。由人类管理的动物经历的禁闭时间从短途运输中的几个小时到圈养家畜的数年不等，提供的空间环境通常反映了空间的功能或目的。空间环境是影响动物行为的重要因素，对动物的生长、健康和福祉至关重要。动物所需空间的大小也取决于它们被禁锢的时间长短。对于持续数分钟或数小时的禁闭，除了它所占据的空间外，动物可能几乎不需要其他空间。对于持续数天或数周的禁闭，至少需要有足够的空间让动物能够完成对其当前生存至关重要的行为，即吃、喝、休息、体温调节和排泄。对于持续数月或数年的禁闭，至少还需要有足够的空间来进行个体长期生存所需的行为，如活动和自我梳理等行为。

2.7.1.1 平面空间配置研究进展

畜禽生产者通常倾向于增加单位面积的家禽养殖数量以减少饲养面积，降低设备和劳动力成本。空间容量对家禽的影响已有报道，在群体大小不变的情况下，减少每只鸡的平面空间会使母鸡的福利水平下降、死亡率增加；已发表的研究数据显示，在 300～650 cm^2/只的养殖空间范围内，随着养殖空间的减少，家禽的死亡率升高，产蛋量和饲料转化率下降。饲养空间水平还会影响畜禽的血液生物学特征，有研究结果表明，当 2 只家禽的饲养空间从 1 394 cm^2 降低至 697 cm^2 或从 460 cm^2 降低至 350 cm^2 时，均会引起血浆中的皮质酮浓度升高。Sarica 等(2008)研究发现较高的密度显著降低了蛋鸡的产蛋量、蛋重、存活率和活重，且啄癖相关的死亡率显著升高。有研究发现以 17.5 只/m^2 密度饲养的肉鸡屠宰体重、日增重和饲料消耗量显著低于以 11.9 只/m^2 密度饲养的肉鸡相关指标，同时高饲养密度的肉鸡具有更高的心脏百分比、HL 比率、血清葡萄糖和胆固醇水平($P<0.001$)，以及更长的 TI 持续时间($P<0.001$)。在种禽养殖方面，单只种鸡的平面空间占有量对肉种鸡的行为、生长性能、血液生化指标和抗体反应均有影响。在 5 只/m^2、7 只/m^2、9 只/m^2 和 11 只/m^2 饲养密度条件下，肉种鸡的啄食量随着密度的增加而增加。Mtileni 等(2007)研究发现，在产蛋中后期，与 5.00 只/m^2 的饲养密度相比，以 6.67 只/m^2 的密度饲养的肉种鸡体重轻，产蛋量少，蛋重大。Li 等(2019)研究发现，小笼(80 cm×70 cm×62 cm)饲养的京红种公鸡的体重、胫骨长和日增重显著低于大笼(160 cm×160 cm×62 cm)和中笼(120 cm×120 cm×62 cm)饲养的京红种公鸡的相关指标；同时，与大笼和中笼相比，小笼饲养的种公鸡血浆 MDA、GSH-Px、SOD 和 CORT 含量等指标显著降低；且大笼饲养的种公鸡在抗 H5N1 和 H9N2 禽流感病毒的血清抗体滴度方面具有明显优势。

2.7.1.2 线性饲喂空间配置研究进展

饲喂空间配置会影响畜禽的生产性能，为每只 W-36 小母鸡提供 5.8 cm、7.1 cm、8.4 cm、9.7 cm、10.9 cm 或 12.2 cm 的饲喂空间，随着饲喂空间的降低，小母鸡饲料消耗量、蛋壳厚度极显著增加，饲料转化效率极显著降低，这意味着饲喂空间的降低会造成不利的经济影响；Diarra 等比较了地面围栏（每组 20 只母鸡）中饲喂空间配置为 5.6～16.8 cm/只的母鸡的生产性能，发现与 11.2 cm/只及其以上的饲喂空间配置相比，5.6 cm/只和 8.4 cm/只组母鸡的均匀性较差。当母鸡有更多的饲喂空间时，日产蛋量最大。饲喂空间为 5.60 cm/只、11.2 cm/只和 14 cm/只的母鸡产蛋率分别为 30%、72.2%和 69.1%。Leksrisompong 和 Brake(2014)研究发现，育成期较高的饲喂空间（10.4 cm）配置使得肉种鸡在 32 周龄获得更高的体重。Purswell 等(2021)比较在 3 种饲喂空间配置（2.3 cm/只、4.6 cm/只和 6.9 cm/只）条件下肉鸡的生产性能，发现肉鸡的体重、日增重和饲料转化率随着饲喂空间的增加而增加；且与 2.3 cm/只的饲喂空间相比，4.6 cm/只饲喂空间饲养的肉鸡的腹部脂肪重量和产量均减少。Carolina 和 Adams(1994)等研究发现，为育成期的蛋鸡提供 5.4 cm 的饲喂空间的饲养效果比只提供 4.0 cm 和 2.7 cm 的要好；而在另一项研究中发现，生长期的饲喂空间配置（7.0 cm/只和 10.4 cm/只）和产蛋期的饲喂空间配置（6.2 cm/只和 10.3 cm/只）的增加或减少不会影响雌性肉种鸡的体重、均匀度、蛋重、繁殖力或孵化率。

饲喂空间配置会影响畜禽在饲喂器周围的行为，有研究发现母鸡的采食时间、采食同步性、饲喂器处的转换行为、分享采食位的行为均会随着饲喂空间的减少而减少。在 Blatchford 等(2014)的研究中，观察到饲养在富集笼中的 60 只蛋鸡群中最多 42 只蛋鸡（70%）同时进食。另有研究学者通过使用超高频无线电频率识别系统对饲喂空间配置为 2.3 cm/只、4.6 cm/只和 6.9 cm/只肉鸡的采食行为进行连续监测，发现饲喂空间配置对肉鸡的日采食时间和采食次数没有显著影响，且饲喂空间为 2.3 cm/只的肉鸡饲料利用率最高，且同时采食的家禽数量从未超过笼中饲养家禽数量的 63%。

2.7.1.3 垂直空间配置研究进展

鸡笼的高度会影响家禽的行为，Nicol 等(1987)发现随着鸡笼高度的增加，家禽头部伸展、挠头和身体晃动的频率增加，觅食和啄笼的频率降低。Moinard 等(1998)通过比较不同高度鸡笼对蛋鸡的影响发现，在 60 cm 高的笼子中，蛋鸡的泄殖腔啄食现象比 40 cm 高度的笼子中更严重；38 cm 和 48 cm 的笼高对蛋鸡的产蛋率没有显著性影响。研究人员在之后的研究中发现母鸡对 38 cm 和 45 cm 高度的鸡笼没有显著的偏好性，当母鸡可以自由选择鸡笼时，通常优先选择低饲养密度，而非垂直空间较高的鸡笼；且在两种高度的鸡笼中，蛋鸡的行为表达没有显著性差异。在家禽对垂直空间的利用方面，Dawkins(1985)的研究显示，当没有施加高度限制时，约有 25%的母鸡头部在 40 cm 以上。另一项研究发现，15%的蛋鸡头部扫描高度在 35～41 cm。Mench(2014)等通过运动学分析法分析蛋鸡对立体空间的使用，发现蛋鸡站立、转身和展翅所需要的平均高度分别为（34.8±1.3）cm、（38.6±2.3）cm 和（49.5±1.8）cm，且当鸡笼高度小于 49.5 cm 时会限制家禽的展翅行为。另外一项研究结果表明家禽的展翅行为仅在高度为 55 cm 的鸡笼中被观察到。

2.7.2 畜禽空间环境模型和监测技术

2.7.2.1 畜禽空间环境需求模型研究进展

Petherick(1983)最先提出将畜禽的空间环境分为静态空间、活动空间和社交空间3部分，并以0.019 $W^{0.66}$(m^2)计算站立行为的空间需求，0.047 $W^{0.66}$(m^2)计算站立和躺卧行为转换过程的所需空间。而后，Baxter(1992)整理了猪、家禽和牛躺下时所占面积的研究数据，对动物躺下时所占的面积进行进一步的探讨，并提出0.027 $W^{0.67}$(m^2)是对所有动物躺下时所占空间的合理估计。平面空间配置影响家禽的生产性能和生物学特征，随着肉种鸡的生长，其空间需求也会随着周龄和体重的增加而发生变化。FAWC(1995)推荐以0.0121 $W^{2/3}$(m^2)来计算一只站立的火鸡在与其他火鸡四面接触时所需的占地面积。Petherick和Phillips(2009)在之后的研究中推荐使用0.033 $W^{0.66}$计算动物个体静态空间。Bokkers等(2011)通过测量6周龄肉鸡的占地面积，发现每只肉鸡占地面积的缩减会限制其行为表达的机会，从而损害其福利状况。Freeman(1983)通过对48只体重在1～4 kg的母鸡的最大横截面积、长度和宽度进行测量，发现2.4 kg家禽所占面积为637 cm^2，且家禽占地面积的测量结果受到羽毛状况的影响；根据Petherick(1983)推荐的模型计算，体重为2.4 kg的家禽站立，以及站立和躺卧转换所需的空间分别为339 cm^2和838 cm^2；根据FAWC(1995)和Baxter(1992)推荐的模型计算，站立和躺卧所需的空间分别为216 cm^2和485 cm^2。几种空间需求模型中，站立所需的空间最小，站立和躺卧行为转换所需的空间最大。Petherick和Phillips(2009)推荐的动物个体静态空间需求模型计算值与该研究中实际测量值最接近，但小于该研究中的实际测量值。Hurndc和Lewis(1990)研究表明体重为1.4～1.7 kg的成年家禽的站立所需面积在230～290 cm^2，根据0.019 $W^{0.66}$计算相应体重家禽站立所需面积需求在237～270 cm^2。目前，基于火鸡站立所需面积和体重关系的模型0.0121 $W^{0.66}$计算蛋鸡和肉鸡站立所需面积结果偏小，Ellerbrock和Knierim(2002)通过对7.6～21.8 kg的火鸡站立行为表达所需地板面积和该模型计算值进行比较，发现FACW所推荐的火鸡站立行为表达所需空间计算模型得出的数值比实际测量值低50%左右，且认为该模型是无效的。

在畜禽饲喂空间需求量计算方面，Petherick(1983)通过0.064 $W^{0.33}$计算动物从饲喂器中采食和饮水所需要的线性空间需求量。有研究通过测量2个品系蛋鸡在8周龄、12周龄和19周龄时的身体宽度，发现BL蛋鸡的平均身体宽度在(10.70±1.10)～(13.96±1.11) cm，WL蛋鸡的平均身体宽度为(10.30±0.86)～(13.00±1.14) cm；但该研究并未对测量体尺周龄时的家禽体重进行统计，因此无法验证0.064 $W^{0.33}$在预测家禽采食空间需求方面的有效性。以上几项研究中家禽所需空间的实际测量值大于理论估计值，这可能是由于动物空间环境需求模型是基于大型家畜的体尺模型建立的，对于羽毛覆盖程度较高的家禽而言，轻质羽毛所占的空间并没有被纳入模型。同时，随着家禽周龄的增加，其执行不同行为的占地面积也随之增加。

2.7.2.2 畜禽三维空间环境监测技术

畜禽占据三维空间，足够容纳躯体是其空间环境需求最直观、最基本的表征。但直接测量畜禽的体型参数是耗时和烦琐的，且在测量的过程中可能会造成应激反应。基于计算机视觉的快速、非侵入的替代测量方案使养殖者和生物学家受益良多，获取到每只动物或每组动物的图片或视频，可进行远程的性状测量。司永胜等提出了一种基于Kinect相机检测长白猪和大型白猪的猪体理想姿态的算法，并且可以精确测量出体长、体宽和体高，与人工测量数据对比，体长测量结果比较理想，测量的平均精确度可达 97.3%。Ruchay 等设计了一个用于育成牛的精确三维模型并测量模型上身体参数的自动化系统。该系统使用了 3 个深度相机的数据，进行非刚性的 3D 形状重建，并对前腿高、臀高、胸深、心围、髂骨宽、臀宽、斜长、臀长和胸宽 9 个体尺进行了测量。

家禽行为表达的平面空间需求受到了研究学者的广泛关注，Dawkins(1985)通过摄像头俯拍蛋鸡执行行为时的视频，进行行为表达的空间需求分析，在视频屏幕上放置一块透明的醋酸纤维板，并在板上画出一只母鸡的轮廓，当母鸡经历一个行为模式时，相隔几帧的母鸡的轮廓被叠加，然后将醋酸纤维板转到计算机的图形板上，用电子笔在痕迹的最外缘画圆，并由计算机进行蛋鸡行为表达时所需平面空间的计算，发现蛋鸡执行转身、拍打翅膀、梳羽等行为时所需平面空间分别为 540～1 006 cm^2、860～1 980 cm^2 和 814～1 270 cm^2。Spindler(2011)等通过 KobaPlan 颜色对比平面测量法对 1 550 只肉鸡的占地面积进行测量，发现体重为 100 g、1 000 g、2 000 g 和 2 500 g 的肉鸡站立时的占地面积分别为 74 cm^2、203 cm^2、320 cm^2 和 372 cm^2；体重为 1.3 kg、3.1 kg 和 3.4 kg 的肉种鸡站立行为所需平面空间分别为 332 cm^2、385 cm^2 和 530 cm^2。Riddle 等通过使用 ImageJ 软件对白色蛋鸡和棕色蛋鸡执行站立、躺卧、栖息、拍打翅膀和沐浴行为时的静止图像进行分析，并使用最大蛋鸡身体长度和宽度来计算其执行行为时所需的平面面积，发现在拍打翅膀时，白色蛋鸡比棕色蛋鸡所需平面空间多 572 cm^2；在执行躺卧和沙浴行为时，棕色蛋鸡比白色蛋鸡所需平面空间多 170.3 cm^2；在执行栖息行为时，所有品系的蛋鸡栖息空间需求都高于推荐值(15 cm)。家禽行为表达的立体空间需求并没有得到广泛重视，参考资料较少，目前仅 Mench 等(2014)使用双目视觉法测量蛋鸡执行站立、转身、躺卧和展翅所需的平面面积分别为(563±8) cm^2、(1 316±23) cm^2、(318±6) cm^2 和(1 693±136) cm^2，站立、转身和拍打翅膀所需的空间高度分别为(34.8±1.3) cm、(38.6±2.3) cm 和(49.5±1.8) cm。

2.7.2.3 畜禽群体空间环境监测技术

笼养或非笼养系统中多只家禽饲养的要求不能简单地基于单只家禽局部移动所需空间的信息(Mench 等，2014)。还必须考虑到鸡群中的鸡只同步其行为的趋势，因此，需要从多方面综合考虑鸡群行为与空间、设备的互作关系才能有效减少因空间环境配置不当造成的损失。同时，群养动物会适时地共享空间，以满足整个群体的空间需求。综上，设计饲养系统空间配置参数时，应充分考虑家禽的行为模式、相应行为的同步性以及序时特征。

Mench 等(2014)通过图像分析技术测量蛋鸡执行站立、转身、躺卧和展翅所需的平面面积，并建立当 1 只鸡执行展翅行为，其他鸡只站立或趴卧时，单只鸡所需面积计算方式：$A=[2\ 711+(n-1)\times 563.2]/n(cm^2)$，其中，2 711 cm^2 为蛋鸡执行展翅行为时所需的最大平面面积，563.2 cm^2 为蛋鸡执行趴卧行为时所需的最大平面面积，n 为蛋鸡数量。然而上述家禽群体空间配置的计算并不能表征鸡群实际行为表达状态，还需要对家禽的行为模式、相应行为的同步性以及集群特征开展进一步的研究。

录像和人工视频分析是用于跟踪和记录动物群体行为的最常用方法。然而，这种人工视频分析是劳动密集型的，容易出现人为错误，而且可以同时跟踪的目标对象的数量也很少。目前，用于家禽个体和群体的监测技术主要有 RFID 技术和计算机视觉技术。

Nakarmi 等(2014)研究开发了一种自动量化家禽群体环境的监测技术，利用深度相机拍摄鸡群俯视图，同时利用 RFID 技术追踪群体中单只鸡的运动、栖息、采食、饮水和筑巢行为，该系统能够辨别物理环境(空间分配)对家禽行为的影响，且跟踪母鸡的运动轨迹的一致性达到 95%，使研究人员能够更有效地评估住房和(或)管理因素或健康状况对家禽行为的影响。Oliveira 等(2019)进一步开发了超高频(UHF)RFID 系统，并利用该技术对富集笼中 60 只 21 周龄蛋鸡的个体筑巢的时间和群体筑巢行为的同步性进行了验证。Campbell 等(2016)使用 RFID 技术跟踪监测了 3 种不同饲养密度的 ISA Brown 鸡群(150 只/群)中 50%被标记的鸡只个体每天的活动范围，研究发现所有的饲养密度鸡群中，有 38%～48%的蛋鸡同时出现在室外散养区域，并使用所有的室外散养区域。

Pereira 等(2015)提出了基于图像处理和计算机视觉的综合技术，从一连串的框架中区分出家禽表达其行为的身体形状，并使用 WEKA(型号 J48)软件工具构建和验证包含 8 个层次和 27 个"叶子"的行为分类树，并使用 2 种模式进行验证："设定训练"模式，总体成功率为 96.7%；"交叉验证"模式，总体成功率为 70.3%，表明该技术在识别肉用种鸡行为方面具有可行性。Wang 等(2020)提出了一种基于机器视觉的目标定位和行为识别方法，采用 YOLOv3 模型对 Kinect DK 相机采集的饲养于本交笼内的蛋种鸡行为进行检测，交配、站立、采食、饮水行为的识别准确率分别为 94.72%、94.57%、93.10%、86.88%。

第 3 章

畜禽生物信息获取与行为监测

畜禽生物信息、行为与其生理健康状况密切相关，准确、高效监测健康状况、行为、生理及心理状态等信息，并从中分析疾病、发情等行为特征，有利于加强动物养殖环节的科学管理，提升畜禽养殖福利。

3.1 畜禽生理信息感知技术

不同养殖环境、饲养环境、生产周期下家禽生理信息各异，与畜禽健康状况密切相关，同时也是养殖户每天都需要检测的内容之一。畜禽生理信息感知是传感器检测技术突破的难点，传统的感知技术多采用光、声、磁学等物理学原理，依据被感知对象特点不同，选择 X 射线、可见光到超声波等不同电磁波检测，通过物理参量模型计算畜禽体征的生理、形态变化，这种常规的感知技术会对畜禽身体造成损伤或者对其造成应激反应。随着科学技术的进步，借助现代技术和设备将一些常规周期性应激监测转换为非接触、无应激实时监测，并应用在畜禽的声音、体温、生长状态、生命体征、外观表型中，在不伤害被监测对象的前提下，提高了感知畜禽生理信息的能力。通过传感器、图像、声音等监测技术对动物个体、生理指标和行为活动等进行自动感知，实现智能化饲养管理，为畜禽的养殖管理和健康预警提供技术支撑。

传感器技术是指通过使用传感设备（图 3-1），将一些难以直接测量的数据转换为易测量信息（通常为电信号）输出的技术。类似于人的智能手环，一般将其佩戴在畜禽的耳朵、脖子、四肢或者尾部，实时感知畜禽的体温、心率等生理信息和位置信息，并上传到服务器，经过系统数据的分析处理，可得到畜禽发情、疾病、采食量、活动量等信息。

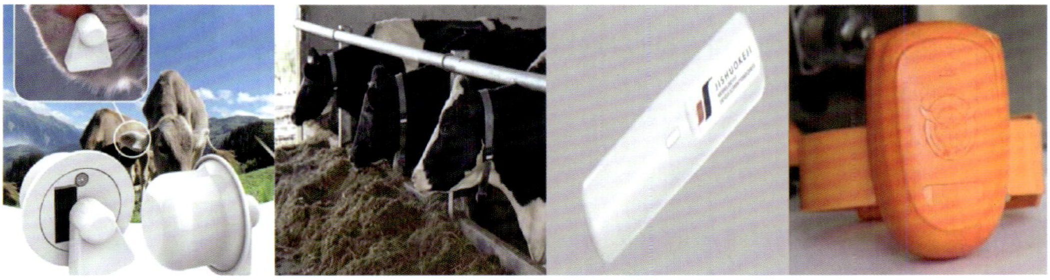

（a）耳带式动物传感器　（b）颈戴式动物传感器　（c）瘤胃式动物传感器　（d）奶牛计步器

图 3-1　传感设备

声音监测通过数字信号处理技术、模式识别等技术对畜禽声音进行采集处理、分析识别，畜禽声音识别和定位是研究动物行为、反映动物健康的重要手段之一，对动物声音信号进行特征辨识和定位，能够提高异常行为辨识的准确率，帮助养殖企业及时掌握畜禽健康状况。现有的声源识别和定位技术主要采用麦克风、拾音器等收录设备将动物叫声、饮水声和咳嗽声等声音信息实时录制，并建立声音分析数据库，辨识动物异常发声，对早期疾病进行预警，其在反刍动物采食监测方面有良好的应用效果。

3.1.1 音频感知

动物行为不仅包含体态行为，动物的发声行为也是对环境及机体状态适应性的一种反映，在研究动物福利的过程中通常将其作为一种辅助判断方法。随着数字信号处理技术的发展，动物发声信息研究已从单纯的计数、人工统计分析等研究方式，转变到应用数字化处理技术，从时域、频域等数字领域来探讨动物音频特征。发声是动物行为的一种，是动物间交流的有效方式之一。不同的叫声代表着不同含义，不仅是动物自身机体状况和需求信息的反馈，而且在种群间的聚集、求偶、攻击等方面发挥着重要作用。因此，通过量化动物发声的声学特征，掌握其分布规律，并将其叫声翻译成人类熟悉的语义信息，使之成为感知动物生活状况的重要手段，在一定程度上有利于提高动物福利水平。畜禽音频数据采集感知流程如图 3-2 所示，具体包括人工切分、去噪、预加重、分帧等环节。

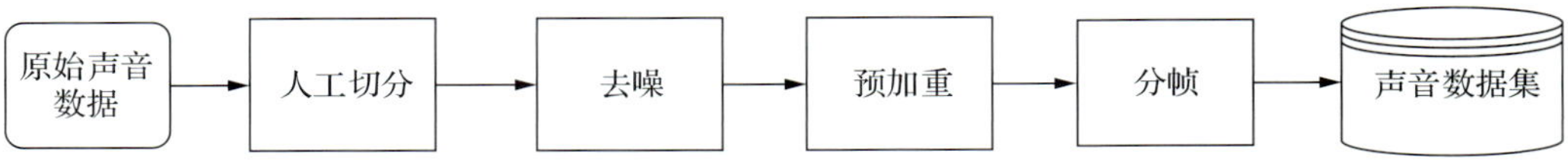

图 3-2 畜禽音频数据采集感知流程

3.1.1.1 去噪

根据噪声特性对其进行划分，通常分为加性噪声和非加性噪声。加性噪声又可以分为周期噪声、传输噪声和宽带噪声等，非加性噪声主要是残响及传送网络的电路噪声等。畜禽养殖舍内噪声主要是周期噪声和宽带噪声，冲击噪声和传输噪声相对较少。实际生产环境下的畜禽舍内采集到的声音信号，通常会包括风机声、喂料声、清粪机械设备噪声和外界环境声等多种噪声，需要利用去噪算法对录制的音频数据中主要噪声进行降噪处理。常用的降噪算法有维纳滤波法、谱减法以及 LMS 自适应降噪法。

维纳滤波法的基本原理即为寻找滤波器 $H(z)$，按照最小均方差准则，使其输出与纯净畜禽发声信号最为接近，使得纯净畜禽发声信号 $s(n)$ 与滤波输出后的信号 $\hat{s}(n)$ 的均方误差 ε 取得最小值，ε 的计算公式为：

$$\varepsilon = E\{[s(n) - \hat{s}(n)]^2\} = E\left\{\left[s(n) - \sum_{m=-\infty}^{+\infty} x(n-m)h(m)\right]^2\right\} \tag{3-1}$$

谱减法是语音去噪中最常用的方法，在实际畜禽舍环境下采集到的信号通常看作纯净的发声信号和舍内的噪声信号的叠加，通过声音内稳定的噪声部分去估算平均噪声能量，再将稳定的噪声部分剔除，得到降噪后的音频数据。谱减法的去噪流程如图 3-3 所示。

自适应滤波算法中的 LMS(least mean square)算法，也被称为最小二乘法，其基本原理如图 3-4 所示。

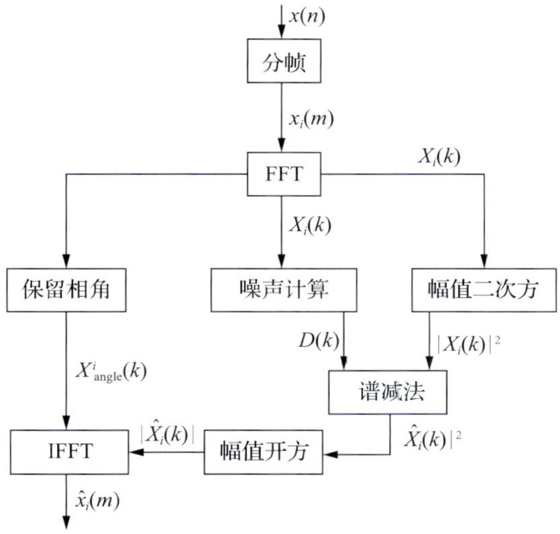

图 3-3 谱减法的去噪流程

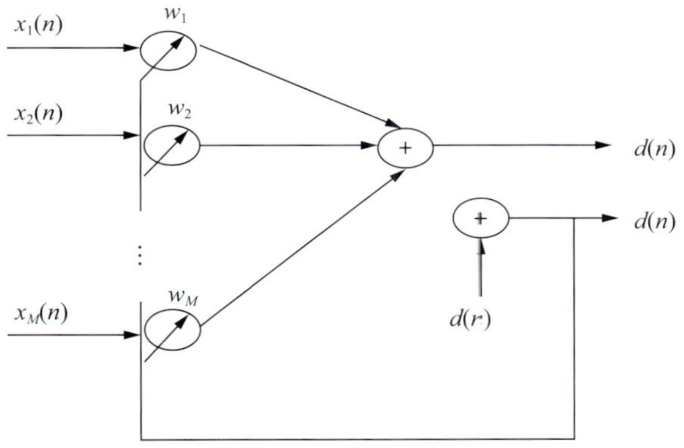

图 3-4 自适应滤波算法基本原理

3.1.1.2 预加重

声音由声道发出，口和唇组成的系统会对声音信号起到阻抗作用。研究发现，口和唇组成的系统对信号的高频部分衰减作用明显，对信号的低频部分衰减作用比较小。声音信号的频率大于 800 Hz 部分会按照 6 dB/倍频的速度衰减，频率小于 800 Hz 部分信号衰减较少。因此，需要对采集到的声音使用滤波器对信号预加重。预加重可以弥补畜禽发声信号中高频部分的能量损失，预加重一般通过一阶高通数字滤波器来实现。滤波器的表达式为：

$$H(z)=1-az^{-1} \tag{3-2}$$

式中：a 代表预加重系数，一般取值范围为 $0.9<a<1$。

3.1.1.3 分帧

语音信号本质上是非平稳信号，但在 10～30 ms 内近似认为是线性不变信号，对预加重后的蛋鸡发声信号分帧，帧长选择为 20 ms，相邻帧之间的帧移为 40%。

3.1.1.4 加窗

音频信号经过分帧处理后被划分成小段的帧，后续在对有限语音信号进行傅里叶变换时会出现频谱泄露，随着划分帧数的增加，频谱泄露会更严重，为了减少这种影响，需要对分帧后的音频信号进行加窗处理。常用的窗函数有矩形窗、海宁(Hanning)窗、汉明(Hamming)窗。3 种窗函数的定义如下：

①矩形窗

$$w(n)=\begin{cases}1 & 0\leqslant n\leqslant L-1\\0 & \text{其他}\end{cases} \tag{3-3}$$

②海宁窗

$$w(n)=\begin{cases}0.5\{1-\cos[2\pi n/(L-1)]\} & 0\leqslant n\leqslant L-1\\0 & \text{其他}\end{cases} \tag{3-4}$$

③汉明窗

$$w(n)=\begin{cases}0.54-0.46\cos[2\pi n/(L-1)] & 0\leqslant n\leqslant L-1\\0 & \text{其他}\end{cases} \tag{3-5}$$

式中：L 为窗长。

在 3 种窗函数中，频谱泄露较大的是矩形窗，其主瓣宽度和第一旁瓣衰减最小。与另外 2 种窗函数相比，汉明窗主瓣较窄且第一旁瓣衰减较大，畜禽音频感知识别时一般选用汉明窗为窗函数。

在此基础上，针对声音数据集的音频片段，利用音频分析处理软件提取典型的声学特征参数，分别是：①持续时间，指的是单一音节的持续时长，通过分析持续时间长短可反映畜禽音频变化，便于监测畜禽应激状况。②基音频率，代表了声带的振动频率，是发声的基础参数，通过建立数字模型，可以经过一系列变换来计算基音频率。③频谱质心，声波能量在频域和时域上的分布反映了声音的本质特征，频谱质心作为重要的分类指标，可以用于区分不同物种的叫声。④共振峰，如果把发声器官声道视为一个谐振腔，共振峰就是这个谐振腔的谐振频率，代表了发声信息的最直接来源。

3.1.2 体温感知

动物体温是动物健康与否的一个重要指标，生病时动物体温往往会升高，当前对体温的检测主要通过接触式和非接触式两种方式实现。

3.1.2.1 接触式体温感知

传统蛋鸡体温测量通常借助专业测量设备如水银温度计(图 3-5)人工手动测量，测量前需对温度计消毒，涂抹润滑剂后将水银柱插入蛋鸡肛门，等待 3～5 min 后取出温度计擦拭并读取数据，易导致蛋鸡产生应激反应，直肠温度迅速升高，使得测量数据不准确。此外，蛋鸡的直肠温度测量需要花费约 5 min 时间，在规模化养殖中需要耗费大量人力资源，且接触式测温过程还存在着对蛋鸡本身的损害和人畜间疾病交叉感染的风险。

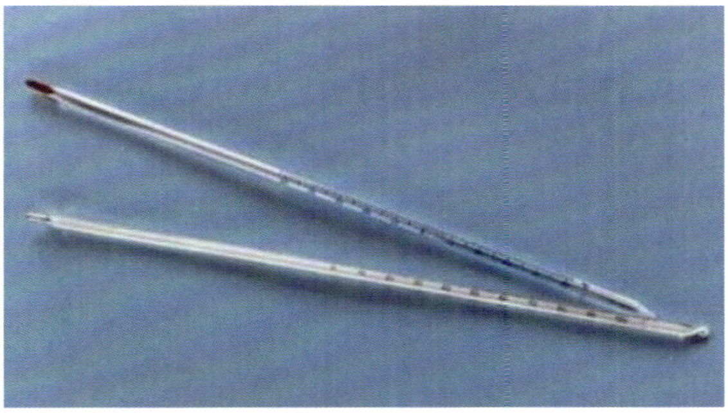

图 3-5　水银温度计

3.1.2.2　非接触式体温感知

1. 基于点温度分析的红外感知

基于点分析的红外感知技术以红外测温枪（图 3-6）为代表，比传统温度计测量直肠温度，具有携带方便、操作简单等优点，因此在蛋鸡养殖场内得到快速发展和推广。通常情况下，使用红外测温枪来测量蛋鸡头部的温度，以检测蛋鸡体温是否异常。然而，红外测温枪只能对蛋鸡表面的几个点进行测量，即使对同一个部位进行测量，不同的测量点的随机性选择也可能导致较大的测量误差。

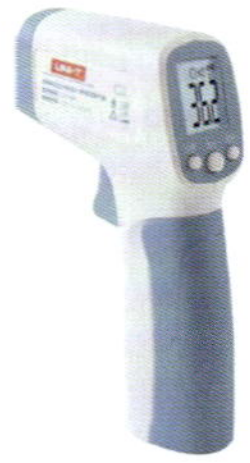

图 3-6　红外测温枪

2. 基于场温度分析的红外感知

红外相机是一种典型的基于对场温度分析的测温设备。与传统测温枪随机选取测量点的局限性相比，红外相机能够全区域内进行温度检测，从而克服了这一问题。红外相机通过感知物体向外辐射的电磁波能量，实现成像测温。不同物体的红外辐射各不相同，而人类视觉对红外光不敏感，所以我们看到的热像图是相机根据辐射量的多少转换而来的。辐射量越强，温度越高，红外图像上颜色的深浅则表示着温度的高低。将红外图像转换成可见光图像分为两步：首先，通过红外探测器将红外辐射转换为电信号，电信号量反映辐射强弱；其次，通过光学技术将电信号转化为能反映目标物体温度分布的可见图像。红外相机的工作原理如图 3-7 所示。

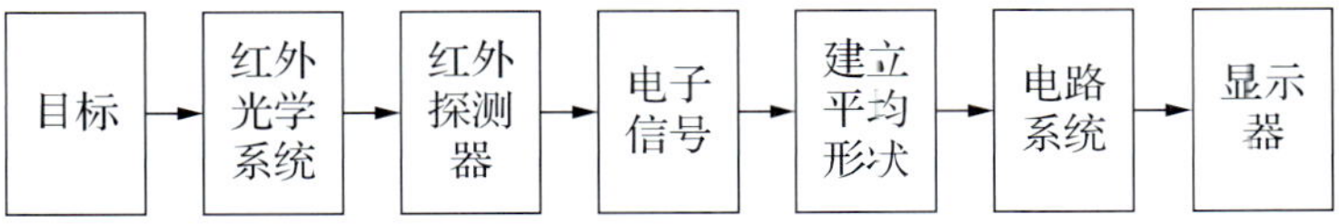

图 3-7　红外相机的工作原理

与传统的水银柱测量相比，红外相机同样可以测量出重要的热量信息，但在使用过程中需要考虑一些限制因素，如动物体毛发异物的影响、天气和环境温度的影响等。目前，使用红外相机可以获取整个场景下蛋鸡的图像（图 3-8），虽然能够得到每个像素点的温度数据，但温度数据的读取和分析通常需要依赖于与相机适配的分析软件。红外图像中还包含背景数据，因此在利用软件对红外图像像素点进行温度分析时，无法自动实现只针对目标蛋鸡像素点的温度数据分析。此外，目标蛋鸡的感兴趣区域的自动标定和该区域温度数据值的直接量化也无法实现。

3. 基于热红外图像的蛋鸡体温感知

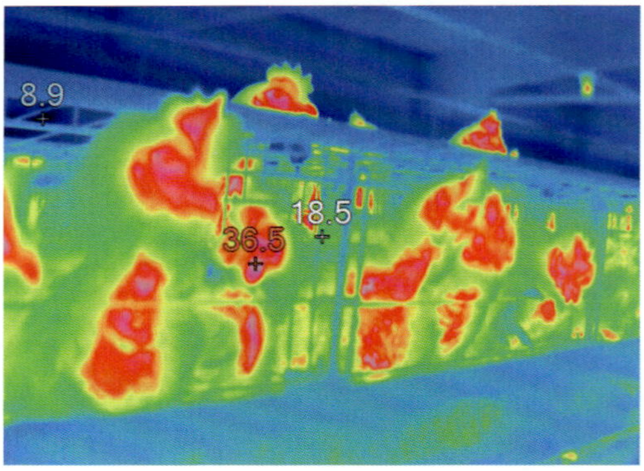

图 3-8 红外相机测温

基于热红外图像的蛋鸡体温感知不再依赖相机软件。通过算法设计，在只利用红外图像的情况下，能够实现不同场景中每一只目标蛋鸡体温数据的提取，并针对蛋鸡体表感兴趣区域实现体温自动检测，获取感兴趣区域的体表温度具体值的变化情况。与传统的红外测温枪局限性和一般红外相机对整个场分析温度时对蛋鸡热窗区域分析的针对性减弱的缺点相比，该方法用热特征明显的感兴趣区域温度检测代替点温度检测和全区域温度检测，更加科学、实用和具有针对性。为达到快速而精确的测量效果，需要经历以下 3 个阶段：蛋鸡热红外图像预处理、蛋鸡头部提取及蛋鸡头部温度数据提取。其算法流程如图 3-9 所示。

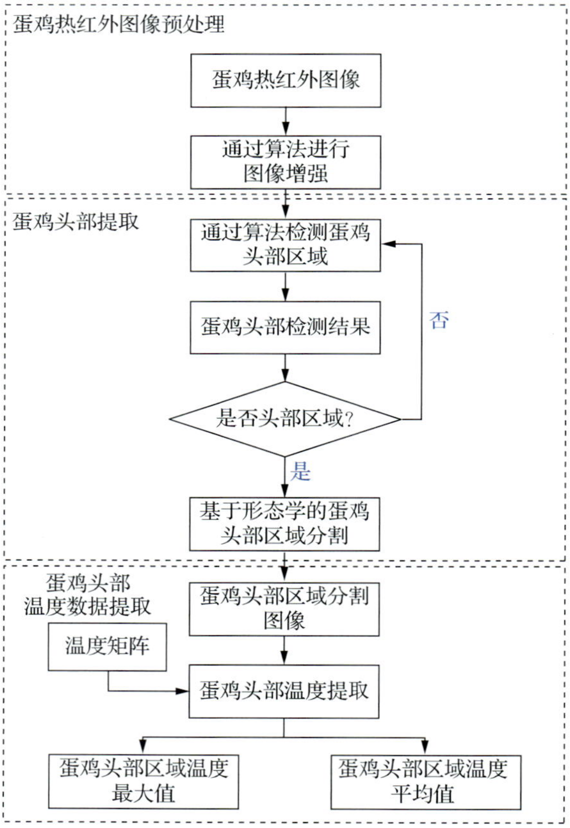

图 3-9 算法流程图

（1）蛋鸡热红外图像预处理　在训练目标检测模型之前，对热红外图像进行预处理可以减少噪声、辅助人工标注数据，同时也有助于目标检测模型更好地学习特征。其中，先对图像进行裁剪，保留图像中所有的蛋鸡，然后通过各种算法对图像进行处理，突出蛋鸡头部信息，减弱红外热像图存在的边缘模糊和对比度较低等问题的影响，这有利于人工标注和机器识别。

(2)蛋鸡头部提取　在采集的热红外图像中，由于蛋鸡个体差异和姿态变化等，蛋鸡头部的形状不规则，如图 3-10 所示。传统的目标检测算法难以设计出具有高鲁棒性的图像特征，用于蛋鸡头部的检测。与人工设计特征相比，深度学习方法通过深层神经网络使其在目标检测领域取得了传统机器学习无法比拟的检测精度。因此，采用基于深度卷积网络的目标检测器来识别蛋鸡头部区域。

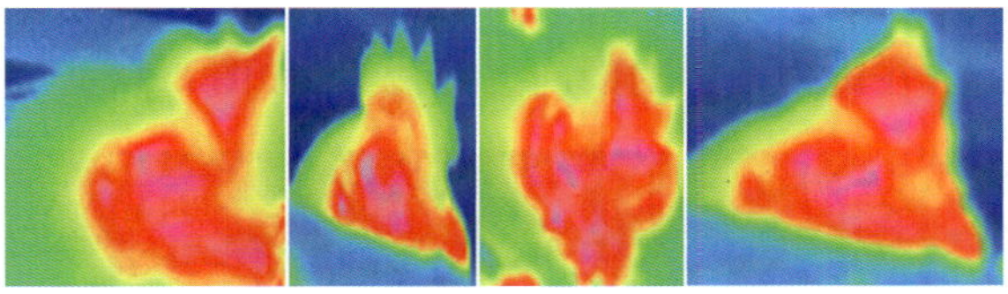

图 3-10　热红外图像中蛋鸡头部形状

(3)蛋鸡头部温度数据提取　根据蛋鸡头部提取算法，得到蛋鸡头部分割图像和原始热红外图像对应的温度矩阵，对耳部温度进行自动提取。算法提取的耳部温度包括温度最大值 $T_{\max}$、温度平均值 T_{mean}。

3.1.3　生长信息感知

畜禽体重是衡量养殖效益的重要指标之一，它直接关系到养殖的经济效益和动物的健康状况。因此，对畜禽体重进行准确的估测具有重要的意义。目前，畜禽体重估测的方法主要有两种，即传统的电子秤和新兴的非接触式体重实时监测系统。其中，传统的电子秤是目前应用最为广泛的方法，但它在使用过程中会存在应激反应和工作量大等问题，影响畜禽的生长和健康。相比之下，非接触式体重实时监测系统则是一种新的方法，它采用传感器技术，可以实现畜禽体重的自动化抽样检测、数据存储和打印等功能。在散养环境中，非接触式体重实时监测系统具有优势，可以对畜禽的体重进行全天候、长期性的监测，提高养殖效益和动物健康水平。因此，在畜禽养殖管理中，选择合适的体重估测方法对于提高养殖效益和动物健康水平具有重要的意义。

传统电子秤需要定期维护，而且在养殖环境和动物破坏等问题下存在一定困难，因此研究人员开始使用非接触式的机器视觉技术来解决这些问题。这种技术利用动物体尺和体重的强相关性，通过测量动物体尺来估算体重。研究人员使用单目相机来采集生猪俯视图像，通过背景去除法提取目标轮廓，并使用包络法去除头部和尾部的干扰，最后使用体尺测点算法来检测体长、腹部体宽和肩宽等参数。为了提高测量准确性，研究人员还使用了双目相机、深度相机或激光雷达等和优化后的立体匹配算法来实现模型的三维重构。这种非接触式的测量方法避免了养殖环境污染和动物破坏等问题，可以在畜禽养殖领域中得到广泛应用。

深度相机在畜禽体尺检测中的应用极大地降低了环境干扰。通过测量体尺数据，用体尺-体重计算公式来估算出生猪的体重。但是这个公式并不适用于所有畜禽，而过多的算法处理会导致误差的积累。因此，研究人员开始通过图像处理来直接估算畜禽的体重，如使用分割算法去除背景干扰，建立投影面积与鸡的体重回归模型等。此外，还有使用深度图像结合回归模型或神经网络来估算畜禽体重的方法。

以肉牛生长体尺高通量测量为例进行简要说明，肉牛生长体尺高通量测量系统面向一线肉牛养殖或肉牛育种中体尺体重参数测量需求，一站式实现牛体高值、十字部高、体宽值、体斜长、胸围值、腹围值等参数的自动计算，可有效降低人工劳动力并提升肉牛养殖全程的信息化与自动化水平。

具体过程为：佩戴 RFID 身份标签的肉牛通过时，该系统可瞬时触发，自动对牛体型进行三维重建并计算体尺参数。计算结果与牛号匹配显示、保存，并实时发送至管理员服务器，实现肉牛生长状态的全面档案化管理。肉牛体尺体重高通量无应激测量设备可架设于肉牛必经的转场通道或采食通道上，在肉牛通过的瞬间进行测量，如图 3-11 所示。

图 3-11　肉牛体尺体重高通量无应激测量设备

点云采集后，通过系统内置的肉牛点云三维重建算法生成牛只的三维模型数据，并自动计算肉牛体斜长、体高、体宽、胸围、腹围等参数，单次采集 2 s 内完成，算法可通过多线程实现并行计算（图 3-12）。通过优化算法，测量一头牛的时间在 5 s 之内，体尺测量准确率在 95%以上。

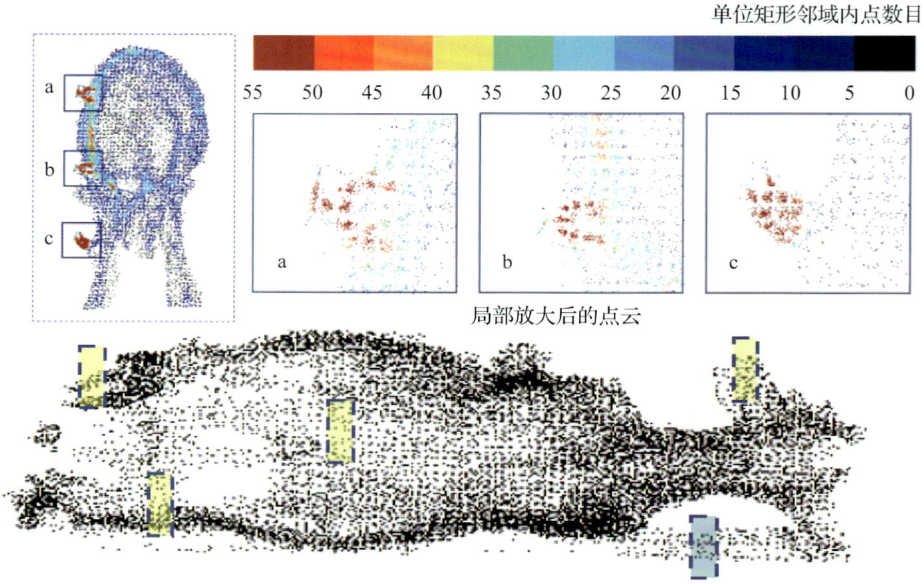

图 3-12　设备采集的肉牛点云数据和关键算法

系统采集的体尺数据可与耳标信息对应后，自动存储于后台数据库内，方便用户查询，实现了肉牛非接触、无干预、不停留的无感体尺测量。全过程不需要限制牛只移动、不需要与牛产生接触，所以不产生动物应激，可以有效减少肉牛体尺体重测量过程带来的育肥产量损失，并提高动物福利水平。

除了上述非接触测量感知类方法外，研究人员还在探索其他非接触式的感知模式。一些学者通过研究环境对肉鸡生长的影响，利用动态神经网络模型构建环境与体重的关联模型，实现肉鸡体重预测。同时，另一些研究人员也确定了肉鸡叫声频率与体重之间的相关性，以此为基础建立了对应的体重估测模型，实现了无接触式的肉鸡体重估测。

3.1.4 生命征象感知

外观表型是反映畜禽健康情况的重要因素之一，当畜禽出现健康问题时，会表现出不同的外观表型特征。例如奶牛体型外貌鉴定是群体遗传改良的重要技术，与奶牛的体质健康、使用寿命、繁殖性状等密切相关。当前奶牛体貌评分多采用人工评分的方式，投入高、效率低、追溯困难、质量监管难度大，且容易造成牛只应激、给工作人员带来防疫风险；奶牛的 20 个性状参数中只有 13 个参数有具体度量值，人工评判存在主观性。因此，动物体征识别系统集成多视角摄像头，实现奶牛体型外貌视觉评分，可达到统一评判标准、提高评分精度的目的。

奶牛体貌参数部分分布见图 3-13。通过实时拍摄、计算机获取和分析处理视频图像来提取相关的形态特征向量，奶牛的脊椎骨、短肋骨、髋骨部、荐骨及坐骨和连接二者韧带、尾根等能反映奶牛体貌评分的部位轮廓特征和纹理特征都能被及时捕捉并进行定量描述，即把外观指标的模拟量转换成数字量，或将采集的图像经过处理后交由卷积神经网络端到端处理。实现体貌评分，可以屏蔽人工检测中难以量化的缺点，且通过采用统一的定量标准进行衡量评价，避免人为主观因素的影响，只要检测对象外观质量一致，则评分结果就会一致，因此评价标准客观，评价结果稳定。另外，把奶牛体貌评分的变化存入计算机，可以利用大数据分析饲养规律，综合多方面因素准确地展示奶牛的生长变化和健康状况，帮助养殖者观测奶牛的生长情况，为奶牛饲养环境调控、哺乳、喂养计划和繁殖提供信息依据，进一步提高养殖水平。

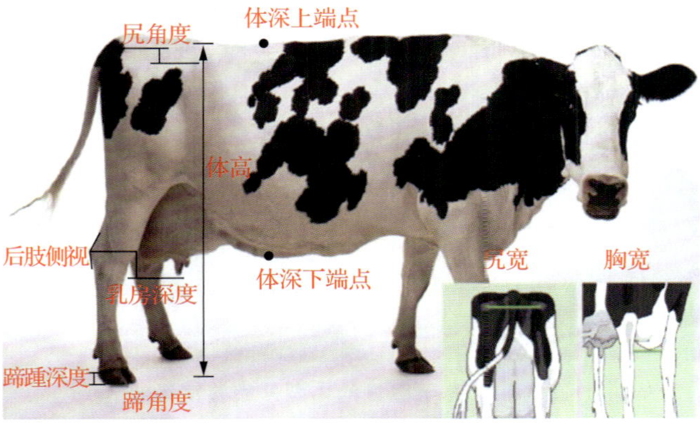

图 3-13　奶牛体貌参数部分分布

按照计算方法对奶牛体貌性状进行归类，可以分成两类：一类是可以通过摄像头拍摄的内容转换为量化的距离值，直接根据图像像素距离评分；另一类是无法直接从图像中获取到数值的体貌性状，根据图像转换计算相对应的比例进行评分。体貌评分方法见表 3-1。

表 3-1　体貌评分方法

体貌性状计算方法	性状评分模型构建方案	性状个数	包含的性状
距离	根据真实距离评分（可以直接得到真实体尺）	1	1 体高
	根据图像像素距离评分（可以根据比例尺得到真实厘米）	9	2 胸宽、6 尻宽、8 蹄踵深度、12 乳房深度、13 中央悬韧带、16 前乳头长度、17 后乳房附着高度、18 后乳房附着宽度、19 后乳头位置
	直接分类评分（像素距离计算精度不够）	2	9 骨质地、15 前乳头位置
角度	根据角度评分	5	5 尻角度、7 蹄角度、10 后肢侧视、11 后肢后视、14 前乳房附着
	直接分类评分	3	4 腰强度、11 后肢后视、20 棱角性

该系统布设多台高清摄像头，使用光端机、云台解码器与视频矩阵进行连接，将摄像头采集到的奶牛体貌评分视频流以 TCP/IP 协议架构传输，同时捕获摄像头的实况流、存储流和回放流，实现奶牛体貌数据传输和存储。同时，对单体牛只视频片段进行关键帧提取，将提取后的连续帧序列进行裁剪、压缩、补偿、矫正，实现标准、开放、高质的奶牛体貌信息在线传输。评分系统按需工作，获取指定时间段、指定机位的评分视频数据，结合体貌评分模型，进行体貌评分，并将评分结果通过专家系统实时存储与展示。基于图像的体型外貌鉴定系统如图 3-14 所示。

图 3-14　基于图像的体型外貌鉴定系统

3.2 畜禽行为监测技术

畜禽行为与生产密切相关，信息化技术能够消除或减少因外界环境条件与家畜本能不相适应而造成的不利应激，以促进生产。

3.2.1 接触式行为监测

接触式行为监测系统使用集成了定位、加速度计、磁力计、压力计等传感器的可穿戴设备，固定在动物的不同部位，实现对动物的不同行为检测和定位追踪。接触式行为监测系统主要应用在牛羊养殖中，其中以母牛行为监测应用最为广泛，包括运动量及发情监测、采食及反刍行为监测等。

3.2.1.1 运动量及发情监测

动物的运动行为可通过活动量和姿势等特征进行判别，加速度传感器或惯性传感器是最常见的接触式监测手段。利用穿戴设备识别动物行为的核心是行为自动识别的模型或算法，从三轴加速度计原始信号中得到行为特征之后，使用多种机器学习算法中的任何一种来分析、检测行为特征。有学者对比了决策树算法、K 近邻算法（KNN）、朴素贝叶斯算法识别母牛行为的效果，发现决策树算法的识别效率高于基于 KNN、朴素贝叶斯算法的识别效率，进一步说明了决策树算法在行为识别领域的泛化能力。除传统的机器学习方法外，也可选择具有长短时记忆模型（LSTM）的递归神经网络（RNN）等深度学习方法自动检测牛的行为。随着传感器技术的进一步发展，动物行为自动监测的研究中开始出现九轴传感器和多个传感器共同应用的发展趋势。例如，闫丽等集成九轴传感器和声音监测设备，利用陀螺仪采集姿态角进行行为数据校正，然后对加速度数据进行特征提取，应用支持向量机（SVM）算法实现动物的姿态识别。该实验中设备安装在小梅山母猪的颈部下方处，对母猪左右侧姿的行为进行识别，在此基础上又结合声音特征进行分类，进一步提高行为姿态识别效果。此外，加速度传感器和声音传感器结合在一起构成的数据采集设备，可实现通过监测反刍声音和姿态的变化相结合的方式来识别母牛的反刍行为，识别的准确率可达 93.2%，准确率接近人工观测。也有学者利用九轴多传感器（三轴加速度计、三轴陀螺仪和三轴磁强计）和机器学习算法相结合对山羊的行为进行分类，并通过平衡每种行为的数据集来评估预测得分的变化，在均衡化后的数据集中，实现了较高的准确率。在实际应用过程中，利用接触式传感器对动物基本运动行为监测精度较高，但对站立、静止与躺卧行为的细粒度区分能力偏弱，因此需要从算法层面予以改进，以达到更高的区分度。

母牛发情时最主要的特征是追逐、爬跨、鸣叫等。传统养殖过程中，主要依靠人工进行监测，包括阴道检查法、外部观察法和尾部涂蜡法等，但人工监测费时费力且易漏检。因此，研究者提出了基于多类别传感器及大数据挖掘技术的母牛发情行为监测方法。母牛发情期间，外在行为与内在生理特征均发生明显变化，外在变化主要体现在活动量增加、躺卧时间减少等，内在变化表现为体温升高、阴道黏液分泌增多等，接触式传感器主要依据上述特征对母牛生理、行为变化进行记录分析，以实现母牛发情的监测。

国外对接触式母牛行为监测设备的研究起步较早，并取得了一系列成果。因此，现有商业产品大多为进口接触监测设备，如阿菲金（Afimilk）公司的脚环计步器 AfiActIITag、项圈计步器 AfiCollar，安乐福公司的 SCR 电子项圈，COWLAR 公司的智能项圈等。传统的人工观察奶牛发情方法仅能用于小规模的奶牛养殖，该方法耗时长、工作量大。报道称，外部观察法需要占用整个农场 30%的劳动力，而且对于夜间发情奶牛的适用性受限制，奶牛夜间发情比例高达 62.1%，会出现较大比例的漏检。比较人工观察和计步器检测结果表明，利用计步器方法检测奶牛发情的检出率在 75%～90%，计步器监测发情检出率比人工观察提高了 24.01%。

3.2.1.2 采食及反刍行为监测

采食及反刍行为与家畜的精准饲喂及健康管理息息相关，正常牛每天的反刍次数和时间基本固定，如果牛的采食时间下降、反刍次数减少或者停止，则表明奶牛可能患病，例如当牛出现热应激、炎症反应时，其反刍次数会明显减少。因此，监测牛羊采食及反刍行为可以对牛羊的身体异常早发现、早处理，提高动物福利，减少牧场损失。接触式采食及反刍行为监测主要将传感器固定在牛羊嘴部或颈部附近，对采食或反刍时由咀嚼产生的包括加速度、声音、压力等规律性变化特征进行监测分析。

压力传感是最早出现的用于监测放牧家畜采食行为的自动监测技术。1983 年，Penning 研制的鼻带(noseband)是文献记载中最早监测采食行为的设备，具有里程碑意义。该传感装置为可穿戴式设备，核心部分是一根充满碳颗粒的硅胶管，传感器的电阻随着动物下颚的张开和闭合而变化，而这些变化被记录在一个微型的四声道卡式录音机(cassette recorder)，用于进一步分析确定与动物进食和反刍相关的颌部运动的总数。但是，卡式录音机容易发生机械故障，后续很长的一段时间都在解决数据存储、信息分析和识别算法的问题。1997 年，Rutter 等研发了基于微型电脑的自动记录系统“IGER Behaviour Recorder”并得到商业化应用，该系统可自动监测并识别放牧家畜的采食行为、反刍行为，识别率达 95.3%。其后，单片机技术逐渐得到应用，传感装置也进一步向微型化和一体化发展。2011 年，Nydegger 等对鼻带进行了改进，将碳颗粒填充的硅胶管改成了液体填充的硅胶管，并集成了压力传感器、微型供电模块和数据采集及存储模块，形成了一体式的穿戴式设备，以 10 Hz 的频率自动记录鼻带内的压力值并保存到 SD 存储卡。该系统为低能耗系统，实验室条件下超低功率元件的预测电池寿命可达 3 年。进一步集成加速度传感器后，形成了商业化的奶牛行为监测系统“The RumiWatch System”。2022 年的研究表明，该系统通过相应的穿戴设备和软件系统可以生成高分辨率数据，监测单头动物采食、反刍行为，但直至目前，该系统仍更适合科研目的，还不适宜在养殖场或放牧系统长期使用，需要提高采食时的“咬或卷食”(bite)与“咀嚼”(chew)这些精细动作的判别(误判率超过了 10%)，同时还需要建立饮水行为的识别算法。

声学传感是另一种采食及反刍行为监测技术。2006 年，Ungar 和 Rutter 研制了基于声学的采食行为传感系统(ACM)，通过特定频率的麦克风监测动物采食时发出的声音，经音频分析后可以获得采食行为。实际上，使用声音信号监测采食行为的方法最早是 1986 年 Alkon 和 Cohen 等监测夜间豪猪采食行为时提出的，后来逐渐发展起来用于监测反刍动物采食行为。基于下颌运动的采食行为最早被划分为“卷食”“咀嚼”和“其他”这几种精细的次级行为，因为声学传感技术的发展，后来又发现了“卷食-咀嚼”这种次级行为，即卷食和咀嚼同时发生。与 IGER 系统相比，ACM 系统对“卷食”“咀嚼”“卷食-咀嚼”等次级行为的识别更具有优势。由于 ACM 系统是人工进行的声音识别判断行为，所以该方法早期的应用仅限于持续时间很短的放牧实验。为了充分挖掘声学传感技术的潜力，需要用于自动识别和分类的算法处理声音信号，因此后续的研究大多是在此基础上对自动识别算法进行研究和系统优化提升。

Milone等(2009)利用自动语音识别领域的概念，建立了基于隐马尔可夫模型的识别算法，对绵羊“咀嚼”“卷食”和“卷食-咀嚼”的自动识别率分别为89%、58%和56%。经改进、校准后，放牧牛群次级采食行为的自动识别率可提高到96%。但是，声学传感技术的问题在于采食不同类型饲草(草本和木质、青绿和干草)时发出的声音不同，同时环境中必不可避免地会有某种程度的背景噪声，这对识别算法的通用性提出了挑战。

3.2.2 非接触式行为监测

3.2.2.1 畜禽声学行为分析技术

发声是畜禽交流的主要方式，在研究健康养殖的过程中通常将其作为一种辅助判断方法，一直是畜禽养殖研究的热点。畜禽发声的持续时间、振幅、频率、能量等音频特征与生长阶段、体重、遗传品系等自身生长特性密切相关，同时与养殖模式、应激反应、疾病发生等外部生长环境相互关联。目前，对畜禽发声的研究逐渐从人工计数、统计分析等方法，转变到应用数字处理技术，从时域、频域等方面开展研究。通过音频分析、机器学习等技术手段，对发声信号进行深入研究。

家禽发声是由发声器官——鸣管内鸣膜振动产生的。发出的声音信息能够反映机体健康状况、情感状态，以及对饲养环境的适应程度，不同品种、不同生长阶段和不同养殖模式下的家禽发声声学特征存在显著差异。围绕生长监测、应激行为分析、疫病监测等3个应用领域，对声学特征或识别模型进行分析比较，介绍通过音频分析手段实现畜禽生长过程中特征参数变化的研究，通过音频信息作为辅助手段帮助评估其对环境的适应性，通过音频处理技术实现家禽应激行为的识别，通过音频处理技术实现家禽常见疾病的监测与预警判断等方面的研究。

1. 生长发声研究

家禽生产过程中饲料成本约占养殖投入的70%，家禽生长状况是养殖者关心的重要问题。研究者发现个体在不同生长阶段，声道结构发生一定变化，音频发声特征随之也会出现相应改变；在相同生长阶段，不同养殖模式下蛋鸡叫声的声学特征有所不同。

不同生长阶段、不同养殖模式，蛋鸡发声特征参数会发生变化。李志忠等获取了3个日龄阶段(35日龄、95日龄和125日龄)的蛋鸡发声信息，通过分析发声基音频率、持续时间、频谱质心和共振峰等基本声学参数，发现蛋鸡不同日龄的声学特征参数存在显著差异。余礼根等比较栖架养殖模式与叠层笼养模式下蛋鸡发声行为的差异，发现栖架养殖模式下蛋鸡自然的生理活动和生长行为能够得到有效表达。宗超等比较栖架养殖和笼养两种不同养殖模式和不同养殖阶段典型蛋鸡发声，发现蛋鸡发声的峰值频率和能量值在产蛋期低于育成期，峰值频率和周龄呈负相关关系，栖架养殖模式下蛋鸡的发声次数、持续时间和能量值均高于笼养。Fontana等(2017)根据峰值频率与体重之间的关系，建立了多项式回归模型用来预测肉鸡体重。还有研究者针对火鸡叫声峰值频率和体重以及生长周期的关系建立生长模型，实验验证了模型的可行性。

音频采集技术具有非接触监测的特点，不会对畜禽生产过程产生额外影响，可为家禽生长监测提供新的技术手段。不同生长阶段、不同养殖模式家禽发声音频特征有显著差异，基于音频特征方面的研究为健康养殖评价系统提供参考依据。

2. 应激发声研究

应激反应是指机体受到外部环境刺激做出防御性行为，应激反应过度可能导致功能紊乱或疾病发生。限制饲喂、热环境、生长环境变化等均对家禽情绪状态产生影响。应激发声是应激行为的一种，是指在应激反应状态下发出的异常叫声。

近年来，研究者对不同应激状态下鸡的发声信息进行了深入探讨，对不同发声特征与外部刺激间的关系有了深入分析，提出将其作为畜禽福利评价的重要指标。余礼根等在消音室可控环境条件下，对产蛋期海兰褐蛋鸡在热应激、限制饲喂和正常饲养下的发声差异进行比较，发现应激状态与正常饲养下不同发声特征参数变化规律不一致。Pereira 等(2015)研究了肉鸡在热应激和室温条件下音频能量、带宽、第一共振峰、第二共振峰等声学特征参数变化，构建了热应激声学识别模型。Liu 等将外部温度设定为 34 ℃的实验组、21 ℃的对照组予以对比分析，以过零率、基频和梅尔频率倒谱系数作为特征参数，采用支持向量机模型进行分类。结果表明火鸡热应激识别准确率达 88.75%。Du 等(2020)改进了支持向量机模型用于热应激叫声识别，模型灵敏度识别率提高到(95.1±4.3)%，识别精度可达(97.6±1.9)%。Lee 等(2015)设计了在线监测系统用于识别鸡的热应激叫声和恐慌叫声，使用支持向量机分类器模型对提取蛋鸡声音的声学特征子集进行分类，分类准确率为 96.2%。这说明家禽发声是对其机体状况的直接反馈，利用音频分析可快速识别应激状态。

利用家禽发声作为评价指标，通过声学特征参数的提取分析，比较家禽在应激与非应激状态下的发声差异，进而实现养殖过程应激行为监测预警，及时发现引起应激反应根源，有效避免过度应激。采用模式识别技术可实现对家禽应激反应的反馈识别，从而避免或减少对家禽饲养过程的干扰和影响。

3. 疾病发声研究

呼吸道疾病主要由病原体感染引起，发病时主要症状为呼吸道内黏液增多，造成呼吸道堵塞，伴随有咳嗽声、喷嚏声、呼噜声和呼吸啰音等异常叫声。目前，传统诊断方法主要依靠饲养人员夜间对呼吸道疾病进行人工巡检，实时性和准确性无法得到保障。在规模化养殖中，及时发现禽舍内患有疾病的个体在群体饲养管理中非常重要。声音监测技术可通过持续、在线监测家禽声音，实现疾病判断、状态识别与提前预警。

曹晏飞等针对蛋鸡声音识别过程存在噪声干扰的问题，通过分析蛋鸡声音与噪声的功率谱密度等频谱特征差异，提出了蛋鸡声音自动检测与分类识别的方法，开发的蛋鸡声音识别模型可在夜间低噪声环境下检测出蛋鸡呼噜声。Sadeghi 等(2015)基于 23 种声学特征，应用人工神经网络识别健康鸡和感染鸡。在鸡患病后的第 2 天和第 8 天分类的准确率分别为66.6%和 100.0%。Huang 等(2019)计算梅尔频率倒谱系数作为特征参数用于区别健康鸡和禽流感病鸡，实验室条件下的测试集准确率为 84%～90%，此方法为及时监测禽流感传染病提供依据。在此基础上，张铁民和黄俊端(2019)提出以短时过零率、短时能量、短时过零率与短时能量混合的多频特征作为音频特征参数，以模糊神经网络作为分类器识别禽流感病鸡的发声，以隶属度函数为钟形函数、隶属度个数为 2 时模糊神经网络对 3 组测试集识别准确率分别为 75.47%、80.39%和 76.92%。这些研究为规模化家禽养殖场禽流感病禽的识别提供了快速高效检测方法。Banakar 等(2016)根据数据挖掘方法和 Dempster-Shafer 证据理论，分析 25 种频域声学特征和 75 种时域声学特征，基于支持向量机构建分类器研制了一种监测装置，其用于检测鸡是否感染新城疫、支气管炎、禽流感疾病等 3 种疾病的效果较为理想。但实验不足是没有考虑实际现场环境噪声的影响，距实际应用还有待进一步研究。有学者比较了极限学习机算法和支持向量机分类算法对于分类识别病鸡呼吸啰音的准确性。支持向量机分类算法在鸡健康时显示较少的假阳性状态，而在生病时实验组和对照组识别结果对比更清晰。规模化养殖舍中，Carpentier 等(2019)提出一种在多个噪声源的情况下识别打喷嚏声的算法，在 763 次打喷嚏声音中提取出 8 个主要的特征参数构建喷嚏声识别模型，准确率达到了 88.4%。有学者提出一种基于小波变换的改进梅尔倒谱系数与高斯混合模型——隐马尔可夫模型的鸡咳嗽声识别系统，肉鸡咳嗽声识别准确率达 95%。也有研究者使用支持向量机模型对比 5 种常见的声学特征在鸡患病后的识别效果，在鸡接种病毒的第 3 天，以音频信号的小波熵作为特征参数，对鸡的支气管炎识别效果最好，准确度达到 83%。

家禽集约化养殖增加了传染病传播的风险，呼吸道疾病是家禽饲养过程中的常见疫病，声学研究中主要表现症状为发出喷嚏、咳嗽等异常叫声。与人工观察相比，利用声音监测进行疾病判别可以提前预警。目前，研究选取呼吸道疾病发声特征参数、建立识别模型，用来识别患病个体，防止疾病蔓延和群体性迸发，对于减少生产损失、提高家禽福利化水平具有一定的实现意义。

尽管国内外学者对家禽养殖过程中发声特征规律及音频监测技术开展了大量研究，但基于音频的非接触式无应激识别技术的发展与应用的可靠性、准确率和智能化水平仍有待提高。基于声学分析技术研究，对于音频监测识别技术在家禽养殖上的发展趋势做出以下判断，如表 3-2 所示。

表 3-2　家禽音频分析监测技术应用情况对比

应用方向	技术方法	优势	发展方向
生长监测	建立体重、采食量等生长参数与声学特征参数之间的关系模型与计算公式	将家禽不同时期发声特征参数量化，以数据化的形式表征语音信息	将个体体态行为、身份信息与音频分析进行结合，实现养殖个体的同步监测与多维分析
应激行为分析	定量比较应激与非应激的声学参数差异	有效替代人工巡检，智能化程度高，减少应激反应	搭载监测装置实现家禽养殖舍移动巡检、声源精准定位技术
疾病监测	建立异常行为和疾病状态下的家禽发声特征精准识别	及时发现患病个体，减少舍内扩散和疾病传播风险	基于音频监测实现疾病远程监测、提前预警和智能诊断

3.2.2.2　畜禽视觉行为分析技术

为解决接触式设备脱落或造成畜禽个体应激的问题，一些研究人员利用相机等光学设备获取畜禽视觉行为数据，构建更便捷、低成本、自动化程度高的非接触式行为识别方法。

1. 基于传统计算机视觉的畜禽行为分析方法

传统计算机视觉方法是从图像中提取特征，完成边缘检测、角落检测、图像分割和模式识别等子任务。基于计算机视觉的动物行为识别方法，通过提取图像数据中的动物行为特征，然后将其输入到分类器中识别动物行为。因此，有效提取动物行为特征是基于视觉动物行为识别的重要内容。

为有效获取动物行为特征排除其他特征的影响，研究者对图像进行处理，确定动物目标所在区域后提取目标区域的特征，有效避免了背景噪声的影响。Tsai 等使用区域生长法和前景分割确定奶牛所在区域，从俯视视角分析两头奶牛爬跨时体长变化，该算法将爬跨阈值设定为 0.8 和 0.6 时，在 53 个爬跨行为中分别检测出 13 个、53 个爬跨行为，受阈值影响识别结果差异大。顾静秋等提出了一种基于图像熵的奶牛目标个体检测方法，通过分析两头奶牛的最小包围盒相交面积判断奶牛是否爬跨，识别准确率为86.7%。张聪等为获取生猪的行为特征，使用Grabcut分割算法提取生猪目标，手动构建12个生猪轮廓特征，将其输入决策树支持向量机(decision tree-support vector machines，DT-SVM)判定生猪站立、躺卧等体态，识别准确率为86.25%。Song等应用光流检测奶牛呼吸行为，通过HSV空间提取固定视角下的单头奶牛目标，使用Lucas-Kanade稀疏光流算法提取奶牛花斑边界光流，检测奶牛呼吸行为的平均准确率为98.58%。Guo等使用帧间差分和背景减去法提取7个目标区域特征，输入SVM中识别爬跨行为，但识别结果受到目标区域提取是否准确、选择特征是否具有代表性等因素，降低模型准确率。有研究者使用俯视图像，简化目标轮廓、排除无关背景信息。Nasirahmadi等使用俯视摄像头获取生猪图像，通过背景减去法获取生猪个体后进行二值化处理获得生猪边界的周长和面积作为生猪的行为特征输入SVM中，分类猪侧卧和胸骨卧姿的准确率为94.4%。后续研究中构建了更加准确的方式定位动物目标，秦立峰等提出了一种结合相关滤波和边缘检测的方法提取单头奶牛目标，该研究利用颜色、方向梯度直方图信息设计相关滤波器获取奶牛目标范围，然后利用边缘滤波模板得到奶牛目标边缘，最后融合边缘和颜色特征提取奶牛目标，算法提取预期与真实结果重叠率达到92.93%。综上所述，传统目标检测方法对图像像素进行统计、计算，算法时间复杂度高且需要先验知识标记目标特征，且检测结果受到目标区域定位是否准确的影响，导致识别结果具有较大的不确定性。

2.基于深度学习的畜禽行为分析方法

近年来，深度学习的发展不仅为许多困难的视觉问题提供一种有效的解决方法，同时提高了模型算法对图像认知水平，促进计算机视觉领域相关技术的进步。研究者将深度学习算法引入农业领域，进行了大量的研究，如自动计数(Xu等，2020)、个体识别、病害检测、识别动物姿态行为等。深度学习避免使用精心设计的算法定位目标和人工选择特定特征，而是训练卷积神经网络(Yang等，2018)，自动提取有效特征，极大提高模型性能和准确率。

研究者将CNN模型用于动物行为识别，取得了较好的研究成果。Zhang等(2018)结合Faster R-CNN和深度图像识别猪的站立、躺卧、胸骨侧卧、腹侧卧和侧卧5种姿态，平均识别AP为0.871。有研究者提出了一种基于视频分析的生猪跟踪算法，根据二值化分割图中多个生猪个体，通过关联规则(DT-ACR)跟踪生猪个体得到生猪的运动轨迹后统计生猪活动量。该方法受到粘连、严重粘连遮挡、目标数量等情况影响较大，总体跟踪准确率达到87.32%。李奇峰等(2021)基于YOLOv4目标检测模型，识别猪只饮食行为。Subedi等改进YOLOv5模型，检测密集养殖环境下的鸡只啄食行为，准确率达到78.7%。在奶牛反刍行为研究方面，有学者构建了基于YOLOv4目标检测和Hungarian跟踪方法，监测多目标奶牛反刍行为。该研究利用YOLOv4模型检测奶牛嘴部上下颚区域，并输入Hungarian算法进行跟踪，获取奶牛嘴部咀嚼曲线并统计反刍次数，算法统计反刍次数正确率为96.93%。单独识别奶牛嘴部的上下颚区域后进行跟踪的两阶段方法，对检测和跟踪阶段模型性能有较高要求。还有学者改进FlowNet2.0光流网络获取单头奶牛反刍行为的光流信息，分析奶牛反刍行为与光流方向的关系后，确认只采用纵向光流、并设置阈值，极大程度地消除了其他光流信息的影响，显著提高了奶牛反刍行为检测精度，拟合反刍曲线计算奶牛反刍频次准确率为99.39%。上述研究表明，卷积神经网络可用于动物行为识别且具有较高的准确率。

深度学习在农业领域的应用研究逐渐深入，研究者使用目标检测、分类模型、目标跟踪等常见的深度学习模型识别动物行为，利用跟踪算法跟踪动物个体，获取动物站立、躺卧时间、行为变化等信息，分析动物健康状况，对提高动物福利(Fereira 等，2021)、养殖场智能化管理和经济效益具有重要意义(Fontana 等，2017)。

刘忠超等改进 LeNet 卷积神经网络网络，在单一背景下识别奶牛爬跨行为，准确率达 98.25%。Chen 等(2021)基于 Xception 卷积网络识别猪吃食行为，准确率为 98.4%。Wang 等(2018)基于 AlexNet 分类网络，对奶牛躺卧，行走和爬跨 3 种行为进行分类，准确率为 100%，受到夜晚光线变化的影响，模型查全率较低为 88.24%。训练 AlexNet 模型的数据中只包含单头奶牛，减少了遮挡、背景、环境及因素的影响，并不适用群体养殖环境下识别奶牛行为。Achou 等使用卷积神经网络确定奶牛是否出现在图像中的饲养区域，分析单头进食奶牛俯视图像特征，确定奶牛头部朝下且料槽内有食物时进食行为，准确率为 92%。该研究并非单一使用卷积网络识别奶牛进食行为，而是加入了行为判定逻辑提高检测奶牛进食行为精度，为后续动物精细行为识别提供了思路。Wang 等(2018)改进 YOLOv3 目标检测模型，对多尺度奶牛爬跨行为识别率达到 99%，该研究指出图像中远距离的小目标爬跨奶牛，目标分辨率低，提供的特征信息少，因此识别难度较高，降低模型整体识别性能。上述研究表明，深度学习方法已用于动物行为识别并取得了较好的成果，但复杂环境、动物之间的遮挡和重叠、多尺度目标等仍是一个待解决的重要问题。

动物行为具有丰富的时序特征，单张图像无法有效识别动物的行走、站立等行为视觉相似行为，因此对动物行为的空间特征和时空特征进行建模可以提高动物行为识别性能。Yin 等使用 EfficientNet 提取奶牛行为特征然后将连续特征输入 LSTM(long short term memory)中对奶牛行为的运动特征进行建模，识别奶牛站立、躺卧、行走、饮水和进食 5 种行为，平均识别准确率达到了 97.87%。其中模型对行走和站立行为识别准确率分别为 99.0%和 96.9%。上述研究验证了时序数据对奶牛行为识别的有效性，但研究中使用的奶牛行为数据，场景简单、行为特征明显导致模型鲁棒性较差。Wu 等使用时序特征的长短期记忆网络并结合 CNN 网络，在时间和空间维度上提取奶牛行为特征，对奶牛喝水、反刍、行走、站立和躺卧 5 种行为识别平均准确率为 97.6%。相似方法在猪状态识别上也有所研究，Chen 等使用生猪的视频数据，构建 CNN 和 LSTM 模型识别生猪的攻击性行为，攻击性事件识别准确率为 97.2%。上述研究以视频数据为基础，训练 2D 模型后添加时序模块识别动物行为，此类非端到端(not end-to-end)的模型存在训练时间长、模型效果依赖各阶段结果的问题，模型性能低。随着 3D 卷积模型的提出，使用 3D 卷积直接对动物行为的时空信息进行建模，可端到端(end-to-end)训练模型识别动物行为。Fuentes 等使用 I3D 模型对奶牛行为的时空特征进行建模，识别奶牛行走、站立、躺卧、睡觉等 15 种行为，由于行为间的相似性(如躺卧和睡觉、行走和站立)降低模型识别准确率，最终该方法对 15 种行为的平均准确率为 85.6%。Ma 等将 RexNet 模型扩展到 3D，识别奶牛躺卧、站立、行走 3 种行为。得益于 RexNet 强大的特征提取能力，直接扩展至 3D 的 RexNet 3D 对奶牛行为识别效果突出，准确率达 95%。该研究与 Yin 使用相似的奶牛行为数据，模型易受到环境等因素的影响，降低识别性能。综上所述，基于视频分类的动物行为研究中存在模型参数量大、推理时间长、视频数据简单等不足，在实际应用难度较大。

上述基于视频分类方法识别动物行为的研究已经取得了很好的成果，但无法适用于多目标动物行为，有研究者将多目标跟踪和目标检测结合识别动物行为并跟踪动物个体。张晨光等(2020)提出了基于 DeepSort 的肉牛多目标跟踪方法，该研究使用改进的 YOLOv3 目标检测模型作为 DeepSort 的检测阶段方法，获取视频中的所有肉牛个体区域，然后跟踪目标个体，实现肉牛多目标跟踪。该研究对多目标肉牛跟踪的准确率，相对于 DeepSort 从 32.3%提高到 45.2%，为基于跟踪的动物行为识别研究提供技术支持。其他动物的跟踪研究中也应用到相似方法，Cowton 等基于 DeepSort 跟踪多目标生猪个体，在跟踪生猪过程中获取生猪运动速度、休息时间等信息为生猪健康监测提供数据支持。Wang 等利用 YOLOv5 检测鱼类的异常行为，然后结合 SiamRPN++跟踪异常行为的鱼类个体，该研究在 YOLOv5 的特征提取骨干网络中融合多层次特征，以提高模型对鱼类小目标异常行为检测性能，检测精度为 99.4%，然后将检测结果输入到 SiamRPN++中跟踪鱼类目标，跟踪精度为 76.7%。有研究者基于 ByteTrack 跟踪群养生猪目标个体，在检测阶段获取生猪站立、吃食、躺卧 3 类行为，并得到群养生猪目标的位置坐标和行为类别的置信度，然后依据 byte 算法匹配相邻帧中的目标，可视化生猪运动轨迹及行为。该方法在检测阶段获取生猪躺卧、站立、饮食 4 种静态行为，识别平均准确率为 99.3%，但该方法未利用动物行为的动态信息，无法准确识别猪只的行走行为。

上述研究利用目标检测和跟踪算法实现动物行为检测或分析，仅依赖目标检测阶段识别动物行为，跟踪动物个体过程不参与动物行为判定，因此在识别动物行为过程中没有引入动态行为信息，不能准确识别动物行为。Fuentes 等用 YOLOv3 获取视频帧中奶牛目标的感兴趣区域（region of interest，ROI）和 15 种行为类别。同时使用 I3D 提取视频的 RGB 流和光流特征，根据相邻帧检测框的 ROI 确定需要获取奶牛行为区域内的特征，分类奶牛行为。该研究对比了 YOLOv3 和 I3D 识别奶牛行为的结果，YOLOv3 识别奶牛行为的识别结果在 64.2%～87.1%，而 I3D 的识别结果在 75.4%～93.1%。其中 YOLOv3 对奶牛行走和站立两种行为的识别结果为 83.1%和 87.1%，I3D 对奶牛行走和站立识别结果分别为 90.2%和 93.1%，说明动态特征对奶牛行为识别起到重要作用，有研究也佐证了上述观点。上述研究表明，结合动态特征识别动物行为方法更加准确有效，也可有效避免由动物行为相似性影响模型识别准确率的问题。但 Fuentes 等的研究中使用目标检测方法获取视频中的奶牛坐标，在奶牛运动状态下，会发生与其他奶牛交叠走过的情况，连续多帧图像使用目标检测获取的 ROI 可能并不属于同一头奶牛，导致对奶牛行为识别情况并不准确。

3. 复杂场景下混合行为识别

以奶牛行走、站立、爬跨、躺卧 4 种一级行为判定以及喝水和吃食 2 种二级行为判定研究对象，研究不同数据类型和深度学习模型对奶牛行为识别的性能，构建奶牛行为识别模型，以期实现高效的奶牛行为识别。

在牛场采集奶牛行走、站立、爬跨、躺卧、喝水、吃食共 6 种行为的图像数据，经过数据处理、数据标注等操作后，训练模型检测奶牛站立、躺卧、爬跨、行走 4 种一级行为及奶牛头部、水槽、料槽 3 种辅助目标，设计二级行为判定算法结合辅助目标标签的空间位置判定奶牛喝水、吃食 2 种二级行为判定（图 3-15）。针对奶牛行为数据中出现的多尺度特点影响模型检测效果的问题，添加小目标检测支路、融合 TransBlcok 注意力机制等方法改进 YOLOv5s 的骨干网络及检测头（YOLOv5s-SEPH），提高模型对奶牛多尺度行为及奶牛行走、站立 2 种相似行为识别的识别性能，经过二级行为判定方法计算奶牛头部、水槽、料槽等检测框的面积交并比，筛选满足阈值的奶牛个体判定奶牛喝水、吃食行为，实现奶牛混合行为识别。

（a）奶牛一级行为示例

（b）奶牛二级行为示例

（c）奶牛二级行为判定示例

图 3-15　奶牛二级行为识别

针对群体养殖环境下获得的奶牛行为数据中具有场景复杂、目标尺度变化大、奶牛行为多样等特点对行为识别造成的干扰，提出一种改进 YOLOv5s 多目标奶牛精细行为识别方法。该方法在骨干网络顶层引入基于通道的 Transformer 注意力机制使模型关注奶牛目标区域，同时对奶牛多尺度行为目标，增加路径聚合结构的支路与检测器获取底层细节特征，并引入 SE 网络（squeeze-and-excitation networks）注意力机制优化检测器，构建 SEPH（SE prediction head）识别重要特征，提高奶牛多尺度行为识别能力，并在检测结果基础上设计行为判定算法判定奶牛喝水和吃食 2 种二级行为，实现多目标奶牛精细行为识别。

选择奶牛行走、站立、卧、爬跨、喝水和吃食 6 种与奶牛健康评价相关行为作为研究对象，设定奶牛行为判定标准如表 3-3 所示。

表 3-3 定义了奶牛 6 种行为及对应的数据标签信息。在奶牛个体行为标注时，在奶牛行走过程中，奶牛前、后肢有明显交叉角度的个体标注为行走，将 1 s 内没有运动趋势且腿部没有交叉的奶牛个体标注为站立。由于奶牛喝水或吃食行为处于站立状态且无法与站立行为有效区分，因此引入水槽（water tank）、料槽（feed trough）与奶牛头部（head）3 个辅助标签，在固

表 3-3 奶牛行为判定标准

奶牛行为	行为描述	标签
行走	腿部弯曲移动(行走过程中获取)	walk、head
站立	腿部直立支撑身体	stand、head
躺	腿部与地面接触	lie、head
爬跨	两头奶牛爬跨	mount、head
吃食	头部与饲料区域相交	feed trough、stand、head
喝水	头部与水槽区域相交	water tank、stand、head

定视角下,标注辅助标签。根据表 3-3 中定义,标注数据集,得到 21 665 个行为及辅助标签,标签尺度可视化如图 3-16 所示。

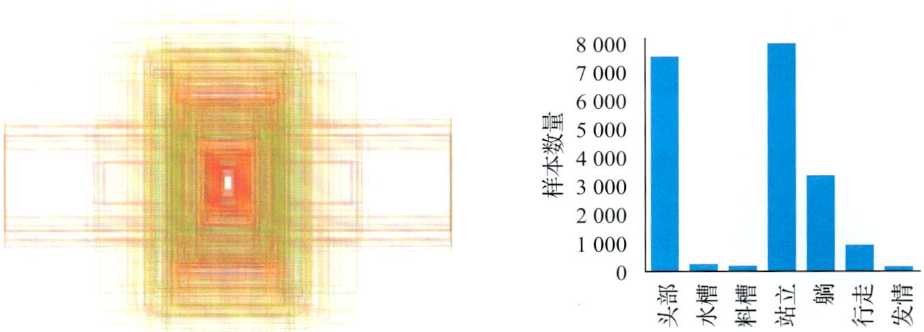

(a) 可视化标签尺度　　(b) 标签数量统计

图 3-16 奶牛行为标签分析

针对密集养殖环境下奶牛多尺度、多行为的特点,在 YOLOv5s 模型基础上,改进 PAN Neck 并引入注意力机制提出 YOLOv5s-SEPH,在 F_5 处增加 TransBlock 模块聚焦奶牛目标区域并与 PAN Neck 模块相接,为了更好利用底层特征,在 F_2 处构建支路并添加 P_2 检测器,构建 4 个不同尺度的检测器识别奶牛多尺度行为,在不同支路处利用 SE 网络注意力机制优化检测器提高模型对多行为的特征分辨能力(图 3-17)。为在密集场景下识别奶牛目标行为,避免经过 Mosaic 融合后奶牛个数及背景信息增多,造成模型无法准确定位奶牛行为所在区域的问题,在骨干网络顶层添加基于通道的 Transformer 注意力机制,使用 TransBlock 挖掘全局上下文信息建立特征通道与奶牛目标的远距离依赖,指导模型关注真实 ROI。TransBlock 使用多头注意力(multi-head attention)和多层感知机(multilayer perceptron,MLP)分析奶牛行为特征图的通道和图像区域位置之间的关系,经过训练突出 ROI 特征表达,TransBlock 模块不改变特征图维度。位置嵌入(position embedding)为所有通道的特征图添加位置信息,以 $640\times640\times3(H\times W\times CH)$ 输入图像为例介绍位置嵌入过程。通过卷积得到 32 倍下采样的 $20\times20\times256$ 特征图,在通道维度将其序列化(flatten),生成维度为 $400\times256(HW\times CH)$、包含全局特征信息的通道序列。生成 400×256 个可学习的位置参数,每个位置参数值代表该区域的重要程度,将位置参数与全局通道序列相加,融入区域位置信息。

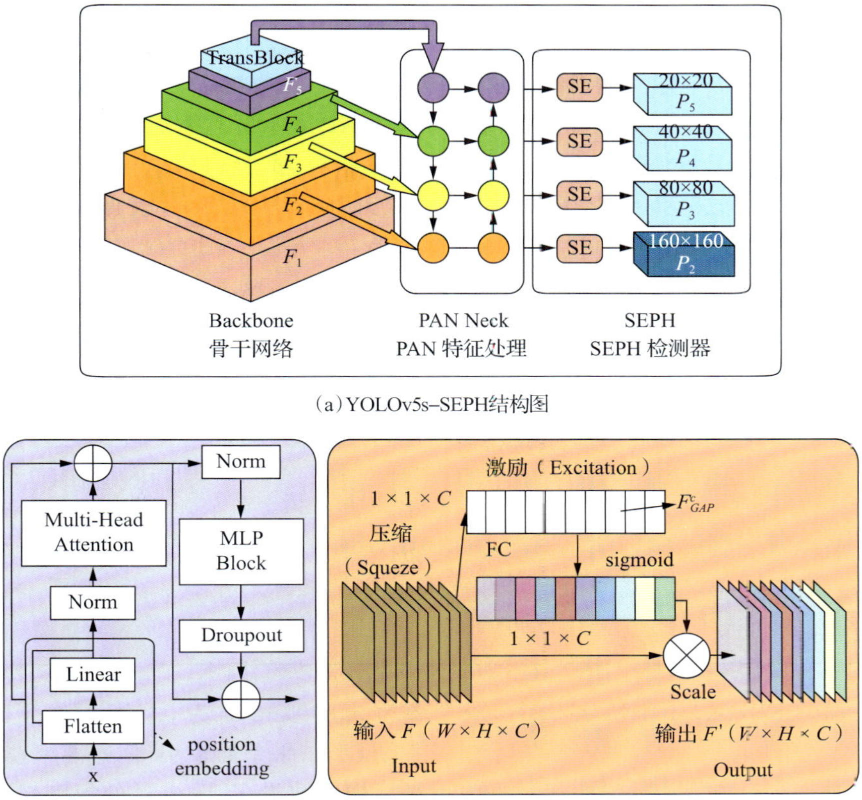

(a) YOLOv5s–SEPH结构图

(b) TransBlock结构图与SE结构图

图 3-17　改进 YOLOv5s 模型结构图

通道序列过长导致模型无法关注全部通道序列的相关信息，因此使用 multi-head attention 关注不同通道序列子空间，每个 head 部分由自注意力机制（self-attention）挖掘通道间的相关性。

$$\text{Attention}(\boldsymbol{Q},\boldsymbol{K},\boldsymbol{V})=\text{softmax}\left(\frac{\boldsymbol{Q}^{\mathrm{T}}\boldsymbol{K}}{\sqrt{d_k}}\right)V \tag{3-6}$$

式中：$\boldsymbol{Q}$、$\boldsymbol{K}$、$\boldsymbol{V}$ 三组矩阵由输入矩阵线性变化所得，维度为与输入特征序列相同，$\boldsymbol{Q}^{\mathrm{T}}\boldsymbol{K}$ 为经过矩阵乘法所得的矩阵，计算每个通道序列与所有通道序列的相关性，其中 d_k 为输入通道序列的数量，使用 $\sqrt{d_k}$ 归一化数据，避免梯度激增，softmax 计算每一个通道对于其他通道的相关系数，将其与 V 进行映射获得具有通道相关性，由于位置信息被嵌入通道序列中，所以自注意力机制可以衡量位置区域对特征信息表达的重要程度，通过位置参数值表达某一区域的重要程度。

multi-head attention 获取 4 个 self-attention 关联的通道序列子空间，经过 layer norm 后由两层全连接层组成的 MLP 整合其输出结果，使用 dropout（设置为 0.01）为方法随机选择失效神经元，防止 MLP 过拟合并与输入特征 x 进行映射，构建 ROI 与所有通道的远程依赖，训练后使模型更关注 ROI 区域。

由于奶牛喝水与吃食根据奶牛头部、料槽、水槽的位置关系及奶牛姿态综合判断，模型对此类目标识别结果直接影响喝水、吃食行为的判定，所以试验中对奶牛行走、站立、躺卧、爬跨、奶牛头部、水槽、料槽 7 个标注类别的识别结果进行分析，用查准率、查全率、mAP(mean average precision)及模型大小评价模型性能(表 3-4)。mAP 表示所有类别 AP(average precision)的均值，AP 综合考虑了每个类别的查准率和查全率指标，试验中使用 mAP@.5、AP50 指标衡量模型性能，mAP@.5 和 AP50 在 IoU 阈值为 0.5 时所得的结果，较查准率和查全率更能体现模型性能。

使用奶牛行为数据集训练 YOLOvs-SEPH、YOLOv5(s、m、l、x)模型，从模型权重大小、准确率、查全率及 7 个类别的 mAP 进行分析，评价不同识别模型性能(表 3-5)。

表 3-4　不同模型试验结果对比

模型	查准率	查全率	mAP	模型大小/MB
YOLOv5s	0.903	0.900	0.908	13.75
YOLOv5m	0.891	0.896	0.918	40.50
YOLOv5l	0.894	0.908	0.919	89.40
YOLOv5x	0.908	0.899	0.913	165.20
YOLOv5s-SEPH	0.896	0.899	0.920	15.85

YOLOv5s-SEPH 的查准率为 0.896，查全率为 0.899，mAP 为 0.920 且高于其余网络模型，较 YOLOv5s 提高 1.2 个百分点，查全率与其他模型结果差异较小，但查准率较 YOLOV5s 降低了 0.7 个百分点。分析原因在于数据中小目标样本数量多，改进后的模型提取到更抽象的小目标特征，误将图像中的背景识别为目标，假正数量增多(false positive，FP)导致查准率下降。

从模型权重大小来看，YOLOv5(s、m、l、x)模型权重逐渐增大，YOLOv5s 模型大小为 13.75 MB，YOLOv5x 模型大小为 165.2 MB；YOLOv5s-SEPH 模型大小为 15.85 MB，略高于 YOLOv5s 但较 YOLOv5x 模型大小减少 90%。YOLOv5l 的 mAP 为 0.919 接近 YOLOv5s-SEPH 的 mAP，但模型大小是 YOLOv5s-SEPH 的 5 倍，综合分析表 3-4 中数据可知 YOLOv5s-SEPH 在模型大小及识别结果方面具有较大优势。

奶牛不同行为的识别结果反映模型对目标特征的提取及分辨能力，因此对比 5 种模型对单个类别识别结果(AP 值)。YOLOv5s 对行走识别仅为 0.768，YOLOv5(m、l、x)的平均精度分别为 0.808、0.808 和 0.776，分析原因在于奶牛站立和行走视觉特征相似，模型易产生混淆，将行走识别为站立，而 YOLOv5s-SEPH 对奶牛行走识别结果为 0.817，较 YOLOv5s 提高了 4.9 个百分点，对奶牛站立识别结果为 0.923，较 YOLOv5s 提高了 0.8 个百分点，说明 YOLOv5s-SEPH 对奶牛行走和站立相似行为识别能力有所提高。

表 3-5　不同类别目标识别的 AP 值对比

标签类别	YOLOv5s	YOLOv5m	YOLOv5l	YOLOv5x	YOLOv5s-SEPH
奶牛头部	0.912	0.911	0.907	0.916	0.922
水槽	0.938	0.929	0.937	0.945	0.934

续表 3-5

标签类别	YOLOv5s	YOLOv5m	YOLOv5l	YOLOv5x	YOLOv5s-SEPH
料槽	0.932	0.959	0.962	0.95	0.946
站立	0.915	0.916	0.919	0.915	0.923
躺卧	0.906	0.914	0.916	0.907	0.91
行走	0.768	0.808	0.808	0.776	0.817
爬跨	0.985	0.987	0.931	0.985	0.981

奶牛头部是约占整幅图像 1% 的小目标，该标签类别提供信息少，识别难度大，YOLOv5(s、m、l、x)对奶牛头部识别结果最高为 0.916，YOLOv5s-SEPH 识别结果为 0.922，在模型大小无较大差异的情况下，较 YOLOv5s 识别结果提高 1 个百分点。YOLOv5s-SEPH 对奶牛躺卧、料槽的识别结果较 YOLOv5s 分别提高 0.5 个百分点、1.4 个百分点，但对奶牛爬跨识别结果均降低 0.4 个百分点，分析原因在于奶牛爬跨时，被爬跨奶牛处于站立状态，且奶牛站立与爬跨的数据量差异较大，在大量数据驱动下，模型将奶牛爬跨识别为站立。综上所述，YOLOv5s-SEPH 奶牛行为识别模型，在权重无激增的情况下，模型性能更优。

基于 YOLOv5s-SEPH 对奶牛头部、水槽和奶牛个体的预测结果，设置阈值对测试集中的奶牛喝水，吃食行为进行判断。分析训练集中奶牛喝水、吃食时奶牛头部与水槽、料槽的面积比，分别设置喝水、吃食行为判定阈值(0.1，0.55)、(0.15，0.55)，奶牛头部与奶牛个体时阈值(0.7，1)，判定奶牛喝水及吃食流程，模型识别效果如图 3-18 所示。试验中分别以真实辅助标签和 YOLOv5s-SEPH 预测的辅助标签两类数据，用上述方法判定奶牛喝水、吃食数量与人工记录的奶牛喝水、吃食行为数量进行比较，验证该方法的有效性。

图 3-18　YOLOv5s-SEPH 模型识别效果

4. 群体奶牛发情爬跨行为识别

奶牛发情呈现周期性、发情时间较短的特点，若未能及时完成配种，则需等待下一个发情周期，严重影响产奶量和繁殖率，降低了企业生产效益，因此，需要依靠信息技术提升发情监测的科学管理水平，提高奶牛受孕率，提升奶牛养殖的经济效益。反刍变化、运动量增加、爬跨等特征是奶牛发情时的重要表现，因此，奶牛爬跨行为识别是非接触式监测奶牛发情的有效手段。

群体养殖牛舍中出现的爬跨奶牛目标较小，图像间特征变化不明显，容易导致目标检测方法识别奶牛爬跨行为的准确率较低。而过分关注图像的全局特征，又会造成图像细节特征的丢失，无法对多尺度爬跨奶牛达到理想的识别效果。因此，为保证奶牛爬跨行为识别的准确性和实时性，优化 YOLOv5 模型，融合注意力机制、空洞卷积和图像金字塔结构设计了特征增强模块，优化高层语义特征，并从损失函数和锚点框等方面进一步优化模型，构建增强型奶牛发情行为识别模型(FEYOLO)如图 3-19 所示。

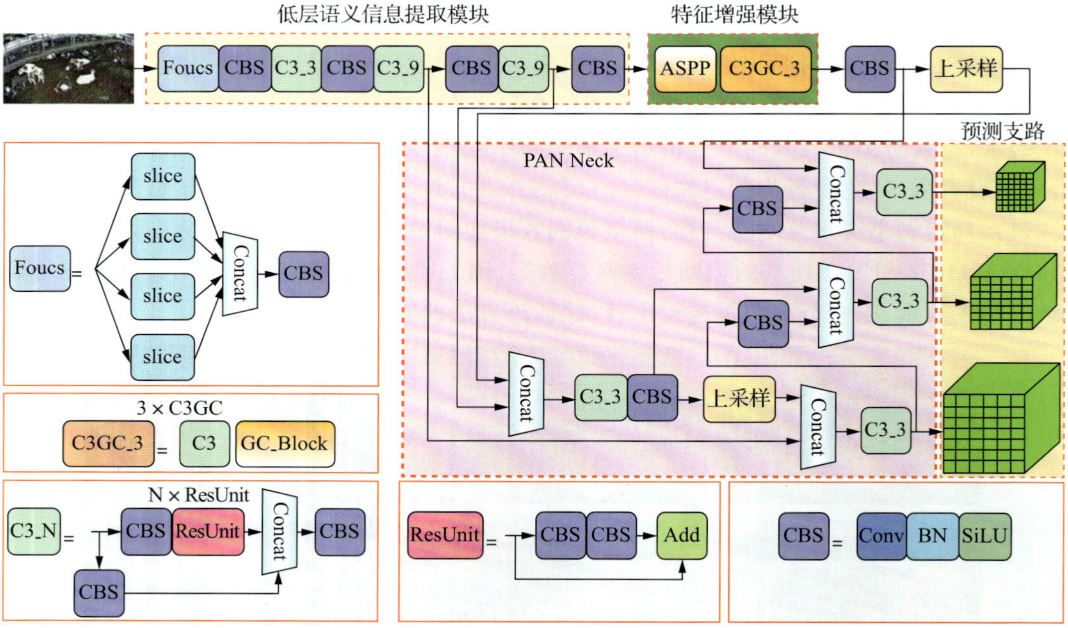

图 3-19 FEYOLO 模型总体结构

FEYOLO 模型的总体结构由低层语义信息提取模块、特征增强模块、PAN Neck 和预测支路 4 部分组成。奶牛爬跨图像被输入至模型后，首先抽取图像的低层语义信息和高层语义信息，包含不同层次语义信息的特征图利用 PAN Neck 实现不同层次的语义特征聚合，感知不同尺度的爬跨奶牛目标，最后将聚合后的多尺度特征图输入预测模块中检测不同大小的爬跨奶牛目标。

模型提取的低层语义信息包含信息冗余，且忽略了通道特征和全局特征的依赖关系。而爬跨图像中存在的多尺度和密集遮挡的问题，需要同时提高模型对全局特征和重要特征的提取能力，建立全局特征、通道特征和空间特征的依赖关系，得到抽象的高层语义信息。有研究者设计了一种高层语义特征增强模块，融合了空洞卷积、空间金字塔和注意力机制，实现高层语义信息的优化。

爬跨图像被输入特征提取骨干之后，会生成5种不同层次的特征图$\{C_1,C_2,C_3,C_4,C_5\}$，输入Neck模块中。Neck利用自上而下的FPN将高层语义特征通过上采样和低层特征做融合得到用于预测的特征图，然后利用自下而上的PAN(pyramid attention network，PAN)模块补充图像中的定位信息(图3-20)。特征增强模块作用在高层语义特征C_5之前，目的在于扩大模型感受野，优化高层语义信息提取，解决奶牛爬跨行为对图像全局特征影响较小的问题。

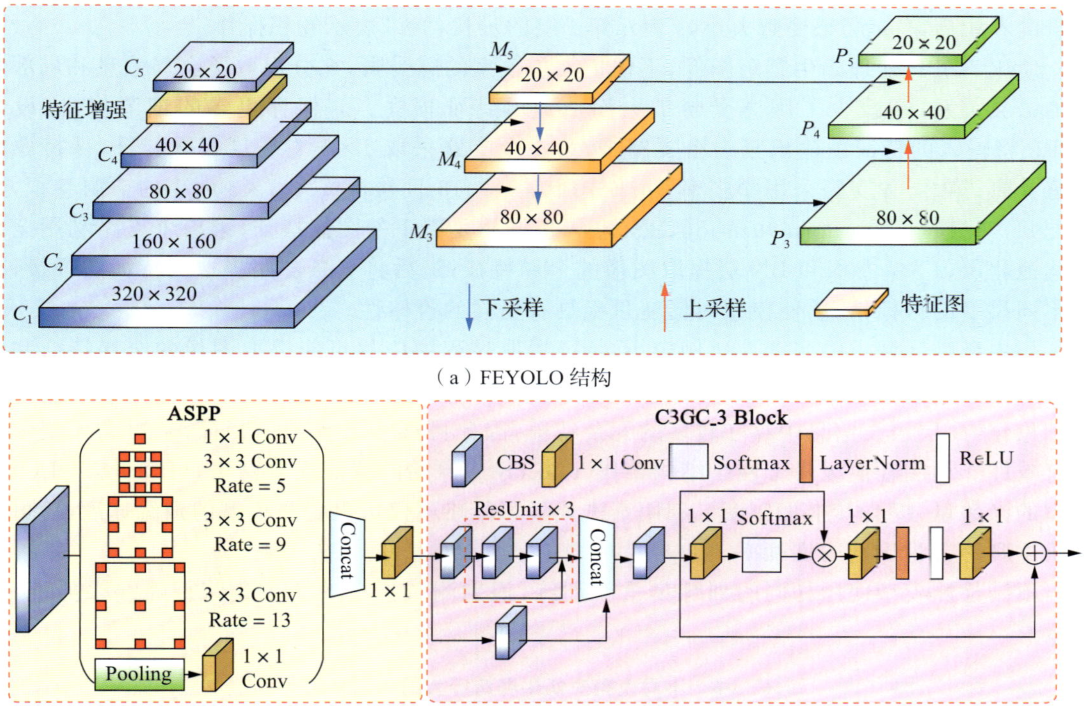

(a) FEYOLO结构

(b) 特征增强模块结构

图3-20 特征增强模块的结构图

利用多尺度优化和注意力机制优化实现对高层语义特征进行全局信息和局部信息的优化。多尺度优化主要依靠空洞空间金字塔提取多尺度的奶牛目标特征，利用空洞卷积扩大模型感受野。注意力机制优化依靠注意力模块C3GC_3，融合通道特征和全局特征，筛选多尺度提取的冗余信息并减少感受野扩大后造成的特征损失，最大可能地保留图像的全局特征和细节特征，使模型更加适用于密集场景下奶牛发情行为识别。

受遮挡、拍摄角度、复杂背景等因素影响，导致爬跨奶牛目标的外观信息不足，爬跨奶牛尺度也不同，仅通过目标表征识别爬跨行为的准确率较低。上下文信息具有描述目标内在联系的特点，空间金字塔(SPP)可获取原始图像的多尺度上下文信息。然而传统卷积感受野被限制，密集牛场中识别多尺度爬跨奶牛需要扩大模型感受野，融合爬跨奶牛的周围特征来判定是否爬跨。因此在空间金字塔中引入空洞卷积(atrous convolution)，构建空洞空间金字塔(ASPP)对高层语义信息进行多尺度优化。ASPP在特征提取过程中，通过引入新参数膨胀率

(dilation rate)来增大感受野，实现不同间隔数量的特征采样，在不增加参数量的同时，更好地学习奶牛爬跨图像的全局和局部信息，提升爬跨行为的识别精度。空洞卷积核和感受野大小计算如下。

$$f'_k = f_k + (f_k - 1) * (Rate - 1) \tag{3-7}$$

$$R_m = R_{m+1} + (f'_k - 1) * \prod_{i=1}^{m-1} s_i \tag{3-8}$$

式中：f_k 表示原始卷积核大小，f'_k 表示空洞卷积核大小，$Rate$ 表示卷积核的膨胀率，R_m 表示经空洞卷积后第 m 层感受野大小，s_i 表示第 i 层的步长，"$*$"表示卷积操作。

使用 ASPP 处理奶牛爬跨图像，不仅扩大了模型的感受野，充分提取了全局信息和局部信息的语义关系，还减少了因感受野扩大而造成的特征损失。为保存更多的细节信息，设计 ASPP 将输入的特征图输出至 5 个支路中，第 1 个支路采取 1×1 卷积层提取特征，保持原始的感受野；第 2～4 支路采用膨胀率 $Rate$ 分别为 5、9、13 且卷积核为 3×3 大小的空洞卷积，并搭配归一化层(batch normalization，BN)获得不同感受野下的图像特征；第 5 个支路利用全局平均池化层、1×1 卷积和 BN 层提取图像的全局特征；最后将 5 条支路提取的特征图拼接，获得不同尺度的目标信息，使模型对形变目标具有更强的鲁棒性。

奶牛爬跨区域占整张图像比例较小，特征提取过程中应尽可能提取图像的全局特征和细节特征，因此前期应尽可能提取较多的浅层特征。随着网络层数的增加，提取到的奶牛特征逐渐抽象化，高层语义信息中存在较多的冗余特征，因此可逐步丢弃部分特征，来提高模型参数的有效性。利用轻量级骨干网络结构替代 YOLOv5s 原始的特征提取网络，可降低 YOLOv5s 模型的参数量，提高其推理速度。利用渐进式学习策略不仅可以提高模型的训练速度，还可提高奶牛爬跨行为识别的准确率。

不同检测模型使用相同的训练集重新训练，识别测试集中的奶牛爬跨行为结果如表 3-6 所示。

表 3-6　不同模型对奶牛爬跨行为的识别结果

模型	mAP(IoU=0.5∶0.95)/%	mAP(IoU=0.5)/%	识别时间/ms	模型大小/MB
Faster R-CNN	46.2	83.6	91.7	315.0
YOLOv3	36.5	83.9	14.3	117.7
YOLOv4	52.7	93.2	44.1	244.4
YOLOv5l	49.6	88.4	12.9	89.3
FEYOLO	49.3	94.3	16.3	146.2

YOLOv5l 模型的 mAP(IoU=0.5)比改进前提高了 5.9%，分别比 Faster R-CNN、YOLOv3 和 YOLOv4 提高了 10.7%、10.4%和 1.1%。模型对每张图像的推理速度达到了 16.3 ms，分别是 YOLOv4 和 Faster R-CNN 的 2.7 倍和 5.6 倍，FEYOLO 每秒可识别 61 张奶牛图像，满足奶牛发情行为识别的实时性(图 3-21)。

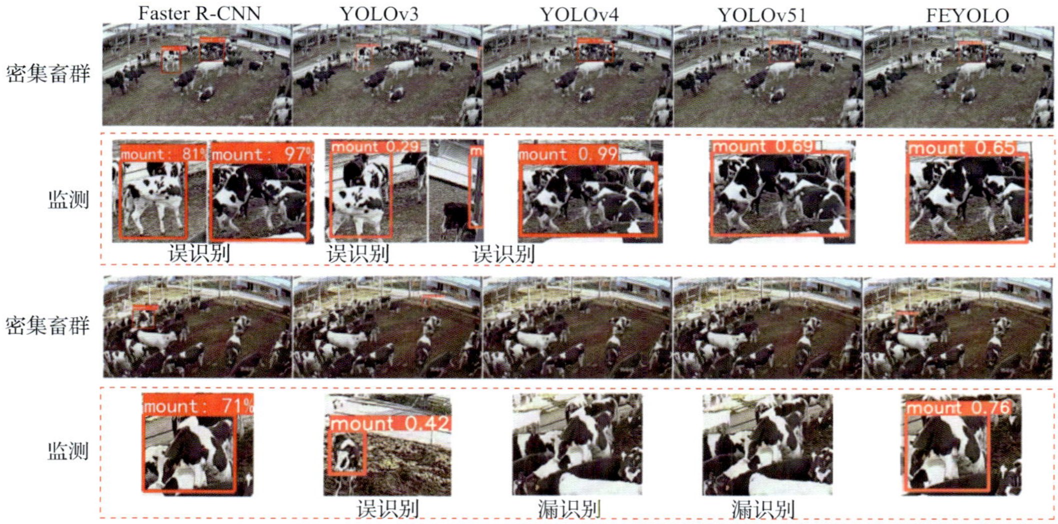

图 3-21 不同模型测试结果可视化

3.3 畜禽目标个体监测技术

3.3.1 基于 RFID 的个体目标检测

RFID 是一种无线通信技术,能够通过无线电信号识别特定目标并读写相关数据,不需要接触。最初在技术领域,应答器指的是能够传输信息回复信息的电子模块。近年来,随着射频技术的发展,应答器又被称为智能标签或标签。RFID 电子标签阅读器通过天线与标签进行无线通信,可以读出或写入标签的识别码和内存数据。RFID 技术具有高速识别、能同时识别多个标签、操作方便等特点。

其组成分为 3 个部分:①标签(tag)。由耦合元件及芯片组成,每个标签具有唯一的电子编码,附着在物体上标识目标对象。②读写器(reader)。读取(有时还可以写入)标签信息的设备,可设计为手持式或固定式。③天线(antenna)。在标签和读写器间传递射频信号。

目前 RFID 标签分为被动式、半被动(也称作半主动)式、主动式 3 类。

(1)被动式　被动式标签没有内部供电电源,通过接收来自 RFID 读写器发出的电磁波进行驱动。标签在接收到足够强度的信号后,可以向读写器发送数据,包括 ID 号和预先存在于标签内 EEPROM 中的数据。

(2)半被动式　半被动式标签的天线有两个任务:一是接收读写器发出的电磁波驱动标签 IC;二是当标签回传信号时,通过天线的阻抗切换来产生 0 和 1 的变化。但是,天线的阻抗要想达到最佳的回传效率需要设计在"开路和短路"之间,这样会导致信号完全反射,使得标签 IC 无法接收到信号。为了解决这个问题,半主动式标签加入了一个小型电池,可以恰好驱动标签 IC,使其处于工作状态。这样,天线可以不需要接收电磁波,充分用于回传信号,比起被动式标签,半主动式标签有更快的反应速度和更好的效率。

(3)主动式　主动式标签拥有内部电源供应器,可以自主产生对外的讯号。主动式标签具有较长的读取距离和较大的记忆体容量,可以存储读写器传送来的附加讯息,因此更为灵活和功能强大。

射频识别系统的重要优点有两个:一是非接触识别,能在恶劣环境中穿透障碍物,如雪、雾、冰、涂料、尘垢等实现标签读取;二是快速读取,阅读速度快,大多数情况下不到 100 ms。有源式射频识别系统还具有速写能力,并具有以下特点:

(1)快速扫描。RFID 读写器可同时辨识读取数个 RFID 标签。

(2)RFID 标签具有体积小型化和形状多样化的特点,不受尺寸和形状的限制,不需要配合固定尺寸和印刷品质进行精确读取。RFID 标签可以适用于不同的产品,并可以进一步发展为更小型化和多样的形态。

(3)RFID 标签比传统的条形码具有抗污染能力和耐久性。传统的条形码的载体是纸张,容易受到污染和折损,而 RFID 标签对水、油和化学药品等物质具有抵抗性,且可以将数据存储在芯片中,不易受到污染和折损。

(4)RFID 标签可以重复地新增、修改、删除内部存储的数据,而传统的条形码则无法更改。这使得 RFID 标签更易于更新信息,具有可重复使用的优点。

(5)RFID 具有穿透性,能够读取非金属或非透明材料,如纸张、木材和塑料等。RFID 通信能够穿过物体障碍。条形码扫描器需要近距离扫描,并且没有物体遮挡才能读取条形码。

(6)RFID 的数据记忆容量大,最大容量可达数 MB,远远超过一维和二维条形码的容量限制。随着记忆载体的不断发展,数据容量也有不断扩大的趋势。随着物品需要携带的数据量越来越大,对 RFID 标签的容量需求也会相应增加。

(7)RFID 可以通过密码保护来保护其电子信息的安全性,避免信息被伪造和篡改。

但是 RFDI 技术现在仍然存在着如下缺点:

(1)射频识别系统发展的主要问题是不兼容的标准,这导致射频识别系统的主要厂商提供的都是专用系统,不同的应用和不同的行业采用不同厂商的频率和协议标准,这种情况制约了整个射频识别行业的增长。欧美相关组织正在解决这个问题,标准化将刺激射频识别技术的大幅度发展和广泛应用。

(2)畜牧业中常用的超高频频段耳标或项圈的电波不能通过许多材料,特别是金属、液体、灰尘、雾等悬浮颗粒物质,可以说环境对超高频段的影响是很大的。

在未来,人们将继续研究高频率低功耗的 RFID 技术。通过不断的技术创新和改进,降低运行成本,并进一步提高其识别准确度和识别率,使其能够更好地为打造智慧农场服务。这种技术可以在农业生产中发挥重要作用,如在农业生产过程中,可以通过 RFID 技术追踪农产品的生长、收获和加工情况,从而提高农业生产的效率和质量。同时,RFID 技术还可以帮助管理农场的资产和库存,有效防止损失和浪费。因此,尽管 RFID 技术在农业领域的应用还有一些限制,但是它具有广阔的应用前景,值得持续投入研究和开发。

3.3.2　基于视觉特征的畜禽个体目标监测

个体识别是饲喂管理、健康监测、产品溯源等方面的前提和基础,传统的畜禽养殖中,物理标签和 RFID 芯片通常被用来确定畜禽个体身份,不仅容易引起真菌感染,还容易引起应激。基于计算机视觉的非接触式个体识别,仅仅通过摄像头和计算设备便可实现个体识别,无须佩戴其他设备，保障动物福利并实现了个体目标识别。

3.3.2.1 奶牛个体背部花纹识别

通过改进 MobileFaceNet 模型，构建度量学习的奶牛背部花纹开集识别框架，如图 3-22 所示。

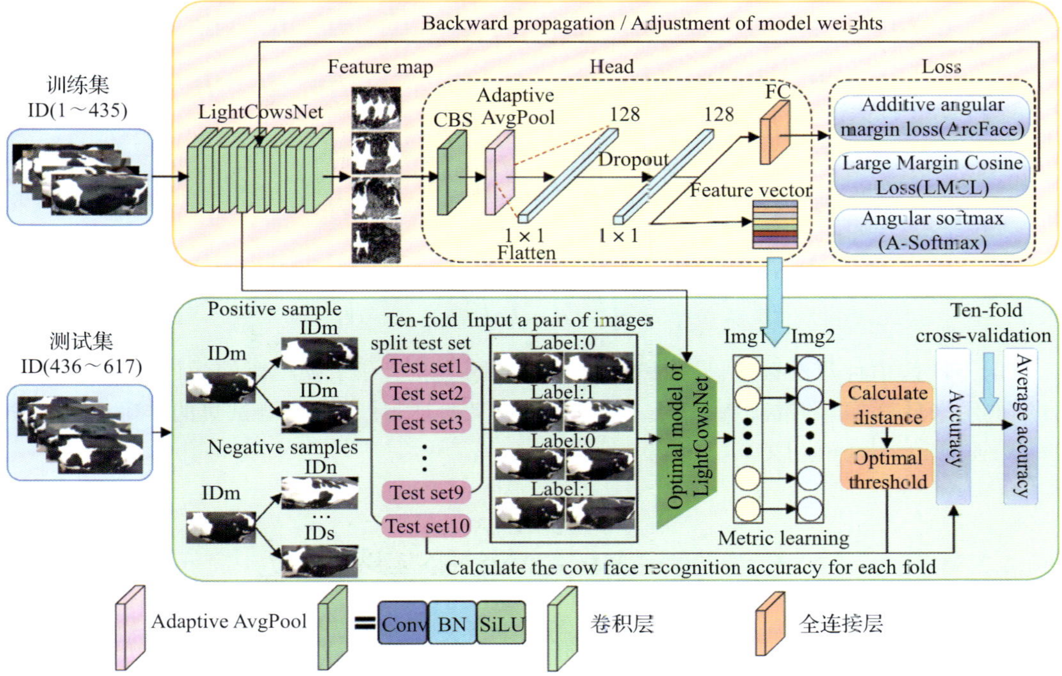

图 3-22 基于度量学习的奶牛背部花纹开集识别框架

设 x 为奶牛背部花纹图像，$X(1\sim435)$ 为训练集中 435 头奶牛的图像集合。定义训练过程中特征向量 ***Eigenvector*** 的整体框架为：

$$\boldsymbol{Eigenvector} = D\{F[LightCowsNet(X)]\} \tag{3-9}$$

其中，$LightCowsNet(X)$ 表示花纹图像被 LightCowsNet 模型进行特征提取，得到 14 像素×14 像素大小的特征图。F 表示对特征图进行展平化操作，14 像素×14 像素大小的特征图被输入 CBS 卷积层和自适应平均池化层后被展平为一个 128 维度的特征向量。D 表示对 128 维向量进行 dropout 操作随机丢失部分特征，防止模型过拟合，输出最终的特征向量 ***Eigenvector***。展平操作(flatten)和 dropout 操作被统一称为 head 模块。***Eigenvector*** 被输入全连接层中计算 435 头奶牛的识别结果，然后利用损失函数计算预测值和真实值之间的误差，反向传播调整模型参数。3 种损失函数包括 additive angular margin loss(ArcFace)、large margin cosine loss (LMCL)和 angular softmax(A-softmax)，被集成在框架中，可以帮助找到最优的奶牛背部花纹开集识别模型。

设 m，n 和 s 代表测试集中奶牛身份编号，$m,n,s\in[436,617]$ 并且 $m\neq n\neq s$，选取测试集两张图像组成样本对，使用 one-hot 编码格式，相同奶牛个体组成的花纹图像对为正样本对，标签为 0，不同奶牛个体组成的花纹图对为负样本对，标签为 1。首先，将样本对 T 划分为 10

份，$T=\{T_1,T_2,\cdots,T_{10}\}$，输入训练好的 LightCowsNet 模型中，获得特征向量 ***Eigenvector1*** 和 ***Eigenvector2***。

$$\boldsymbol{Eigenvector1},\boldsymbol{Eigenvector2} = \text{LightCowsNet}(T_1,T_2,\cdots,T_9) \tag{3-10}$$

利用欧氏距离和余弦距离的方法计算两向量之间的距离：

$$d=(\boldsymbol{Eigenvector1},\boldsymbol{Eigenvector2}) \tag{3-11}$$

设置欧氏距离阈值为 d_{ou}，余弦距离阈值为 d_{yu}，其中，$d_{ou}\in[0,4]$，$d_{yu}\in[0,1]$，判断方法如下：

$$\begin{cases} d \leqslant d_{ou}, Label:0 \\ d > d_{ou}, Label:1 \\ d \leqslant d_{yu}, Label:0 \\ d > d_{yu}, Label:1 \end{cases} \tag{3-12}$$

选取不同阈值计算准确率，获取欧氏距离最佳阈值 d_{ou}^{best} 和余弦距离的最佳阈值 d_{yu}^{best}。d_{ou}^{best} 和 d_{yu}^{best} 被用来计算 T_{10} 的准确率 Acc_i。利用十折交叉验证，计算每折测试集的准确率和平均准确率 average accuracy(ACC)：

$$ACC=\frac{\sum_{i=1}^{10}\text{Acc}_i}{10} \tag{3-13}$$

为避免样本分类不均带来的识别误差，利用十折交叉验证计算平均准确率，检验模型的鲁棒性。将测试集划分为 10 份，每次取 9 份用来寻找最佳阈值，然后测试第 10 份在最佳阈值下的准确率，重复 10 次，计算每份测试集准确率的平均值，作为测试集的平均准确率。其中，余弦距离的取值范围为[0,1]，欧氏距离的取值范围为[0,4]，最优模型的十折交叉验证测试结果如表 3-7 所示。

表 3-7　最优模型的十折交叉验证测试结果

测试数据	余弦距离		欧氏距离	
	最佳阈值	准确率/%	最佳阈值	准确率/%
第 1 折	0.40	94.92	1.20	94.95
第 2 折	0.40	93.70	1.20	93.84
第 3 折	0.40	93.30	1.20	93.45
第 4 折	0.40	93.59	1.20	93.73
第 5 折	0.40	94.48	1.20	94.56
第 6 折	0.40	94.88	1.20	94.91
第 7 折	0.40	95.09	1.20	95.27
第 8 折	0.40	93.70	1.20	93.77
第 9 折	0.40	93.45	1.20	93.52
第 10 折	0.40	94.59	1.20	94.63
平均准确率	—	94.17	—	94.26

利用十折交叉验证后发现，对于不同的度量方法获取的最佳阈值不同，使用余弦距离作为度量方法时，每份测试集的最佳阈值均为 0.40，使用欧氏距离作为度量方法时，每份测试集的最佳阈值均为 1.20。以余弦距离为度量方法时，LightCowsNet 的识别率最高为 95.09%，以欧氏距离为度量方法时，LightCowsNet 的识别率最高为 95.27%。无论是平均准确率还是最高准确率，欧氏距离的效果均优于余弦距离，充分证明了欧氏距离更适合作为度量方法区分不同奶牛个体的背部花纹。实验结果(图 3-23)表明，以 SphereFace 作为损失函数得到的最优 LightCowsNet 模型可以充分提取奶牛背部花纹的图像特征。当余弦距离阈值设置为 0.40，欧氏距离阈值设置为 1.20 时，不同奶牛个体的区分程度越高。并且，同表 3-7 得到的结论相同，欧氏距离更适合被用于度量不同奶牛个体之间的距离。

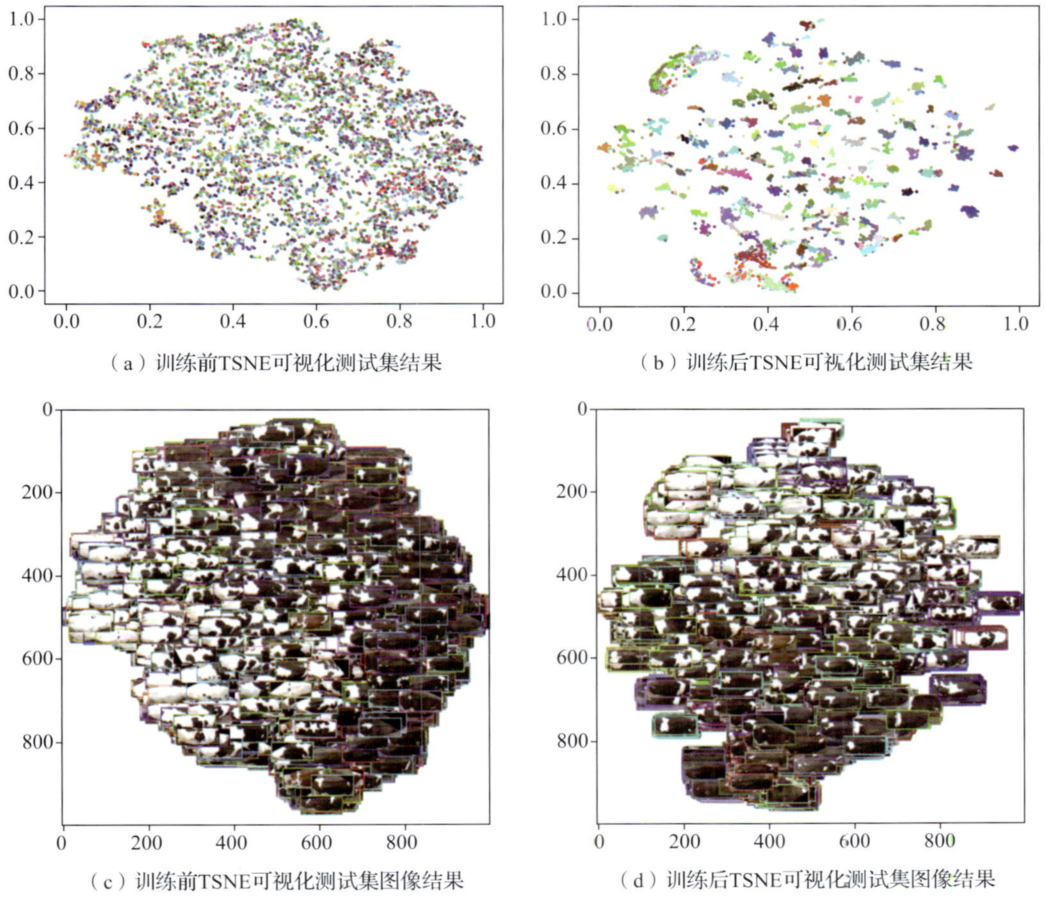

（a）训练前TSNE可视化测试集结果　（b）训练后TSNE可视化测试集结果

（c）训练前TSNE可视化测试集图像结果　（d）训练后TSNE可视化测试集图像结果

图 3-23　可视化测试集实验结果

3.3.2.2　畜禽面部识别

非约束状态下畜禽面部识别面临的主要挑战包括养殖舍内光照很暗、畜禽面部受饲养限位栏与其他畜禽影响造成面部遮挡、数据库中样本数不足，这些因素都会造成畜禽面部图像信息的缺失，直接应用人脸识别算法进行畜禽面部识别不能获得较好的识别性能。有研究者定义非完备采样畜禽面部图像，研究一种分块加权算法解决遮挡畜禽面部识别问题，充分利用畜禽面部中非遮挡区域的判别信息，融合基于 Fisher 判别分析与稀疏残差分块加权的稀疏表示方法，将样本分割成遮挡部分与非遮挡部分多个模块来克服遮挡造成的识别性能下降的问题，由于各模块尺寸相对较小，能捕捉到更多的判别性信息，更准确实现对遮挡部位的估计。

综上所述，计算机视觉及智能监控已逐步深入畜禽精细化养殖中，其中个体档案建立、信息采集及畜产品溯源等，均需要对畜禽个体进行快速准确识别。因此可重复、成本低、非接触的基于计算机视觉的畜禽个体身份识别方法，可提高动物个体识别自动化程度并降低成本，进一步提高计算机视觉算法在动物个体识别分析领域的实用性。

第 4 章

畜禽饲养精准管理

传统的畜禽饲养过程中易产生畜禽营养不均、饲料浪费等问题，且人工劳动强度较大、生产率有待提高。随着信息技术和装备技术的进步，以节省饲料和人工成本、促进畜禽营养均衡、保障畜产品品质及安全等为目标的畜禽饲养精准管理技术和装备逐步得到应用和推广。本章重点阐述畜禽饲养精准管理技术与装备的最新进展。

4.1 畜禽日粮配方优化

不同品种、不同阶段的畜禽需要不同的营养水平，日粮营养配方的优化成为决定生产水平、产品质量及养殖效益的决定因素之一。随着我国饲料数据库的建立和健全，各种饲料资源得到了有效利用，饲养成本有所降低，饲料营养价值的利用更加充分。同时，大数据、云计算等信息技术也应用于畜禽营养配方优化，促进畜禽饲喂技术的数字化发展。

4.1.1 系统基础模型

数学规划基础模型构造中经常用到以下几个概念。

(1)决策变量(decision-making variable)　在决策者控制之下，同时又决定着问题解的变量称为决策变量，也称作控制变量或结构变量。通常表示为 $x_j(j=1,\cdots,n)$，或表示为向量 $\boldsymbol{X}=(x_1, x_2, \cdots, x_n)$。

(2)理想目标(objective)　是由决策变量的数学函数表达的。这样的函数通常用来反映决策者的某种愿望，如利润最大或成本最小等。理想目标函数的右端项没有规定。两类最典型的目标函数形式为：

$\max f(x)$(max 代表最大化)

$\min f(x)$(min 代表最小化)

(3)期望值(aspiration level)　也称作目标值或指标值。期望值是理想满意的或可接受的一个特定值，它可以用来度量理想目标达到的程度。一般放在数学关系式(方程或不等式)的右端，故也称作右端项(right hand side，RHS)。

(4)现实目标(goal)　配上某一指标值(或期望值)的理想目标称为现实目标，如希望至少获得 x 单位的利润，或减少 y%的通货膨胀率。根据具体情况，实现目标的数学表达式可以取如下 3 种形式中的任一种：

$$\begin{cases} f(x) \leqslant b \\ f(x) \geqslant b \\ f(x) = b \end{cases}$$

前两种为不等式，后一种为方程，3 种形式的右端项为常数 b，称作目标值或指标值。理想目标与现实目标的关系是：理想目标和某一指标值相配合（也就是配上右端项 RHS），这样构成的决策变量的数学函数式称为现实目标。例如，如果希望利润达到最大，那么它就是理想目标；可是，如果希望利润至少达到 1 000 元，那么就建立了一个现实目标。需要强调的是，当给定一个指标值或目标值时，任何一个理想目标都可以转换为一个现实目标。

（5）约束（constraint）　当一个现实目标函数必须满足，即在数学上不得违反时，可称为绝对现实目标，或称作刚性约束或硬约束。在线性规划（LP）法中的约束指的就是绝对现实目标，故 LP 法中"约束"即为"刚性约束"或"硬约束"的简称。在多目标规划（MGP）法中除硬约束（绝对现实目标）之外的现实目标有时也可称作弹性约束或软约束，其关系式在数学上并非严格地不许违反。即在 MGP 中又将现实目标区分为刚性约束和弹性约束。因此现实目标函数的概念包含着更多的灵活性。

建立待决策问题的基础数学模型是用数学规划法求解的最初阶段和关键所在。在这一阶段，必须选择并在数学上定义最恰当的表达问题的决策变量、理想目标。这些理想目标或现实目标一般来源于决策者的希望、有限的资源、任何其他加在决策变量选择上明显的或隐含的约束。

建立基础模型主要包含确定决策变量、恰当的表达所有理想目标和（或）现实目标、从现实目标中分离出哪些是硬约束 3 步。在遵循上述步骤建立基础数学模型之后，再可以转换为传统单目标的 LP 模型或多目标的 MGP 模型。

基础模型的目的是尽可能按照决策者的理解去反映问题。任务是求 $X=(x_1, x_2, \cdots, x_n)$，使模型的理想目标达到极大或极小，同时满足模型的现实目标和硬约束的要求，其数学表达式为：

理想目标

$$\max(a_{r1}x_1 + a_{r2}x_2 + \cdots + a_{rn}x_n)\ (\text{所有 } r=1,2,\cdots,R) \tag{4-1}$$

$$\min(a_{r1}x_1 + a_{r2}x_2 + \cdots + a_{rn}x_n)\ (\text{所有 } r=1,2,\cdots,S) \tag{4-2}$$

现实目标

$$a_{t1}x_1 + a_{t2}x_2 + \cdots + a_{tn}x_n\ (*)\ b_t\ (\text{所有 } t=1,2,\cdots,T) \tag{4-3}$$

硬约束

$$x_1, x_2, \cdots, x_n \geqslant 0 \tag{4-4}$$

式（4-3）中的"（ * ）"可为≤、=、≥中的一种，式（4-4）一般称作非负条件。

4.1.2　线性规划模型

传统的线性规划（LP）模型只允许（且必须）有一个理想目标，其他所有理想目标和现实目标必须看作是刚性的硬约束（简称约束），而不管它们实际上是否是硬约束。单目标的 LP 模型有着易于用有效的单纯形法求解的优点，但是有可能降低模型的真实性（有效性）。当约束条件数目较多时，约束条件之间彼此互不相容并导致模型无解的可能性也增大。用LP法求得的饲料配方即所谓的最低成本配方。

4.1.2.1 转换基础模型

前面构造的配方问题的基础模型恰好只有一个理想目标，因此可以很自然地将其转换成单目标的LP模型，即在满足由式(4-2)至式(4-4)组成约束集的条件下，求使式(4-1)中成本目标函数极小化的一组决策变量值 $x_j(j=1, 2, \cdots, n)$。因此，这是一个求条件极值的问题。用数学符号可简单地表述如下：

$$\begin{cases} \min \sum_{j=1}^{n} c_j x_j & (4\text{-}5) \\ \text{s.t.} \ \sum_{j=1}^{n} a_{ij} x_j (*) b_j \quad (i=1, 2, \cdots, m) & (4\text{-}6) \\ \sum_{j=1}^{n} x_j = 1 & (4\text{-}7) \\ x_j \geqslant 0 \quad (j=1,2,\cdots n) & (4\text{-}8) \end{cases}$$

请注意式(4-6)在约束条件的关系符上的更动，“(＊)”可为“≥”“≤”或“＝”中的一种。这里仍没有涉及有关对原料用量(x_j)上下限的约束条件。

4.1.2.2 LP模型的求解

在建立了配方问题的LP模型后，下一步便需针对该模型求得决策变量的一组最优解，对LP模型求解时通常使用丹茨格创立的单纯形法，或基于单纯形法的某些改进算法。至于单纯形法之后提出的多项式时间算法，也可用来求解一些较为特殊的线性规划问题。由于配方模型中涉及的变量数及约束条件数并不很大，故采用简单有效的单纯形法并借助计算机技术，即可很好地解决问题。

LP问题由决策变量、约束条件及目标达成函数3个要素组成，而约束条件左端及目标达成函数皆是决策变量的线性函数。如将式(4-6)和式(4-7)以及原料 x_j 上下限等约束条件统一处置，则配方模型可以一般写成以下形式：

$$\begin{cases} \min \sum_{j=1}^{n} c_j x_j & (4\text{-}9) \\ \text{s.t.} \ \sum_{j=1}^{n} a_{ij} x_j (*) b_j \quad (i=1, 2, \cdots, m) & (4\text{-}10) \\ x_j \geqslant 0 \quad (j=1,2,\cdots n) & (4\text{-}11) \end{cases}$$

这里 b_j 已不仅代表营养成分的规格，也可代表原料的用量限制以及配比限制；显然 a_{ij} 也不仅仅代表某营养成分在原料中的含量了。这里决策变量的个数为 n，约束条件的个数为 m。

设 $\boldsymbol{X}=(x_1, x_2, \cdots, x_n)$ 满足所有的约束条件，于是 $\boldsymbol{X}$ 便是LP问题的一个可行解，所有可行解构成LP问题的可行解集。如用 n 个决策变量构成一个 n 维空间，于是LP问题的可行解集即构成 n 维空间中的一个可行域，而可行域中的任一点即对应一个可行解。可行域中使目标函数极值化（极小或极大）的点对应的可行解，即是最优解。由于可行域中包含无数个点（对应无数个可行解），如何从中迅速有效地挑选出对应最优解的某一点，便成为能否求解线性规划的决定性问题。

虽然从理论上说可采用枚举法来求解 LP 问题，但由于该方法计算量大、效率太低，实际上是行不通的。丹茨格于 1947 年提出的单纯形法巧妙地解决了在无数个点中系统地、定向地搜索最优解的问题，这种搜索保证以有限步骤收敛，并能检查出多最优解、无界解和不可行解等情形。任何只包含两个决策变量的 LP 问题可以用二维图形表示，每个约束条件和非负条件都是形成一个半空间，将这两个决策变量的值限制在该半空间的诸点上。可行域是所有半空间公共点形成的凸多边形（凸集）。可行域的边界是直线构成的，每条直线都对应一个取等式形式的约束条件或非负条件。这样的直线两两相交，其交点形成了凸多边形的顶点，或称作凸集的极点。

极点对应的可行解在代数上被称作基本可行解。那么如何求出 LP 问题的极点（或基本可行解）呢？需要先采取一定手段将式（4-9）至式（4-11）构成的 LP 问题转化成为标准形，即将约束条件式（4-10）中的不等式关系全部转化成等式，随后便可以借助解线性方程组的线性代数这一基本工具来求极点解。可以通过在模型中引入非负辅助变量的方法来实现从一般形向标准形的转化。有 2 种途径可以实现这一转化，一种是引入松弛变量和人工变量两个辅助变量，另一种是只简单引入一个松弛变量。这里只简介后一种转化方法。

对式（4-2）的每个约束条件都引入一个非负松弛变量，并令：

$$\sum_{j=1}^{n} a_{ij} x_j + d_i x_{n+i} = b_i \quad (i=1,\ 2,\ \cdots,\ m) \tag{4-12}$$

式中：x_{n+i}是约束条件对应引入的松弛变量，当“ * ”为“≤”“≥”和“＝”时，d_i分别取－1、1 和 0。采用矢量及矩阵记号，令 $\boldsymbol{X}^{\mathrm{T}}=[x_1 \quad x_2 \quad M \quad x_n \quad x_{n+1} \quad M \quad x_{n+m}]$，$\boldsymbol{C}=[c_1 \quad c_2 \quad M \quad c_n \quad 0 \quad M \quad 0]$，$\boldsymbol{b}^{\mathrm{T}}=[b_1 \quad b_2 \quad M \quad b_m]$。矩阵 $\boldsymbol{A}$ 为：

$$\begin{bmatrix} a_{11} & \cdots & a_{1j} & \cdots & a_{1n} & d_1 & 0 & 0 & \cdots & \cdots & 0 \\ a_{21} & \cdots & a_{2j} & \cdots & a_{2n} & 0 & d_2 & 0 & \cdots & \cdots & 0 \\ \vdots & \cdots & \vdots & \cdots & \vdots & \vdots & 0 & d_3 & \cdots & \cdots & 0 \\ a_{i1} & \cdots & a_{ij} & \cdots & a_{in} & \vdots & \vdots & 0 & \cdots & \cdots & \vdots \\ \vdots & \cdots & \vdots & \cdots & \vdots & \vdots & \vdots & 0 & \cdots & \cdots & 0 \\ a_{m1} & \cdots & a_{mj} & \cdots & a_{mn} & 0 & 0 & 0 & \cdots & 0 & d_m \end{bmatrix}$$

于是式（4-9）、式（4-10）、式（4-11）构成的 LP 标准形问题可记作：

$$\begin{cases} \min\ z=\boldsymbol{CZ} & (4\text{-}13) \\ \text{s. t.}\ \ \boldsymbol{AX}=b & (4\text{-}14) \\ \boldsymbol{X} \geqslant 0 & (4\text{-}15) \end{cases}$$

式中：$\boldsymbol{X}$ 为包含了 n 个决策变量及 m 个松弛变量的 $(n+m)\times 1$ 阶列向量，$\boldsymbol{C}$ 为目标函数中 $\boldsymbol{X}$ 各分量的系数组成的 $1\times(n+m)$ 阶行向量，$\boldsymbol{A}$ 为转换成标准形后的约束条件集组成的 $m\times(n+m)$ 阶矩阵，b 为约束条件右端项组成的 $m\times 1$ 阶列向量。

当用三辅助变量法时，同样可以化成式（4-13）至式（4-15）这样的矢量代数形式。在数学上，由式（4-14）构成线性方程组 $\boldsymbol{AX}=b$ 的基本可行解便对应着式（4-19）至式（4-11）构成 LP 问题的凸集的极点，故也称作极点解或基本可行解。这样便将几何意义上的极点概念与线性方程组 $\boldsymbol{AX}=b$ 的基本可行解联系在一起了。

对于 LP 问题，如果最优解存在的话，那么它必然在极点上产生。极点定理的重要性在于它把最优解存在的可能性局限在有限个极点上。可行解凸集的极点等价于线性方程组 $\boldsymbol{AX}=b$ 基本可行解的解集，也就是说极点和基本可行解是等价对应的。因此通过比较各基本可行解对应目标函数值的大小，就可以确定最优解。丹茨格单纯形法对最优解的搜索并非以极点定理为止，因为在中等和大规模问题中存在的极点个数相当多，还需对这些极点进行有效的、系统的搜索。单纯形法正好提供了符合实用要求的一种简便搜索方案。

单纯形法也称作“邻近极点法”，因其在搜索最优解时总是重复着从一个极点移向相邻的一个使目标函数值呈现最大改进的极点（邻近极点）的过程。解 LP 问题的方法就意味着确定凸集的极点以及在相邻极点之间的“移动”。

4.1.3　目标规划模型

线性规划用在饲料配方问题上时，只能以配方成本最低为单一的优化目标，并以严格满足所有硬性约束条件为其先决条件，而每一约束条件都是平行关系且必须严格满足（差一丝也不行）。一旦约束条件之间发生矛盾冲突，便会造成现有配方模型无解。当可用原料种类越少、约束条件数目越多时，发生无最优解的概率也就越大。在线性规划的概念框架下，只能修改该配方问题的基本模型，如再增加其他一些备选的原料、修改右端项，或去除对某营养指标的考虑，上述妥协措施往往背离最初的设想。

前已提及，在运筹学中还有比 LP 法更优越的方法——多目标规划法（MGP 法），简称目标规划法。MGP 法是在 LP 法基础上发展起来的，可以完全包容和取代 LP 法。通过 MGP 法可以考虑现实问题中的多个目标，根据对各目标要求的轻重缓急，可以将它们自上而下加以优先级排序。上级目标优先满足，在保证不破坏所有满足上级目标的前提下，再设法满足下一级目标。如此下推，直至全部满足或卡在某一优先级止。MGP 法可以将许多相容的目标安排在一个优先级上，对这些相同优先级上的目标还可以进一步予以不同的权重，以便对它们的相对重要性加以区分。由此可见，MGP 法在概念体系上为处理现实生活中易引起相互冲突的多目标问题提供了可能性和更大的自由空间。MGP 法求得的是问题的所谓“满意解”，而不像 LP 法那样必须严格满足各项硬约束（绝对现实目标）。对于 LP 问题，可以说是目标规划中的一种特殊情况：将 LP 问题中的所有硬约束以相同权重放在第一优先级上先满足，并对配方成本目标函数（理想目标）给定一个非常小的达不到的期望值、使其转化成现实目标后放在第二优先级上最后满足。这相当于爱因斯坦相对论与牛顿经典力学之间的关系。

4.1.3.1　目标规划概念简介

1. 目标偏差变量及其极小化要求

与 LP 法相似，在 MGP 法中同样要将各个现实目标关系式中的全部关系符转化为等式关系，这是通过在关系式左侧引入正、负偏差变量来实现的。对于每个现实目标 $f_i(X)(*)b_i$，都需转化为 $f_i(X)+\eta_i-\rho_i=b_i$，式中 η_i 为负偏差变量，ρ_i 则为正偏差变量。之后针对每一个现实目标的正、负偏差变量提出最小化需求。关系符（*）与偏差变量极小化要求之间的对应关系见表 4-1 所示。

表 4-1　目标关系符与偏差变量极小化对应关系

关系符(*)	极小化偏差变量
$\geqslant$	η_i
$\leqslant$	ρ_i
$=$	$\eta_i+\rho_i$

由于 η_i、ρ_i 都是非负变量，并且有 $\eta_i \cdot \rho_i=0$(即 η_i 与 ρ_i 至少有一个为零)，故满足现实目标中的"$\geqslant$"关系对应着使负偏差变量 η_i 极小(现实目标满足时有 $\eta_i=0,\rho_i\geqslant 0$)；满足"$\leqslant$"关系对应着使正偏差变量 ρ_i 极小(现实目标满足时有 $\rho_i=0,\eta_i\geqslant 0$)；满足"$=$"关系对应着使正、负偏差变量之和极小(现实目标满足时有 $\rho_i=0,\eta_i=0$)。

2. 优先级

根据各现实目标的轻重缓急，可以给它们赋予不同的优先级。目标规划在进行优化计算时，要先满足高优先级的诸目标，随后在保证不破坏高优先级的前提下满足次一级的诸目标，直至目标全部满足或满足到某一优先级止。可以把一个或几个现实目标分配在同一个优先级内，但这些优先级之间必须保证是彼此相容的。

3. 权重

对于处在同一个优先级里的各目标，还可以进一步视其重要程度加以区分，这可以通过对这些目标给予不同的权重来实现。具有较大权重的目标将被优先满足且满足得更好(即目标达成值更接近于期望值)。需要指出的是，优先级与权重的概念虽然给决策过程提供了更大的灵活性，但对建模人员的要求也更高了，他必须权衡利弊、反复推敲，方可取得比较满意的结果。

4. 目标达成函数

对用现实目标表达式描述的多目标模型，若给出任意一个解 X，则如何评定这个解的好坏呢？这个问题的回答完全取决于人们对多目标达成程度的度量。有几种度量和评价目标达成度的方法，如使加权的目标偏差之和达到极小；使目标偏差的多项式达到极小；使最大(最坏)目标偏差达到极小；由高至低地按字典序极小化一组有序(优先序)目标偏差变量。这里介绍的是在饲料配方问题中常采用的、对有序的一组目标偏差函数加以字典序极小化来度量达到目标的程度。

达成函数(或达成向量)是由目标偏差变量所组成的有序函数，其中，在某一特定优先级中，可以对每个目标加权。达成函数可表示为：

$$a=(\alpha_1,\alpha_2,\cdots,\alpha_k,\cdots,\alpha_K)$$

式中：a 为寻求字典序极小化达成向量；k 为优先级别(或序号)，$k=1,\cdots,K$；α_k 为处于 k 优先级上的诸偏差变量之加权和，其中 α_1 是所有硬约束偏差变量的函数。

4.1.3.2　转换基础模型

1. 一般目标规划模型

把基础模型转换成线性 MGP 模型需遵守以下规定：将期望值与所有的理想目标联系起

来，以便转换成现实目标；所有硬约束放在第一优先级，然后将所余下的目标按其重要性划分优先级；除了第一优先级（一组硬约束）之外，其他各优先级内的目标是相容（可用同一量纲度量）的或者通过加权变成相容。在基础模型之上进一步构建各目标规划模型的步骤，归纳如下：

（1）对每一个理想目标确定期望值，并转成现实目标。

（2）对每一个现实目标都加上正、负偏差变量。

（3）确定哪些现实目标属于硬约束。

（4）将目标按其重要性划分优先级，对所有硬约束给予第一优先级。

（5）进一步区分同一优先级中各目标重要性并给予适宜权重。

（6）建立达成函数。

完成这些步骤之后，就建立了具有如下一般形式的MGP模型：

求 $\boldsymbol{X}=(x_1,x_2,\cdots,x_i,\cdots,x_m)$，使

$$\text{lexmin } a=\{g_1(\eta,\rho),g_2(\eta,\rho),\cdots,g_k(\eta,\rho),\cdots,g_K(\eta,\rho)\} \tag{4-16}$$

$$\text{s. t. } f_i(\boldsymbol{X})+\eta_i-\rho_i=b_i(i=1,2,\cdots,m) \tag{4-17}$$

$$\boldsymbol{X},\eta,\rho\geqslant 0 \tag{4-18}$$

式中："lexmin"表示字典序极小化之意；$\eta=(\eta_1,\eta_2,\cdots,\eta_i,\cdots,\eta_k)$，$\rho=(\rho_1,\rho_2,\cdots,\rho_i,\cdots,\rho_m)$；$f_i(\boldsymbol{X})$是$\boldsymbol{X}$的线性函数，有$f_i(\boldsymbol{X})=\sum\limits_{j=1}^{n}c_{ij}x_j$，而$g_k(\eta,\rho)$代表$\alpha_k$是$\eta$与$\rho$各分量的线性函数。

2.配方问题的目标规划模型

对于目标规划的研究领域而言，饲料配方问题是相对简单的类问题。已建配方问题的基础模型转化为目标规划模型的一些关键处理方法及其分析思路如下。

（1）理想目标的转换　在式(4-9)至式(4-11)构成的配方问题的基础模型中包含成本目标、养分目标、限量目标及配比目标4类目标。其中养分类目标和限量类目标可能不止一个。在基础模型中只存在一个理想目标——即最小成本目标，其余皆属于现实目标。给最小成本目标配上相应的关系符（最小化问题为"≤"）和适当的期望值，便可将其转化为现实目标。如前所述，当用目标规划法求对应LP问题的解时，则需给成本目标函数指定一个实际无法实现的很小的期望值。

（2）安排目标优先级及权重　国内外一些文献资料对配方MGP模型内各类目标优先级及权重的处理情况归纳于表4-2。许万根(1990)把所有目标都放在同一个优先级上，只是通过赋予不同的权重来调整其优先顺序。若通过目标规划法求相应LP配方模型的解，则将配比目标、限量目标和养分目标以相同权重放在第一优先级上首先满足，将成本目标放在第二优先级上最后满足即可。有关文献一般还将养分类中诸目标进一步赋予不同的优先级或权重，以体现其重要程度的不同。林耀明等(1991)在此依次派生出代谢能和粗蛋白质、钙和磷、必需氨基酸和粗纤维3个优先级；许万根(1990)认为应当给一些重要的或不易满足的养分指标（如第一限制性氨基酸）规定较高的权重。

表 4-2　各类目标优先级及其权重排序

文献来源	优先级排序	权重排序
伊格尼齐奥(求 LP 解)(1986)	配比目标,限量目标,养分目标＞成本目标	同优先级内各目录等权重
林耀明等(1991)	限量目标＞配比目标＞养分目标＞成本目标	未考虑权重(即同级目标等权重)
熊本海与苗泽荣(1992)	配比目标＞限量目标＞养分目标＞成本目标	同优先级内各目标等权重
许万根(1990)	未考虑优先级(即各类目标等优先级)	配比目标＞成本目标＞限量目标＞养分目标

本书认为将配比目标与限量目标排在优先级的前面是比较合理的,因为在对配方基础模型的讨论中已确认配比目标属于硬约束(第一优先级);限量目标一般是配方设计者根据某种原因提出的并且不希望破坏,因此也应当优先加以考虑。对各养分目标的重要性如何进一步予以区分以及其效果如何,还有待深入探讨。综上,MGP 法在增大决策过程灵活性的同时,也加大了模型的复杂程度,对配方设计人员的要求也进一步提高。

3. 目标规划模型的求解

求解字典序极小化 MGP 模型的方法,主要有较早的序贯式算法以及后来出现的多阶段算法两种,通常人们喜欢采用在算法上更为有效的多阶段算法。这两种方法都是在求解 LP 模型的单纯形法的基础上提出来的,如序贯式算法的核心是根据优先级别把多目标规划模型分解为一系列的单目标模型,然后依次用传统的单纯形算法求解;多阶段算法是从求解 LP 模型的二阶段单纯形法稍加修改而来的,故也被称作“改进单纯形法”,这里不再介绍 MGP 模型的详细求解过程及算法。

单目标 LP 法和字典序 MGP 法在求解方面的根本不同之处在于:LP 法只是寻找一个点(即极点),在这点上求得单目标极小或极大,而 MGP 法则寻求一个区域,这个区域提高了相互矛盾的目标集的折中方案。由于字典序 MGP 法搜寻一个折中的求解空间,这个空间通常随着对优先级目标一级级地搜索而逐渐缩小;当求解空间只剩一点时,求解过程便告结束。

目前我国已有求解配方线性目标规划的商用计算机软件包,用高级语言自行编制也不困难,可参见伊格尼齐奥、徐志良等编著的有关书籍。另外,对 MGP 模型的最优解,也可以进行与对 LP 模型相似的对偶分析和灵敏度分析,具体细节请参见伊格尼齐奥的著作。

需要指出的是,上述讨论的饲料配方数学规划模型只局限于确定性的、仅考虑成本最低的线性模型。除此以外,还有非线性规划模型、模糊规划模型、以最大效益为优化目标的模型等。这些模型或因其自身发展尚未完善或与现实条件不甚相符而未得到广泛的普及和应用。特别要注意的是,所有有关配方问题的数学规划模型只是为饲料配方模型的求解决策提供了一种辅助数学工具,而真正决定一个配方是否养分合理、经济实用的因素则在于建立模型过程中所做出的种种权衡考虑。目前国内外学者已开始着手将建模过程中有关原料用量上下限、原料之间的配伍禁忌、原料选择等方面分散零碎的知识以“知识库”的形式收集组装起来,供配方过程使用。可以认为,饲料配方技术目前处在“边缘学科”的地位,由于建模过程具有较大的经验性和随意性，尚带有较浓厚的“艺术”色彩。另外，由于从事营养及饲料工作的人员往往对运筹学理论不甚熟悉，在概念理解和公式推导上常出现一些谬误并存在一定程度的混乱，对运筹学中许多方法的挖掘运用也显得力不从心，有待于今后进一步地提高完善。

4.2 畜禽精准饲喂技术

畜禽精准饲喂技术，即根据畜禽的品种、体重、生理阶段等实现个性化饲喂，不仅能够有效提高饲料利用率、降低饲料浪费、提高生产率进而节约生产成本、提高经济效益，在保障畜禽产品安全、降低环境污染等方面也发挥了重要作用。

4.2.1 畜禽饲喂方式

畜禽养殖过程中动物喂饲一般占养殖场工作量的 30%～40%，目前畜禽养殖场使用配合饲料或混合饲料主要有干饲料（含水量＜20%）、湿饲料（含水量在 30%～60%）和稀饲料（含水量＞70%）3 种，饲喂方式可根据动物饲料的类型相应地分为干饲料饲喂、湿饲料饲喂和稀饲料饲喂技术与设备 3 类。为提高动物养殖过程的饲喂效率，需要根据不同动物类型和养殖工艺选择适合的饲喂技术与设备，要求工作可靠且操作方便。能对所有动物提供相同的饲喂条件，能够降低饲料损失和防止饲料污染变质。

4.2.1.1 干饲料饲喂技术与设备

干饲料饲喂技术与设备主要用于配合饲料，特别是颗粒饲料的饲喂，二饲料饲喂技术工艺成熟，配套设备简单，特别适于不限量的自由采食，是目前规模化家禽和生猪养殖场采用的主要饲喂方式。干饲料饲喂系统主要包括贮料塔、输料机构和喂料机构 3 个部分。贮料塔通常采用镀锌钢板制成，断面呈圆形或方形，用来贮存饲料，通常设置在畜禽舍外部，饲料通过输料机构将饲料从贮料塔运入畜禽舍，并通过喂料机构进行喂料。喂料机构一般分为固定式和移动式两类。

固定式饲料喂料机构，按照输送饲料的工作部件可分弹簧螺旋式、链板式和索盘式 3 种，按照输送饲料的方式又可分为管内输送和料槽内输送两种。在配料管内输送饲料的弹簧螺旋式、链板试和索盘喂料机可用于各种畜禽的喂饲，而在料槽内输送饲料的喂料机一般只有链板式和索盘两种，通常仅用于家禽饲喂。移动式饲料喂料机构，常用于鸡舍和猪舍。工作时喂料机移到输料机的出料口下方，由输料机将饲料从贮料塔送入小车的料箱，当小车定期沿鸡笼或猪栏移动时将饲料分配入料槽进行饲喂。料箱出料口上套有喂料调节器，它能上下移动，以改变出料口底距饲槽底的间隙，以调节配料量。

4.2.1.2 湿饲料饲喂技术与设备

湿饲料饲喂技术与设备主要应用于牛羊养殖场，通常采用低水分青贮饲料、粉状精料和预混料混合成湿度在 50%左右的全混合日粮（TMR）进行牛羊的饲喂。湿饲料饲喂技术与设备主要有输送带式喂料系统、穿梭式喂料系统、螺旋绞龙式喂料系统和移动式喂料系统。

1. 输送带式喂料系统

该系统由输送带和在输送带上做往复运动的刮料板组成。刮板由电动机通过绞盘和钢索带动，工作时，从饲料场输送到料斗的饲料由水平输送带向前输送，在遇到刮板时饲料即被刮向下方料槽。刮板电动机的功率为 0.2 kW，输送带宽为 400 mm，输送距离为 43 m 时所需功率约 1.5 kW，每小时喂料可达 15 t。

2. 穿梭式喂料系统

该系统通常采用沿料槽上方轨道做往复运动的链板式输送器。输送器长度为饲槽长度的 1/2，输送器的料斗设在料槽全长的中心处。由饲料厂送来的饲料经穿梭式喂料斗不断落在输送器上，输送器在输送饲料的同时沿着轨道向着左方移动，故输送器上的饲料不断地卸在右半段的下方料槽中，待输送器到达饲槽的尽头时，通过返回行程开关，输送器自动做反向运动，同时输送带本身反转，开始对左半段料槽分配饲料。穿梭式喂料技术与设备的优点是适应性广，工作安全可靠，可用于拴养奶牛舍、隔栏散养奶牛舍和肉牛养殖场。

3. 螺旋绞龙式喂料系统

该系统通常作为牛羊运动场的一种饲料分配设备。喂料系统沿料槽推送和分配饲料，直至料槽最远端装满后由末端的压力开关关闭电机，停止供料。螺旋输送器两侧装有防止奶牛触碰螺旋叶片的垂直护板，螺旋输送器和护板用螺杆安装在料槽的框架上，转动框架上的螺杆可使螺旋输送器与护板一同升降，以调整护板与料槽底的间隙，从而改变饲喂量。

4. 移动式喂饲系统

该系统通常直接将饲料运到牛羊舍进行分配，结构较先进的喂料系统主要有悬挂式喂料车和自走式喂料车，奶牛场和肉牛场用的喂料车内还装有电子计量器、混合器和饲料分配器等设备，卸料时通过液压控制的插门控制喂料量。

4.2.1.3 稀饲料饲喂技术与设备

稀饲料饲喂技术与设备通常用于配合饲料加水形成的稀饲料，用温热的稀饲料饲喂动物能提高饲料转化率，目前大多应用于母猪的限量饲喂。饲喂稀饲料时，通常用水或液体饲料与粉碎的饲料混合制成，并通过泵和管道系统抽送到各个猪栏，粉碎饲料与水的比例通常控制在 1∶(2.5～5)，此外，该设备系统也可对生猪提供饮水。稀饲料饲喂设备系统由中心混合装置、泵站、环形管道(或分支管道系统)、计量阀门或分支管路装置的计量头、自动分配的电子开关装置、水箱和饲料输送器组成。在设计稀饲料设备系统时，通常在饲料贮藏室附近建有设备间，在设备间安装搅拌和泵送装置、储水箱、控制开关板等设备。

4.2.2 畜禽精准饲喂下料装置

随着畜禽养殖场对智能化、自动化设备的需求增加，人们对畜禽饲喂设备系统提出了更高的要求，需要根据畜禽品种、体重、生理阶段、身体状态、营养需求等的不同，使用不同的饲料类型和饲料数量，以满足动物生长的需求。精准饲喂不仅大大提高了饲料的利用率，也有效提高了养殖场的经济效益。

随着自动化饲料配制系统、电子自动称量系统、微型计算机和电子识别系统等高新技术的应用，国内外精准饲养的自动化水平大大提高。在饲料配比方面，张国华等采用精准饲养技术来评估生长育肥猪的赖氨酸需要量；高振江等提出“全混合日粮(TMR)＋精饲料精确饲喂”的模式。在自动饲养控制方面，悬挂式饲喂系统、自走式饲喂系统和在位饲喂系统等自动化饲喂设备的研究发展成熟，熊本海等以妊娠母猪为对象，设计了妊娠母猪自动饲喂机电控制系统，随后以哺乳母猪为对象，设计了哺乳母猪自动饲喂控制智能系统，又设计了新型哺乳母猪精准下料控制系统；高振江等以计算机为信息管理平台，运用无线通信技术、射频识别技术及单片机等，设计根据奶牛个体生理特征信息进行精确投料的控制系统；蒙贺伟等设计双模自走式奶牛精确饲喂装备，显著提高了奶牛产奶性能。

随着我国劳动力成本上升，国内很多规模化牛场对自动化的需求越来越迫切，饲喂环节已基本采用机械设备，但是饲喂的精准化不仅限于机械化，还包括自动化、智能化，信息技术的发展为此提供了技术支持。针对目前的精准饲喂情况，研发畜禽自动饲喂与精准饲养技术，根据畜禽生产阶段与个体差异实现精准投喂，快速准确调整日粮供应，实时获得饲料效率和营养水平等参数，减少饲料浪费和污染，运用计算机仿真与数学模型运算等方法，实现个体差异与群体水平生产性能信息的建立。

目前市场上主要的典型精准饲喂设备包括妊娠母猪饲喂站、产床母猪饲喂系统、仔猪补奶机、保育猪干湿饲喂器、奶牛精准饲喂系统、奶羊智能饲喂系统及种猪性能测定装置等，以上设备都设计下位机控制系统，通过该控制系统按预制的控制程序及饲喂的数量实施个性化的精准饲喂，并记录实际发生的数据、时间长度或时间点，便于生产者进行饲喂数据的分析。

与传统饲喂技术和设备系统相比，精准饲喂设备更多的研究集中在精准下料装置及控制器方面。目前主要的下料装置主要有量杯式精准下料装置、拨片式精准下料装置以及螺旋式精准下料装置，控制器主要采用容积定量控制、时间定量控制和称重定量控制。

4.2.2.1 量杯式精准下料装置

量杯式精准下料装置是目前中大型养猪企业使用的一种机械饲喂系统，主要用于种猪等定量饲喂设备的下料。量杯式精准下料装置如图 4-1 所示，设置在开放式圆锥形料仓的底部，由下料挡板、送料转轮、量杯壳体、下料电机等组成。下料挡板是一个中间开孔的圆板，上面镂空有 90°扇形的进料口。量杯壳体是一个上端敞开、下端中心开孔的圆柱形外壳，下端镂空有 90°扇形的下料口。进料口与下料口大小相同，角度相差 90°。送料转轮是由圆环外壳、十字形叶片以及被叶片分隔形成的 90°扇形送料单元组成的机构，中间的转轴上固定有 4 个十字交叉的拨片和 2 根非对称设置的搅动杆。下料挡板、送料转轮与量杯壳体同轴安装在量杯壳体内，下料挡板安装在量杯壳体的顶部，送料转轮在量杯壳体内部，下料挡板及送料转轮的外径相同，并与量杯壳体的内径相配合。转轴由上至下地依次贯穿下料挡板、送料转轮及量杯壳体的中心孔，下端从量杯壳体底部的中心孔伸出，并通过连接于其上的传动皮带来驱动下料电机。

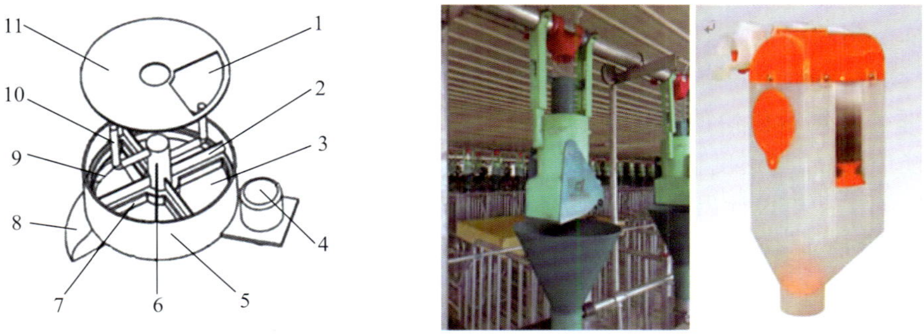

图 4-1　量杯式精准下料装置

1. 进料口；2. 拨片；3. 送料单元；4. 下料电机；5. 量杯壳体；6. 转轴；7. 送料转轮；8. 下料通道；9. 下料口；10. 搅动杆；11. 下料挡板

该装置由猪舍外的料塔及启动装置、猪舍内栏位上的料线及定量装置组成。此种料线饲喂的定量装置一般采用量杯式精准下料装置。定量筒上有刻度，通过人工调节刻度调节定量筒的装料容积来完成定量筒的容积定量。

4.2.2.2 拨片式精准下料装置

拨片式精准下料装置主要用于保育及育肥猪用湿料饲喂系统的下料。它设置于储料桶的第一下料口处，在下料机构的下方设有食槽，下料机构转动轴的底端连接推料装置，转动轴的顶端与电机的输出轴连动。当电机接收到触碰下料的信号进行转动时，将带动转动轴转动并连动固定在转动轴上的饲料拨片。而下料挡板固定在储料桶内，下料挡板上设有使转动轴穿过的通孔。如图 4-2 所示，拨片式精准下料机构设置有 3 个固定片，使固定片与储料桶呈三角固定，更加稳固牢靠；该固定片与下料挡板边缘、储料桶的挡料口内壁形成 3 个第二下料口，而该下料挡板的直径大于或等于第一下料口的内径，使储料桶上的饲料会直接落到下料挡板上，饲料拨片的转动使下料挡板上端面的饲料由 3 个第二下料口推出而落入底部食槽，且挡料口起到了限制饲料落入食槽的范围，避免在拨料的过程中饲料散落在地，出现饲料浪费的情况。同时也限制了第二下料口的大小，使下料量更加精准，其中下料挡板固定在储料桶上，不随转动轴的转动而转动，拨片与下料挡板互相平行，比传统的扇叶型饲料拨片更加节约空间，结合下料挡板的结构能实现同样的效果。

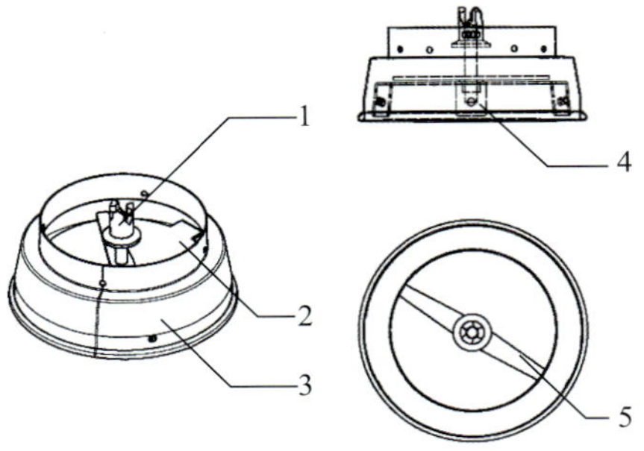

图 4-2 拨片式精准下料机构

1. 驱动轴；2. 下料挡板；3. 挡料口；4. 固定片；5. 拨片

4.2.2.3 螺旋式精准下料装置

目前，螺旋式精准下料装置大量应用于保育猪和母猪饲喂站系统中，同时奶牛场也广泛采用该装置及进行 TMR 饲料的饲喂。饲喂系统先将饲料通过料线输送到饲喂系统存料缓冲斗内，再通过螺旋搅龙输送到猪的食料槽中，通过控制螺旋搅龙的运行时间来控制饲料的喂给量。如图 4-3 所示，螺旋式精准下料装置放置在圆锥形料桶的底端，由下料电机、螺旋联轴器、下料螺旋、螺旋量杯等部件构成。对于饲料密度均匀的颗粒状饲料，螺旋式精准下料机构的普适性最好，下料精度最高。当下料电机接收到下料信号时，将带动螺旋联轴器运动，每次固定角度固定圈数，带动下料螺旋中固定体积的饲料经由螺旋量杯落入下料底盘内，完成下料动作，从而保证了饲料供给的确定性和准确度。螺旋式精准下料装置，可以使饲料自动进入螺旋，输送能力强，输送速度快，输送精度高，目前是最为稳定和适用的猪场用精准下料机构。

此外，刘昊翔等设计出称重定量控制装置，其结构示意如图 4-4 所示。该装置利用气缸完成自动放料及称重斗的自动开关门，增加称重传感器完成秤斗对饲料的精准称重，来达到饲料量的精准控制的要求。中国农业科学院北京畜牧兽医研究所与河南南商农牧科技股份有限公司联合研制的部分专利技术智能饲喂设备。针对育肥猪精准饲喂设备创新了组件式安装、电动式入口门、必要时通过后猪拱前猪的非物理损伤模式提供设备的饲喂效率，精准下料装置及控制器，将接近传感器与下料系统相结合，有效控制剩余料的发生，提高实际喂料数据的系统可靠性。针对产床母猪饲喂系统，完全改变传统的螺旋供料方式，采用电动推杆产生的改变容积的方式下料，避免了残余料的发生与料仓结拱现象，根据体重或日粮的变化分几级调整水和干饲料的比例，满足干物质采食或养分摄入量的动态变化。针对产床奶牛饲喂系统，集成了电子标识、采食时间点记录、传感器称重自动记录，为研究奶牛个体的采食频率、自由采食量或采食量精准控制提供了智能化方法。

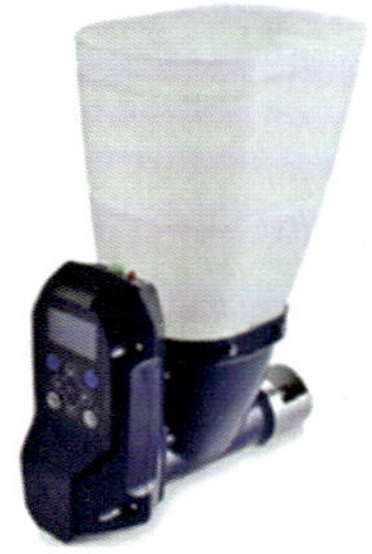

图 4-3　螺旋式精准下料装置

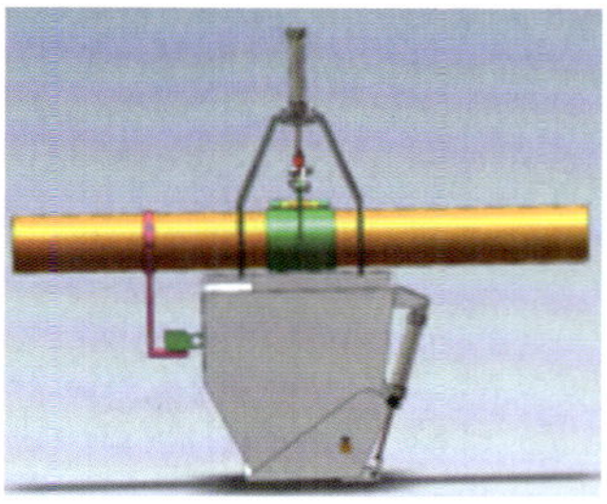

图 4-4　称重定量控制装置

第5章

畜禽疫病防控决策

5.1　畜禽疫病智能诊断技术

目前，在动物养殖疫病防控工作中，以兽医在畜禽养殖舍内每日巡检为主要手段，然而巡检工作量巨大，工作环境恶劣，存在交叉感染风险，常导致疾病动物诊断滞后，错过治疗窗口时间，带来群体感染等情况。随着信息技术的进步，畜禽疾病检测技术不断发展，出现了一批针对畜禽进行自动疾病诊疗的智能方法。畜禽疫病智能诊断主要通过信息化和人工智能技术手段采集动物的各类特征信息，通过构建智能分级评分模型或专家系统对动物疫病做出自动诊断。本节重点介绍通过体表形态特征、行为特征、声音特征、体温与排泄物等生理特征对疾病进行智能自动诊疗的信息化技术研究进展及智能诊断系统。

5.1.1　畜禽形态与行为诊断技术

形态与行为特征是畜禽动物发生疾病最直观的外在表现，是动物健康状态评价的重要指标，也是兽医对畜禽动物进行疾病诊断的重要依据。在无接触测量中，常用机器视觉与红外激光技术获取动物的图像或点云信息，进而对动物的体表形态异常进行识别与判断，一般流程如图5-1所示。图5-1中，模式知识库是识别的核心，可以通过动物形态与行为特征对畜牧动物的健康状态进行定义与分类。图像(流)采集一般基于俯视或主视角度的2D图像传感器，有些研究结合深度相机、激光传感器、热像仪等设备同步采集动物图像中更多维度的信息，获取更丰富的数据对动物健康状态进行评价。

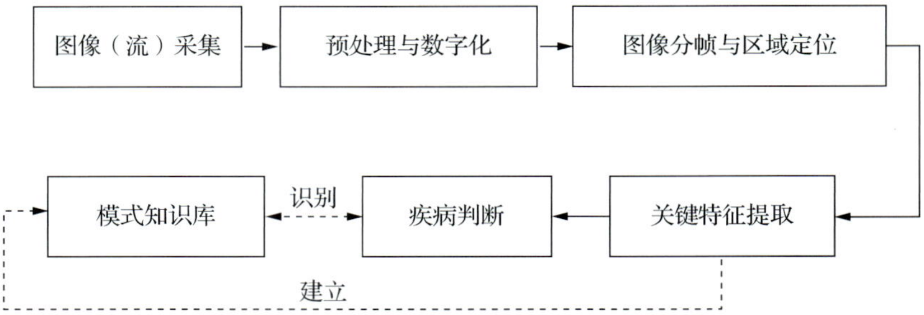

图5-1　基于动物形态与行为的疾病诊断基本流程

5.1.1.1 禽外表形态诊断技术

患病动物个体常表现为身体结构变化、轮廓变化、关键部位形态(如鸡冠部、牛腿部等)变化。目前的研究多针对上述特征开展,通过建立模式知识库对动物健康状态进行分类、分级评价,继而实现动物疫病异常诊断。

1. 基于可见光和深度图像的畜禽形态识别

对于病鸡的识别,Zhuang 等提出了一种基于姿势的家禽疾病检测算法,自动提取肉鸡的骨骼姿态夹角、肉鸡轮廓凹凸度、轮廓伸长度、轮廓圆度、轮廓外接矩形伸长度、面积线性率、骨架拼接角等 7 个特征,基于 SVM 模型构建健康肉鸡和患病肉鸡的自动分类模型,准确率为 99.47%,可为肉鸡健康异常提供早期预警。此外,Zhuang 等以健康和生病肉鸡的羽毛质地(自然或蓬松)和常规姿势(站立或躺下)的不同为依据,设计了一种 IFSSD 深度神经网络分类模型实时识别鸡群中的病鸡,准确率达 90%以上。通过提取鸡头中的特征信息,如鸡眼瞳孔轮、鸡冠颜色,也可构建出准确度很高(大于 90%)的病鸡识别模型。

对于病牛的识别,研究人员从牛只图像中自动提取牛只特征信息,通过机器视觉技术开发奶牛的五分制身体状况评分系统(BCS),身体状态评分可以作为奶牛健康状态评价与疾病诊断的重要指标,进而实现奶牛脂肪肝、酮病、乳腺炎、跛行和不育等不良状态的预警。

对于病猪的识别,Blömke 等研发了机器视觉技术的一种自动化系统,通过模型算法识别生猪耳部和尾部病变,耳部病变识别率为 77.0%、特异性为 96.5%、准确度为 95.4%;尾部病变识别率为 77.8%、特异性为 99.7%、准确度为 99.5%,这种方法为养殖过程中的猪只健康监测提供了新的思路。滕光辉(2019)基于三维重构技术获取母猪的臀部高宽比、臀股面积及曲率半径,建立了母猪体况估测模型,准确率为 91.7%,体况体重评价结果可以反映母猪的健康与发育状态。

基于动物形态特征对疾病进行自动诊断的研究中通常以动物关键形态、骨骼角度、轮廓几何特征为参数,能直观地检测到畜禽身体形态异常状态,对动物疾病做出诊断。但此类方法对图像采集位置的要求较高,容易受到拍摄角度、干扰物以及动物不同姿态的影响,导致目标区域分割困难、动物跟踪和监测障碍,算法复用性、抗干扰性不强,产生对感兴趣区域的定位和分类误差。近年来,出现的深度卷积网络模型可以较好地克服环境、姿态和角度的影响,相关研究发现深度卷积网络对目标识别、分割、分类等问题取得了较好的效果,如高云等在深度卷积神经网络的基础上建立了 Pig Net 网络,用于对群猪图像尤其是对粘连猪体进行实例分割,实现独立猪体的分辨和定位,进而为动物疾病的分类与诊断提供技术基础,Pig Net 网络模型分割准确率超过 86%,单幅图像处理速度约 2 s,可以满足应用需要。但此类方法对动物形态的图像数据量以及标签精度有较高要求,这是制约深度卷积网络在畜禽动物疾病诊断中应用的主要瓶颈,该问题可以通过迁移学习等方法应对,也可以通过加强数据复用性来解决,这是未来研究需要突破的方向之一。

2. 基于红外热成像的畜禽异常识别

红外热成像摄像机可以识别具有远红外范围的热辐射,并将产生的输出为热谱图,热谱图在动物身体分割、定位、疾病检测方面较普通图像有较大优势,尤其在动物体表寄生虫识别、动物局部组织病变识别等方面。Cortivo 等基于寄生虫与牛体温度的差异,通过采集牛体表背部、脸部、阴囊部的红外图像,自动计算牛体上的蜱虫、苍蝇、果蝇数目,图像计算结果与目视结果相关性达到 0.9 以上。热红外技术在乳房炎检测中也有应用，从母牛乳房侧面、眼睛表面采集红外热像图，识别特定位置的红外热像信息，并通过两个位置平均特征温度早期诊断奶牛的临床乳房炎，诊断灵敏度和特异性均可达到 95%以上。Zhang 等提出了一种从热红外图中自动定位奶牛的眼睛和乳房的方法，平均准确率为 83%，进而自动测定奶牛眼睛和乳房的温度，可实现奶牛乳房炎的自动识别。Stokes 等采集了奶牛蹄部的红外图像，通过识别冠状动脉温度的分布情况来实现针对奶牛皮肤炎（DD）的筛查，识别准确率可以达到 91%。Amezcua 使用红外热像仪检测母猪下肢的炎症，检测腿部各骨骼的温度，以识别母猪不同程度的跛行。

使用红外图像对畜禽动物外型、外表进行了识别研究，容易克服背景环境对采集对象的干扰，并识别到敏感区域综合特征，可用于动物关节炎症、发育异常、体表寄生虫等疾病的识别，有较好的疾病诊断准确率。但当动物发生重叠，或有视野内出现其他高温物体（如电灯、加温器）时，对识别结果有较大干扰，对于此类问题，可研究可见光与红外热成像融合算法，充分利用红外热成像的面域温度值特性和可见光的特征提取的优势，生成融合图像分析处理，提高畜禽养殖疾病诊断的检测能力。

5.1.1.2 畜禽行为特征诊断技术

因动物姿态、动作难以限定，基于静态形态特征的识别在应用中局限性较大，而通过动态行为对动物进行疾病自动诊疗的方法可以较好地克服这个问题。动物行为一般包括其采食、饮水、排泄、躺卧、站立等基础生理行为，以及步态、反射、交互、咬尾等高级社交行为，这些行为可以有效地反映动物福利水平与精神状态，是动物疾病诊断的重要依据。动物行为是判断动物生长状态、精神状态、健康水平的重要表征，一般通过在适当位置部署图像传感器对动物群体或个体进行连续监控，从而获取其行为特征，进而对动物疾病做出预警或识别。

1. 基础生理行为异常识别

采食、饮水、呼吸、排泄、躺卧、站立等动物基础生理行为是动物健康状态的最直观反映，被很多学者用来作为动物疾病与异常的诊断标准。目前的研究可以通过对以上动物基础生理行为的监测图像中提取特征信息，利用机器视觉技术和深度学习算法建立病畜识别模型，从而实现对病畜、病变部位以及疾病的识别和预警，如仔猪腹泻、猪只的摄食行为、肉鸡腿部病变、奶牛热应激等。Madsen 等提出了一种使用状态空间模型对仔猪健康状态进行评价的方法，可以在发病前 1 天提前检测到仔猪腹泻等疾病的暴发。Yang 等（2018）利用 Faster R-CNN 深度学习模型，开发了一种基于视频监控的猪只采食行为识别方法，可以从猪只的所有活动行为中实时识别猪只的摄食行为，准确率达到 99.6%，召回率为 86.93%，该方法可以从侧面反映猪只的健康状态。Aydin（2017）根据肉鸡躺卧时间与健康状态的负相关性，提出了一种间接评价肉鸡腿部健康状态的方法。Tsai 等通过 TinyYOLOv3 深层神经网络搭建了一种奶牛头部的检测算法，根据牛头的位置跟踪实现奶牛喝水行为与饮水量的监测，最终实现奶牛的热应激等异常健康状态的自动检测，检测精度为 98.7%。

此类方法通常基于自动获取的动物活动规律、行为规律对疾病进行判断，因患病动物的行为习惯统计特征差异显著，所以此类算法在理想条件下灵敏度与特异性普遍较高。方法难点在于长时间对动物的准确定位与跟踪，并计算其行为轨迹与特点。此外，基于动物活动规律、行为的统计需要实时处理视频流，算法效率也是制约条件之一。

2. 运动与交互高级行为异常识别

除了动物的基本生理行为之外，步态行为、互动行为、群体聚集行为等也可以有效反映动物精神状态和健康状况。这些行为往往可以实现在更早时候，对动物可能出现的疾病进行预警。康熙等提出了一种基于机器视觉技术的奶牛跛行检测系统，它通过时空插值算法实现奶牛牛蹄定位，通过定位牛蹄轨迹检测跛行，奶牛跛行检测准确率为 93.3%，跛行分类准确率为 77.8%。沈明霞等针对肉鸡个体，提取其运动速度、步幅、步幅差等变量，构建了一种肉鸡步态评级方法，实现肉鸡腿部疾病的早期预警与识别，识别准确率达到 78%。朱家骥等研发了一种基于星状骨架模型的猪步态分析模型，通过提取猪只关键轮廓点的运动过滤，计算出猪的前肢步态频率，进而实现猪只的步态评价，为猪只疾病诊断提供支持。Chen 等(2021)使用 RealSense 深度相机自动检测猪只的攻击行为，并评价猪只的侵略性，其方法检测准确率、灵敏度、特异性、精确度均在 96%以上，因猪只侵略会导致皮肤外伤、感染甚至致命伤害，所以攻击行为频率可以作为猪只健康、福利的重要评价指标。高云等提出的群养猪侵略性行为识别算法——3DConvNet，将深度学习模型用于群养猪撕咬、撞击、追逐、踩踏 4 大类，咬耳、咬尾、咬身、头撞头、头撞身、追逐以及踩踏 7 小类侵略性行为进行分类，分类准确度为 95.70%，单帧图像处理时间为 0.5 s。

除了图像方法之外，也有学者通过其他传感器对动物行为进行监测，进而诊断动物可能出现的疾病。如 Shen 等通过奶牛鼻带上压力传感器测量奶牛咀嚼中的压力值变化规律，进而对其反刍行为进行测量与评价。但此类设备属于侵入式，容易引起动物应激，且存在设备续航低、干扰重等问题。

高级行为是动物福利状况的主要体现之一，基于高级行为的动物疾病诊断可提供参考性建议，是动物健康状态的判据，可用于少量高品质畜牧动物的生产监控，但一般不作为疾病诊断的主要依据。一般针对动物体表形态、行为的研究是通过机器视觉技术完成的，现有技术常针对可见光图像、深度图像、红外热成像图像进行研究。可见光图像的采集成本最低、相关技术丰富、研究时间最长，随着近年来深度神经网络的发展，分割、识别、定位取得了越来越好的效果，可广泛用于检测动物的局部特征(蹄部、头部等)与常规行为(躺卧、进食、饮水、运动、侵略性行为等)，进而为动物疾病诊断提供支撑。深度图像在可见光图像中添加了距离传感器，可以获取 3D 图像信息，3D 图像可通过 Kinect 深度相机、RealSense 深度相机等设备进行采集，深度图像可以在动物形态测量、体型评价发挥更好的作用，也有助于提升图像分割准确率，但深度图像受光线影响严重，尤其是自然光对测量的影响较大。红外热成像图像在动物与背景分割方面具有良好的效果，可通过动物各部位的温度差异对图像进行较为理想的分割与定位，此外红外图像对动物各部位炎症的识别有很好的效果。采集技术对比如表 5-1 所示。

表 5-1　疾病识别中动物外型、行为采集技术对比

项目	可见光图像	深度图像	红外热成像图像
所占空间	较小	较大	一般
处理速度	较快	较慢	一般
主要优势	提取形状形态	提取三维尺寸	动物区域定位/测温
设备成本	较低	一般	较高
安装难度	较小	较大	一般
主要影响	背景与遮挡	阳光直射/墙角反射	距离与环境温度
相机种类	CCD/CMOS	TOF/结构光/双目	制冷型/非制冷型

5.1.2 畜禽声音诊断技术

动物发出的声音是其情绪、健康情况判别的重要依据，因此音频技术可用于动物的疾病预警、行为检测、饮食检测、情绪识别等方面。在实际研究与应用中，通常在动物养殖区域的特定位置安放拾音器，实时采集舍内声音，对声音进行背景去噪与滤波等预处理，随后对声音进行断点检测与分帧加窗，提取声音信号的能量密度频谱特征，通过数学模型对动物发出各类特异声音进行自动分类与识别，最终依据特异声音出现的频率、密度、响度、持续时长等参数对动物健康状态或环境适应状态进行判断，一般流程如图 5-2 所示。针对声音异常的动物疾病诊断研究一般分为两类：一类是通过提取动物正常生理活动发出的声音，从而反映动物的生理规律，从生理规律发掘动物疾病诊断的方法；另一类是提取动物发出的病理或异常声音，从而对可能出现的疾病进行预警或识别。

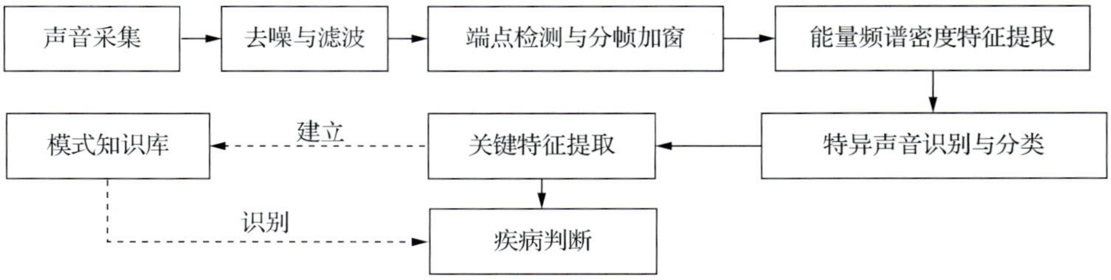

图 5-2 基于声音的动物疾病诊断一般流程

5.1.2.1 生理声音识别

正常生理声音通常包括采食声、饮水声、啃咬声、打斗声、鸣叫声等，这些声音可以作为动物生理状态判别的信号，间接作为动物疾病诊断的依据。Sheng 等基于绵羊的采食音频，通过高斯核的支持向量机从每个咀嚼声片段中提取特征变量，并采用最小二乘回归和弹性网络方法分别确定基于单变量和多变量的饲草摄入量估计模型的系数，对绵羊健康失衡的识别、饲养方案建议有一定参考意义。Diniz 等(2022)开发了一套嵌入式系统通过可穿戴集成在牛身上，实时采集牧牛发出的声音信号，并识别啃咬声音和咀嚼声音，可实现对牛觅食状态的监控，进而判断其健康状况，分类准确率约为 78%。闫丽等针对哺乳期母猪开发了一种基于偏度聚类的声音提取与分类方法，通过声音最大功率比的差异，将母猪声音自动分为哺乳声、无食咀嚼声、采食声、饮水声 4 类，准确率达到 95%以上，基于此结果实现对母猪行为状态的自动监测，有助于母猪健康状态判定、母猪母性行为识别的自动实现。余礼根等(2012)通过决策树模型将蛋鸡产蛋叫声、愉悦叫声、尖叫声、争斗声进行分类识别，平均识别准确率为 88.3%，此结果可为畜禽健康状态判定、生产预警提供理论依据。

5.1.2.2 病理异常声音识别

病理声音包括动物的咳嗽声、喷嚏声、异常呼噜声、应激鸣叫声等，这些声音可以作为动物健康或状态异常直接依据。Exadaktylos 等提出了一种针对生病猪咳嗽声音的监测方法，通过平均欧氏距离进行分类识别，对病猪咳嗽的监测准确率为 82.2%，该算法可以减少养殖员的劳动，并加快病猪疾病诊断的速度。韩磊磊等以改进梅尔频率倒谱系数、短时能量和短时过零率组成的复合特征参数为依据，通过决策树支持向量机对生猪的喷嚏声、咳嗽声、饥饿声等异常声音进行分类，平均识别率为 94.4%。宣传忠等针对圈养羊只呼吸道疾病初期的监测与识别，以杜泊羊为例设计了羊咳嗽信号的自动采集与识别系统，针对羊只咳嗽声音的总体识别准确率达到 92.04%。Huang 等(2019)针对禽流感监测设计了一种基于声音的诊断方法，通过不同核函数的 SVM 对病鸡进行分类识别，最优结果准确率为 88.13%，而且在病鸡感染后的 22 h 内识别确诊率便可超过 80%，可实现禽流感的早期诊断。

声音信号对动物疾病的判断和分析比较直观，且成本相对较低，应用前景广阔。尤其在夜间，布设在大型畜牧养殖场内的拾音器可以较好地识别动物发出的异常声音，从而有效解放人工劳动力，提高动物养殖福利、降低因动物疾病导致的养殖损失。目前基于声音对动物疾病进行识别的主要难点有 2 个：一是去噪，动物养殖环境中，风机转动、饲料机运作等均会产生较大环境噪声，这部分声音在滤波过程中会影响处理结果，在今后的研究中，需要优化拾音器部署方式，并选用鲁棒性更强的滤波算法；二是声音特征的分类，动物叫声不同于人类语言，其蕴含特征信息少、丰富度差，对识别和分类造成了一定困难。针对动物疾病识别中常用音频特征参数如表 5-2 所示。

表 5-2　动物疾病识别中常用音频特征参数

特征参数	简称	特征优势	适用范围
线性预测倒谱系数	LPCC	浊音判断准确	病态呼噜声等识别
梅尔顿率倒谱系数	MFCC	辅音判断准确	病态咳嗽声等识别
功率谱密度系数	PSD	瞬态判断、音频计数	呼吸频率/进食量监测

5.1.3　畜禽体温诊断技术

体温异常是疾病最显著的表达窗口，通过对动物体温的监控，可以有效发现健康状态异常的动物，直接给予疾病判断。通常认为体温信息对动物疾病的诊断和治疗非常有帮助，有助于早期发现患病动物，确定疾病严重程度等。常用的针对动物体温自动测量的技术手段有两大类：一类是通过集成的可穿戴或植入设备进行动物体温监测，这种方法测量精准、不受干扰；另一类是通过红外温度检测技术或热成像技术对动物体温进行远程测量，这种非接触的方法便于部署、使用方便。动物体温测量一般流程如图 5-3 所示。

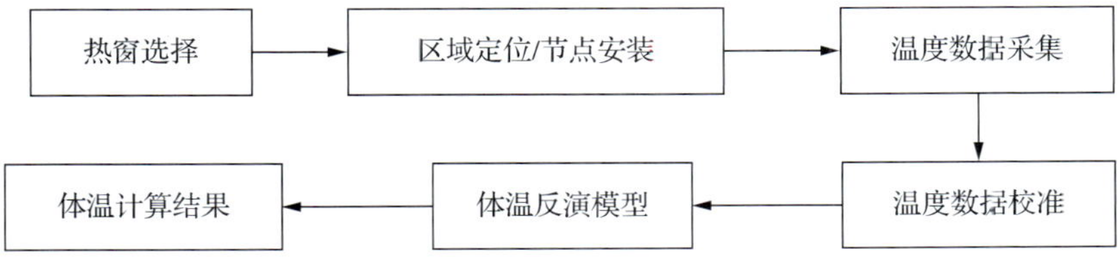

图 5-3　动物体温测量一般流程

5.1.3.1　穿戴式、植入式测温

穿戴式设备一般通过绑带、胶粘等方法将温度传感器或电极贴片固定于动物身体某个部位实现温度测量；植入式设备是将胶囊式微缩传感器植于动物皮下或体内，以实现针对动物体温的不间断监测。就测量精度而言，植入式传感器精度高于穿戴式传感器，而设备固定难度与

此相反。张国锋等设计了通过植入式 RFID 温度芯片测量猪只体温的系统，得出植入猪表皮以下 0.5～1.0 cm 处时可有效获取猪体温度的结论。屈东东等基于 DS18B20 型温度传感器设计了群养奶牛体温监控系统，通过奶牛体温变化情况对奶牛可能出现的疾病进行诊断和预警。何东健等将测温传感器封装于 3D 打印的高密度乙烯外壳植入奶牛阴道测量其温度，通过阴道温度反演得到奶牛标准直肠体温，以实现对奶牛健康状况的监测，传感器测量精度可达到±0.05 ℃。Hentzen 等将胶囊式测温传感器植入生猪皮下进行不间断温度测量，并将结果通过无线电磁波发送至接收器，测量结果和直肠温度标准体温基本一致，可以获得与直肠温度传统测量相近的精确度。李赞设计了一种柔性贴片式温度传感器，并将其固定于后备猪的后腿内侧，通过皮下温度反演得到猪的标准直肠温度，进而通过母猪体温变化趋势对母猪发情、异常等状态进行检测。蔡勇利用射频技术和接触温度感测技术开发了一种自动获取母牛体表温度的系统，实现了对母牛体表温度的 24 h 自动监测。

通过穿戴式、植入式传感器测量动物体温一般可以取得较高的准确度，受到环境影响比较小，但是动物应激反应可能导致传感器的位移，进而影响测量精度，同时设备续航问题也是影响其应用的主要原因之一。

5.1.3.2 红外热成像非接触测温

用红外热成像图像非接触测量动物体温，对动物没有侵害性，且使用红外热像仪测量温度可以减少劳力消耗，简化操作过程，减轻动物应激压力，因此成为近年来的研究热点。基于红外热成像图像的动物温度测量，一般先选择动物的某区域作为热窗，通过热窗的温度反演其体温，常用热窗一般有头部、耳后部、胸部等。Salles 等通过热像仪收集不同身体部位的图像来测量体表温度，得出热成像前额温度与直肠温度的相关性最高的结论，并且指出牛前额和左右两侧的温度与环境温度和湿度密切相关，可用于将来识别牛环境胁迫的不良状态。Siewert 等通过红外热像仪测量了猪头的温度，并通过不同热窗区域检测了猪的早期发烧。沈明霞等基于红外热成像技术，通过深度卷积神经网络提取肉鸡头部、腿部区域，并计算其热窗温度值，再结合环境温度、湿度、光照强度等参数，基于多元线性回归提出了一种白羽肉鸡的体温自动检测方法，体温检测模型平均相对误差分别为 0.29%～0.33%。

热红外用于动物体温测量时，设备部署方便，非接触测量不会引起动物应激反应与损伤，但是该方法受到环境温度和测量距离影响比较严重，测温精度不高，需要研究相关的线性校正算法。穿戴式、植入式测温传感器与红外热像仪对动物体温测量都有较多的研究与应用，技术对比如表 5-3 所示。

表 5-3　疾病识别中动物体温采集技术对比

项目	穿戴或植入设备	红外设备
温度精确程度	较高	较低
针对动物群体	大型、个体	大型、小型、个体、群体
主要测量干扰	设备移位、动物应激	目标定位、环境温度/距离
部署难度	较大	较低
测温区域	较小、不可移动	较大、可移动
设备续航	较短	较长

5.1.4 畜禽其他诊断技术

除了动物外表、行为、声音、体温等重要参数之外，还有一部分研究通过动物的其他生理体征作为疾病信息化诊断的依据，如气味、心率、呼吸频率等生物体征。Ellis 等为了诊断牛分枝杆菌引起的牛结核病，研制了一种电子鼻设备，为健康牛和疾病牛的分类提供了概念证明。类似地，Sanderink 等通过电子鼻对奶牛进行呼吸采样，检测样本中特异气体成分的含量与浓度，进而对奶牛的异常状态进行识别，经过初步实验证明，基于电子鼻的诊断方法可以达到甚至超过大多数基于视觉检查和步行活动的现有方法。张宏等基于心电传感器 BMD101 及无线射频模块 CC2430 开发了一种穿戴式猪用心电监测系统，对猪心率的连续无线监测，并通过猪健康心率的阈值进行对比，实现猪健康状态异常的自动识别与诊断。逯玉兰等基于猪只呼吸对无线网络通信信道射频信号的影响，通过对猪栏内 WiFi 信号的检测，实现猪只呼吸频率的监测，与人工测定相比，误差仅为 1.40%。Ahmed 等使用视频记录了猪只的排泄行为特征，通过数学模型自动识别出了实验中感染沙门氏菌的生猪个体。此外有部分研究使用穿戴式电容式传感器或加速度传感器监测胸部压力变化，从而得到呼吸频率、血压信息等，如穿戴式连续血压监测系统、睡眠呼吸暂停监测系统、基于光电容积脉搏波的呼吸监测系统、基于脉搏波的连续血压监测方法等，但这部分研究对于动物的应用尚属于起步阶段。

这些新兴技术作为传统图像、声音信息的补充，通过电子鼻、通信射频信号、三轴加速度传感器、电容穿戴式传感器等设备对畜禽疾病进行检测。这些方法初步取得了一定的效果，然而此类方法检测算法不稳定、设备续航差、测量条件要求高，目前难以将其独立作为畜禽疾病的诊断依据，但可以作为辅助手段为畜禽疾病诊断提供更多可能性，可以从更多维度获取动物健康状态的评价依据，使疾病自动识别准确率进一步提高。

5.1.5 畜禽疫病智能诊断系统

受养殖地域偏远、畜禽疫病诊断防控体系不健全、信息欠缺及养殖专业人才匮乏等原因影响，“防病难、看病难、治病难”等一系列问题一直困扰着基层养殖户。为解决散养群体无处寻医的困境，最初具有大量兽医专家知识与经验的基于统计模型与规则的动物疫病诊断专家系统被开发，证明了疫病在线诊断的可行性。随后，基于远程视频会议系统的动物疾病远程诊疗服务中心建立，开创了远程诊疗技术在畜牧兽医领域应用的先河。从需求角度分析，该服务中心对兽医的专业水平需求较高，对诊断时间、地点与网络传输的要求均有限制，无法保证 24 h 待命、随时随地地解决规模较小但数量众多的养殖户诊断疑问，因此未能形成规模应用。随着计算机技术的发展与农户实时解答需求的提高，越来越多基于手机端应用(App)的移动式疾病智能诊断系统应需而生。

从所采用的方法来看，配载在移动端的动物疫病智能诊断系统大体分为基于规则诊断卡与基于机器学习算法两大类。基于规则诊断卡的智能诊断系统代表有王靖飞建立的包含人机接口、知识库和推理机 3 个模块的动物疾病诊断专家系统，知识库知识的获取需要先查阅相关书籍，整理出原始知识，再经由各科专家进行原始知识加工和模糊化处理，最后经过专家评判小组评判后形成真正的建立知识库所用的知识，推理机模块开发者提出了“IF＜症状 i＞THEN＜疾病 a＞CFai”的知识表示方法，并以此实现了基于 2 500 余条规则的 300 多种疾病的奶牛疾病诊断专家系统的构建。之后，陈祎琼等依据信息论、控制论与系统论“三论”和模糊数学隶属度、灰色系统中的灰度二度的基本原理，通过手机 App 实现了基于诊断卡的鸡病智能诊断。上述方法极度依赖于判断阈值的选择和病组诊断卡的症状组合，这需要专业兽医通过病例提取大量诊断规则知识，但若诊断中遇到未收集的知识规则时，该类诊断系统将无法出具准确的预测，甚至对于未收录的症状组合无法输出预测结果，与机器学习智能诊断方法相比灵活性较低。

基于机器学习算法的鸡智能诊断系统代表有胡碧松等提出的一种基于贝叶斯算法的疾病智能诊断系统，该系统需要先获得求助者的地理位置等信息，用来计算先验概率作为模型的初始判断数据，再对给出的待分类症状，求解在此症状出现的条件下各个疾病出现的概率，从而预测诊断结果。需要注意的是，贝叶斯模型需要严格的分布独立假设前提，但真实诊断病例往往难以满足，同时先验概率的计算过于依赖主观的数据，导致其泛化能力和容错性较差，对含较大噪声或缺损的输入样本，分辨能力较差。之后，Long 等试图利用基于二元分类问题设计的机器学习算法 SVM 解决动物智能诊断问题，然而 SVM 算法是借助二次规划来求解支持向量，二次规划求解涉及高阶矩阵的计算，随着样本量增加计算复杂度呈指数增长，当样本数目巨大时该矩阵的存储和计算将耗费大量的机器内存和运算时间，求解复杂度高，因此该类模型不适用于大数据的建模，但规模较小的数据集无法充分表达所要提取的诊断知识，目前两者之间缺少平衡的解决办法。还有学者开发了结合诊断规则和 BP 神经网络算法的专家系统，如陆昌华等提出了“鸡常见疾病诊断专家系统”(Expert System about Chicken's Common Diseases，ESCCD)，利用 BP 神经网络根据网络权重提取模糊规则，再利用模糊规则生成推理模块，以此提供了 30 种常见鸡传染病、营养代谢和寄生虫病的智能诊断，但因只有 228 份病例而缺少了充分表达诊断规则的必要条件，同时基于模糊规则的推理模块频繁导致不合理的诊断结果，在一定程度上降低了系统的适应性。

近年来，随着人工智能的蓬勃发展，为传统的动物疫病诊断带来了全新的技术手段，越来越多的机器学习和深度学习技术被应用于动物疫病诊断建模中，实现了动物疫病模型从传统统计模型向数据驱动的智能优化算法的更新迭代。其中深度学习是典型的数据驱动型技术，常被用于处理一些环境信息十分复杂、知识背景不清楚和推理规则不明确的问题，具有面向数据、非线性拟合、自主学习潜在规则等优势，与传统疫病专家系统的知识门槛高、诊断过程烦琐等缺点相比，基于深度学习的诊断模型仅通过对动物疫病病例信息的整合和提炼，便可快速建立准确、高效、灵活的动物疫病诊断模型，节约知识提取成本，突破专家知识获取“瓶颈”，实现动物疫病的智能诊断。

目前，较为成熟的有北京峪口智慧兽医自助诊疗功能模型，实现了对蛋鸡的患病概率准确诊断，该模型利用神经网络的潜在特征提取能力对动物疫病信息与知识进行整合和提炼，通过在病例的基础上经过训练和拟合形成自动化的诊断决策模型，将传统的基于逻辑规则的动物疫病自助诊疗专家系统更迭到以真实病例为数据基础建模的智能诊疗模型，完成动物疫病自助诊疗系统由模型驱动到数据驱动的普适性迭代，以此缩减知识提取成本并精准诊断患病的可能性概率，提高自助诊断模型范式的应用拓展性，具有良好的应用前景。

5.2 畜禽疫病远程诊疗技术

针对目前兽医上门诊断潜在交叉感染风险、往返出行成本高、响应速度慢等问题，为了解决兽医数量有限而所需服务对象数量日益增多的矛盾，采用信息化手段提供多点、快速、高效、移动、在线诊疗，构建“共享兽医”即时服务体系。养殖场人员通过利用远程诊疗系统用户端智能装备和应用程序远程呼叫并与兽医取得联系，利用集“视听讲”功能为一体的智能终端为媒介完成疫病事件初步定性和上报，必要时配合兽医完成病情询问、病例解剖、病灶观察等“望闻问切”的诊断过程，远程建立动物的临床诊断、解剖学层面的病理诊断。建设内容包括移动巡检与在线解剖指导两部分。其中移动巡检部分实现专家远程查看畜禽养殖实况、表型特征等，并通过语音在线远程指导基地养殖人员完成对动物疫病外观的检测和盘点。对无法用外观表征判断畜禽健康状态的情况，采用在线解剖指导功能，使得专家远程就能指导基地相关技术人员对病死动物进行解剖、病灶点等查看分析，给出相应的诊疗方案，防止疫病扩散造成的经济损失。

5.2.1 头戴式移动巡检智能设备

头戴式移动巡检智能终端（图 5-4）是构建“共享兽医”即时服务体系的媒介之一，集高速处理、高清视频、音频、录像等功能于一体，养殖场工作人员使用该设备利用移动客户端 App 可实时通过 4G 或 WiFi 等无线网络对兽医进行远程音视频信息传输、语音对讲等。即使在没有无线网络的情况下，养殖人员也可以进行本地拍照和录制视频，本地录制后在网络允许的情况下进行上传。由于禽舍内一般光照较暗，移动巡检智能终端自带照明系统，可以在需要时打开灯光。照片系统采用柔和的 LED 光源，满足养殖人员夜视需要的同时防止动物的应激反应。

图 5-4 头戴式移动巡检智能终端

5.2.2 解剖室固定式音视交互智能终端

解剖室固定式音视交互智能终端（图 5-5）是构建“共享兽医”即时服务体系的另一重要媒介，通过术野摄像机在解剖室实时采集解剖场景和病灶画面，采用高清视频解码技术、4G 或 WiFi 无线通信技术等完成图像采集、存储、压缩/解压缩、图像处理、传输分配等工作，达到高清晰度、高精度、高灵敏度的视频音频采集、摄像机控制以及视频、音频的无损传输和显示。

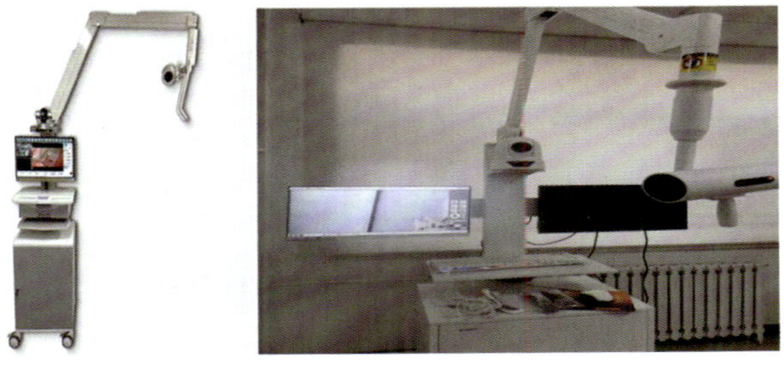

图 5-5 解剖室固定式音视交互智能终端

5.2.3 专家端固定式远程交互设备

远程信息的数字化和网络化是远程诊疗的核心。专家端固定式远程交互终端(图 5-6)通过高清双模一体机和高清网络编码器将移动巡检视觉终端和解剖室音视交互智能终端捕获的信息进行本地存储或远程传输至云端,具备通过高清摄像机、麦克风与各养殖基地(用户端)实现远程交互、指导和对话等功能,同时还能控制解剖室智能终端术野摄像机的视角,智能存储电子病历、图像和声音回放数据、媒体资料、养殖用户远程诊断信息等。

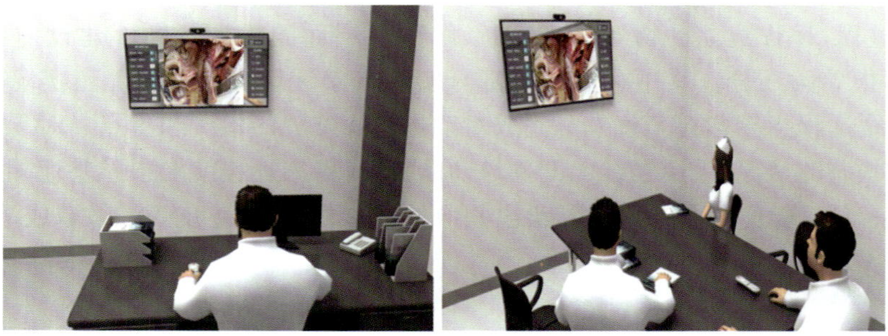

图 5-6 专家端固定式远程交互终端

5.2.4 疫病远程诊疗服务平台

远程诊疗服务系统通过网页端或客户端 App 远程网络即时的视频、音频、文字、图像、文件互动的方式,为养殖场和兽医两个不同维度的用户提供多样化的双向沟通互动平台,包含诊疗服务工作台、在线巡检、远程诊疗呼叫或预约、邀请、处方管理、诊疗档案等功能模块。家禽远程巡检与诊疗平台如图 5-7 所示。

图 5-7 家禽远程巡检与诊疗平台

远程诊疗模块针对生产管理中所存在的动物健康管理问题、非急性疾病或复诊等提供远程诊断和互动服务。针对传统需要上门服务的情况,远程诊疗呼叫或预约模块配合用户端和专家端的智能终端，采用高清晰度数字视频编码技术结合计算机网络通信技术，提供图像质量清晰流畅的视频交流，实现兽医远程的“现场”诊疗。针对疑难杂症，邀请功能模块可以邀请其他兽医进行会诊，可同时支持多个对象进行视频会话。同时，该模块还可以针对外部的知名兽医，邀请注册成为内部的远程诊疗专家提供服务。兽医诊断后可以远程开处方，养殖场在系统接收处方信息，并根据处方自动生成药品需求统计和用药量统计等。

5.3 畜禽疫病智能防控与智慧决策

5.3.1 畜禽免疫管理技术

疫苗免疫是预防畜禽疫病最为有效的措施，而疫苗免疫质量取决于免疫程序，影响免疫程序的因素众多，包括区域内疫病流行种类与血清类型、疫苗免疫情况与抗体水平、饲养管理方式与养殖模式、畜禽品种与养殖期、饲料营养与养殖设施、疫苗种类与特性等，而且往往是多因素相互交叉叠加影响，一种疫病没达到防控标准就可能会导致整个养殖的失败。尤其是随着我国养殖业由散养型、资源浪费型、高污染型向集约化、智能化、环境友好型进行转变，畜禽疫病流行呈现出多病原混合感染、疫情复杂多样、病原变异加快、传播速度加快、危害与风险加大等特点，给畜禽疫病防控带来极大挑战。因此，免疫程序的制定是一个科学、复杂、系统的过程，将分子诊断、基因测序、抗原变异分析等生物学技术与大数据、云计算、物联网等人工智能技术相结合、线上与线下相结合的数字化免疫技术可满足集约化养殖需求和实现免疫程序的系统化管理。

养殖场普遍采用纸质免疫程序和疫苗免疫记录，存在易漏免、易误免、纸质记录易丢失、人工记录接种信息烦琐、免疫追溯难等问题，畜禽数字化免疫程序管理不仅要解决传统的纸质免疫程序和免疫记录存在的问题，还应具有“个性化”免疫程序制定、免疫提醒、疫苗智能筛选、免疫质量评估等功能。

5.3.1.1 “个性化”免疫程序制定

疫苗免疫程序制定要兼顾到各种影响因素。畜禽疫病流行具有地域性特点，因此要根据养殖场的养殖品种、父母代畜禽免疫程序、养殖模式、饲养管理水平、区域疫病流行状况等综合考虑制定免疫程序。

数字化免疫程序管理包括智能手机端与 PC 端，在幼畜禽入栏时用户需要填写养殖地点、畜禽品种、日龄、父母代畜禽疫苗接种信息、养殖模式（如肉鸡是平养还是多层笼养）等基本信息，免疫程序管理将结合畜禽疫病流行数据库、疫苗信息数据库等通过人工智能（AI）计算形成一个针对某养殖场本批次畜禽的定制化疫苗免疫程序，包括疫苗免疫计划表、疫苗种类（疫苗毒株、单苗还是多联苗、活苗还是灭活苗）、免疫剂量、免疫途径等，同时记录有抗体监测日期及方法，以评估免疫质量。用户可以根据推荐免疫程序根据实际情况进行优化修订，形成可执行的免疫程序。但该免疫程序可进行修改，随时根据养殖场疫病发病情况或区域内疫病流行情况进行动态调整，如在肉鸡养殖过程中发生新城疫，系统会推荐进行新城疫疫苗的紧急接种以加强免疫保护。

疫苗免疫程序要实行分级管理，免疫程序的修改和调整要有严格的流程，最终决定权应由养殖场负责人或者兽医负责人掌管，通过数字签名和多重密码防护防止非法篡改。

5.3.1.2 免疫提醒与免疫接种记录

数字化免疫程序管理要根据制定的疫苗免疫程序及时提醒用户按时进行疫苗接种，用户可根据自己实际情况设定提醒时间和次数，为防止漏免可以采用微信、短信等多种推送形式提醒，或者采用自动呼叫进行语音提醒。因疫苗种类繁多，尤其是不同毒株交叉保护力相差较大，免疫提醒应提供给用户疫苗详细信息，包括疫苗毒株、用法用量、生产厂家等。

免疫记录对于免疫质量评价、疫苗选择和免疫追溯至关重要，人工免疫接种记录因信息量大、复杂、时间跨度长，记录员又大多都是一线生产人员，容易出错或者丢失记录表。农业农村部已建立起"国家兽药产品追溯系统"，对所有兽药产品实行二维码管理。因此，可以通过二维码扫描将接种疫苗信息实时上传到免疫接种记录系统，无须进行手工记录。

5.3.1.3 畜禽疫病检测与免疫质量评估

疫苗免疫程序制定的基础是畜禽疫病流行病学，疫病流行与地域、养殖模式、饲养管理水平、疫病防控水平、生物安全体系建设等密切相关，不同区域内同一畜禽种类的疫病流行规律差别很大，包括疫病流行种类、流行血清型、流行毒株、抗原变异等，如鸡传染性支气管炎病毒因其容易变异，目前报道的已有30多种血清型和呼吸型、肾型、腺胃型及生殖器型等多种致病型，在我国同一区域或不同区域多个分支同时存在，不同分支的抗原交叉保护力较弱，增加了防控难度。疫苗免疫程序的制定必须要充分考虑当地疫病流行规律，尤其是分子流行病毒学，要掌握重点疫病流行血清型和抗原变异趋势，才能选择出对型的疫苗，制定出科学的免疫程序。疫苗免疫后需要进行抗体检测以评估疫苗免疫质量，要根据养殖规模按照一定比例采集血清进行抗体检测，对结果进行统计分析确定平均抗体效价和抗体离散度是否合格。因此，免疫程序的制定要以畜禽疫病病原检测分析与抗体检测为基础，需要建立专业的畜禽疫病检测体系以及病原和抗体数据库。

畜禽疫病病原与抗体检测包括样本采集、样本前处理、包装送样、样本检测、结果分析、出具检测报告等流程，限于养殖场位置大部分样本都是异地检测，需要长途寄送，检测结果需要专业人员解读分析，检测数据要录入相应数据库，积累到一定数量后可以通过大数据分析确定当地疫病流行状况。因此，通过信息化可以实现畜禽疫病病原与抗体检测的系统管理。

1. 样本采集、前处理与寄送

不同病原样本采集的组织器官以及部位都有差别，对于活体还包括采血、鼻拭子、肛拭子，对于样本采集需要较强的专业能力，而一些基层养殖场缺少培训和技术人员，往往因样本采集不规范而影响检测结果。通过信息管理系统的采样操作规范和视频，可以指导养殖场采样人员规范采样，进行样本前处理和包装。在信息系统将样本采集地点、时间、采集畜禽临床症状或病理剖检症状、采集部位等基本信息录入，系统会分配一个寄送地址，样本寄出后用户和接受实验室随时查询样本运输情况。

2. 样本的实验室检测

样本送到实验室后检测人员按照用户登录的基本信息进行初步判断，在病理剖检室进行样本处理，制定检测方案。血清抗体检测一般采用酶联免疫吸附测定(ELISA)法，病原检测先利用聚合酶链式反应(PCR)技术进行确诊，检测为某种病原阳性时可根据需要进行病毒的分离鉴定，必要时对分离的病毒进行基因测序，绘制遗传进化树，进行病原变异分析。如果发现分离病原基因变异较大时，可以通过攻毒保护实验和抗原抗体中和试验确定疫苗毒株的交叉保护力。对于一些特殊的疫病,如马立克氏病需要通过病理切片进行确诊。

3. 检测结果分析与检测报告出具

专业人员负责对实验室检测结果进行系统解读分析,确定疫病病原,以及血清型、基因型、毒力、抗原变异等,出具电子检测报告,用户通过信息系统可以实时接收检测结果,便于快速制定防控方案,减少损失。同时,检测结果上传到病原数据库。根据血清抗体检测结果专业人员可以对疫苗免疫质量进行评估。

目前畜禽疫病即时检测技术快速发展,设备成本已降低到几万元,单个样本检测费用可控制在60元以下,检测时间在60 min之内,样本处理简单,检测过程全自动化,可以在养殖场或基层社会化诊疗机构使用,设备通过安装WiFi模块,检测到的数据可以实时上传到病原数据库。

5.3.1.4 疫苗免疫大数据分析

数字化免疫程序管理在一个饲养周期完成后可将免疫程序数据与畜禽群的死亡率、发病率、出栏平均体重、饲料转化率等数据进行相关性分析,并与同一养殖场历史数据进行对比或与其他养殖场数据对比,对制定的疫苗免疫程序和选择的疫苗进行综合评估,为制定更为科学的免疫程序提供数据支持,也能发现免疫保护率高、免疫应激低的优秀疫苗,这些数据与养殖企业和疫苗生产企业共享,可以促进疫苗产品质量的改善和畜禽整体免疫质量的提高。

畜禽疫病实验室检测形成的病原数据库从空间和时间2个维度可以对某种疫病病原进行大数据分析,能够准确掌握区域内该疫病的分子流行病学规律、优势血清型、流行野毒与疫苗毒的抗原交叉保护率等,不仅为免疫程序制定或者调整提供技术支撑,也为畜禽疫病监测预警提供基础数据。

5.3.2 畜禽疫病智能防控与智慧决策系统

动物疫病防控是有效控制、减轻和消除动物疫病事件产生严重社会危害、造成重大经济损失的关键环节。将动物防疫信息化推广到实际生产中有利于全面、及时、准确、有效地开展防疫工作,为各级部门分析决策提供可靠有效的数据,促进动物防疫工作形成可靠的长效机制和快速反应的决策机制。畜禽疫病防控对于重大动物疫病事件发生有着决定性作用,避免疯牛病、禽流感、新城疫、口蹄疫、非洲猪瘟等畜禽疫病对畜牧生产造成巨大创伤。2018年,开始在我国肆虐的非洲猪瘟疫情对国内生猪养殖产业造成了打击,2019年,全国猪肉产量比上年减少21%,导致2019年猪肉价格暴涨,截至2020年年底,共扑杀120万头感染生猪。非洲猪瘟病毒不仅通过血液、唾液、粪便、尿液等传播,还可通过肉制品、泔水传播,对生猪产业造成严重损失,倒逼生猪产业转型升级,防疫措施加强,以及畜禽疫病防控机制的改进完善。

国外发达国家在早年间就意识到动物疫情防控的重要性。新西兰早在1991年就开始建立用于紧急动物疫病控制的信息系统,美国1996年建立了“国家动物卫生报告体系”(National Animal Health Report System,NAHRS),同时在澳大利亚也有“国家动物卫生信息系统”(National Animal Health Information System,NAHIS),欧盟也在不断完善重大动物疫病通报系统的预警体系。

在国内,魏学义等开发的“辽宁省畜禽分布及重大动物疫病防控调度指挥系统”,通过互联网实现数据的上报和管理,有效地对当地防疫防控做出决策指导。刘晓冬等阐述了基于智能移动终端的重大动物疫病指挥系统，利用 GPS 技术获取动物防疫场点精准信息，与指挥平台即时交互，有利于各级决策部门的统计分析。陈涛等提出包括动物疫病防治信息中心，数据采集和处理、信息智能分析、监测预警和疫情展示 4 个子系统的重大动物疫病监测预警平台，通过组合模型对数据进行分析，为疫病防控提供决策。徐全刚等利用基本本体理论的方法，建立了动物疫病领域本体框架，验证了该本体应用于网络检索的可能性，改善和解决动物疫病防控数字化进程中所面临的问题。郝毫刚等提出根据兽药电子追溯机制建立兽药大数据平台，推动兽药行业信息化建设，在动物疫病防控领域提供数据支撑。赵巧丽等采用人工智能、GIS 技术等相关技术，构建了河南省畜禽主要疫病监测预警系统，在 2014—2015 年投入使用，较好地满足了防疫部门业务需要。王黎潇等初步设计了基于 GIS 技术的青海省畜禽疾病监测预警系统。白维生等研发了基于 WebGIS 技术的北京市动物疫病应急指挥平台，利用 Flex 控件与 ArcObjects 组件无缝式地进行捆绑，结合疫病防控综合决策模型、最佳路径选择分析及空间对象远程在线编辑等技术，实现了在应急指挥中及时、准确地获取防控信息。例如北京市某猪场发生口蹄疫疫情，相关部门利用该系统迅速划定疫点、疫区、受威胁区，系统自动输出疫区内养殖场分布、扑杀数量、补贴费用等数据，不仅快速控制住了疫情的蔓延，并及时完成了养殖户补贴费用等工作。

中国动物疫病预防控制中心相继建成了全国动物卫生监督、畜禽屠宰、重大动物疫病防控、全国执业兽医资格考试信息管理、全国兽医队伍信息管理、全国动物疫病监测与疫情信息管理、全国兽医实验室信息管理等信息系统，采集大量基础数据和业务数据，为动物疫病防控和动物卫生监督工作提供了有力支撑，同时信息系统也存在信息资源共享不足、利用率低等问题。在农业农村部的指导下，遵循国家电子政务标准和国际开放技术标准，按照实用、可靠、先进、规范的原则，在单点登录一期建设基础上，建成了动物疫病防控及动物卫生监督工作云平台，完成了现有动物疫病监测与疫情信息管理、全国畜禽屠宰行业管理、动物卫生监督、电子出证、执业兽医管理等多个业务区划、组织机构、用户信息等基础数据的统一管理、共享使用。

第 6 章

畜禽遗传育种信息化

6.1 畜禽种质资源数字管理技术

畜禽种质资源是农业生产和创新的核心基础，也是生物多样性的关键内容。我国地域辽阔、生物多样性强，如中国猪种质资源在世界占比超 1/3。种质资源数据维度大、条目多，一般通过建立标准化数据库对相关信息进行标准化统计与管理，在畜禽种质资源管理中涉及数据采集、祖代系谱分析、遗传解析、品种优化与推广、性状评价等多个方面，种质资源数据库一般涵盖遗传资源、基因型、表型等内容，涉及的部分字段如表 6-1 所示。

表 6-1 种质资源数据库涉及的部分字段

分类名称	字段名称
种质保存单位信息	种质濒危程度、保存单位、单位编号、选育单位、品种保存类型、品种保存方式、共享方式
遗传指标	血液蛋白型分析、QTL 分析、分子遗传多样性分析、基因组序列测定、遗传图谱、其他
饲养管理	日粮中饲料组成及含量
对品种的评价	遗传特点、品种优缺点、研究开发及利用方向
附加信息	图像(成年公猪、成年母猪、群体照片)
群体情况	调查群体所在地、调查群体所在单位、群体总数量、核心群数量、基础母猪数、公猪配种强度、用于配种公猪数、人工授精、初配年龄、利用年限
生理生化指标	平均红细胞体积(MCV)、血液中球蛋白含量、血细胞比容(PCV)、平均红细胞血红蛋白含量(MCH)、红细胞数、白细胞数、血清总蛋白含量
品种基本特征描述	被毛颜色、皮肤颜色、体质特征、体形特征、头部特征、躯干特征、四肢特征、独特体貌特征、其他特征
体尺、体重	体高、体斜长、胸围、初生重、断奶重、成年重
繁殖能力	公猪:初情期、性成熟期、适时配种期、精液品质 母猪:初情期、性成熟期、适时配种期、发情周期、初产日龄、妊娠期、哺乳期、泌乳性能、窝产仔数、初生窝重、仔猪断奶重、仔猪成活率
生产性能	屠宰体重、胴体重、屠宰日龄、平均日增重、屠宰率、净肉率、眼肌面积、背膘厚、骨肉比、饲料利用率、肉质

6.1.1 遗传资源

遗传资源是畜禽种质资源数字管理技术的一个重要组成部分，通过数字化技术对遗传资源进行收集、存储、管理和应用，可以在保护珍稀物种、改良物种、提高品质等方面起到关键作用。

此外，遗传资源是指在一个物种（包括动物、植物和微生物）的群体中亲代遗传给子代的物质和信息，包括 DNA、RNA、蛋白质等，一般基于特定品种存在。遗传资源是畜禽种质资源的重要组成部分，其种类丰富多样，包括野生动物、珍贵物种、优良品种，如中国思南牛、旧院黑鸡等。我国主要畜禽种质资源数据包括文本属性数据与种质资源数据两部分，1 700 余个畜禽种质资源的文本数据量约 0.3 GB，2 700 余个畜禽的种质资源图像数据约 6.5 GB。

种质资源的数字管理技术可以有效促进遗传资源的保护、利用和管理。对于遗传资源的数字化管理技术主要包括以下 4 个方面。

（1）数据采集　遗传资源的采集尤为关键。通过在物种的不同生命周期中进行血样、组织和 DNA 样品采集可以建立该物种的遗传资源库存。

（2）数据管理　为了实现遗传资源的保护和有效利用，需要建立遗传资源的数据库，并采用数字化技术进行管理。数字化技术可以方便地存储和更新遗传资源，使遗传资源的应用更加方便快捷。

（3）分析和处理　数字化技术还可用于遗传资源数据的分析和处理。为了了解物种个体间遗传多样性水平，可以利用遗传标记数据对其进行分析。在不同个体间进行分析，可以推测物种之间的亲缘关系。

（4）应用　数字化技术也可以方便地从遗传资源库获取遗传信息，并将其应用于培育和保护工作中。例如，从遗传资源库中获取父母基因信息，预测育种值和生产性能。

6.1.2 基因型

基因型是指生物个体所携带的全部遗传基因的通称。基因型是由父母遗传的基因决定的，它对生物个体的性状、形态、生理和生态适应性等方面均有重要影响。基因型的确定需要通过分析生物个体 DNA 序列来获取。

在畜禽种质资源数字管理技术中，基因型的分析对畜禽品种选育具有非常重要的意义。通过对基因型的分析，可以了解畜禽品种的遗传特性、开展育种方案设计和实现精准选择，提高畜禽品种的品质、生产能力和适应性等。因此，在畜禽种质资源管理和选择育种过程中，基因型的应用是非常重要和必要的。

基因型的分析需要借助一些特定的技术手段来实现。常用的基因型分析技术有：①多态性标记技术，该技术主要应用单核苷酸多态性（SNP）和序列重复多态性（SSR）两种标记，用于确定个体的基因型；②扩增片段长度多态性技术（AFLP），该技术通过 PCR 扩增样品 DNA 中的特定片段，使用限制性内切酶将这些片段切成大小不等的片段；③快速扩增多态性 DNA 技术（RAPD），该技术通过 PCR 扩增样品 DNA 中的随机片段，使用电泳和染色技术分离和分析 DNA 片段。

基因型分析在畜禽种质资源数字管理中有如下多种应用。

(1)优选适应性群体　基因型分析可通过评估个体之间的遗传差异距离，判断群体之间的遗传多样性差异，从而确定适应性更强的种质资源群体。

(2)寻找同源基因　基因型分析可以帮助育种畜禽寻找同源基因，进而推动育种改良的进程。特别是在畜禽品种的遗传改良中，同源基因的发现和应用非常重要。

(3)基因组测序和 SNP 检测　基因组测序和 SNP 检测技术可以用于测定畜禽基因组中的单核苷酸多态性，这对于体外诊断和遗传分析十分有效。

(4)模型驱动饲养　基于个体基因型特征数据，结合机器学习模型，开展基于模型驱动饲养，提高养殖的效益。

基因型分析不仅为畜禽种质资源数字管理提供了一种强有力的技术手段，而且为畜禽育种改良所提供了非常有用的数据和方法。可见，基因型分析在畜禽种质资源数字管理中的应用前景非常广阔，无疑将为畜禽产业的继续发展提供有益的支撑和推动。

6.1.3　表型

表型指的是具有某些基因型的个体，在特定环境下所表现出的性状特征的综合。针对畜禽而言，性状特征指的其形态、结构和生理、生化等特性，如毛色、身高、血型等。畜禽主要性状包括质量性状、数量性状、阈性状 3 种(图 6-1)。

图 6-1　畜禽主要性状

质量性状指的是动物个体之间没有明显量的差别，但表现为质的中断的性状，如正负、有无、阳性与阴性等关系。此类性状多由单个或少数基因控制，所以一个基因不同会导致该类性状发生较大的改变。

数量性状指的是连续分布的数量性状，个体间差异较大。此类性状会受到多个基因位点上基因的影响，同时容易受到外界环境与后天因素影响，常表现为连续的量化性状。畜禽的数量性状通常与生产性状相关，如屠宰率、产奶量、产蛋量等，具有重要的经济意义。

阈性状由多基因控制，但其表型只有“正常/健康”与“异常/发病”两种，所以阈性状通常称为“或有或无”性状，该类性状一般与疾病相关，如畜禽代谢病、涉及抗病力的疾病等。

以上 3 种畜禽主要性状特征如表 6-2 所示。

表 6-2　畜禽主要性状特征

对比类目	质量性状	数量性状	阈性状
遗传基础	由单个或几个基因决定	由多基因控制	由多基因控制
环境影响程度	较小	较大	较大
表型分布	分类分布	连续分布	不连续分布
典型举例	血型、毛色、遗传缺陷	增重量、产奶量	抗病性等

在畜禽养殖中，表型是畜禽种质资源数字管理技术中的一个重要参数，它可以反映畜禽种质资源的生产性能和遗传水平，对于正确评估和选择种质资源具有重要的意义。

畜禽种质资源数字管理技术中的表型主要包括以下几个方面：

(1)生长性能　生长性能是指畜禽从出生到成年的体重、体积、体型等指标的变化程度。生长性能是衡量畜禽品种生产性能的一个重要指标，其表现形式多样，如出生重、净重、日增重、肉质等指标。通过数字化管理技术，可以更加详尽和准确地记录和评估畜禽种质资源的生长性能水平，为选育和推广高产、优良品种提供科学依据。

(2)繁殖性能　繁殖性能是指畜禽品种繁殖特性的表现形式，如配对能力、繁殖力、孕育力、产仔数等指标。数字化管理技术可以有效地对繁殖性能进行监测和分析，帮助饲养员更好地了解畜禽品种的繁殖能力，促进种畜养殖业的健康发展。

(3)遗传性能　遗传性能是指某一物种在遗传学上的特性表现。数字化管理技术可以在遗传水平上对畜禽品种进行分析和评估，了解其良好的遗传质量，提高育种效率，促进优质产品的生产和质量的提高。

(4)环境适应性　环境适应性是指某一物种在特定环境条件下表现出的适应性，包括对气候、水土、食物、环境等的适应能力。数字化管理技术可以通过数字化模拟，对众多环境因素进行模拟，评估畜禽种质资源对于不同环境的适应性，并推广适应性较强的品种。

畜禽种质资源数字管理技术中的表型是决定畜禽品种性能的一个重要因素，数字化管理技术将会更好地记录和评估畜禽品种的表现性能，为优秀品种的种源储备和选育提供更加科学的方法和技术支撑。

6.2　畜禽生产性能在线测定技术

畜禽生产性能主要包括产肉量、产蛋量、产奶量等经济性状。生产性能评定一般有直接法与间接法两种。

直接法指的是通过对动物实际产出的经济产品进行定量测定，从而评价动物个体的生产性能，此类方法简单准确。但此类方法是一种“后测式”测定，只能在动物屠宰后或产品产出后进行测定。间接法指的是对动物活体的生理生化指标进行测定，基于测定结果对动物的产出性能进行标准化评定。

针对产肉动物，常通过对动物活体进行标准化评定，估计胴体产肉性能；针对产奶动物，常基于体况评分(body condition score, BCS)、初产年龄、产犊间隔等评定奶牛的产奶性能；针对产蛋动物，一般通过直接法测定所产蛋量、蛋重、蛋品质、产蛋率、孵化率等对产蛋性能进行评定。

目前，针对畜禽动物的常用生产性能评定设备主要有超声波成像仪、体尺体重检测站等，如图 6-2 所示。

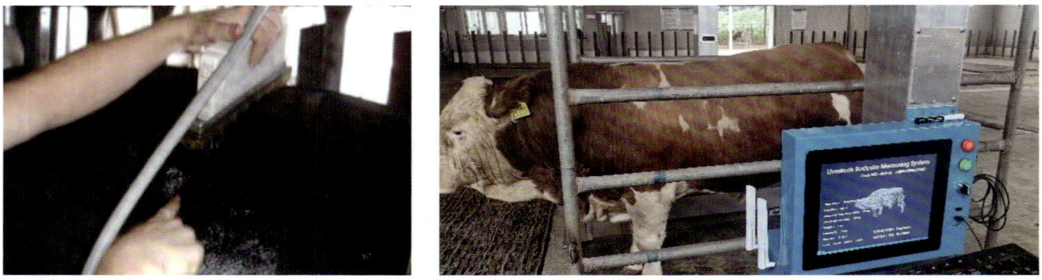

图 6-2　超声波成像仪、体尺体重检测站

通过超声波测定活牛眼肌面积、背膘厚度、眼肌高度、肌间脂肪含量等，进而建立牛的产肉性能预测模型。通过体尺体重检测站，可以有效测定动物的体重、体高、体斜长、胸围、腹围等关键体尺参数。

此外，近年来通过三维机器视觉技术实现动物体表特征重建与体尺体重非接触式测量的技术正在实验中，未来将对畜禽生产性能的评定提供更多支持，有效提高其测量效率与便捷性。

6.2.1 动物生长表型信息测定

目前，商业化生产过程中使用动物生长表型测定来解决生长表型评定标准模糊、育种评定结果主观性较强等问题。

首先，建立不同品种动物外貌特征、肉用特征、生产性状特征和肢体特征等评定量化标准，确定表达品种特征性状的线性度量与评价方法，实现生长表型个性化评价。针对动物生长表型相关的体型体况参数自动化获取与在线综合评定问题，制定动物评定量化标准，明确细化定量化动物生长表型指标体系，并研究定量化指标与传统的定性评价之间的层次对应关系。

其次，研究不同动物体型参数计算机视觉监测技术，根据体高、体斜长、管围、胸围、腹围和体重等特征值，实现非接触式高通量的生长表型自动在线评定。例如基于机器视觉的肉牛体型参数的自动测量方法、基于多角度图像的猪只体表三维重构、基于深度传感器的羊体表三维模型重构、基于多角度图像的数据融合与处理、基于肉牛体表三维模型的体况参数提取与计算、基于动态图像序列的猪只运动特征提取等方法，实现不同动物体尺体重等特征参数的获取(图 6-3)。

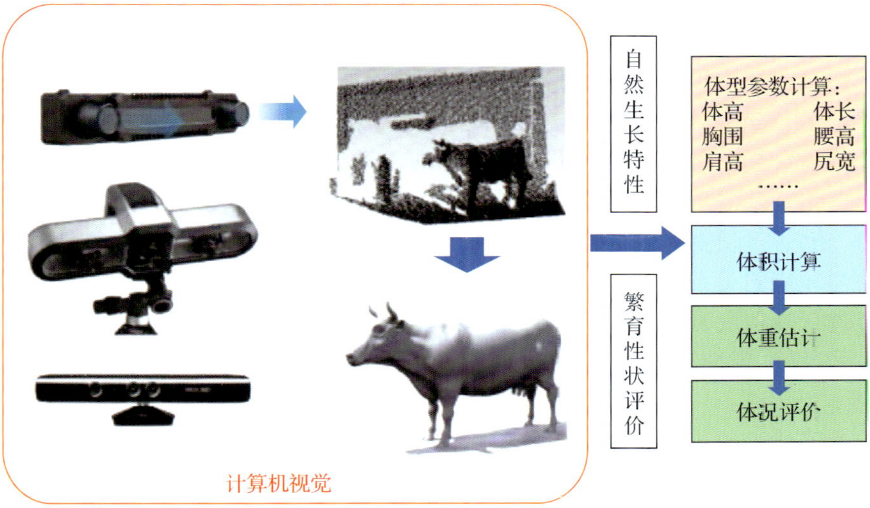

图 6-3　动物生长体尺体重和体况测定

再次，集成计算机视觉、物联网、大数据和人工智能技术，结合动物的不同自然生长特性和传统的动物生长表型评价方法，开发动物生长表型在线测定技术方法体系，建设动物生长表型数据库，实现动物生长表型相关的体型体况参数自动化获取与智能分析，以减少人为测量费时费力的问题。

最后，构建动物生长表型评价模型，开发基于移动设备的动物生长表型在线评定系统平台，统一数据规范，提升动物良种选育的效果。研究动物生长表型数据库构建与动物生长表型数据库分布式布局、数据安全机制和大规模并发访问机制；基于大数据和人工智能的动物生长表型海量数据分析和特征提取方法，明确不同动物体高、体尺长、胸围和腹围等特征参数对动物生长表型评价结果的影响程度与权重。

6.2.2 动物抗逆性信息采集

动物抗逆性信息是指动物在受到外界环境压力的影响时，能够通过调整生理和行为机制来保持生命活动正常的能力。这些外界环境的压力可以是气候变化、温度变化、水分短缺、寒冷、热浪、干旱等因素。对于一些野生动物来说，生存环境的改变可能会导致它们的栖息地和食物来源的缩减，从而直接危及其生存。因此，动物的抗逆性信息对于生态环境保护和研究具有重要的意义。现代技术的应用使得动物抗逆性信息在线采集成为可能。

动物抗逆性信息在线采集技术主要基于传感器技术、计算机视觉、深度学习等现代技术。该技术主要用于动物行为和生理研究，以便了解动物对外界压力的反应。这些信息可以用于推测动物的健康状态、食欲、水分需求、运动能力，还可以用于评估动物的适应性。传统的动物抗逆性信息的采集方法多为实地采样或实验室实验，其不仅费时费力、成本高，并且无法全面、准确地反映动物在自然环境下的生存状态。

而基于计算机视觉的在线采集方法则可以大大提高采集效率，同时也可以实现对动物行为与环境的实时追踪。在基于计算机视觉的动物抗逆性信息在线采集研究中，动物的精确识别为该方法的核心技术之一。传统的动物识别方法多为人工标注，效率低下，难以满足大规模数据的需求。因此，研究者们采用了深度学习等技术，实现了对动物自动识别和追踪。例如，美国伯克利大学的研究团队开发了一种名为 DeepSqueak 的软件，可以对小鼠的声音进行实时分类和识别。在动物识别的基础上，进一步利用计算机视觉技术对动物的行为进行监测和分析。例如，McKechnie 等利用热成像技术对鸟类的体温进行检测，以了解其对低温环境的适应能力；Sclocco 等利用视频监测技术对昆虫的活动轨迹进行跟踪，以了解其在不同环境条件下的行为变化；Klein 等使用计算机视觉来监测和测量实验室环境中各种动物物种的运动活动和行为。除了对动物行为的监测和分析，基于计算机视觉的在线采集方法还可以更准确地掌握动物与环境的关系。例如，利用无人机和计算机视觉技术，可以在森林中对植被和动物的空间分布进行高精度测量，以了解它们在不同地形和环境条件下的适应情况。在线采集研究提供了一种高效、精准、可靠的数据采集方法，在动物遗传学、环境生态学、农业等领域发挥着重要作用。

随着传感器技术的不断发展，越来越多的研究开始将其应用于动物抗逆性信息在线采集中，其关键点在于测量和监测动物行为和生理数据。通过在动物身上搭载温度、压力、感应器等传感器，以采集动物的心率、呼吸、体温、运动等数据。此外，还可以在动物生存环境中搭载空气质量传感器、水质传感器等，以监测动物生存环境的变化。将传感器获得的实时、准确的动物和环境数据整合到数据库和模型中，可以对动物适应能力进行更全面、深入的研究。动物抗逆性信息研究的另一个关键点是如何选择和应用传感器。传感器的种类包括贴身传感器、环境传感器、食物摄入传感器和行为传感器等，选择合适的传感器对于获取准确的数据至关重要。一些研究已经基于传感器技术开发了一些在线采集系统，如可以监测牛的体温、呼吸率、采食量等物理参数的系统，以及可以记录家禽的活动时间、体重、饮水量等行为指标的系统。这些在线采集系统可以实现数据的实时分析和管理，为动物抗逆性研究提供更准确、可靠、有效的数据资源。

将计算机视觉、传感器技术和机器学习技术整合起来进行动物抗逆性信息在线采集，实现对动物行为和生理信息的自动化采集、分析和处理。该技术能够更准确、更全面地了解动物的生理状况和行为模式，为动物健康管理和疾病控制提供重要支持。

动物抗逆性信息在线采集技术已经在动物行为和生理研究中起到了重要的作用。随着技术的发展，这一领域的研究将会更加深入，从而更好地了解和保护动物的生态环境。

6.2.3 动物产品品质性能测定

动物产品在线品质性能测定是一项利用传感器、网络技术和计算机智能算法对动物产品进行实时监测、诊断、预测和控制的技术，可以有效改善传统生产模式中对动物产品品质管理的局限性。下面将从技术原理、应用领域以及未来发展趋势等方面进行介绍，以便更好地理解这一技术。

动物产品在线品质性能测定的技术原理核心是传感器，传感器可以感知动物产品中的各种信息，如温度、湿度、酸度、气味等。这些信息可以用来评估动物产品的新鲜程度，控制生产过程中的各种参数，预测产品质量等。传感器通常采用无线或有线方式来传输信息，利用计算机或移动设备实时监测动物产品的相关参数。另外，网络技术也是动物产品在线品质性能测定的重要组成部分。网络技术可以将传感器所采集的信息迅速传输到远程服务器，实现远程操作、数据存储和实时数据分析处理。同时，也方便用户使用云服务的方式来管理动物产品的品质。计算机智能算法则是运用了人工智能技术，如机器学习、模型预测等技术。它可以从大量数据中学习、识别模式，从而提高模型的准确性和精度。当用户需要判断动物产品是否合格时，计算机智能算法可以帮助用户进行全面、准确的分析，从而更快、更准确地做出决策。

动物产品在线品质性能测定的应用领域广泛，从养殖到食品加工、运输、销售等多个环节都可以涉及。在养殖过程中，动物产品在线品质性能测定可以帮助养殖户监控动物饮食和营养，预防疾病，实时控制温度和湿度等因素，更好地维护动物健康，提高产品质量。在屠宰过程中，动物产品在线品质性能测定可以实时监控动物新鲜度、品质、留下痕迹的部位等因素。在屠宰工艺和操作过程中，依托传感器的数据信息和计算机智能算法的分析判断，能够更好地控制质量，提高屠宰效率。在肉类加工过程中，动物产品在线品质性能测定可以帮助肉类加工厂家精确控制肉品加工环境的温度、湿度、pH，防止肉制品的变质和病原体侵染，保证产品的安全性和品质。在乳制品生产中，动物产品在线品质性能测定可以帮助生产厂商控制乳酸发酵时间和温度，确保产品的合理发酵过程，从而提高产品的稳定性和口感。

当前，传感器、网络通信技术和计算机智能算法的快速发展，为动物产品在线品质性能测定提供了更大的发展空间。将会有越来越多的传感器被应用于动物产品在线品质性能测定。例如，随着人们对食品安全及环保的关注不断增强，生长在清洁环境下的高品质猪肉、牛肉等食品正越来越受到消费者的青睐，这领域正在发展相应的传感器跟踪应用。随着数据量的增加，人们对动物产品品质数据进行分析的能力也会越来越强。动物产品在线品质性能测定将更加智能，可以根据客户的需求更为精准地运作。未来，依托新型移动设备的开发，动物产品在线品质性能测定可以实现更多的智能化、硬件化应用。例如，扫描器可以用于扫描动物产品质量信息、查询温度和湿度等监测指标，从而让消费者更直观、更直接地掌握产品质量情况。动物产品在线品质性能测定已经进入了一个快速发展的阶段。未来将会有更多的创新技术应用于该领域，大幅度提高相关业务的效率和质量。

6.3 畜禽繁育性状评价模型

为了有效利用基因型与表型之间的关联，有效固化畜禽的优秀生产性状，彻底杜绝近亲繁殖、选种不良、无序杂交改良、繁殖率低等问题，需要通过智能模型实现畜禽良种的智能选育。

畜禽良种的智能选育过程如图 6-4 所示，良种选育应确定待选性状，根据性状遗传规律与基因型-性状的耦合关系，选择具有优良目标性状的个体做种，通过适宜的交配方法，使优良性状稳定地遗传至下一代，分子育种方法具体过程如图 6-5 所示。

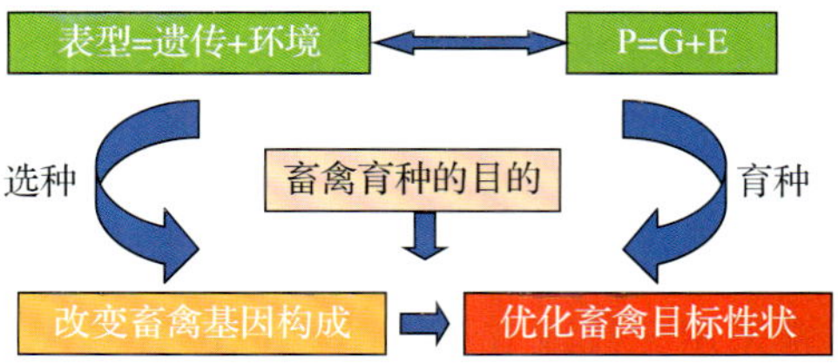

图 6-4 畜禽良种的智能选育过程

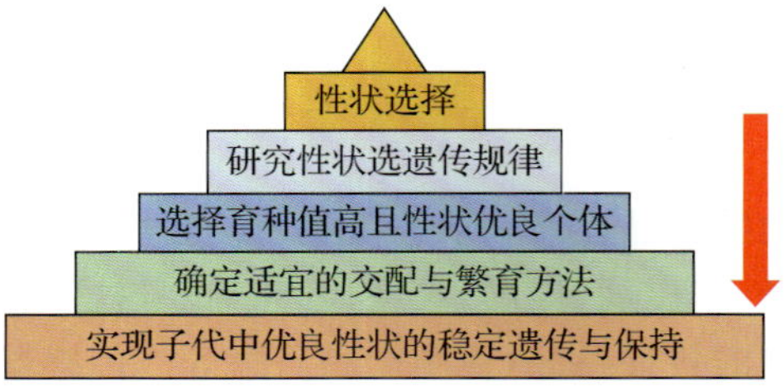

图 6-5 分子育种方法

目前，分子育种是智能选育模型中最先进、最全面、最有效的育种方法。分子基因育种通过全基因组范围内的高密度标记，估计个体基因组育种值的一种方法，该方法收集畜禽群体中所有个体的表型性状信息并测算出每个 SNP 效应值，测定个体 SNP 基因型，计算出候选畜禽个体的基因组育种值，通过育种值的高低实现畜禽候选群体的合理选择与选育。此方法可以实现早期育种选择、缩短世代间隔，提升育种工作的效率与准确性。

6.3.1 遗传价值评估

繁殖价值评估是畜牧遗传学中一个非常重要的研究方向，它可以通过对种畜禽群体进行遗传分析，以估算畜禽种群的繁殖潜力。该评估方法可用于选择出合适的品种和群体，从而优化畜禽繁殖的效益，提高畜产业的经济效益。

繁殖价值评价通过对种畜群体进行综合指标评估，实现对其繁殖潜力的判定。在评价指标方面，通常会考虑世代增长率、繁殖期间的体重增长率、繁殖间隔、寿命等方面。基于这些指标，利用数学统计方法，构建数学模型，综合评估畜禽的繁殖价值。这种方法也被称为主成分分析。这种方法对于提高畜禽的繁殖效益具有重要的意义，因此被广泛应用于畜禽繁殖产品的生产和经济管理中。

遗传价值评估是选择适用的品种进行畜禽繁殖。遗传价值评估通过对品种之间的遗传差异进行研究分析，确定适合的品种和种群，预测其繁殖后代的优良性。在遗传价值评估方面，主要通过分子标记技术、单倍型、基因共同作用和遗传良好指标等方法进行研究，以便为畜禽繁殖选择提供遗传基础和科学依据。在畜禽繁殖中，通过人工选择优秀基因型并进行交配，以达到改善后代基因水平的策略。遗传价值评估还包括家族改良，该研究是在评估家族繁殖能力的基础上进行的，通过评估家族生殖能力的差异，确定优秀授精对象，从而产生优秀基因的下一代。此外，家族改良研究还包括家族结构的研究和基因型的优化，如基因组选择，以维护群体的高基因多样性。

此外，遗传价值评估还包括人工选择研究。人工选择研究是在种畜群体中进行个体筛选，并确保其后代的基因。该方法主要是基于遗传平衡和平衡选择的理论。在设置筛选性状时，既不能选取过于单一的特性，也不能忽略畜禽的其他方面性状，如体型、体重、睾丸、精液质量等方面。目前，基于人工选择的研究主要集中在奶牛、肉鸡、母猪等畜禽品种的繁育及育种中，这种技术被广泛应用于畜禽繁殖中，可有效提高畜禽的繁殖效益和经济效益。

遗传价值评估还可通过对基因功能的研究和分析，以发现与繁殖性状相关的基因。这种方法是基于微阵列、PCR或基因克隆等技术，并通过序列和解析阅读序列芯片分析等研究方法，分析基因与繁殖特性之间的关系。这种基因研究方法，对于了解畜禽基因群体的构成，研究畜禽繁殖的遗传规律，挑选优良品种具有重要的意义。

繁殖价值评估是畜牧遗传学中的一个重要研究方向，在畜禽繁殖过程中有着重大的作用。通过对繁殖价值的评估和家族繁殖的研究，可以提高畜禽的繁殖效益和经济效益，优化畜禽品种的选择和群体育种计划。遗传评价和功能基因研究也可以帮助科学家更好地了解畜禽的遗传特性，并利用这些特性来指导畜禽繁殖和育种。

6.3.2 基因型表型关联分析

基因型表型关联分析(genotype-phenotype association analysis)是研究基因与表型之间的联系的方法。它是一种利用基因型和表型数据进行统计分析的方法，以找到基因和表型之间的相关性和关联性。常见的方法包括关联分析和回归分析等。

关联分析(association analysis)是目前最常用的基因型表型关联分析方法之一。它通过对大量基因型和表型数据进行比较，寻找基因型和表型之间的关联关系。关联分析的基本思想是：对于一个给定的表型，通过检测在动物群体中某些基因变异的频率是否与该表型有关，来确定这些基因与表型之间是否存在关联关系。关联分析的基本原理是研究基因型与表型之间存在的关联性。遗传变异可以影响基因表达、蛋白质功能、代谢物水平等生物学特征，从而对个体表型产生影响。因此，通过分析基因型和表型之间的关系，可以揭示遗传变异与表型之间的生物学机制。在进行基因型表型关联分析时，通常需要采集样本，并对其进行基因分型和表型检测。基因分型通常使用分子生物学技术，如PCR和基因芯片等。表型检测可以采用临床检查、实验室检测、问卷调查等方式。基因型表型关联分析的步骤通常包括：①数据质控。对采集到的数据进行质量控制，包括数据清洗、去除缺失数据、去除异常数据等处理。②基因型分析。将基因型数据转换为适合分析的格式，如将基因型数据进行编码、变异注释等。③表型分析。对表型数据进行数据清洗、数据转换等处理，如进行标准化、归一化等。④统计分析。利用统计学方法来评估基因型与表型之间的关系，包括单一位点关联分析、基因组关联分析等。⑤结果解读。根据统计分析结果，解读基因型与表型之间的关系，揭示遗传变异对表型的影响机制。需要注意的是，基因型表型关联分析仅能揭示基因型与表型之间的相关性，而不能证明因果关系。此外，基因型表型关联分析也存在许多局限性，如分析结果受到样本量、分析方法、分析策略等多种因素的影响。

回归分析(regression analysis)是另一种常用的基因型表型关联分析方法。回归分析可以通过建立一个数学模型,分析基因型和表型之间的相关性和关联性。回归分析中,基因型是自变量,表型是因变量。通过建立一个基因型和表型之间的数学关系,可以计算基因型对表型的影响程度。基因型表型回归分析的主要步骤如下:①收集数据。需要收集研究对象的基因型和表型数据。基因型数据可以通过基因芯片、下一代测序等技术获得,而表型数据则可能是各种形式的生物学特征,如身高、体重、疾病状态等。②数据清洗。在进行回归分析之前,需要对数据进行清洗和预处理,以消除错误或异常值的影响。此外,还需要进行数据转换和标准化,以使得数据符合回归分析的假设条件。③建立模型。建立基因型表型回归模型是分析的核心步骤。一般来说,基因型通常被编码为二进制变量(如 0/1 或 1/2/3),而表型则被视为连续变量。最常用的回归模型是线性回归模型,但也可以使用非线性回归模型,如广义线性模型、Logistic 回归模型等。④进行回归分析。使用回归模型进行分析,以得出基因型和表型之间的关联关系。分析结果可以包括回归系数、标准误差、置信区间和 P 值等指标。⑤模型评估。对回归模型进行评估,以检查模型的拟合程度和预测能力。可以使用各种统计指标,如决定系数、均方误差、残差分析等来评估模型性能。⑥结果解释。需要解释回归分析的结果,以确定基因型和表型之间的关联关系。可以使用各种可视化方法,如散点图、箱线图等来展示分析结果。总的来说,基因型表型回归分析是一种强有力的遗传分析工具,可以帮助系统深入了解基因和表型之间的关联关系,为疾病预防和治疗等方面提供有用的信息。

基因组关联分析(genome-wide association study,GWAS)是一种广泛应用于疾病和生物特征相关性研究的方法。它是一种全基因组层面的关联分析方法,通过对大规模基因型和表型数据进行比较,寻找基因型和表型之间的关联关系。GWAS 可以帮助研究者确定哪些基因与特定表型相关,从而为疾病的诊断和治疗提供有用的信息。GWAS 的主要步骤如下:①选样和数据采集。GWAS 的首要任务是选择代表性的研究对象和采集相关的数据。GWAS 研究通常需要大样本量和充分的统计力量来检测小效应,因此研究对象的选择和数据质量对于 GWAS 的可靠性非常重要。②基因型数据处理。在 GWAS 中,基因型数据通常通过芯片或测序技术获取。在数据处理步骤中,需要将原始数据转化为易于处理的格式,并进行质量控制和纠错处理,以确保数据质量。③表型数据采集和处理。GWAS 需要相关的表型数据,这些表型通常包括疾病状态、临床特征等。表型数据的选择和处理同样需要考虑到数据质量和可靠性的问题。④关联分析。在进行关联分析前,需要对基因型数据和表型数据进行适当的预处理和标准化。关联分析的主要目标是寻找基因型和表型之间的关联信号,这通常使用单核苷酸多态性(single nucleotide polymorphism,SNP)作为分析单元,并使用线性回归模型或 Logistic 回归模型进行分析。通常会进行多重比较校正,以控制假阳性率。⑤结果解释。GWAS 的最终结果是识别出与表型相关的 SNP,这些 SNP 可以进一步用于探索潜在的生物学机制。结果的解释需要结合现有的遗传学和生物学知识,并进行功能注释和生物信息学分析。

以上是几种常见的基因型表型关联分析方法,不同方法的选择取决于研究目的和数据特征。在进行基因型表型关联分析时,需要注意样本的选择、统计方法的选择、数据的质量控制和结果的解释等问题。

6.3.3 智能选育模型

畜禽繁育性状评价是指对畜禽生产性能的一种量化测定和评价。畜禽繁育性状评价是衡量畜禽优良品种的关键指标之一，通过对畜禽繁育性状评价的精准测定和分析，可以为畜禽优良品种的选育提供可靠的依据。基于人工智能技术的畜禽选育模型，利用人工智能技术对畜禽繁育性状进行预测和优化，从而实现畜禽高效生产和优良品种的选育。随着人工智能技术的发展和应用，智能选育模型在畜禽繁育领域中的应用逐渐成为研究热点。

智能选育模型主要分为以下3种：①基于机器学习的智能选育模型。主要利用机器学习算法对大量的畜禽繁育数据进行训练和分析，从而预测和优化畜禽繁育性状。该模型通常需要输入大量的数据和特征工程，对于数据量较少和特征不够充分的畜禽繁育数据，该模型的效果可能不尽如人意。②基于深度学习的智能选育模型。主要利用深度神经网络对畜禽繁育数据进行训练和分析，从而预测和优化畜禽繁育性状。该模型可以自动学习特征，对于数据量较少和特征不够充分的畜禽繁育数据也有较好的效果。③基于遗传算法的智能选育模型。主要模拟自然界中的遗传变异、自然选择和遗传漂变等过程，通过对畜禽繁育性状进行进化计算，从而实现畜禽优良品种的选育。该模型主要适用于遗传相关性较强的性状选择。

智能选育模型具有高效性、精确性、自动化、可解释性等特点，使用该模型可以快速地处理大量的畜禽繁育数据，并给出相应的选育结果，同时能够精确地对畜禽繁育性状进行预测和优化，从而提高选育效率和选育品质。另外，该模型还可以自动地学习和提取畜禽繁育数据的特征，并自动地生成相应的选育方案。最后，该模型能够对畜禽繁育性状进行深入的分析和解释，为畜禽优良品种的选育提供科学依据。

智能选育模型在畜禽繁育领域中的应用非常广泛，可以使用其进行繁育性状预测、繁育性状优化、禽畜品种筛选、繁育管理等操作。通过对畜禽繁育性状进行预测和分析，为畜禽选育提供可靠的依据。通过对畜禽繁育性状进行优化和改进，从而提高畜禽生产效率和品质。通过对不同畜禽品种进行筛选和评估，从而找出最适合生产的畜禽品种。通过对畜禽繁育过程进行监测和管理，从而保证畜禽生产的安全和可靠性。

目前的智能选育模型通过深度神经网络模型对畜禽繁育数据进行学习和训练，从而实现畜禽优良品种的选育。以基于深度学习的智能选育模型为例，其具体应用过程为：首先采集大量的畜禽繁育数据，包括畜禽的生长周期、体重、饲养环境、饲料成分等相关信息。其次对数据进行预处理和筛选，去除异常数据和噪声，保证数据的准确性和可靠性。再次训练模型使其自动地学习和提取畜禽繁育数据的特征，将其转化为对畜禽性状的描述性特征向量。最后建立深度神经网络模型，对特征向量进行训练和优化，从而实现对畜禽性状的预测和优化。为了保证智能选育模型的可靠性和有效性，需要对其进行验证和评估。可以采用交叉验证等方法，对模型进行测试和比较，选出最优的模型。基于深度学习的智能选育模型已经在许多畜禽繁育领域中得到了广泛应用。例如，通过对鸡蛋生产量、蛋壳硬度、蛋黄颜色等性状进行预测和优化，可以实现高效的鸡蛋生产和质量控制。又如，通过对猪的体重、饲料消耗量、肉质等性状进行优化和改进，可以实现畜禽生产的高效和优质。

随着人工智能技术的不断发展和普及，智能选育模型在畜禽繁育领域中的应用将会越来越广泛。未来，智能选育模型可能会向着以下方向发展：

(1)多模态融合　将多种不同的畜禽繁育数据融合在一起，实现多模态的畜禽选育。

(2)可解释性和可视化　加强对智能选育模型的可解释性和可视化，让畜禽繁育专家和决策者更好地理解和接受智能选育模型的预测和决策。

(3)区块链技术的应用　区块链技术的应用可以实现畜禽繁育数据的去中心化和安全共

享，加强数据的可信度和隐私保护，促进智能选育模型的应用和发展。

智能选育模型在畜禽繁育领域中具有广泛的应用前景和发展潜力。通过不断的优化和改进，可以实现畜禽选育的高效、精准和可持续发展，为畜禽业的健康发展和人类的食品安全提供有力支持。

6.4 人工智能技术在畜禽育种中的应用

我国是世界上最富有的畜禽资源大国，但是畜牧生产过分依赖引进品种，种业作为畜禽产业发展的物质基础，事关国家农业战略安全和畜牧业可持续发展，畜禽育种是一项高投入、高技术、高产出的产业。当前畜禽育种发展趋势应充分利用现代生物技术和信息技术，推动畜禽繁育育种的良好发展。我国是世界第二大种业市场，是种业大国，但还不是种业强国，实现现代种业的跨越式发展，打好种业翻身仗，关键是要大力推进育种技术创新。

国际种业发展一般分为 4 个阶段，即驯化选择 1.0 时代、常规育种 2.0 时代、分子标记辅助选择育种 3.0 时代和智能化育种 4.0 时代。在一些发达国家，种业已进入生物技术＋人工智能＋大数据信息技术的智能化育种 4.0 时代。

人工智能技术在畜禽育种的应用主要包括物联网、光谱、图像识别传感用于表型数据智能采集、生物育种大数据集成、基因测序数据分析技术、多组学融合分析及深度挖掘、全基因组选择模型、基因型到表型精准预测、DNA 指纹图谱构建等。数据采集和处理是育种信息化系统运行的基础。数据的完整性与准确性，决定了育种信息化的质量。

假设有 500 头母猪，每头母猪有 10～15 个数据采集类型。每头母猪有 5 万条基因型信息，几千条哺乳期采食量数据，几千条产房环境数据（温度、湿度 5 min 采集频率）。因此，这 500 头母猪将各自拥有数千（甚至数百万）条数据。传统统计分析方法进行基因评估遇到瓶颈，机器学习能够很好应用解决问题。基因组选择技术与传统选育技术对比如图 6-6 所示。

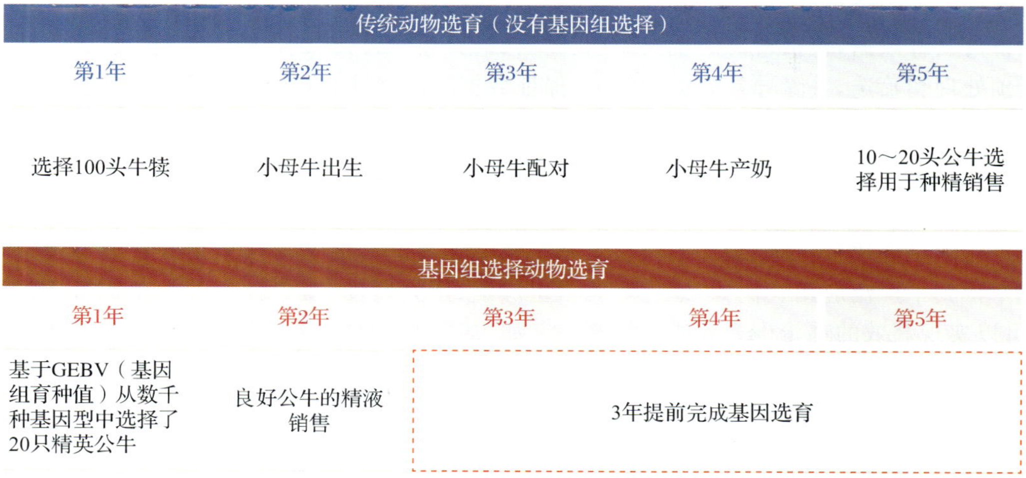

图 6-6 基因组选择技术与传统选育技术对比

基因组选择是当我们不知道确切的基因功能如何连接基因型和表型时的一种选育方法。可以通过机器学习建立动物的基因型和表型的训练，使它们之间建立统计关系，然后进行基于目标个体的基因型来预测其个体的表型。当潜在的遗传结构很复杂时，潜在的机器学习优良于传统的统计分析方法。机器学习在鉴定与候选基因直接链接的单核苷酸多态性（SNP）的子集能发挥优势，能够应用于全基因组关联分析（GWAS）。另外，不是所有的标记都能够基因分型，需要预测缺失的标记基因型，机器学习能够精确估算这些缺失的基因型，能够进行基因型估算。

人工智能技术也应用在多组学联合分析，如基因组学、转录组学、蛋白质组学和代谢组学等不同组学的数据元归一化处理、数据挖掘和数据整合比较分析应用。需要构建深层神经网络系统，解耦各组学之间的隐含关联，开发定向育种指导模型及其专家系统。

6.4.1 机器学习在育种中的应用

传统机器学习在畜牧育种方面的应用主要包括基于表型数据的动物选育和基于基因组数据的基因组选择。其中，动物表型数据包括生长速度、肌肉重量、繁殖性能等方面的性状数据，而基因组数据则是从 DNA 样本中提取的基因序列数据。

You 等（2020）使用随机森林算法对肉鸡进行选育。通过对大量的肉鸡表型数据进行分析，建立了一个肉鸡性状预测模型，可以预测肉鸡的体重、肌肉含量、肝脏重量等多个性状，从而实现更加精确的选育。Li 等（2018）将理论生长模型和实验测量数据生成了一个合成数据集，利用机器学习算法建立了猪的体重与环境因素的关系。使用生成的体重增长数据，使用应用线性回归、树回归、自适应增强（AdaBoost）来估计体重。Shahinfar 等（2014）应用几种不同的机器学习算法根据表型和基因型数据预测个体奶牛的受精结果。该方法能够适应数据中的复杂关系和缺失部分表型数据，将其应用于奶牛的繁殖性能的研究更加适用，能够较好地帮助奶农做出繁殖管理决策。有学者采集了一定数量的奶牛表型数据，包括乳脂率等相关性状数据，通过逻辑回归算法建立预测模型。研究结果表明，逻辑回归算法可以有效地预测奶牛的乳脂率。Arakawa（2020）利用机器学习算法对山羊繁殖性能进行预测，研究采集了一定数量的山羊表型数据，包括繁殖性能等相关性状数据，通过应用隐马尔可夫模型（HMM）、随机森林、支持向量机（SVM）和神经网络等机器学习方法建立预测模型。研究结果表明，该方法可以有效预测山羊的繁殖性能。

这些研究表明传统机器学习算法在畜牧育种方面具有广泛的应用前景，并且可以帮助农民和畜牧业者提高畜牧生产的效率和质量。然而，传统机器学习方法存在一些局限性，需要手动设计特征和模型结构，并且对于复杂的问题，传统机器学习方法可能无法处理。因此，近年来，深度学习方法成了畜牧育种领域的热门技术之一。

6.4.2 深度学习在育种中的应用

在畜牧育种中，深度学习可以通过使用深度神经网络来对大规模基因数据进行学习和预测，从而实现对畜牧动物性状和性能的准确预测。深度学习还可以结合其他技术（如图像识别、语音识别等）来对畜牧动物的行为习惯和健康状况进行监测和管理。除此之外，深度学习方法还可以通过自动学习特征表示，免去了手动设计特征的烦琐工作，并且对于复杂的问题，深度学习方法具有更好的适应性和表达能力。因此，深度学习在畜牧育种领域的应用具有广阔的发展前景。

Hao 等提出了一种基于深度学习的大型种殖场死肉鸡检测系统，该系统能够识别不同年龄的死鸡，且可以适应不同的光照条件。它通过人机界面部署在服务器上。通过人机界面观察加工结果，饲养员可以直接找到死肉鸡的笼子位置并将其移除，可以减少饲养员的工作量，促进家禽养殖的智能化发展。Shi 等提出了一种基于注意力引导的三维点云特征提取的奶牛体况评分自动估计方法，用于评估奶牛的产奶量、繁殖和健康状况。该研究构建了用于奶牛身体状况评分估计的三维数据格式数据集。为了更有效地自动表示凹面信息，并精确关注奶牛后端局部区域的视觉显著性信息，提出了一种基于注意力引导的三维点云特征提取的奶牛 BCS 自动估计方法。Lopes 等(2020)通过人工神经网络使用牛的基因组育种数据来预测内洛尔牛肉嫩度。该方法能够提高遗传价值的预测准确性，增加被评估动物的数量。对于肉牛的肉和胴体性状的遗传改良、满足消费者的需求、在全球市场上增值和获得更好的价格具有重要意义。Diniz 等(2022)通过监督机器学习和基因网络建模整合了基因表达谱，确定了 9 种生物学相关的子宫内膜基因生物标志物，这些生物标志物可以判断奶牛的妊娠状态。包括子宫内膜组织重塑、局灶黏附和胚胎发育。这项研究概述了与妊娠成功有关的关键途径，并为奶牛的妊娠结果提供了可靠的科学依据。

6.4.3 大数据技术在育种中的应用

随着大数据技术的不断发展，畜牧育种更加高效，大数据技术在畜牧育种中的应用也变得越来越重要。大数据技术可以帮助畜牧业进行全面的监测和分析。传统的监测方法可能只能得到有限的数据，而大数据技术可以帮助智能农场获取更多的信息，如畜禽饲养环境的温度、湿度、气体浓度等，这些信息对于育种和畜牧业的发展非常重要，能够应用数据挖掘技术分析数据，提高养殖效率和生产经济效益。

同时，该技术可以更加深入地了解畜禽的生态环境、饲养方式等，这些信息对于育种的方向和目标的制定都非常有帮助，能够为家禽养殖企业提供产品质量管理的决策依据，能够更加准确地进行畜牧育种。传统的育种方法需要大量的实验和数据分析，而大数据技术可以更快速地进行数据分析和建立预测模型，从而更加准确地预测畜禽的生长和发育，以及育种的效果。例如，可以通过分析畜禽基因组数据来识别有利基因，并开发出更加优秀的品种。大数据技术还可以更好地管理畜禽饲养和营养。通过分析大量的数据，更好地了解畜禽的生长和发育规律，调整饲养管理和饲料配方，从而提高畜产品的质量和产量。

第 7 章

畜禽产品质量安全追溯

7.1 畜禽产品质量安全追溯编码与标识技术

7.1.1 基于 GS1 的追溯码编码

7.1.1.1 GS1 编码体系

GS1 系统起源于美国，由美国统一代码委员会（UCC，于 2005 年更名为 GS1US）于 1973 年创建，为全球范围内货物、服务、资产和位置的标识提供了准确的编码。GS1 系统从编码体系、数据载体和数据交换 3 个层面提供技术支撑。编码体系建立了一整套标准的全球统一的编码体系，对物流供应链上物流参与方、贸易项目、物流单元、物理位置、资产、服务关系等进行编码，为采用高效、可靠、低成本的自动识别和数据采集技术奠定了基础。数据载体采用条码、射频标签等作为载体，以自动数据采集技术为支撑，为实物流和信息流的同步提供了必要的技术支撑。数据交换方面建立了电子数据交换规范进行信息交换。

编码体系由标识代码和附加属性代码组成。标识代码包括全球贸易项目代码（global trade item number，GTIN）、系列货运包装箱代码（serial shipping container code，SSCC）、全球可回收资产标识符（global returnable assetidentifier，GRAI）、全球单个资产标识符（global individual assetidentifier，GIAI）、全球位置码（global location number，GLN）和全球服务关系代码（global service relation number，GSRN）。其中最为重要而且与追溯编码关系较大的是全球贸易项目代码（GTIN），GTIN 是用于全世界范围内贸易项目的唯一标识。附加属性代码是以确定的格式、明确的含义表示与具体产品或服务相关的附加信息，如描述具体贸易项目单元的生产批号、有效期或是某个具体物流单元的长宽高尺寸、包装容量等附加属性信息的编码（图 7-1）。附加属性代码由“应用标识符（AI）＋附加信息代码”组成。应用标识符由 2 位或 2 位以上数字组成，用于指示紧跟其后的数据域编码的含义和格式，应用标识符之后的附加信息代码由字母和（或）数字字符组成，最长为 30 个字符。数据域可为固定长度也可为可变长度，这取决于应用标识符。

采用该编码系统的优点在于它利用了现有的全球统一标识系统，避免了诸多互不兼容的系统所带来的时间和资源的浪费，降低了系统的运行成本，避免了造成供应链的迟缓和不确定性。采用全球统一标识系统，即大家采用一个共同的数据语言，可以实现信息流和实物流快速、准确的无缝链接。

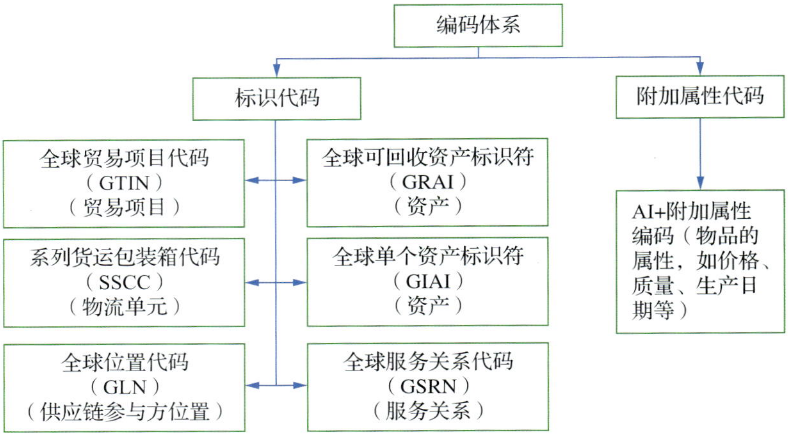

图 7-1　GS1 编码体系结构

7.1.1.2　条码技术

条码自动识别技术是以计算机、光电技术和通信技术的发展为基础的一项综合性科学技术，是信息数据自动识别、输入的重要方法和手段。它作为一项技术成熟、成本低廉、性能可靠的技术，在商品流通、工业生产、仓储管理、信息服务等领域得到了广泛应用。目前已知正在使用的各类条码就达 250 多种，为了便于识记，一般将条码按照维度划分为一维条码和二维条码。

一维条码（图 7-2）由一组黑白相间、粗细不同的条状符号组成，条码隐含着数字信息、字母信息、标识信息、符号信息，通过和信息系统的联系用于表示商品的名称、产地、价格、种类等，是全世界通用的商品代码表示方法。条码构成是一组黑白相间的条纹，这种条纹由若干个黑色的“条”和白色的“空”组成，利用黑色的条对光的反射率低而白色的空对光的反射率高，再加上条与空的宽度不同，表示一定的信息，当使用扫描设备扫描时，就能使扫描光线产生不同的反射接收效果，在光电转换设备上转换成不同的电脉冲，形成可以传输的电子信息。由于光的运动速率极快，可以准确无误地对运动中的条码予以识别。通常，将人可识别的字符注在条码符号的下面。

空白区	起始字符	数据字符	校验字符	终止字符	空白区

图 7-2　一维条码的字码结构

一维条码的码制较多，目前国际广泛使用的条码种类有 EAN 码、UPC 码、Code39 码（可表示数字和字母，在管理领域应用最广）、ITF25 码（在物流管理中应用较多）、Codebar 码（多用于医疗、图书领域）、Code93 码、Code128 码等。其中，EAN 码是当今世界上广为使用的商品条码，已成为电子数据交换（EDI）的基础。

受信息容量的限制，一维条码通常只是对物品的类别进行标识，而不能对物品的属性进行描述。二维条码正是在一维条码无法满足顾客某些方面的实际要求的背景下产生的。二维条码的出现大大弥补了一维条码的不足，二维条码能在水平和垂直方向的二维空间存储信息。在许多种类的二维条码中，常用的码制有 Data Matrix（DM）、Maxi Code、Aztee、QR 码、Vericode、PDF417、Ultracode、Code49、Code16K 等。

1. PDF417 码

PDF(portable data file)417 码(图 7-3)是由美国 Symbol 科技公司发明的堆叠式二维条码,因条码的每个条码字符由 4 个线条和 4 个空白,总计 17 个模块构成而得名。PDF417 的编码容量较大,单个 PDF417 条码最多可容纳 1 850 个字符或 1 108 个字节的二进制数据,如果只表示数字,则可容纳 2 710 个数字。同时,该码支持编码类型较广,不仅可表示数字、字母或二进制数据,还可表示汉字。

图 7-3　PDF417 码示例

PDF417 码结构中的每层可分为 5 个部分,即起始码、左标区、资料区、右标区与结束码,其中左标区、资料区与右标区组成的字元由 17 个模块组成。此外,PDF417 码通过将部分信息重复表示,防止条码损坏造成的错误。该码纠错能力分为 9 级,级别越高,纠错能力越强,但条码也越大。

2. DM 码

DM(data matrix)码(图 7-4)是美国国际资料公司发明的一种矩阵式二维条码,该码以二进制方式对信息进行编码,并形成深色和浅色方块的排列组合。DM 码支持 ECC200 与 ECC000-140 两套符号体系,前者通过 Reed-Sclomon 算法产生的多项式获取错误纠正码;而后者具有多种不同等级的错误纠正功能,因此 ISO 推荐公共场合使用 ECC200 规范。

图 7-4　DM 码示例

DM 码由 3 部分组成,即资料区、定位图形和排位图形。资料区由规则排列的模块构成,编码以表示信息;定位图形围绕资料区,为一个模块宽度,总共 4 条,2 条为黑色实线,用于确定 DM 码尺寸,另 2 条由黑白相间的模块组成,用于决定 DM 码的单元结构;排位图形则用于分隔资料区。

DM 码尺寸最小可达到 0.000 2 in^2($1\ in^2 = 6.452\times10^{-4}\ m^2$),是目前二维条码中尺寸最小的,因此特别适用于标识小型零部件;另外,DM 码的尺寸大小与存储信息量相互独立,因此该码尺寸比较灵活,但以上问题也造成 DM 码自动纠错能力较低,只能用特制的 CCD 扫描器解码。

3. QR 码

QR(quick response)码(图 7-5)是由日本 Denso-Wave 公司发明的二维空间条码。超高速识别是 QR 码区别于 PDF417 码、DM 码等二维码的主要特性,识别速度可达到每秒识读 30 个码符号;而通过特定的数据压缩模式编码中国汉字与日本汉字是 QR 码的另一特色,可使识别效率有效提高 20%。

图 7-5　QR 码示例

QR 码共有 40 种版本,版本越高,存储信息量越高,纠错能力也越强,版本 1 有 21×21 个模块,而版本 40 有 177×177 个模块。QR 码结构包括符号版本和规格、寻像图形、分隔符、校正图形、定位图形、编码区及空白区。

寻像图形包括 3 个相同的位置探测图形,分别位于码的左上角、右上角和左下角,每个探测图形由 3 个同心正方形组成,边长比为 7∶5∶3,由于码中出现类似图形的概率很小,根据 3 个位置探测图形,可很快确定码的位置与方向。

分隔符位于探测图形和编码区之间,全部为浅色模块,宽为一个模块。定位图形分水平和垂直两种,为一个模块宽,由深浅模块交替组成,其作用是确定码的密度和版本,并获取模块坐标的基准位置。校正图形同样是3个重叠的同心正方形，边长比为5∶3∶1，版本2以上码均有校正图形。编码区包括数据码字、纠错码字、版本信息和格式信息的符号。空白区是码四周4个模块宽的区域。

4. 汉信码

汉信码(图7-6)由中国物品编码中心牵头自主研制，是中国第一个拥有自主知识产权的二维码码制，具有汉字编码能力强、抗污损、抗畸变、纠错能力强等特点，综合性能指标达到国际先进水平。与其他二维码相比，其最大的优势是更适合汉字信息的表达。

图 7-6　汉信码示例

汉信码是由 $N \times N$ 个正方形模块组成的矩形阵列，其由7部分组成，即符号版本与规格、寻像图形、寻像图形分割区、校正图形、功能信息区域、编码区域及空白区。汉信码符号有84个版本，从23×23模块到189×189模块不等，满足不同生成技术对符号大小的要求。寻像图形指位于汉信码图4个角上轴向对称的位置探测图形，且位置探测图形具有特定的取向关系。校正图形是由黑白2条线组成的阶梯状的折线，用来分块校正码图。功能信息区域是指4个寻像图形分割区与内部码区间的一个模块宽的区域，内容包括版本信息、纠错等级与掩模方案。编码区域除了数据码字外，还包括纠错码字和填充码字。空白区围绕在码图符号的四周，占3个模块宽。汉信码是第一种在码制中预留加密接口的条码，它可以与各种加密算法和密码协议进行集成，因此具有极强的保密防伪性能。

汉信码除了信息容量大、信息密度高等特点外，最大的优势在于超强的汉字表示能力，其支持GB 18030中规定的160万个汉字字符，并能实现与数字、ASCII字符及其他字符的高效混合编码。目前已经在我国食品追溯、汽摩零部件标记、医疗、票据单证等领域实现了大规模应用。

7.1.1.3　射频识别技术

射频识别(radio frequency identification，RFID)技术属于非接触式的自动识别技术，它通过RFID阅读器发射的无线射频信号自动识别电子标签标识对象并获取其携带信息，能够快速地对物品进行识别和信息的读写。识别工作不需要人工干预，可工作于各种恶劣环境。一个基本的RFID系统一般由3部分组成：阅读器、能够附着于标识对象上的RFID电子标签和天线。阅读器是用于读取(或写入)标签信息的设备。RFID电子标签由耦合元件及芯片组成，每个标签都具有唯一的电子编码，用来标识目标对象。标签具有数据存储模块，可以保存有约定格式的电子数据。天线则是标签与阅读器之间传输数据的发射、接收装置。

RFID系统的基本工作原理：阅读器通过发射天线发送特定频率的射频信号，当电子标签进入有效工作区域时产生感应电流，从而获得能量被激活，使得电子标签将自身编码信息通过内置射频天线发送出去；阅读器的接收天线接收到从标签发送来的调制信号，经天线调节器传送到阅读器信号处理模块，经解调和解码后将有效信息发送至后台主机系统进行相关处理；主机系统根据逻辑运算识别该标签的身份，发出指令信号控制阅读器完成不同的阅读操作。

与传统的条形码等识别技术相比，RFID有很多优势，其最大的特点就是非接触式，因此RFID读写速度快、范围大，能同时识别多个标签，且阅读器可以直接与后台的信息系统连接，能够满足自动化管理的需要；RFID标签的存储容量比条形码大得多，且可擦写，除了可以用来标识农产品，还能存储更多有关农产品质量安全信息，便于对农产品安全实施监控；RFID标签不受油渍、灰尘、药物等环境的影响，尺寸大小与形状多样化，用于农产品的标识，解决了条形码易破损、受环境限制大的缺点。RFID标签与条形码的对比见表7-1。

表 7-1 RFID 标签与条形码的对比

对象	环境要求	安全性	读取距离/M	存储容量	是否可修改	使用寿命	成本
一维条码	易损，环境适应性差	低(不可加密)	0～0.2	小(一般仅能表示数字字符)	否	短	低
二维条码	易损，对环境要求高	较高(可加密)	0～0.5	大(可以编码汉字，一般能表示几百个字节)	否	短	低
RFID标签	耐用，防水	高(可加密)	无源：0～2 有源：>10	大(512 B 至 4 MB)	是	长	高

无线射频标签按供电方式可分为无源和有源两种：无源标签没有内供电源，它通过波束供电技术将接收到的射频能量转换为直流电流为标签供电，该类标签寿命长且对工作环境要求不高；有源标签是指标签内自备电源的标签，作用距离远，但寿命有限，成本高，且不适合在恶劣环境下工作。

按工作频率分，无线射频标签分为低频、中高频、超高频和微波射频标签。

(1)低频射频标签　低频射频标签工作频率范围为 30～300 kHz，主要为无源标签，作用半径一般情况下不大于 1 m，与低频射频标签相关的国际标准有 ISO 18000-2 和 ISO 11784/11785。该类标签典型工作频率有 125 kHz 和 133 kHz 两种，该类标签采用 CMOS 技术加工，成本较低，但最大的缺点主要是数据存储量较少，只适合低速、近距离识别应用。

(2)中高频射频标签　中高频射频标签工作频率范围为 3～30 MHz，其工作原理与低频射频标签相同，通过电磁耦合方式获取能量，并实现与阅读器的信息交换。该类标签的典型工作频率为 13.56 MHz，一般情况下作用半径不大于 1 m。与中高频射频标签相关的国际标准有 ISO 14443、ISO 15693 和 ISO 18000-3 等。该类标签的基本特点与低频射频标签相似，但由于其工作频率的提高，数据传输率较高。

(3)超高频射频标签　超高频射频标签工作频率范围为 860～960 MHz，通常为无源标签，相关的国际标准有 ISO 18000-6B 和 ISO 18000-6C(EPC)。该类标签的作用半径大于 1 m，一般为 4～6 m，最大可达到 10 m，并具有防冲突机制，适用于多标签，同时该类标签最大的优势是支持读/写双重制式，读取速度较快，且不易损坏，

(4)微波射频标签　微波射频标签的工作频率主要为 2.45 GHz 和 5.8 GHz，多半为有源标签，由电池供电，作用范围也最大。与该类标签相关的国际标准有 ISO 10374、ISO 180004 (2.45 GHz)和 ISO 18000-5(5.8 GHz)。从技术角度来看，微波标签并不适于存储大量数据信息，其主要功能在于标识物体并完成无接触的识别过程。

7.1.1.4　生物特征识别技术

传统的身份识别方法由于易丢失、易被伪造、易被破解等局限性，已不能满足经济和社会发展的需要。基于生物特征的身份识别技术由于具有稳定、便捷、不易伪造等优点，近几年已成为身份识别的热点。生物特征识别技术是一种根据生物体自身所固有的生理特征和行为特征来识别身份的技术，即通过计算机与光学、声学、生物传感器和行为特征来进行身份的识别。生理特征是生物与生俱来的，相对来说稳定不变，目前可以利用的生理特征有指纹、掌纹、面相、视网膜、虹膜、手血管等。而行为特征是生物后天形成的，当主体状态和使用环境发生变化

时，这些特征在一定程度上具有可变性，目前常用的行为特征主要有人的声音、笔迹、步态以及击键状态等。

指纹是分布于手指表面凹凸不平的纹线，指纹用于身份识别已有几个世纪且其精度很高。指纹识别系统主要由指纹取像、预处理、特征提取、比对、系统管理和数据库管理组成。随着指纹识别系统相关设备和算法的不断成熟，相关的研究一方面关注于获取具有更好适应性和鲁棒性的指纹图像，尤其是在残缺或污损的情况下；另一方面关注于传感器尺度的不断减小，以便于能应用在PDA、手机等类似设备上。

虹膜是位于瞳孔和巩膜之间的环状可视部分，具有终生不变性和差异性，与其他的生物特征相比，虹膜具有高度特异性、高稳定性、防伪性好、易使用性、分析方便等特点。虹膜识别作为一种稳定有效的生物特征识别方式，应用于动物识别中可以消除其他动物识别系统中的欺骗和设备功能异常现象，也满足欧盟等组织对动物福利的要求。有研究者研发了一种基于虹膜特征识别的赛马身份认证系统，利用虹膜认证对赛马进行管理。

视网膜是一些位于眼球后部十分细小的神经，它是眼睛感受光线并将信息通过视神经传给大脑的重要器官。由于视网膜不容易改变和复制，所以它被认为是最安全的生物识别方式。20世纪30年代，通过研究得出了人类眼球后部血管分布唯一性的理论，进一步的研究表明，即使是双胞胎，这种血管分布也具有唯一性。动物视网膜图像与人一样，从出生直至死亡都是稳定不变的。Golden于1998年提出了将视网膜图像用于牛的个体识别(图7-7)。美国Optibrand公司研制了一种手持式视网膜图像采集与识别设备OptiReader，该设备的扫描部分利用近红外辐射，摄像机能以30幅/s的频率拍摄照片，并能将照片输入计算机，采集的图像由计算机进行识别并与保存在数据库中的图像进行比对，设备还具有GPS定位功能(图7-8)。

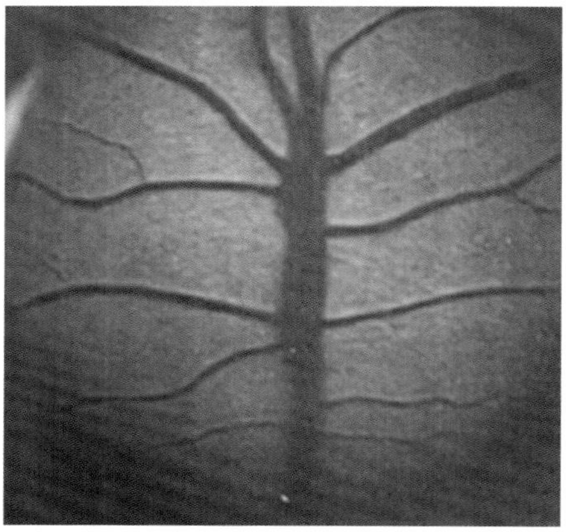

图7-7　牛视网膜图片示例

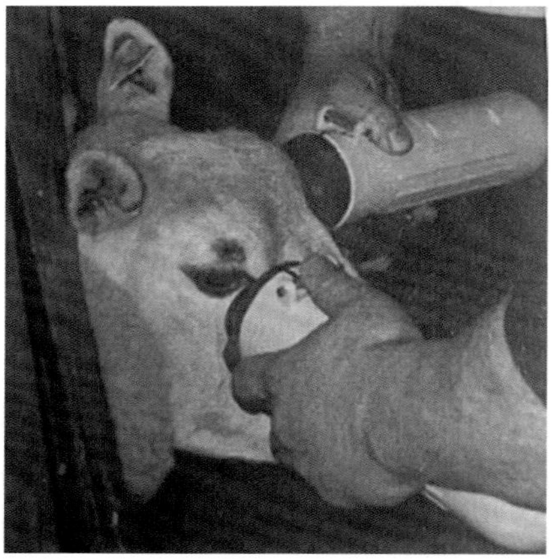

图7-8　采用OptiReader设备获取羊视网膜图像的操作

每种生物特征识别技术都有其各自的优缺点，尚没有一种生物特征可以在任何情况下满足识别的所有要求，应根据实际应用来选择相应的识别技术。例如，指纹相对稳定，但获取指纹图像不是非侵犯性的；脸像容易获取，但识别易受表情、亮度等的影响，且随年龄变化而变化。几种生物特征识别技术对比见表7-2。

表 7-2 几种生物特征识别技术对比

生物特征	通用性	唯一性	稳定性	易采集性	准确性	可接受性	防伪性
指纹	中	高	高	中	高	中	高
虹膜	高	高	高	中	高	低	高
视网膜	高	高	中	低	高	低	高
脸像	高	低	中	高	低	高	低
手形	中	中	中	高	中	中	中
静脉	高	高	高	低	高	中	高

7.1.2 基于 GS1 的追溯编码

7.1.2.1 追溯编码原则

1. 唯一性

唯一性原则是编码的基本原则。对同一商品项目的物品必须分配相同的物品标识代码。基本特征相同的商品视为同一商品项目,基本特征不同的商品视为不同的商品项目。商品的基本特征主要包括商品名称、商标、种类、规格、数量、包装类型等。对不同商品项目的商品必须分配不同的商品标识代码。商品的基本特征一旦确定,只要商品的一项基本特征发生变化,就必须分配一个不同的商品标识代码。一个编码对应一个(批次)对象,唯一标识一个(批次)编码对象。

2. 放性

采用 GS1 的优点在于它利用了现有的全球统一标识系统,避免了诸多互不兼容的系统所带来的时间和资源的浪费,降低系统的运行成本,避免造成供应链的迟缓和不确定性。采用全球统一的标识系统,即大家采用一个共同的数据语言,可以实现信息流和实物流快速、准确的无缝链接。编码需保证在开放的系统中能够使用,以便贸易项目相关方无障碍地加入。归纳总结出一些共性的指标和因素,进行指导和规范,同时允许企业根据实际情况对可追溯编码中的项目代码进行一些变更。

3. 兼容性

追溯编码在兼顾国际标准的同时,也要满足国内对农产品及食品实际监管需求。如 GB 12904—2008《商品条码 零售商品编码与条码表示》、GB/T 16986—2018《商品条码 应用标识符》、GB/T 19251—2003《贸易项目的编码与符号表示导则》、GB/T 15425—2014《商品条码 128 条码》、ISO 22005《饲料和食品链的可追溯性、系统设计实施的通用原则和基本要求》、GB/T 2260—2007《中华人民共和国行政区划分代码》。

4. 简明性

追溯编码应采用最短代码长度,形式简单明了,方便输入。编码资源要保证在未来很长一段时间,不会出现编码资源耗尽的情况。一旦出现资源耗尽的情况,编码要易于扩展。

7.1.2.2 追溯码编码

1. 追溯编码总则

在保证编码唯一性(每一个追溯码对应一个批次)和开放性(采用 EAN. UCC 系统,保证编码在开放的系统中能够使用），畜禽养殖品追溯编码兼顾国际标准与国内监管实际，采用养殖品追溯码和养殖品监管码相结合的编码方式。养殖品追溯码和养殖品监管码相辅相成，养殖品追溯码采用符合国际标准的 EAN. UCC 三段式编码规则，养殖品监管码采用行政区划监管为主的编码方式。养殖品追溯码主要考虑与国际标准统一，养殖品监管码满足国内监管实际需求，养殖品追溯码和养殖品监管码都可用作养殖品的追溯编码。

2. 基于 GS1 的追溯码结构设计

消费者购买带有畜禽产品追溯码标识的产品后，可通过追溯码追溯出该产品的生产单位，追溯码使企业在畜禽产品供应链中更加有效地管理对应产品，追溯码作为信息传递者，是促进生产者与消费者之间的信息交流与沟通的手段。企业或生产者通过标识来传递这些信息，增加了畜禽产品供应链中的信息透明度，降低了信息不对称程度。

采用 GTIN＋生产日期或包装日期＋源实体参考代码结构对畜禽产品进行编码。其中 GTIN 采用 GTIN-14 结构（图 7-9）表示，源实体参考代码指畜禽养殖区域（出栏养殖场、圈舍）的编码。应用标识符字符串的结构应符合 GB/T 16986—2018 的要求，常用的应用标识符字符串的含义、格式参考 GB/T 16986—2018。

全球贸易项目代码（GTIN-14）		
指示符[a]	厂商识别代码[b] → ← 项目代码[c]	校验码[d]
N_1	N_2 N_3 N_4 N_5 N_6 N_7 N_8 N_9 N_{10} N_{11} N_{12} N_{13}	N_{14}

注：N为数字字符

a 指示符为9时表示贸易项目为变量的贸易项目。

b 厂商识别代码应符合GB 12904—2008的要求。

c 项目代码由厂商分配的项目号。

d 校验码的计算方法按GB 12904—2008附录B的规定执行。

图 7-9　GTIN-14 位结构

GTIN 采用分段管理、分段赋码的方式，由不同机构实现对不同码段的管理，如图 7-10 所示。

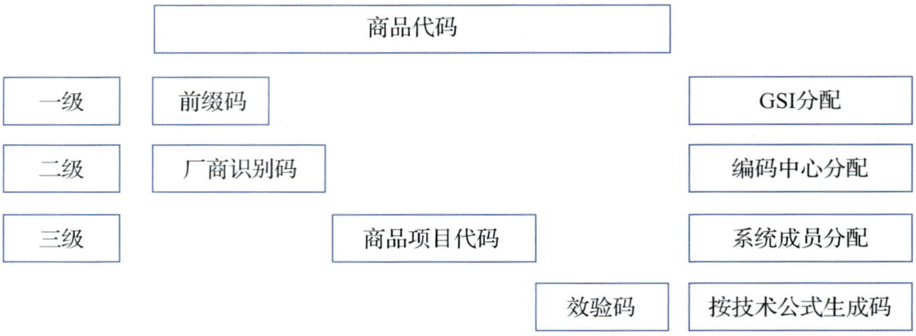

图 7-10　GTIN 分段赋码结构

(1)前缀码　前缀码是厂商识别代码的一部分，由2～3位数字组成，由国际物品编码协会分配给各国(地方)成员组织(在中国大陆是中国物品编码中心)或特定应用领域(如图书期刊、优惠券)的代码。目前，国际物品编码协会分配给中国物品编码中心的前缀码是690～695。例如，以693开头的GTIN，表明它是从中国物品编码中心申请获得的，与产品的原产地无关，由国际物品编码协会分配。

(2)厂商识别代码　包括前缀码由7～9位数字组成。在我国由中国物品编码中心负责分配厂商识别代码。

(3)商品项目代码　由1～6位数字组成，是无含义代码，由企业自行分配。GTIN-8商品项目代码带有前缀码，由编码中心统一分配。

(4)校验码　GTIN最右端的末位数字。它是通过代码中的其他所有数字计算得出的，用来确保正确识读条码或正确组成代码。

(5)指示符　指示符的赋值区间为1～9，其中1～8用于定量贸易项目，9用于变量贸易项目，由企业自行分配。

3. 畜禽产品商品标识码编码规则

畜禽产品追溯编码采用EAN-13规范实现。EAN-13条码由前缀码、厂商标识码、商品项目码和校验码组成。前缀码由2～3位数字组成，是EAN分配给国家(或地区)编码组织的代码，代表商品制造商所属的国家或地区。中间4位数字表示商品制造商的代码，是由国家编码管理局审查批准并登记注册。最后5位数字表示商品标识码，由企业自行编制。校验码用来校验条形阅读器的结果是否正确。对商品编码的基本原则是根据行业和管理的需求设置商品的基本特征。通常情况下，商品的基本特征包括商品名称、商标、种类、规格、数量和包装类型等。考虑到水产养殖产品标准化进展的实际情况和目前对产品分级还不规范，在参考《国家畜禽遗传资源目录》的分类体系基础上，对养殖产品行编码是主要从类别、种类、品种和包装类型方面进行：第1～2位从产品类别方面编码，如传统畜禽、特种畜禽等；第3～4位为产品类别中的常见产品品种，如猪中又可分成地方品种、培育品种、引入品种等；第5位为每一具体品种出栏时的规格大小。

图7-11所示编码包含的信息为某养殖企业养殖的规格大小为100 kg以上地方品种金华猪类。

6920952010114

图7-11　产品编码系统说明

4. 基于UCC/EAN-128的追溯编码条码表示

UCC/EAN-128条码是GS1系统中唯一可以表示附加信息的条码符号，一般用应用标识符分隔，编码的信息范围广泛(可表示批号、系列号、计量、数量、日期、交易参考、位置等信息)，留有了可扩展的空间，是实现畜禽养殖产品追溯编码的最佳选择。

确定了畜禽养殖产品商品标识码后，在此基础上采用UCC/EAN-128编码方式对畜禽养殖产品质量追溯编码进行设计。该标签条码部分采用企业标识码(14位)+出栏日期(6位)+圈舍信息标识码(6位)相结合的设计方案，其中企业标识码由“9”+养殖产品标识码组成，“9”用于标识是畜禽养殖产品追溯码；出栏日期采用YY/MM/DD的方式生成；圈舍信息编码由3位养殖场编号和3位圈舍顺序号组成。图7-12所示编码包含的信息为，该项产品是某企业于2022年9月6日在编码为001养殖场的第005个圈舍出栏的金华猪。

019 6920952 01011 71122090610001005

图 7-12　基于 EAN/UCC 的畜禽养殖编码系统

畜禽养殖产品的追溯编码示例如下：

(1)代码结构　(01)96901234100013(11)220811(251)A0000001

01：应用标识符，表示后面的数据项是一个 14 位的 GTIN。

9：指示符，表示畜禽类型的厂商。

6901234：厂商识别代码，表示具体的养殖企业。

10001：项目代码，表示某种规格的畜禽养殖品。

3：校验码。

11：应用标识符，表示后面的数据项是一个 6 位，按 YY/MM/DD 格式的生产日期。

220811：2022 年 8 月 11 日。

251：应用标识符，表示后面的数据项是一个 1～30 位的编号。

A0000001：畜禽养殖出栏圈舍编码。

(2)代码的含义　某个畜禽养殖场商于 2022 年 8 月 11 日在编号 A0000001 的圈舍内出栏的某种规格的金华猪。

追溯码示例如图 7-13 所示。

(01)96901234100013(11)220811(251)A0000001

图 7-13　畜禽追溯码示例

7.1.3　基于地理坐标和多重加密的追溯码编码

7.1.3.1　编码构成

追溯码编码除遵循商品条目编码的基本原则外，还要考虑追溯信息的全面性，也要尽量缩短追溯码的长度，这样既是为了条码打印的方便，也是为了在使用短信方式追溯查询时尽量占用较少的字符空间，方便用户输入。同时为了防止追溯码被私自修改，在设计追溯码时要采取一定的防伪和加密技术。

追溯码编码中以批次作为追溯单元，同一批次是指同一责任主体在同一时间内生产的同一品种的产品，考虑到认证类型对农产品质量安全较重要，因此编码一般由产地位置码、产品码、生产日期码、认证类型码等 26 位数组成(图 7-14)。

产地位置码	产品码	生产日期码	认证类型码
$L_1L_2L_3L_4L_5L_6L_7L_8L_9L_{10}L_{11}L_{12}L_{13}$	$P_1P_2P_3P_4P_5P_6$	YYMMDD	A

图 7-14　农产品追溯码设计

1. 产地位置码

产地位置码 13 位数字，经度 7 位，纬度 6 位，可精确到秒，其中经度的度为 3 位($L_1L_2L_3$)、分为 2 位(L_4L_5)、秒为 2 位(L_6L_7),纬度的度、分、秒均为 2 位($L_8 \sim L_{13}$)。

2. 产品码

产品码 6 位数字，由 3 部分组成，其中类别 2 位 (P_1P_2)、名称 2 位(P_3P_4),从 01～49,包括每个大类下的 50 个种类,采用流水自动增加的方式编号;品种 2 位(P_5P_6),从01～99 共 99 个品种分类。以家畜为例,按其农业生物学的特性作为分类依据,共分为 8 类,即猪、牛、羊、马、骆驼、家兔、猫、犬,而中国养殖的猪就有 100 多种,因此采用此产品编码能保证在中国农产品的多样性和多品种性的前提下覆盖绝大部分农产品,即使随着生物技术发展、品种增加,编码中也有扩展备用的。

3. 生产日期码

生产日期码 6 位数字，由 3 部分组成，其中年 2 位 (YY)编号范围为00～50,实际表示则为 2000—2050 年;月 2 位(MM),编号范围为 01～12;日 2 位(DD),编号范围为 01～31。

4. 认证类型码

认证类型码 1 位数字(A),认证类型包括无公害认证、绿色认证、有机认证及其他认证,分别编码为 1、2、3、4。

7.1.3.2 改进的产地位置码设计

追溯码编码的特点是直接用经纬度表示产地位置,这样便于在农产品发生质量安全问题时在脱离中心数据库的情况下直接定位到产品来源地,以利于在第一时间、第一地点内采取相关措施控制不安全产品的生产和流通。但 13 位的经纬度长度较长,且直接用经纬度进行编码也不利于防伪,因此对产地位置码进行改进。对产地码的改进思路如下。

1. 划分区域

中国地理位置的四至点为,最东端东经 135°05′、最西端东经 73°33′、最南端北纬 3°58′、最北端北纬 53°33′,其中经度跨度约为 62°、纬度跨度约为 50°。考虑位长和加密的需要,将经度和纬度分别用 5 位表示,由于 99 999 s 可表示的经纬度跨度约为 27°,所以将经度划分为 3 个带、将纬度划分为 2 个带,这样整个中国地图被划分为 6 个区域,如表 7-3 所示。

表 7-3 农产品产地位置对应区域表

产地经纬度范围	对应产地区域
东经 135°02′30″至东经 110°00′01″ 且北纬 53°33′00″至北纬 28°00′01″	1
东经 135°02′30″至东经 110°00′01″ 且北纬 28°00′00″至北纬 3°52′00″	2
东经 110°00′00″至东经 85°00′01″ 且北纬 53°33′00″至北纬 28°00′01″	3
东经 110°00′00″至东经 85°00′01″ 且北纬 28°00′00″至北纬 3°52′00″	4
东经 85°00′00″至东经 73°40′00″ 且北纬 53°33′00″至北纬 28°00′01″	5
东经 85°00′00″至东经 73°40′00″ 且北纬 28°00′00″至北纬 3°52′00″	6

2. 确定区域

在划分出 6 个区域的基础上，进行编码换算前，需要先确定某生产基地的坐标属于哪个区域，确定区域时参考表 7-3 的原则；确定农产品产地区域后，查找其对应的换算数值，如果产地区域为 1，经度减去 110、纬度减去 28；如果产地区域为 2，经度减去 110、纬度为原值；如果产地区域为 3，经度减去 85、纬度减去 28；如果产地区域为 4，经度减去 85、纬度为原值；如果产地区域为 5，经度减去 73、纬度减去 28；如果产地区域为 6，经度减去 73、纬度为原值。

3. 编码换算

根据产地位置所在的产地区域确定其换算数值，将产地位置的经纬度减去换算数值，再进行相对位置换算，经度的换算方法如下：经度的度×3 600＋经的分×60＋经度的秒，如此得到的数值即为相对位置值，如果此值不够 5 位，在得到的数值前面补充 0；纬度相对位置的计算方法也一样。转换后的 5 位经度相对位置值加 5 位，纬度相对位置值即为 10 位改进后的产地位置码，而对应产地区域则为位置标识码。遵循以上设计，以实例说明改进的产地位置码设计：若天津市某淡水鱼养殖企业所在位置为经度 117°19′7″、纬度39°26′15″；根据经纬度对应产地区域表为 1；那么经度减去 110(117－110＝7)、纬度减去28(39－28＝11)；5 位经度值为 7×3 600＋19×60＋7＝ 26 347、5 位纬度值为 11×3 600＋26×60＋15＝ 41 175；10 位产地位置码为 2 634 741 175，1 位位置标识码为 1。

7.1.3.3　基于多重加密的追溯码设计

在对产地位置码进行改进设计的基础上，考虑到码长和防伪的需要，还要对生产日期码、产品码及认证类型码进行压缩和加密。

1. 生产日期转换

生产日期加密是通过划分相对时间单元的方法实现的，其具体方法为以 2008 年 1 月 1 日为基准，到 2018 年 12 月 10 日为一个大周期，将其间的时间以 999 d 为时间间隔划分为 4 个子周期，4 个子周期的起止范围分别为：2008 年 1 月 1 日到 2010 年 9 月 26 日、2010 年 9 月 27 日到 2013 年 6 月 21 日、2013 年 6 月 22 日到 2016 年 3 月 16 日、2016 年 3 月 17 日 2018 年 12 月 10 日，这样就将 6 位的日期转化为 3 位的时间间隔期和 1 位的时间标识码。例如，2008 年 10 月 20 日生产的产品，其时间落在第 1 子周期(2008 年 1 月 1 日到 2010 年 9 月 26 日)内，因此其时间标识码为 1；而 2008 年 10 月 20 日到 2008 年 1 月 1 日的差值为 293 d，因此转换后的日期码为 293。《中华人民共和国农产品质量安全法》规定，农产品生产记录保存时间为 2 年，而本编码的时间跨度为 10 年，因此采用本压缩算法可满足对农产品质量追溯的要求。

2. 产品码转换

考虑到目前常用农产品的品种要求及编码的可扩展性，将存在冗余的 6 位产品编码转换为流水号的 5 位产品编码，该编码根据产品先后顺序生成，不足 5 位的前面补零。

3. 验证码的生成与转换

在产地位置码、生产日期码的转换中均存在着标识位，其中产地位置码的标识码为 1～6 的数字、生产日期码的标识码为 1～4 的数字，由于这 2 个标识码的信息关系到产地位置码的区域范围及生产日期码的时间区间，所以将标识码与产品认证类型一起组成两位验证码，这样既利于防伪也可缩短码长。验证码的生成规则如下：

将位置标识码(1～6 的数字)、生产日期标识码(1～4 的数字)和认证类型码(1～4 的数字)进行排列组合,共有 96 种组合,如表 7-4 所示。

表 7-4 验证码组合

位置标识码	生产日期标识码	认证类型码	验证码
1	1	1	C1
1	1	2	02
1	1	3	03
1	1	4	04
1	2	1	05
⋮	⋮	⋮	⋮
6	4	4	93

在进行编码时,根据位置标识码、生产日期标识码和认证类型码的值找到对应的 2 位验证码。

下面为天津市某猪养殖企业追溯码的实例,其生产的某一批次产品的基本信息如下:

企业位置经度坐标:117°19′7″

企业位置纬度坐标:39°26′15″

农产品大类:鲜、活品类

农产品种类:家畜

农产品名称:三元猪

生产日期:2008 年 11 月 7 日

认证类型:有机认证

对企业坐标经纬度根据前文所述计算得到 10 位地理坐标码和 1 位标识码,分别是 2634741175 和 1;根据产品信息在数据库中的先后顺序,由于三元猪是第 1 位,得到产品的流水号为 00001;根据所述的生产日期转换得到 3 位日期码和 1 位标识码,分别是 312 和 1;根据认证类型对认证类型码为 3;位置标识码为 1、生产日期标识码为 1、认证类型码为 3 的组合,其验证码为 03,综合以上信息,该企业该批次产品的追溯码为:26347411750000131203,此追溯码固定长度为 20 位,经过几次转换从其数字组成很难看出所表示的含义,因此其长度较短、加密性较好。

在产品溯源时,在脱离数据库的情况下,采用该编码方式可追溯出企业地理位置、生产日期、产品认证类型等与农产品质量安全密切相关的信息。

7.1.4 基于 AES 算法的汉信码加密标识

7.1.4.1 AES 算法的核心流程

农产品质量安全追溯系统的核心在于通过数据载体(条形码、RFID)把信息流与实物流联系起来,实现生产环境、生产过程、用料用药、加工销售等各个环节的数据交换,达到对畜禽产品从养殖场到餐桌全过程的无缝链接。条形码自动识别技术实现了信息快速、准确的获取与传输,为解决追溯系统核心问题提供了技术手段。

1. AES 算法

分组密码是目前应用较为广泛的一种密码体制，DES 算法开创了公开密码算法的先例，使了解算法但不具有正确密钥的密文持有者不能通过算法找出明文数据，其安全性来源于破解密码计算上和时间上的困难性。AES 算法是由比利时学者 Vincent Rijmen 和 Joan Daemen 设计的 Rijndael 算法，并于 2001 年被美国商务部批准为新的联邦信息加密标准，AES 算法作为 DES 算法的替代品，具有安全、高效以及容易在硬件上移植的特点，是对称加密算法中加密性能和速度等各项性能指标最好的加密算法。它的原形是 Square 算法，设计策略采用的是宽轨迹策略，从而可以提高算法抗击差分密码分析及线性密码分析的能力，可适用于二维条码的加密。因此，加密算法选择安全性高的 AES 算法，可达到二维条码加密的效果。

AES 算法的数据分组长度定为 128 位，密钥长度可为 128 位、192 位或 256 位，并由密钥长度决定加密轮变换次数 N_r 为 10、12 或 14。加密算法中的 128 bits 的分组信息被分成 16 个字节，按顺序排列成一个 4×4 的矩阵，称为状态(state) 。AES 的所有变换都是基于状态的变换，数据处理最小单元是字节。

AES 算法对数据的加密是通过把输入的明文和密钥由轮函数经 N_r+1 轮迭代来实现的，初始轮和结尾轮与中间的 N_r-1 轮不同。初始轮只对明文和密钥进行异或操作；中间的 N_r-1 轮依次进行字节代换、行移位变换、列混合变换和轮密钥加；与中间轮相比，结尾轮去掉了列混合变换，以使加密和解密算法在结构上更接近。

2. 算法的加密与解密实现

AES 算法的核心思想是经过多轮置换迭代操作，使数字信息尽可能地散列和混淆。为方便起见，用 C 代表 control round key，B 代表 S 盒替换 byte sub，S 代表 shift rows, M 代表 mix column，加密过程如图 7-15 所示。

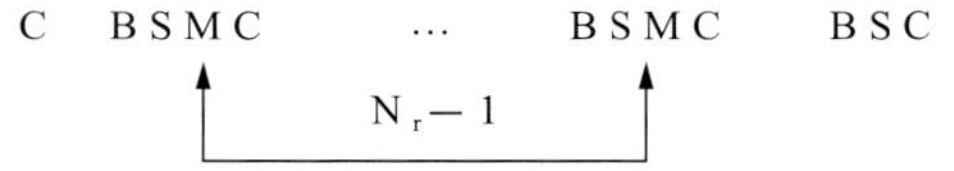

图 7-15　AES 加密过程代式表示

由于该加密运算中采用的每一种运算都是可逆的，所以对于上面的加密过程只需要对每一种运算求逆即可解密。解密过程如图 7-16 所示。

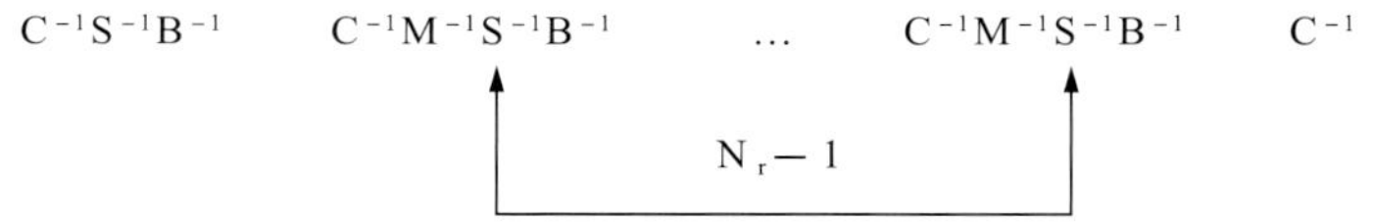

图 7-16　AES 解密过程代式表示

图 7-16 中，N_r 为加密轮数，C^{-1} 为轮密钥加密运算控制的逆运算；S^{-1} 为行移位逆运算，B^{-1} 为 S 盒逆置换；M^{-1} 为列混合逆运算。

计算机适宜处理十六进制数(二进制)，AES 算法是针对十六进制数进行加密的；但目前研究的农产品追溯码编码大部分都是由 0～9 的十进制数字构成的，而且要求追溯码位数和加密后密文位数相对应，即没有密文扩展，基于十六进制的 AES 算法就不能满足上述要求。

AES 算法的加密和解密流程如图 7-17 所示，其中 N_r 为迭代次数。

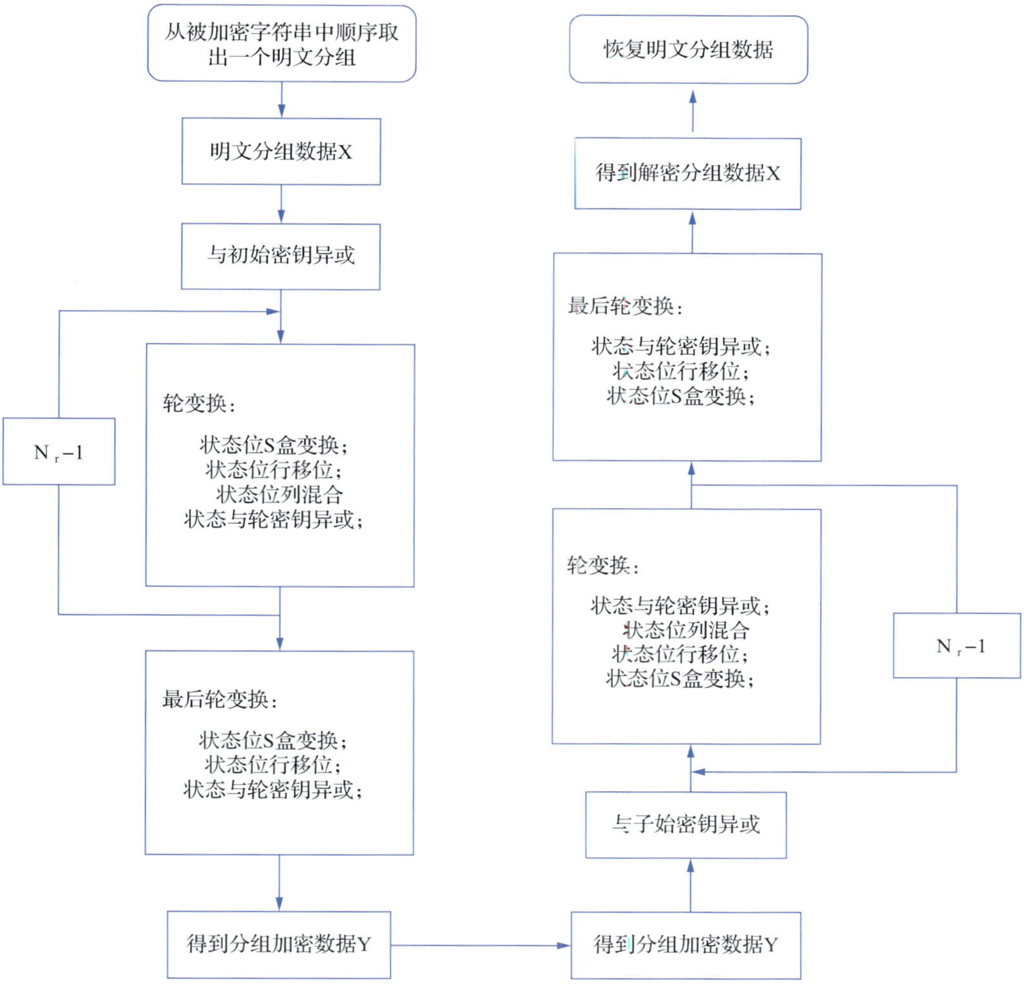

图 7-17　AES 算法的加密和解密流程

7.1.4.2　汉信码符号结构

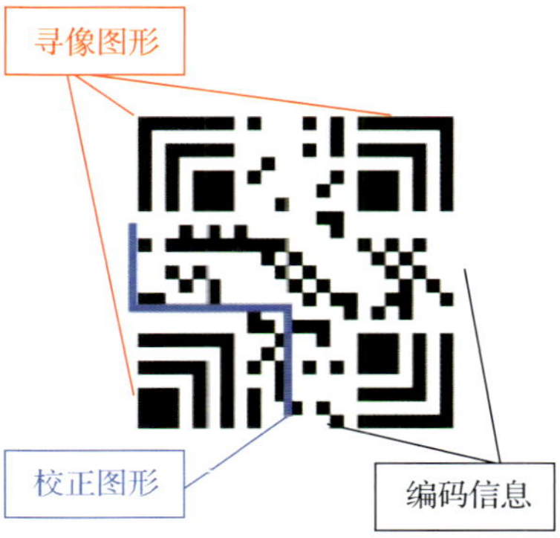

图 7-18　汉信码符号结构示意

汉信码符号是由 $n \times n$ 个模块构成的正方形阵列，该阵列由信息编码区、功能信息区和功能图形区组成，其中功能图形区主要包括寻像图形、寻像图形分割区、校正图形与辅助校正图形。图 7-18 为汉信码符号结构示意。符号版本是标识符号尺寸以及数据容量的重要参数。寻像图形位于符号的 4 个顶角处，其特征比例为 1∶1∶1∶3 和 3∶1∶1∶1，寻像图形在汉信码识别中用来确定符号的位置和方向。

寻像图形向外扩展的一个模块宽度的浅色区域为寻像图形分割区，用于将寻像图形和信息区域分离以方便符号定位。寻像图形分割区再向外扩展的一个模块宽度的区域为功能信息区，用来存储符号版本、纠错等级、掩模方式等功能信息。校正图形为图 7-18 中的阶梯形折线，而辅助校正图形则为码图边缘由 5 浅 1 深，6 个模块组成的图形。信息编码区用于存放信息编码和纠错编码。

7.1.4.3 汉信码加密流程

根据汉信码的特点以及功能模块，汉信码生成的基本流程为数据分析、模式选择、数据编码、纠错编码、数据位流生成、码图放置、掩模、功能信息放置 8 个步骤，如图 7-19 所示。

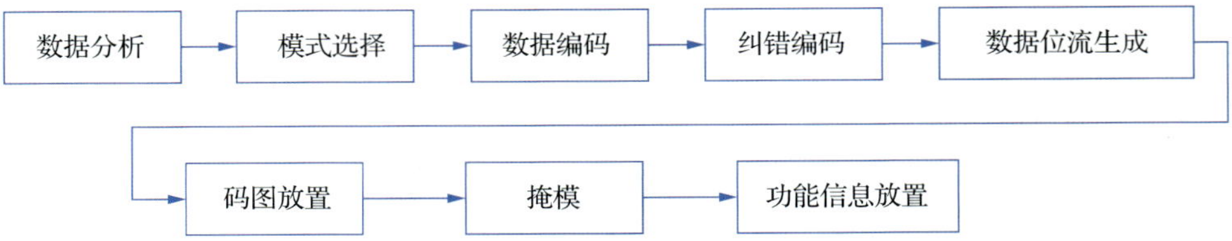

图 7-19 汉信码生成的基本流程

1. 数据分析

对输入的信息流或数据流(需要表示的原始数据)进行分析以确定采用适当的 ECI 协议(缺省解释为 ECIO00003，表示 GB/T 11383 字符集)，选择适当编码模式。

2. 模式选择

模式指标用来指示编码的模式类型，汉信码模式指示符如表 7-5 所示。

表 7-5 汉信码模式指示符

模式名称	模式指示符	模式名称	模式指示符
数字模式	0001	常用汉字 2 区模式	0100
Text 模式	0010	GB 18030 双字节区模式	0110
二进制字节模式	0010	GB 18030 四字节区模式	0111
常用汉字 1 区模式	0011	ECI 模式	1000

3. 数据编码

对待编码数据由选定的编码模式及汉信码规定的编码规则形成信息位流，再按照相应的纠错等级和数据分析中确定的版本，确定信息码字数，将信息位流每 8 位对应一个码字的方式，将信息位流转换为信息码字序列，当信息不足时用填充位进行补足。

4. 纠错编码

汉信码采用 Reed-Solomon 纠错算法，使得汉信码符号可以在遇到损坏时不致丢失数据。汉信码的纠错共有 4 个等级，对应 4 种纠错容量。将信息码字序列按照汉信码规定的方式分成相应的数据块，每块分别计算出纠错字并添加到信息码字之后。

5. 数据位流生成

将数据码字和纠错码字转换为 8 位二进制数据形式，形成最终的数据位流。

6. 码图放置

在寻像图形、寻像图形分隔区和校正图形的相应位置，填入相应图形的深色与浅色模块。功能信息区暂时空值。再将数据位流从上到下，从左到右逐行放置到汉信码符号的码图之中，如果遇到功能图形或功能信息区跳到下一数据位置继续排布，如果遇到码图边界时从下一行起始位置继续排布。没有填充满时用符号填充位补足。

7. 掩模

为了避免在信息编码区域中出现 1∶1∶1∶1∶3 或者 3∶1∶1∶1∶1 的特征比例，并使汉信码符号中的深浅模块数量比趋于 1∶1，应对汉信码符号进行掩模处理，表 7-6 列出了汉信码的几种掩模方案。

表 7-6　汉信码掩模方案

掩模方式	编码
无掩模	00
(1+j)mod 2=0	01
[(i+j)mod 3+(j mod 3)]mod 2=0	10
(i mod j+j mod i+i mod 3+j mod 3)mod 2=0	11

8. 功能信息放置

将待生成汉信码的版本、纠错等级、掩模方式，分别用 8 位、4 位、2 位二进制数表示后添加功能信息的 RS 纠错码，放置到功能信息区域。

根据以上步骤，设计参数：nLevel(int)，默认纠错等级；nVersion(int)，默认版本号；bAutoExtent(bool)，选择的版本号与默认版本号不一致时，是否扩展；nMaskinNo(int)，掩模图形号；lpsSource(char *)，需要编码的字符串。汉信码编码程序简述如下：

```
BOOL EncodeData (int nLevel,int nVersion,BOOL bAutoExtent, int nMaskingNo, char*  IpsSource)
{
nEncodeVersion=GetEncodeVersion (lpsSource,ncLength);//根据数据分析和模式选择得到相适应的版本号;
m_ncDataCodeWordBit=SetBitStream (m_ncDataCodeWordBit, 0, ncTerminater);//将字符串编码成位流;
GetRSCodeWord(m_byRSWork, ncDataCwl, ncRSCwl);//计算纠错码字;
memmove (m_byDataCodeWordWork,m_byDataCodeWord+nDataCwIncex, neDataCwl);
memmove (m_byAllCodeWord+ nAllDataCwIndex,m _byDataCodeWordWork,ncDataCwl);//交替布置数据码流和纠错码流;
SetCodeWordPattern();//数据码字放置;
SetFunctionModule();//构造设置功能模块;
SetMaskingPattern(m_nMaskingNo);//掩模;
SetFormatInfoPattern(m_nVersion, m_nLevel,m_nMaskingNo);//放置版本、纠错等级等信息
}
```

7.1.4.4　汉信码生成关键技术

汉信码数据编码有数字、text、二进制字节、汉字等多种模式，并兼容 ASCⅡ、GB/T 11383 和 GB 108030 等多种字符集，对于数字和汉字可采用多种编码形式，为了实现最优编码需要研究其编码压缩算法。汉信码采用先进 RS 错误控制码技术，所以如何高速计算出 RS 纠错码是另一个需解决的关键技术。校正图形、辅助校正图形在不同版本的符号中分布存在差别，所以在码图放置阶段需要设计出一个通用的校正图形绘制算法。

1. 数据编码优化算法

数字及常用汉字可采用多种编码模式进行编码。为了压缩编码长度，达到最优编码效果，

可采用如图 7-20 所示的模式选择算法。该算法的时间开销低,既优化编码长度的同时又未给条码的生成和译码速度带来大的影响。

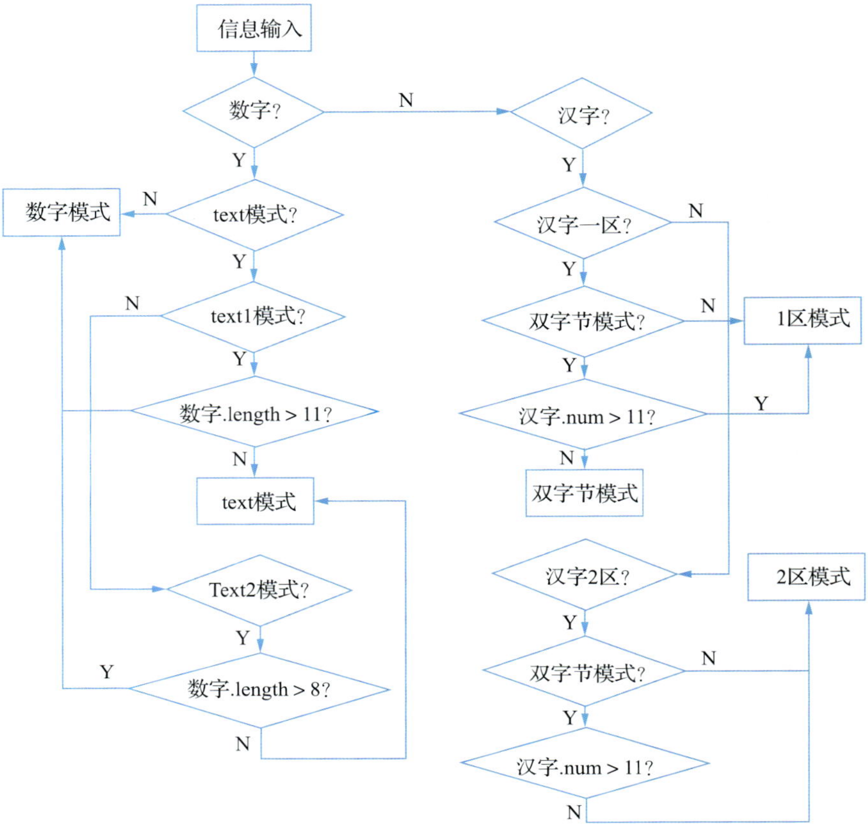

图 7-20　模式选择算法

2. RS 编码原理及实现

对于每一个纠错代码$(n,k,2t)$,RS 编码原理可由式(7-1)表示。

$$V(x) = x^{2t}d(x) + [x^{2t}d(x)]\mathrm{mod}g(x) \tag{7-1}$$

式中:$d(x)$为信息码字多项式;$g(x)$对应的生成多项式;$V(x)$为纠错编码后多项式;t 为替代错误数。式(7-1)表明纠错码 $r(x)=x^{2t}d(x)\mathrm{mod}g(x)$,即用符号数据多项式 $d(x)$乘以 x^k,然后再除以生成多项式 $g(x)$,所得余式的各系数的补数作为纠错码。

RS 采用对位的模 2 运算和字节的模(101100011)bin 运算,即主模块多项式为 $\alpha^8+\alpha^6+\alpha^5+\alpha+1=0$。GF($2^8$)域中的各元素在应用中有两种表示形式,生成元的幂次形式及其机器码形式,所以在进行 $x^{2t}d(x)\mathrm{mod}g(x)$纠错码运算时,要求两种表示形式的统一和转换,其中 $d(x)$表示信息码字多项式,$x^{2t}d(x)$表示原始数据码,$g(x)$表示生成多项式。通过建立"幂次-数据"映射,纠错编码多项式用 α^n模 2 除以 $\alpha^8+\alpha^6+\alpha^5+\alpha+1$ 所得余数多项式 $r(x)$的二进制串形式即为 GF(2^8)域元素 α^n的机器存储形式,具体流程如图 7-21 所示,纠错编码过程中乘除可以通过"幂次-数据"映射转换为生成元幂次的加减运算,这样极大地优化了整个编码过程,提高了编码效率。

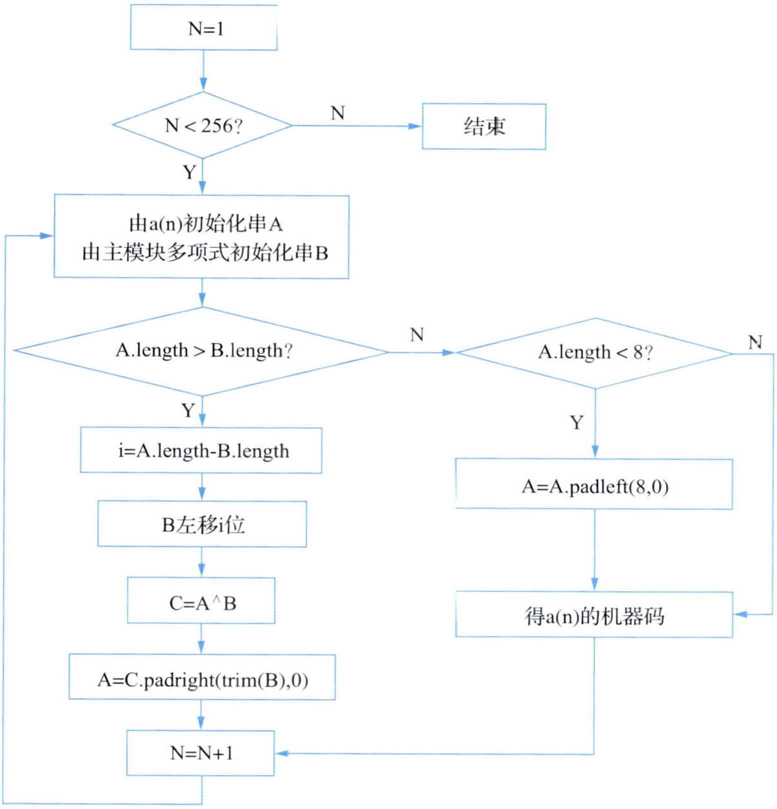

图 7-21　汉信码机器码“幂次-数据”生成算法流程

3. 校正折线的绘制

校正折线和辅助校正图形是为了在汉信码识读阶段便于更准确地建立采栏网格而设置的一组阶梯形折线及 4 个边界上的一些关键点标示，符号左下角折线长度是一个特殊值 r 模块，其他区域的折线长度为 k 模块，满足关系 $n=r+m\times k$（n 为符号的单边模块数）。研究中设计了一个适用于各个不同版本不同分布的通用校正图形绘制算法。

先建立标示折线起点、终点及拐点的横、竖方向上的两个向量：

$$\boldsymbol{H}=(0,k-1,2k-1,\cdots,mk-1,n-1) \tag{7-2}$$

$$\boldsymbol{v}=(0,r-1,r+k-1,\cdots,r+(m-1)k-1,n-1) \tag{7-3}$$

接着按照从上到下、从左向右的顺序绘制码图中所有横向的线段及横向分布辅助校正图形：依次取点 $H(i)$ 表示将绘制横坐标在位置 i 处的横向线段，再依次取点 $V(j)$ 和 $V(l)$ 作为一条线段的参考起点和终点，再由 i,j,l 取值判断该线段是否出于特殊位置（如符号的左下角、右上角、各边界等），如果是则进行位置微调计算精确起点、终点坐标或绘制辅助校正图形，否则在参考起点、终点坐标处绘制线段，直到码图符号中的所有横向线段及上下边界的校正辅助图形都被绘制。同理，接着按照从上到下、从左向右的顺序绘制竖向线段及左右边界的校正辅助图形。算法流程如图 7-22 所示。

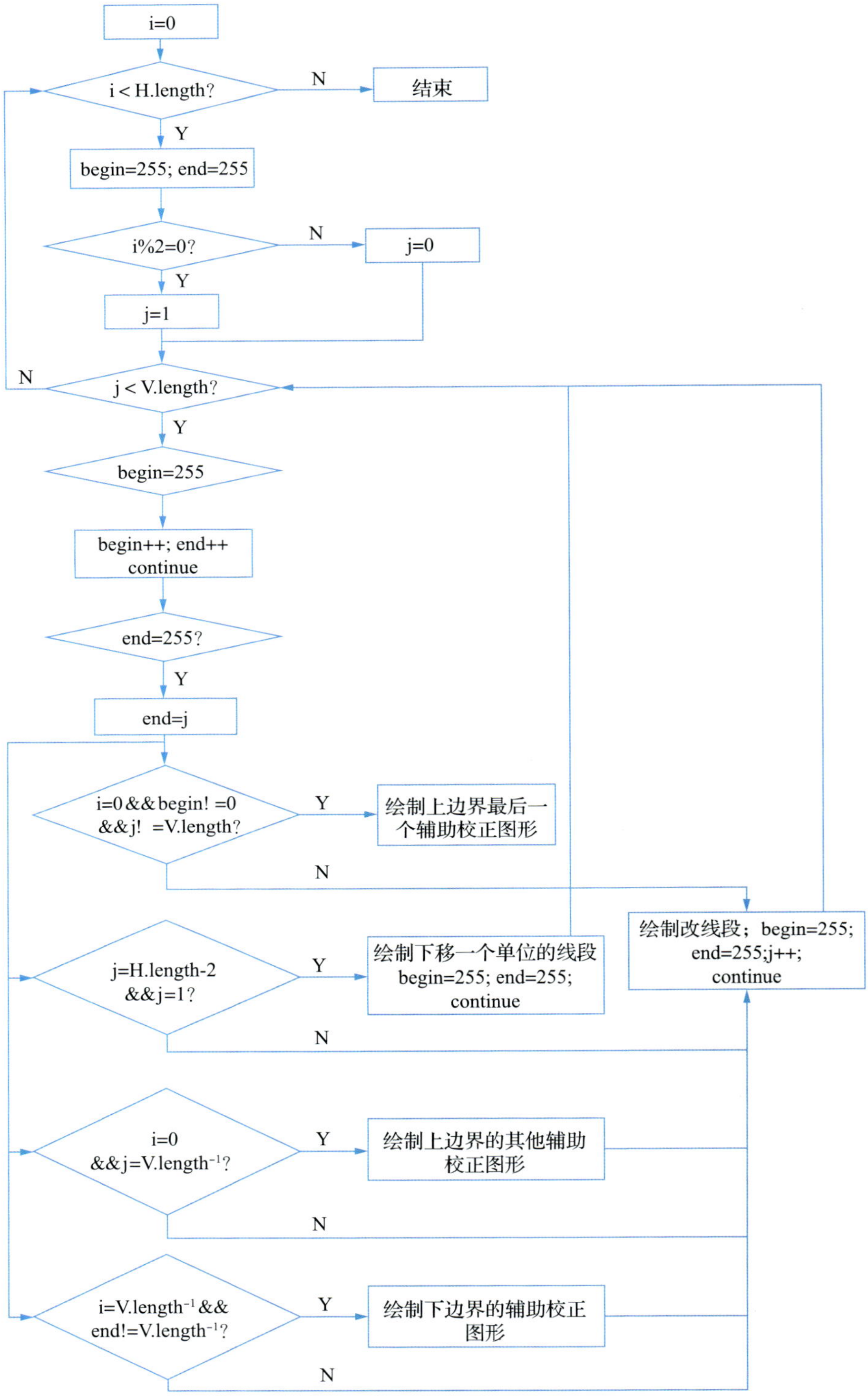

图 7-22　校正图形绘制算法流程

二维条码中的信息容易被不法分子破译和复制，获取其中的农产品产地和属性信从而进行一些不法操作，导致各种农产品假冒伪劣现象的出现。二维条码防伪加密技术是在二维条码的基础上运用密码学的原理，与二维条码的编码技术结合起来，从而克服了二维条码所载信息在物理空间传输时容易被破译盒复制的缺点。利用 AES 短分组加密算法对汉信码加密生成与识别过程如图 7-23 所示。

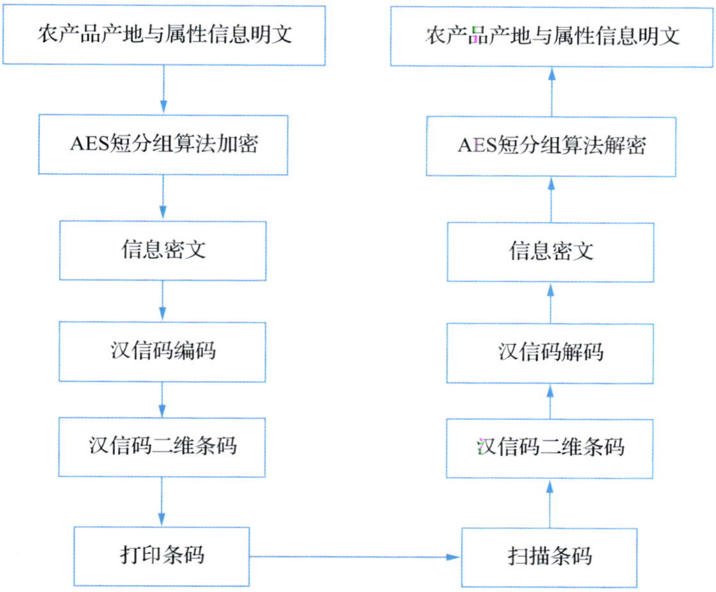

图 7-23　汉信码加密生成与识别过程

7.1.5　RFID 标识在畜禽个体中的应用

动物标识是指利用特定的标签，以某种技术手段与拟识别的动物个体相对应，并能随时对动物的相关属性进行跟踪与管理的一种技术，耳标佩戴于动物耳部，是由主标和副标相结合的组合体，用于标记动物身份并记录免疫信息。耳标是目前使用最广泛的动物标识技术。

电子耳标属于电子标识的一种，适用于绝大多数畜禽种类。它是在传统塑料耳标的母标内嵌入了一个纽扣式的电子标签，内存储有动物身份信息，与读写器配套使用。与条形码耳标相比，电子耳标具有独特的优点，即通过 RFID 信号自动识别目标对象，不需要可见光源；具有穿透性，可以透过外部材料直接读取数据；可以在恶劣的环境下工作，对环境要求低；读取距离远，无须与目标接触就可以得到数据等。

目前，畜牧业发达的国家正在或逐步采用射频识别(RFID)的电子标识(EID)作为动物身份标识系统。美国农业部从 2003 年开始建立的国家动物标识系统，率先对牛的标识采用了基于 RFID 的电子耳标；加拿大的“Canadian Cattle Identification Program”从 2005 年 1 月开始采用 RFID 系统；澳大利亚的“National Livestock Identification Scheme”规定采用基于 RFID 的 NLIS 设备；新西兰的“National Animal Identification System”决定开发 EID 系统作为农场管理集成系统(IFMS)的基础。在欧盟，2006 年采取了一项决定，即对欧盟成员国内超过 60 万只绵羊和山羊采用强制(从 2008 年 1 月 1 日起)电子标识管理。此外，欧盟提出了一项“EID 结合 DNA 溯源”的研究项目，用 EID 结合 DNA 遗传识别用于溯源，通过对动物生物样品的分析对肉或畜体的 ID 进行识别。EID 提供饲养场管理直到屠宰环节的实时标记和追溯，而 DNA 是查询动物、畜体和肉块身份的追溯方法。此项目包括了 5 个欧盟成员国（德国、意大利、法国、西班牙和英国）的 10 个伙伴，历时 3 年。项目的第一部分是有关使用药丸（反刍动物）和植入式（猪）符合 ISO 标准的收发器的动物电子标识（EID）的研究；第二部分包括对牛和猪的生物样品的 DNA 遗传识别方法的研究；第三部分是对牛肉和猪肉整个追溯系统的实施和有效性分析。最后，项目将对牛、羊和猪的追溯系统的成本进行评价，并做出成本效益分析。

在我国，动物电子标识市场正在兴起。上海 2003 年率先引入植入式芯片作为犬只的电子身份证，北京、沈阳、武汉等地已陆续开始使用。一般是将芯片放入一次性注射器中，注射到宠物后背即两肩胛骨颈背中线的皮下组织中，芯片外还会附上一层消毒膜，防止感染。宠物一经注射电子芯片就拥有了唯一的身份证明。上海市质量技术监督局发布了《动物电子标识通用技术规范》地方标准，规定动物编码与 ICAR 规定的动物 ID 码一致，规范了动物管理过程中的识别、数据采集和处理的要求。2006 年，上海的 2 万头奶牛被植入了电子标识，通过识读器可以查询牛个体所在的种群、免疫情况，实现奶源追溯。

在牲畜出生的时候，就会给牲畜安装唯一的 RFID 电子耳标进行标识，此后饲养员用 RFID 读取设备，不断地设定、采集或存储其成长过程中的信息（图 7-24），同时记录牲畜在各个时期的防疫信息、疾病信息及养殖过程关键信息，这样从源头上保证了安全性。在牲畜屠宰前，要先通过固定或手持机读取 RFID 标签，确认无疾病后牲畜才能出栏。

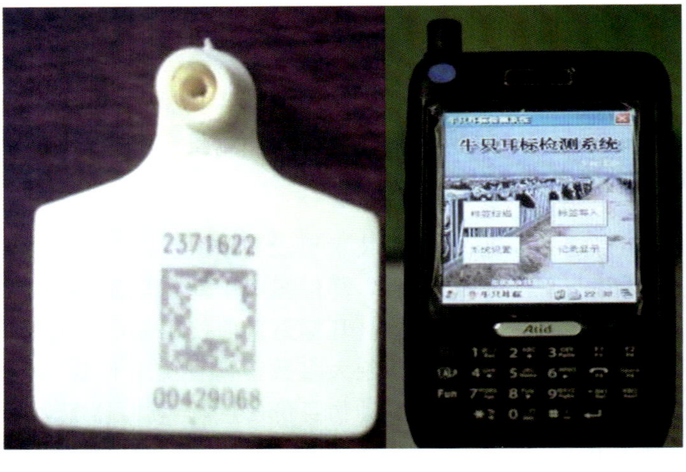

图 7-24　RFID 耳标及读写器示例

在屠宰加工环节通过 RFID 系统将每只牲畜的养殖信息与屠宰信息同步起来。屠宰环节加工前，先确认牲畜是有过防疫记录并切实健康的，才可以屠宰加工，加工检疫合格进入市场时也会将养殖防疫信息、屠宰加工信息写入包装箱标签、货物托盘标签和价格标签之中，便于以后溯源。

图 7-25 以一条装有 RFID 系统的肉牛屠宰线为例。开始屠宰时，管理人员根据待宰圈屠宰（单）计划的顺序，在手持设备上扫描牛的 RFID 耳标，将获得的待屠宰牛的耳标信息及养殖过程信息录入屠宰管理系统。牛只依次进行冲洗、麻电、悬挂、放血、冲洗、去头、去蹄、扒皮等。在悬挂时，流水线上的每个挂钩上预置一个 RFID 标签，通过现场的扫描设备实现与屠宰单上

的批次牛只的对应。之后，经过去头等环节时，在现场设有自动称量及工控设备，对头等进行按批次称量。之后进行去内脏、劈半，直到形成白条。白条通过悬挂电子秤自动称量，现场人员通过测膘仪量膘、分级，称重、级别信息通过扫描挂钩上的 RFID 标签被自动记录，精确到每一半白条胸体上。冲洗后，进入排酸库排酸。从排酸库出来后，进入分割加工环节，扫描 RFID 挂钩信息后，信息传输到条码电子秤，分割加工后，将打印出的条码标签粘贴到产品包装上。因为将每批次牛只的加工信息都通过 RFID 记录了下来，在检疫过程如果发现问题能很方便准确地找到这一批次，并精确到每头牛，极大地减少了人工资源的消耗。

通过 RFID 对动物进行标识，能实现对畜牧产品从农场到餐桌上的全程信息记录，这为产品的安全性提供了有力的保证，从而也促进了我国畜牧养殖业向更好发展。

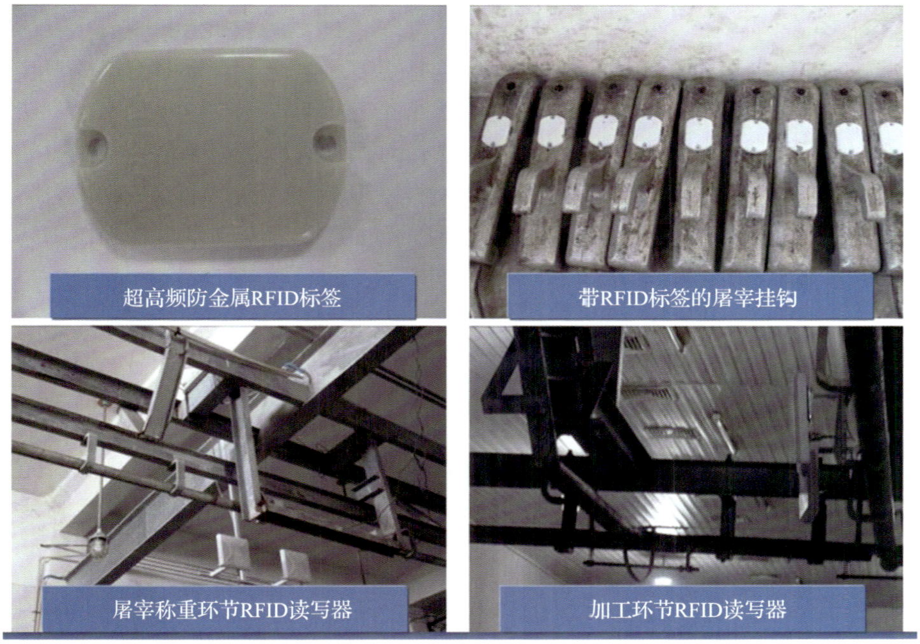

图 7-25　屠宰各环节 RFID 标签及其配套设备

7.2　供应链各环节信息采集技术

生产、加工、物流、交易等供应链不同环节的信息是全程追溯的重要内容。随着信息和通信技术的不断发展，文本信息、视频信息等的融合采集已成为可能，利用手机等移动设备进行实时采集已成为重要手段。通过分析农产品供应销不同环节的信息类型及特点，从生产信息、加工信息、物流信息与交易信息 4 个方面分别阐述信息采集技术。

7.2.1　养殖环节信息采集

7.2.1.1　环境信息采集

环境信息感知是畜禽养殖业的核心技术，畜禽养殖的环境包括环境温湿度、光照、二氧化碳、有害气体等。通过获取养殖环境因素的信息，才能对环境条件进行分析控制，上述工作由数据采集系统完成，传感器是数据采集系统核心部分。畜禽养殖业用传感器的品种较多，主要有如下 5 种。

1. 温度传感器

温度是保证畜禽生长发育最重要的因素之一。目前用于检测温度的有模拟温度传感器、智能温度传感器、虚拟温度传感器等。模拟温度传感器仅能测量温度，优点是测量误差小、响应速度和传输速度快、传输距离远、体积小、微功耗、价格低廉、使用简单等，适合远距离测温，不需要进行非线性校准，外围电路简单，是国内外应用最为普遍的一种温度传感器，适合在密封畜禽舍等环境中使用。较常用的有 AD590、DS18B20、LM35 系列等。

2. 湿度传感器

畜禽养殖环境信息获取与监测中，空气湿度也是主要参数之一。目前使用的湿度传感器主要有电阻式和电容式两种，都是在基片上涂覆感湿材料形成感湿膜，空气中的水蒸气吸附于感湿材料后，元件的阻抗、介质常数等发生很大变化，从而对湿度进行检测。电容式湿敏元件具有响应速度快、体积小、线性度好、性能稳定等特点，特别是近几年出现的集成湿度传感器，因其具有精度高、线性好、互换性强等诸多优点，得到快速而广泛的应用，如集成湿度传感器 IH3605 等。

3. CO_2 含量传感器

畜禽呼出 CO_2，在畜禽舍中主要检测密封环境下 CO_2 浓度是否超出影响畜禽生长发育的最大浓度，以便及时通风换气。温湿度及气体含量传感器如图 7-26 所示。

4. 光照度传感器

畜禽舍中采用光照度传感器来检测和控制光照强度，使畜禽可以得到光照。光照度的单位是 lx（勒克斯），有效范围为 200～200 000 lx。光照度传感器用于检测畜禽生长所需要的光照度是否满足最基本需要或是否达到畜禽的最佳生长状态。

5. NH_3 含量传感器

NH_3 含量传感器用于检测畜禽舍环境中 NH_3 的含量，以决定是否需要通风换气和清除粪

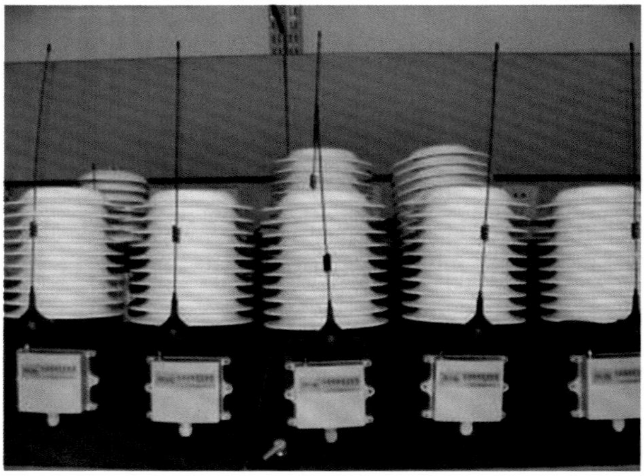

图 7-26　温湿度及气体含量传感器

便。NH_3 含量一般以 mL/L 为单位，传感器有效范围在 0～100 mL/L，主要在蛋鸡养殖场应用。因为鸡的消化系统不能完全消化饲料，大量蛋白质通过粪便排出，经过复杂的化学反应转变为 NH_3，而 NH_3 又是影响鸡蛋产量的关键因素，一旦 NH_3 浓度超过一定值，蛋鸡产蛋率明显下降，甚至不产蛋，需要数周后才能恢复。

7.2.1.2 操作信息采集

目前，手机的使用越来越普遍，智能手机的发展速度也日新月异。与普通 PC 相比，移动终端成本更低且更容易携带，这为畜牧业生产中操作信息的数据采集提供了极大的便利。因此，基于手机的操作信息采集系统在信息快速准确采集和实时上传等方面具有很大优势。

1. 技术架构

手机操作信息采集系统包括两部分：手机端采集系统以及 PC 端的信息管理系统。其中手机端采集系统用于现场实时采集操作信息，PC 端的信息管理系统用于与手机所需配置信息进行数据交互并对手机端所上传的操作信息进行展示、统计与管理。

畜禽生产企业或农户首先在计算机上的畜禽产品基本信息管理客户端对生产过程中使用到的基本信息进行配置，并上传至服务器。然后采用手持操作信息采集系统将已上传的配置信息下载并存储至采集系统数据库中。最后通过手持操作信息采集系统对畜禽产品生产过程中的饲喂、免疫、施药、出栏等信息进行现场采集、存储至手机中，并将这些信息进行实时上传，存至服务器端的数据库以便生产管理软件下载，为企业生产管理软件提供便携式的数据采集和管理功能。基于多个操作系统的手机农事信息数据采集系统的基本架构如图 7-27 所示。

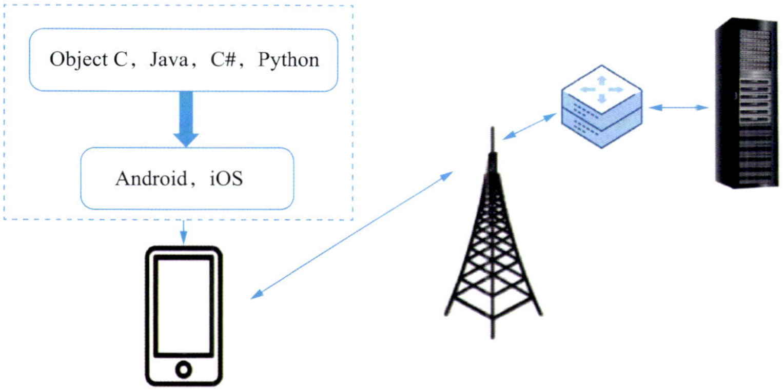

图 7-27　手机农事信息数据采集系统的基本框架

2. 畜禽类养殖信息采集系统功能

畜禽类养殖信息采集系统的技术架构与功能结构如图 7-28 所示。

（1）基本信息配置　需要对基本信息进行配置，包括企业编码信息、圈舍信息、品种信息、饲料信息、兽药信息。圈舍基本信息列表包括圈舍编号、圈舍名称、圈舍位置、圈舍面积；农产品基本信息列表包括产品名称及产品编号；饲料基本信息列表包括饲料编号、饲料名称、生产厂家、购入日期、购入量；兽药基本信息列表包括兽药编号、兽药名称、兽药生产厂家、购入日期、购入量。手机端采集系统采用 Web Service 技术通过 GPRS/4G/5G 或无线网获取这些信息。

（2）信息采集与传输　畜禽类农产品通常以圈舍/个体为管理单位，其安全生产管理信息包括圈舍/个体的基本信息、养殖环境信息、生长发育阶段信息、养殖操作记录以及预警信息；

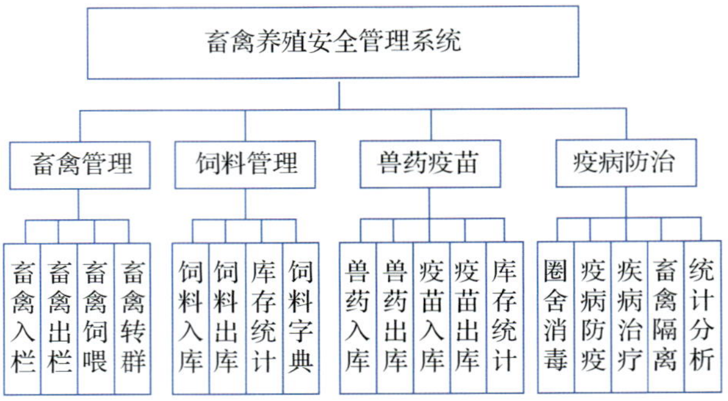

图 7-28　畜禽类养殖信息采集系统的技术架构与功能结构

然后，将养殖操作信息进一步细分为繁育信息、饲喂信息、消毒信息、防疫信息和出栏信息等。经过对畜禽类产品安全生产管理数据的分析，可得出养殖管理的数据模型树。

7.2.1.3　元生产履历感知

在畜禽养殖生长过程中，生产履历采集是追溯系统实施的基础。传统的生产履历采集依赖纸笔，但耗时费力，且难以查询。近年来，随着计算机技术和传感器技术的发展，许多基于传感器的农业信息采集系统被研发并应用，但是此类系统往往功能单一，只能采集温湿度等文本类的履历数据，不能采集图片或者视频格式的多媒体生产履历信息，导致采集到的履历信息单一，并且易于被篡改，可信度不高。随着 3G、4G、5G 等通信技术的发展，融合文本、视频等多源信息的生产履历的实时采集已成为迫切需求。

1. 技术框架

面向养殖环节对畜禽生产履历采集的实际需求，针对当前生产履历采集存在的采集方法落后、采集格式单一、采集效率低且实时性不高的问题，设计了一种基于 3G/4G 技术、无线传感器网络（WSN）技术、物联网技术、视频压缩算法，可实现对环境信息及生产操作信息的实时多元化的文本、图片视频格式的数据采集设备，实现了溯源关键数据的采集获取，技术框架如图 7-29所示。

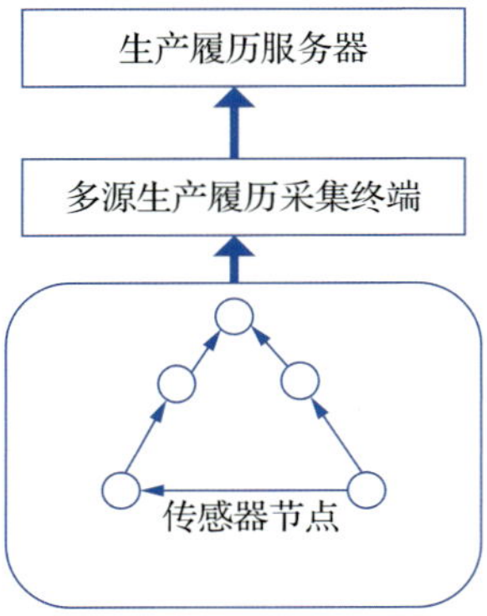

图 7-29　技术框架

多源生产履历采集终端主要实现的功能是采集农产品的文字、图片、视频格式的生长环境数据和防疫、饲喂、投药等作业信息，并将这些信息发送至远端的生产履历服务器的生产履历数据库待追溯查询，为每个畜禽或者每批产品建立身份档案。该系统通过基于 ZigBee 的无线传感器网络来采集农产品的生长环境数据（温湿度、光照等）。WSN 是近几年发展起来的无线通信技术，它具有传输距离远、功耗低的特点，非常适合运用于农产品无线短距离环境数据采集。通过摄像头和智能手机辅助来实现图片或者视频的农事活动信息采集。

2. 多源信息感知融合

多源信息融合将采集到的文本、图片、视频等生产履历关联起来作为溯源的数据，具体方法分 3 步：首先，特征提取。对来自多种传感器的原始信息进行特征提取、然后按特征信息对多种数据（文本、图片、视频）进行分类、汇集和综合。其次，关键词关联。将生产履历的属性信息与传感器数据按照提取的特征信息（包括采集的时间、地点、地理位置、责任人等要素）对多种数据建立关联，便于检索和管理。最后，特征级融合。将粗集理论和证据理论进行结合，提出了一种基于粗集理论和证据理论的多源信息融合方法，将多源数据存入融合数据库，如图 7-30 所示。

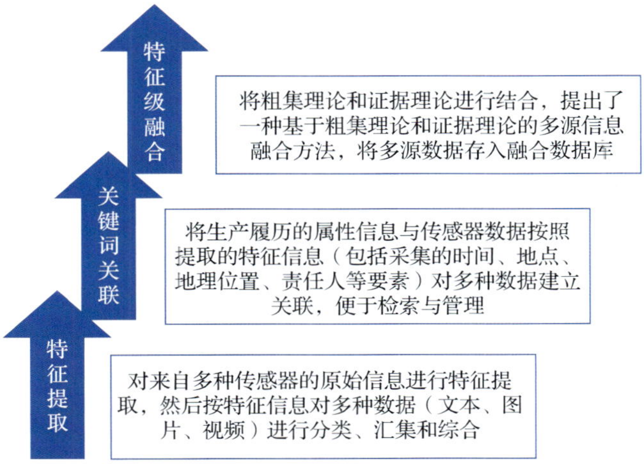

图 7-30　多源数据融合与汇聚方法

7.2.1.4　基于 GAP/HACCP 的养殖过程管理

系统以良好农业规范(GAP)和危害分析与关键控制点(HACCP)体系为基本框架，通过便携式农事信息采集设备、传感器、手工记录等方式采集养殖环境信息和生产履历信息，将信息采集到数据库中，通过 GAP 关键控制点的分析处理实现产前提示、产中预警和产后反馈。产品包装或出厂时，通过系统统一数据接口将数据传送到中心数据库，并通过条码打印控件打印二维条码，实现与流通环节的衔接(图 7-31)。

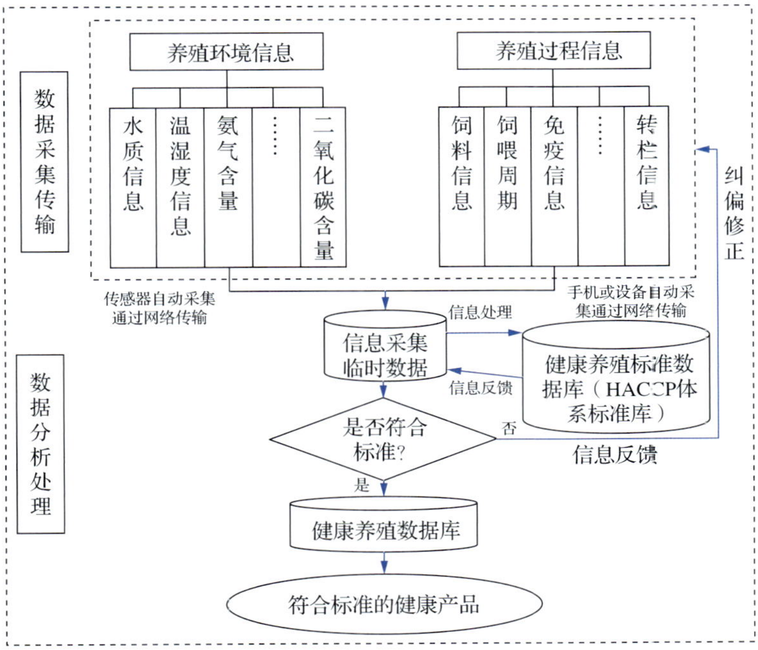

图 7-31　安全生产管理系统框架

7.2.2 屠宰加工环节信息采集

7.2.2.1 屠宰信息采集

产品检测信息是畜禽产品质量安全信息的重要组成部分，也是屠宰加工环节的关键步骤。随着检测设备的不断配备，检测尤其是快速检测越来越普遍，快速检测一般记录检测编号、检测产品名称、检测时间、检测值、检测结果、检测人等信息。

一般检测设备与供应链各环节的管理系统不能实现有效的数据交换，检测仪显示的检测数值还需手工录入管理系统中，二次录入容易出错；且手工录入也存在着篡改的风险，导致即使能追溯出检测数据，也存在着不正确的可能。

针对作为责任主体的企业，在现有系统基础上进行改进，重点解决通过快速检测仪器进行检测数据无缝集成，并供消费者追溯出准确的检测信息。一方面，通过检测编号与批次号及批次号与产品追溯号的有效对应，实现追溯号与检测编号的对应；另一方面，检测数据要实现在供应链管理系统中的自动存储，并一起上传到追溯中心数据库。经过编码关联和信息记录，便可实现通过追溯号追溯出包括检测信息在内的多种信息。检测信息采集改进技术框架如图 7-32 所示。

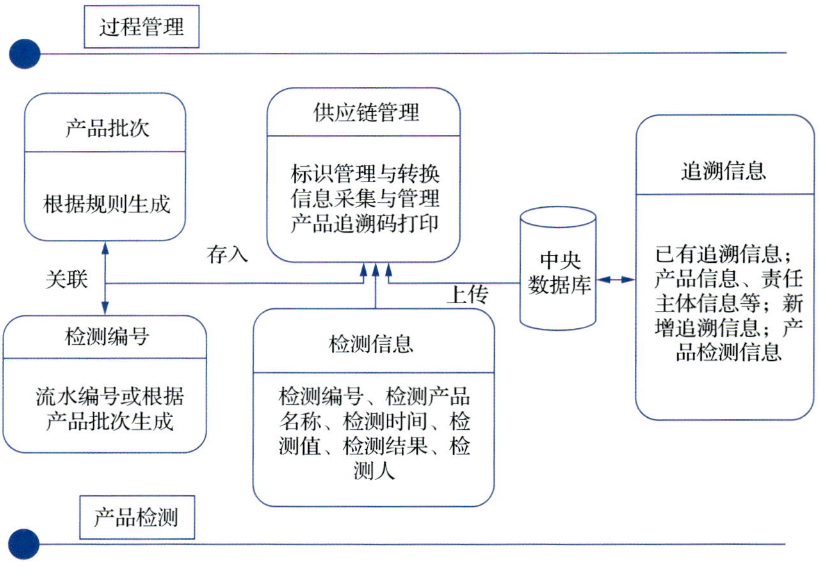

图 7-32 检测信息采集改进技术框架

7.2.2.2 基于批次转换的屠宰加工信息采集与管理

畜禽屠宰加工作为畜禽养殖和畜禽产品流通的中间环节，在质量追溯管理过程中起到承前启后的作用。屠宰加工企业生产现场存在环境复杂、工序长、数据采集不便等问题，一直是畜禽制品追溯管理链中最薄弱的环节。利用射频识别、条码扫描、无线传感器网络等技术实现屠宰加工线上畜禽的生产数据采集，提高了数据采集的可靠性和准确性，很好地贯通了整个生产链，提高了生产效率并保证了畜禽产品的安全。

（1）标识信息转换　畜禽屠宰加工过程中主要将畜禽活体的标识信息转移到屠宰线上的 RFID 电子标签中。养殖过程中的信息采集利用超高频的 RFID 技术的电子标签，采用符合国际标准的 ISO 18000-6C 协议的 EPC 标签。为降低标签成本，畜禽养殖标识采用 64 位编码，其中 EPC 区数据编码依据《动物射频识别　代码结构》(GB/T 20563—2006)，结合实际应用，对编码结构进行设置，如表 7-7 所示。

表 7-7　畜禽养殖标识编码结构

头部	国家级编码	省级编码	市县级编码	养殖场编码	动物编码
8	8	6	6	16	20

结合屠宰生产线现状，在屠宰线上加装或改造带 RFID 电子标签的挂钩，实现畜禽耳标数据与胴体数据的转换，并对屠宰线畜禽其他相关信息进行采集和管理；屠宰线上编码可以根据自身的需要进行结构设置。

(2)屠宰加工信息记录　屠宰加工过程主要采集包括畜禽耳标标识信息、挂钩标签信息、屠宰检测信息、产品分级信息、分割产品条码信息以及畜禽产品的出入库信息等。

在屠宰过程中应用 RFID 读写设备来实现畜禽标识从活体到胴体挂钩的转换(图 7-33)。在分割加工阶段，采用条码电子秤的无线局域网设计方式实现 PC 与电子秤的双向通信，主要将胴体的 RFID 标识读取并转换成最终肉品包装的小标签，系统采用一维加二维条码标签的方式来标识最终包装产品；分割加工包装好的肉品进入冷库贮存。结合分割加工生产线现状，将胴体数据传递到条码电子秤上，对包装产品进行称量并打印一维和二维条码标签，同时将相关质量安全数据上传给质量监管与追溯平台，从而有效地对畜禽产品供应链全过程进行跟踪与溯源，建立起“从养殖场到餐桌”的食物供应链跟踪与追溯体系。

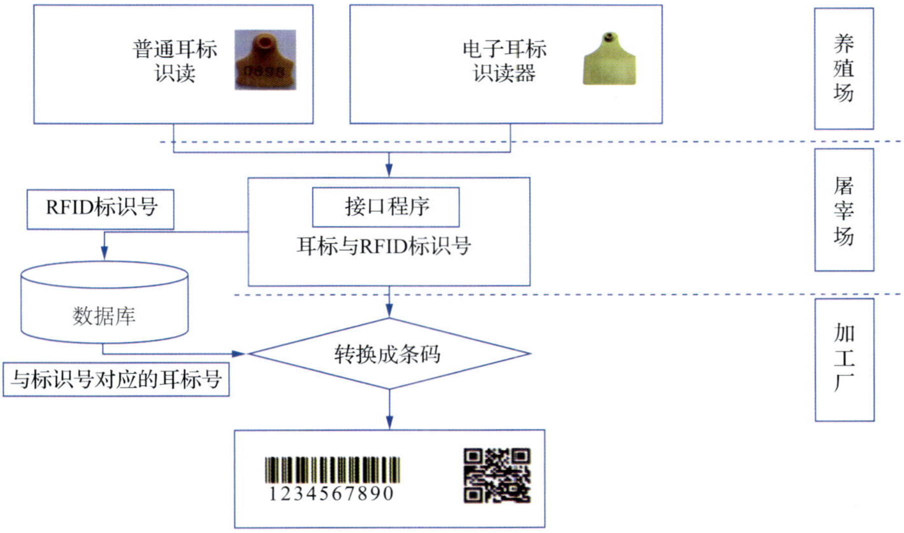

图 7-33　标识转换流程

(3)屠宰检疫信息记录　屠宰之前和屠宰过程中都需要进行检疫，具体的检疫信息采集记录包括：查证查标，即查验《动物产地检疫合格证明》或《出县境动物检疫合格证明》和《动物及动物产品运载工具消毒证明》，检疫免疫标识(耳标)；核对畜禽数量实施临床检验；“瘦肉精”残留尿样检测；宰前检疫结果及处理信息等宰前检疫；屠宰过程中的淋巴结检疫等。

7.2.3 物流配送环节信息采集

7.2.3.1 物流产品包装转换信息采集

畜禽产品在流通中存在着较多包装转换的现象。例如，在加工基地以小包装的形式进入流通环节时，为了便于运输和物流，一般需将小包装聚合为大包装；为了便于销售，一般需将大包装拆分为小包装。由图 7-34 可以看出，在这些包装转换中，由于标识缺失，或即使有标识但标识及产品信息不对应，导致产品不能实现全程跟踪。正是由于标识的不对应引起正向跟踪的断链，这种断链导致追溯信息不能关联，从而影响全程追溯系统的建立。

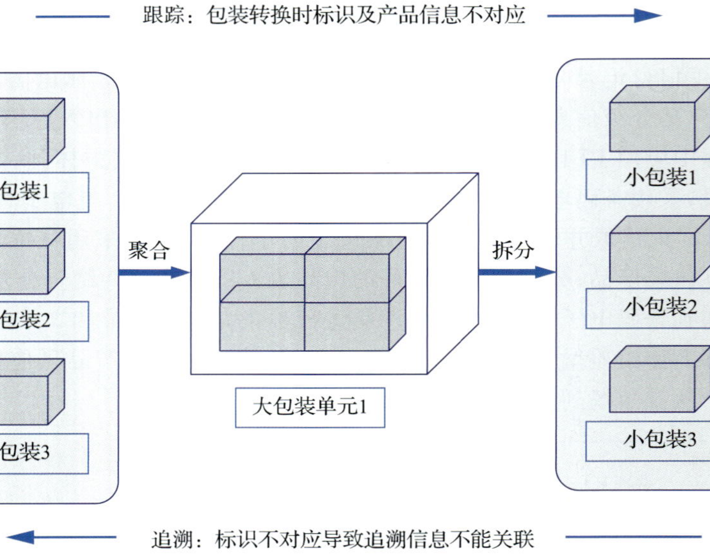

图 7-34 包装转换中跟踪与追溯示意

1. 包装转换信息匹配框架

追溯系统建立的 3 个基本要素是标识、信息记录和中央数据库。在现有的畜禽追溯系统中，大部分小包装以条码进行标识，这样既可满足追溯需求，也能降低成本。而在大包装中，由于需要快速、准确地记录物流过程信息，最好采用 RFID 进行标识，这种标识方案在产品进入物流环节时，如出入库时可通过部署 RFID 读写器便捷地记录出入库信息，且大包装产品相对价值较高，因此 RFID 的成本也不会成为其限制因素。

影响目前流通环节追溯精确度的主要原因是包装转换时物流和信息流的脱节，因此提高追溯精确度应从产品标识关联与信息关联两方面着手。对于从小包装到大包装的聚合，在产品标识关联方面，重点是建立小包装的批次编码与大包装的 RFID TID(Tag ID)的关联，TID 是 RFID 标签的唯一编号，它们之间的关系是多对一；在信息关联方面，需将包装聚合时间、操作人员等信息存入数据库中，便于追溯。对于从大包装到小包装的拆分，在产品编码关联方面，重点是建立大包装的 RFID TID 与小包装上的批次编码的关联，它们之间的关系是一对多；在信息关联方面，需将拆分信息存入数据库中。提高追溯精确度方法的框架如图 7-35 所示。

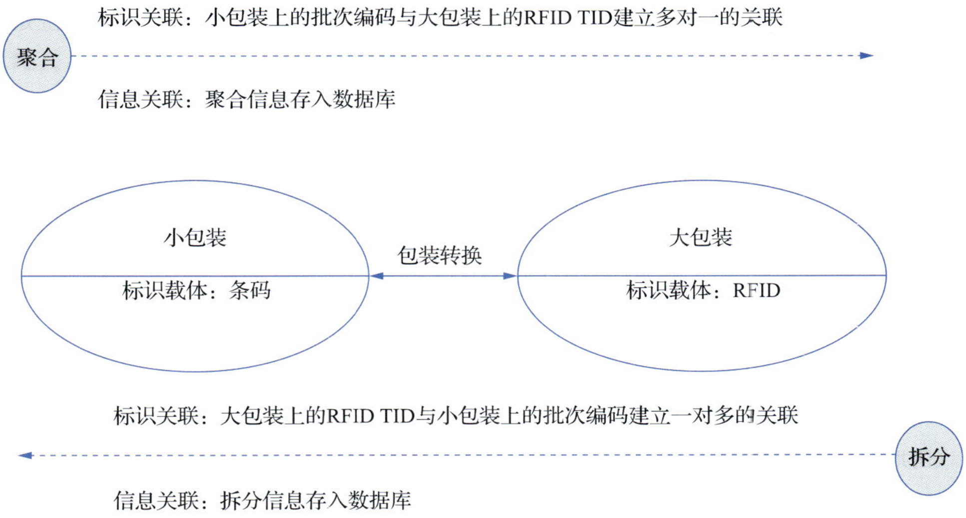

图 7-35　提高追溯精确度方法的框架

2. 包装聚合过程关联建立

图 7-36 所示为包装聚合过程关联规则建立流程。首先，扫描小包装上的条码，条码中包含产品批次编码，根据大包装的体积，确定装入大包装中的小包装数量，在扫描中采用累加的方法判断是否达到装箱数量，对于达不到装箱数量的继续扫描；其次，对于达到装箱数量后，将小包装的批次编码写入数据表中；再次，读取大包装标识用的 RFID TID，对于读取不成功的继续读取，对于读取成功的则将 RFID TID 存入数据表中；最后，小包装批次编码和大包装上的 RFID TID 都被记录到数据表中，通过其对应关系，包装聚合过程关联规则建立。

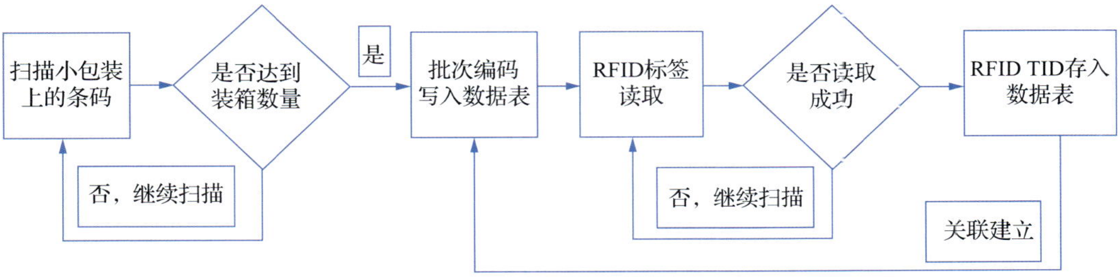

图 7-36　包装聚合过程关联规则建立流程

7.2.3.2　物流环境监测

1. 环境信息采集节点结构

环境信息采集节点系统包括传感器单元、无线收发单元。传感器单元通过使用温湿度、气体传感器采集冷藏车厢内的环境信息；无线收发单元负责将数据信息通过无线传输将数据传输出去或接收通过无线传输来的数据。整个工作流程为：传感器单元采集到环境信息后，传至无线收发单元，经过无线收发单元中微处理群处理后由无线收发单元传出。传感器节点系统框架如图 7-37 所示。

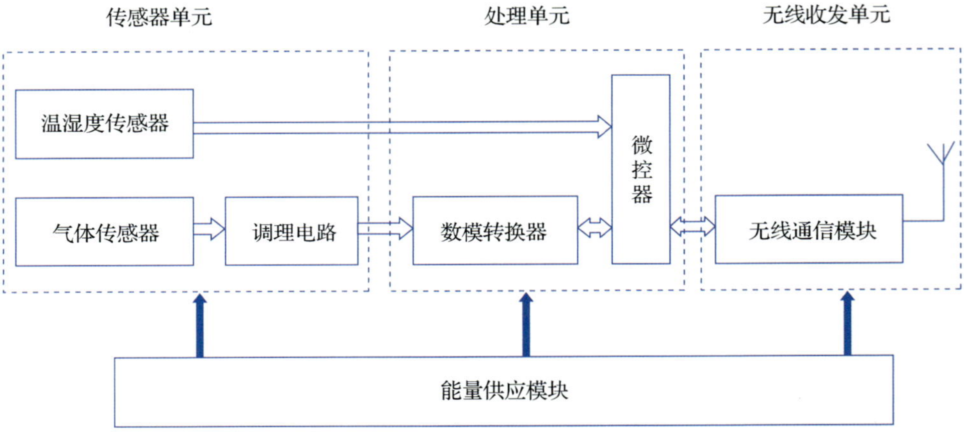

图 7-37 传感器节点系统框架

2. 汇聚节点结构

汇聚节点是整个网络的中心，各个环境信息采集节点采集到的环境信息都经过无线传输到汇聚节点，由汇聚节点进行处理。整个工作过程是：当接收到采集节点由无线传过来的数据信息后，由处理单元处理后，经模块的串行接口传至汇聚节点中，由汇聚节点的相关系统软件进行处理和监视。汇聚节点系统框架如图 7-38 所示。

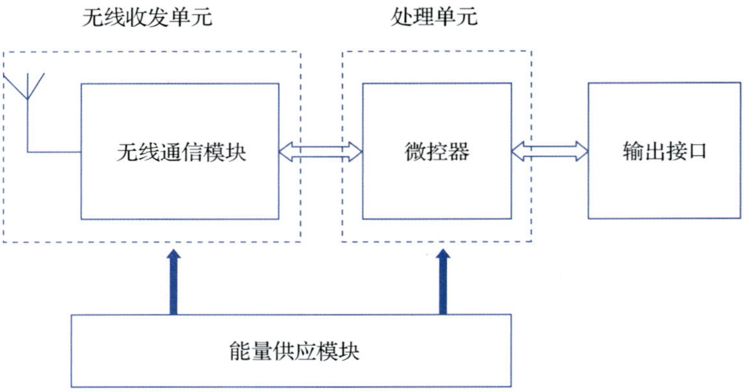

图 7-38 汇聚节点系统框架

7.2.3.3 物流主体跟踪与管理

如图 7-39 所示，物流主体跟踪与管理是农产品配送的一部分，通过与全球定位系统（Global Positioning System，GPS）/北斗卫星导航系统（Beidou Navigation Satellite System，BDS）模块、全球移动通信系统（Global System for Mobile Communications，GSM）/通用无线分组业务（General Packet Radio Service，GPRS）模块、无线传感器网络（Wireless Sensor Network，WSN）模块相结合，实现冷链过程中环境信息采集、运输过程实时定位、运输信息双向传送等功能。

冷链车载环境信息监测主要分为两部分：一部分装在冷藏车厢内，用于实时采集冷链车厢内的环境信息；另一部分是装在车载终端中的系统监测软件，它将接收的冷藏车厢内的环境信息一方面传至驾驶室，供运输人员实时了解冷藏车厢内的情况，另一方面通过数据传输模块传至远程监测中心。

图 7-39 总体结构图

7.2.4 交易环节信息采集

7.2.4.1 交易过程信息采集

1. 需求分析

在流通阶段实行电子结算可有效保证追溯流程的完整性，但现阶段使用的交易设备只有称量功能，交易记录不能存储，无法进行称量过程的跟踪，而且大多是独立使用的，不能与上位机进行通信或采用串口方式与上位机进行通信，无法实现对农产品流通的分布式追溯。面向农产品流通追溯的需求，针对不同包装程度、流通模式及经营者信息化管理水平，基于嵌入式 LPC766 处理器，集成 RFID 技术、条码技术，设计开发了农产品流通追溯系统的软硬件方案，系统硬件在设计上尽可能简化，只保留必要的硬件电路，如 A/D 转换电路、串口电路、键盘电路、显示电路等，其他以接口电路形式实现。软件基于硬件平台直接开发，实现了质量采集任务、RFID 身份识别任务、标签打印任务和网络数据交互任务等算法，具有占用硬件资源较少、实时性强、处理速度快的特点。

2. 交易过程控制设备(条码溯源电子秤)总体设计

交易过程控制设备(条码溯源电子秤)采用 NXP 公司的 LPC1766 作为核心处理器，开发了多功能农产品流通追溯设备，系统硬件设计中尽可能简化，只保留必要的硬件电路，如 A/D 转换电路、串口电路、按键电路、电源电路、晶振及复位电路等，其他以接口电路形式实现。其整体硬件结构如图 7-40 所示。

LPC1766 处理器的内核是 Cortex-M3，Flash 容量为 256 kb，SRAM 为 64 kb，包括 UART 接口 5 个、SSP 接口 3 个、SPI 接口 1 个、I2C 接口 3 个，封装方式为 LQFP100，该芯片具有资源丰富、功耗低的特点。接口模块包括 RFID 身份识别模块、显示模块、键盘模块、打印

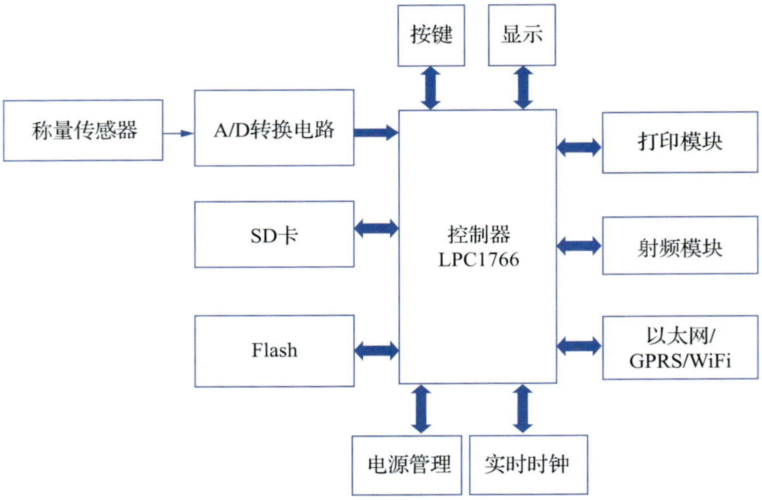

图 7-40　交易过程控制设备(条码溯源电子秤)整体硬件结构

模块和无线通信模块。质量传感器测得的称量信号传输到 AD 上,由 A/D 把模拟信号转成数字信号送往核心控制模块,核心控制模块对数字信号处理后将质量信息发送到显示模块。身份识别模块通过射频芯片与电子标签通信,并通过 UART 把数据发送到核心控制模块,核心控制机反馈指令给 RFID 身份识别模块,完成射频芯片与电子标签的通信。显示模块通过数据与控制接口与核心控制模块连接,实现字符与图像的显示。键盘模块通过 GPIO 与中断的行列扫描实现与核心控制模块的通信。打印模块通过 UART 接口与核心控制模块相连,并执行控制模块指令。无线通信模块通过以太网接口与核心控制模块的以太网控制器相连,实现基于 IEEE 802.11b/g 标准网络通信。交易数据通过 UDP 协议发送到后台服务器,实现对数据的管理。

7.2.4.2　基于条码溯源电子秤的交易信息管理

1. 整体架构

交易管理系统以条码溯源电子秤为信息采集基础,以交易信息数据库为管理核心,以手机扫描二维条码为追溯手段。整体包括 3 层结构:在交易端部署条码溯源电子秤,根据面积大小及交易量确定合适的电子秤数量,实现产品称量、追溯码打印、交易身份验证等功能,交易的质量、价格及追溯码信息通过 WiFi/GPRS/3G/4G 等网络方式无线传输到交易管理中心;在交易管理中心部署数据库,将各交易终端上传的数据进行汇聚,开发交易管理系统,实现电子化管理、交易门店管理、交易信息统计等功能,并为追溯提供数据基础;在消费者端实现产品追溯,开发基于手机扫描二维条码的应用,可实现直接扫描追溯基本信息和手机上网追溯详细信息。其应用框架如图 7-41 所示。

2. 电子秤数据传输与解析

电子秤与交易管理系统之间的数据传输采用基于多线程的 socket 通信技术,电子秤信息管理系统作为 socket 的服务器端,电子秤作为客户端。这种通信方式下,每台电子秤被分配唯一的 IP,并与秤号相关联。多台电子秤同时连接到交易管理系统时,通过多线程的方式建立连接,采取并行的方式实现实时通信,保证多台电子秤之间的数据互不干扰。通信的数据包

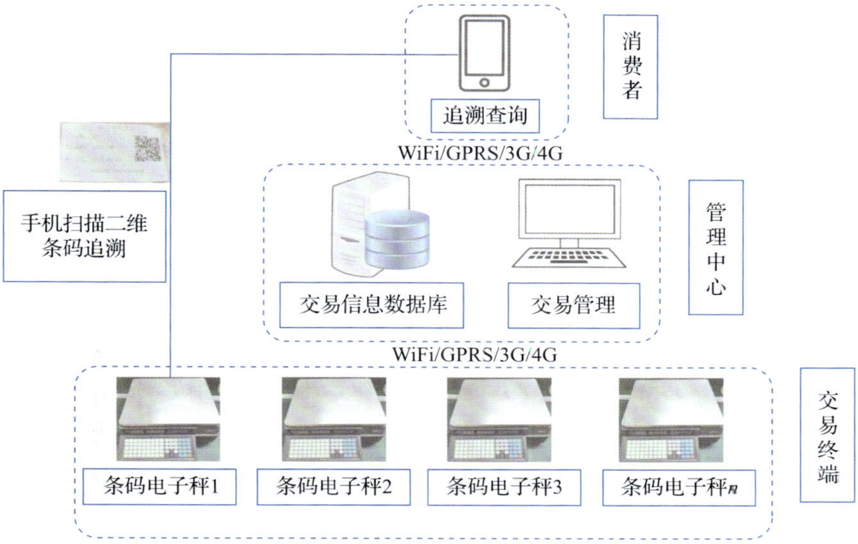

图 7-41　基于条码溯源电子秤的交易信息管理应用框架

括两部分，一部分是交易管理系统向电子秤下发的信息，另一部分是电子秤上传交易数据。交易管理系统每天定时向电子秤下发信息，在下发操作开始之前，所有电子秤开机进入初始化状态，等待接收数据。管理员在交易管理系统选择待更新的电子秤 IP，在连接成功后将更新文件下发至目标电子秤。电子秤成功接收并覆盖原文件后，向交易管理系统返回成功信息，至此，电子秤数据更新完成。其流程如图 7-42 所示。

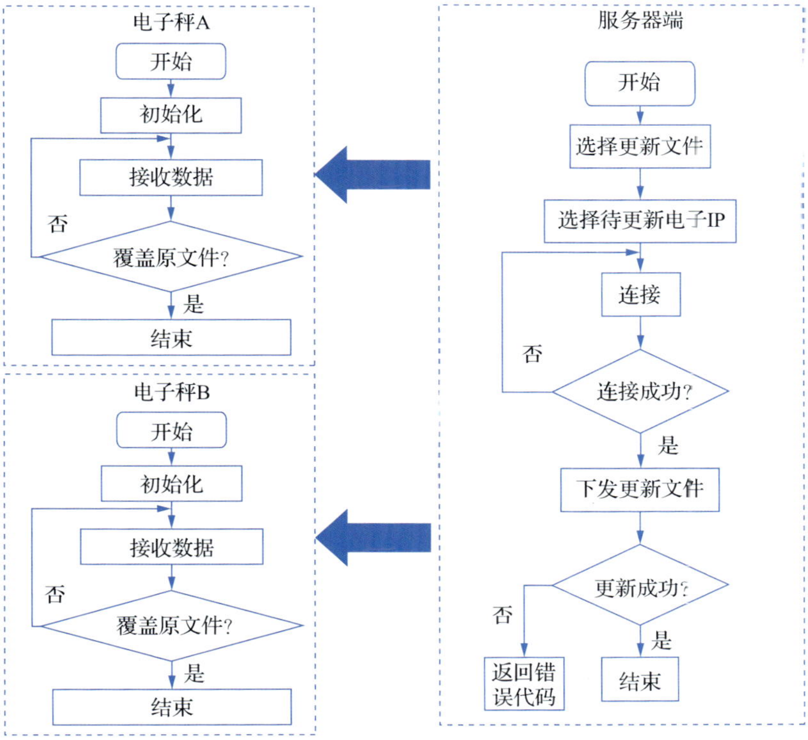

图 7-42　服务器下发流程

在电子秤上传交易数据阶段，当有任意一台电子秤与管理系统通信时，即可以建立连接并进行通信，启动接收程序，同时系统通过数据处理线程对所接收到的数据进行解析、存储等操作。服务器接收数据包括社区店编号、产品名称、交易单价、交易质量、交易总价、交易时间、传输状态等信息，字段间由逗号分隔，在进行系统解析时，按照已规定的数据格式对数据进行拆分、解析、存储操作。其流程如图 7-43 所示。

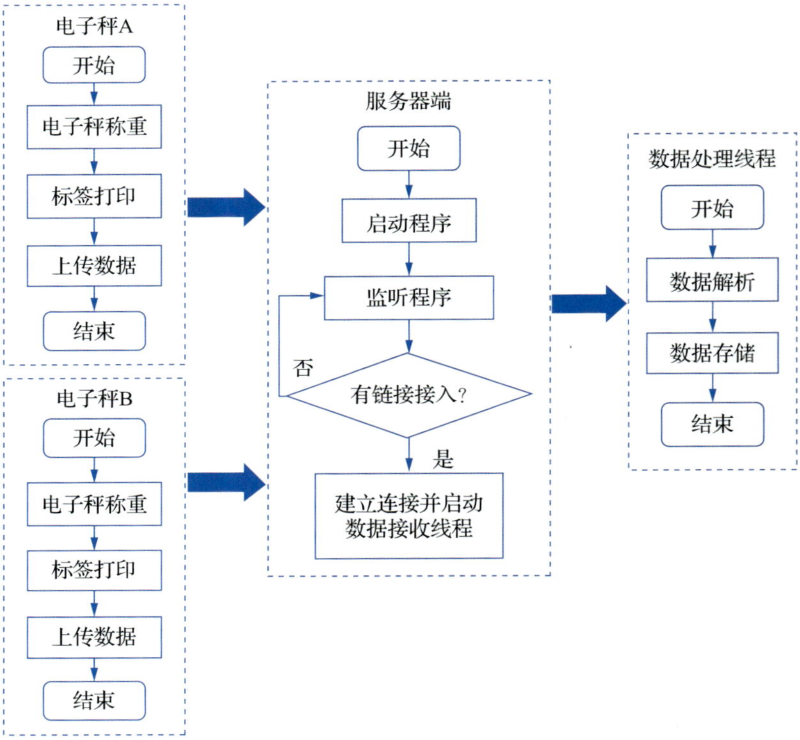

图 7-43　数据解析流程

销售终端所售畜禽产品的生产、物流等信息通过研发的生产管理系统、物流配送管理系统等采集，到达销售终端待销售的每批产品均有批次号，在参照已有编码并结合实际需求的基础上，确定批次号由生产企业所在邮政编码、生产企业下属基地流水编码、产品编码、生产日期编码组成。在每天销售开始之前，批次号连同 PLU 信息，通过管理系统下发给电子秤，这些信息保存在电子秤的内部存储器当中。在交易时，电子秤根据所选择产品名称调用批次号，获取产地、运输信息，并将这些信息与当前交易信息融合，生成追溯码，同时将追溯码与批次号关联，最终通过追溯码即可追溯出生产、物流等信息。

7.3　畜禽产品多方式溯源

7.3.1　总体架构

针对消费者对畜禽产品追溯的需求，开发畜禽产品质量安全追溯平台（图 7-44），实现消费者知情权，提升畜禽产品安全水平和政府公信力。平台以中心数据库为基础，以网站、超市触摸屏、手机条码扫描为手段，实现不同条件下的产品溯源。消费者可通过不同平台，扫描或输入产品追溯码，了解产品及供应链各阶段信息。

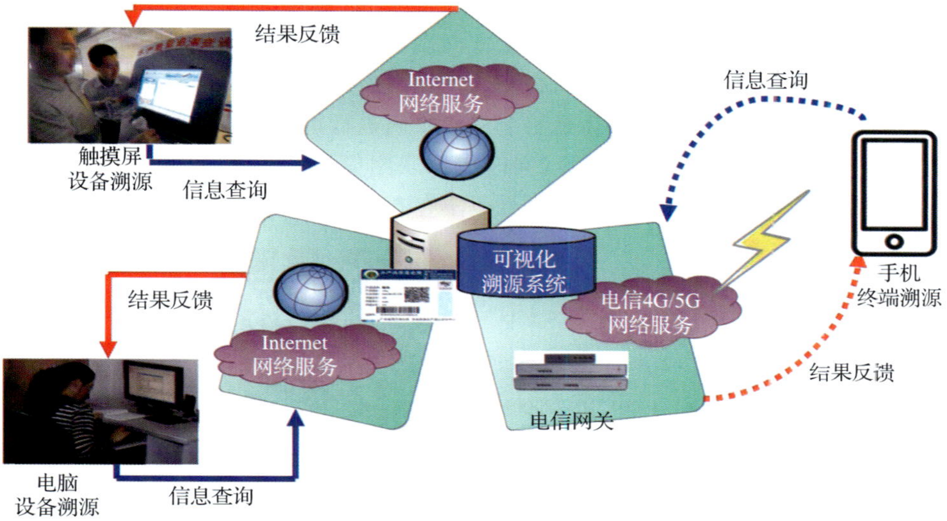

图 7-44　畜禽产品追溯平台框架

7.3.2　网站追溯

在产品编码与标签设计实现的基础上，消费者通过在网站上输入追溯标签上的产品追溯号，系统将产品信息、企业信息、环境信息、生产视频信息、检测信息等显示在追溯结果页面，满足消费者不同程度的需求。

追溯码是每个产品的唯一标识，由于农产品生产过程中尚未产生追溯码，只是记录日常的农事管理信息，在畜禽产品经过加工、包装之后才会产生追溯码。因此，在数据库设计时需要考虑如何建立农产品的生产操作信息(包括饲喂、防疫、用药、屠宰、检测、分割等)、生产环境信息(温度、湿度、光照、有害气体等)、畜禽产品视频信息与追溯码的映射关系。

在进行产品追溯时，系统先根据追溯码查到养殖编号，然后查询出与此养殖编号相关的饲喂、防疫、用药、屠宰、检测、分割信息。对于生产环境与视频信息系统则根据养殖编号查找到所在圈舍、屠宰日期、包装日期，查询从养殖至屠宰加工包装这一阶段的视频和环境信息。

7.3.3　触摸屏追溯

开发在各大超市场适用的、实现触摸式的操作，触摸屏带有二维条码扫描模块，消费者通过扫描产品标签上的二维条码，系统自动解码，返回相关质量安全信息到触摸屏。消费者可进一步点击触摸屏查看感兴趣的信息，从而实现消费者在购买产品时即可浏览到追溯信息。

7.3.4　手机扫码追溯

针对现有农产品追溯设备便携性差、需要专业设备等局限性，研究采用智能手机主流操作系统作为开发平台，对基于手机的条码采集和识别技术进行研究，研发基于手机的二维条码追溯系统。系统通过手机摄像头进行二维条码的图像采集，将所采集到的图像经过灰度化、二值化、倾斜校正等处理后，得到能够识别的二维条码图像。然后调用解码算法对预处理后的图像进行解码，并得出解码结果(图 7-45)。

由于手机摄像头捕获的二维条码图像上常出现红蓝色斑纹，对正确解码有较大的干扰性，为了准确识别条码，保证系统的可靠性，在条码识别之前对条码图像的处理十分关键。

用户可以用手机上微信扫描产品标签上的二维码进行追溯，追溯结果有 3 种情况：①在未联网的情况下，扫描显示二维条码内容，同时提示联网信息；②在联网情况下，若追溯号码存在，直接接入追溯结果网页页面；③若追溯号码不存在，则提示未通过验证。

图 7-45　手机追溯

7.3.5　区块链溯源

区块链溯源系统是在溯源系统中引入区块链技术，实现农产品生产信息、加工信息、运输信息以及销售信息的数据一旦验证通过写入区块账本就无法修改，保证数据的真实、透明、可靠。表 7-8 列出了国内外主流组织和权威学者对区块链溯源的定义。从表中可以看出，农产品区块链溯源目的是实现农产品全生命周期跟踪溯源，构架农产品供应链间的沟通桥梁，提升信息的透明度和真实性，在溯源平台信任得到了良好的维护。

表 7-8　区块链溯源定义

组织或学者	区块链溯源定义
工业和信息化部信息中心	中国食品区块链溯源基于区块链技术，对产品种植、生产、加工、包装、运输和销售等全流程进行追溯
可信区块链推进计划溯源应用项目组	物品或信息在生产、流通及传输过程中，利用采集和留存方式，获得物品或信息的关键数据，将数据按照一定的格式存储在区块链上，通过查询相关数据实现对物品及信息的追溯
BETTIN-DIAZ	区块链溯源是从生产到销售全环节数据写入区块链网络，全网节点共同维护、备份数据，通过区块链结构实现数据追溯
腾讯研究院	区块链溯源通过区块链记录供应链上的全流程信息，实现产品材料、原料和产品的起源和历史等信息的检索及追踪，提升供应链上信息的透明度和真实性
杨信廷	区块链溯源是在溯源系统中引入区块链技术，利用区块链的去中心化、不可篡改、可追溯等特性，保证农产品追溯系统的追溯信息真实透明

基于区块链的农产品供应链追溯系统利用各种物联网采集和保存方式，获得农产品在生产、加工、运输以及销售过程中的关键数据，同时利用智能合约自动执行交易条款，基于非对称加密和数字签名保证交易数据的唯一性和安全性，通过多通道的事务隔离性提供隐私保护，确保了信息流、资金流、物流和商流的可靠流转，在离散程度高、链条长、参与主体多的农产品供应链中实现了多组织高效协作、资源共识共享共治的智能化配置，大幅度降低了农产品供应链成本。区块链技术涉及组网建链、数据协同、共识算法、智能合约、隐私保护和模式标准等系列技术。其架构如图 7-46 所示。

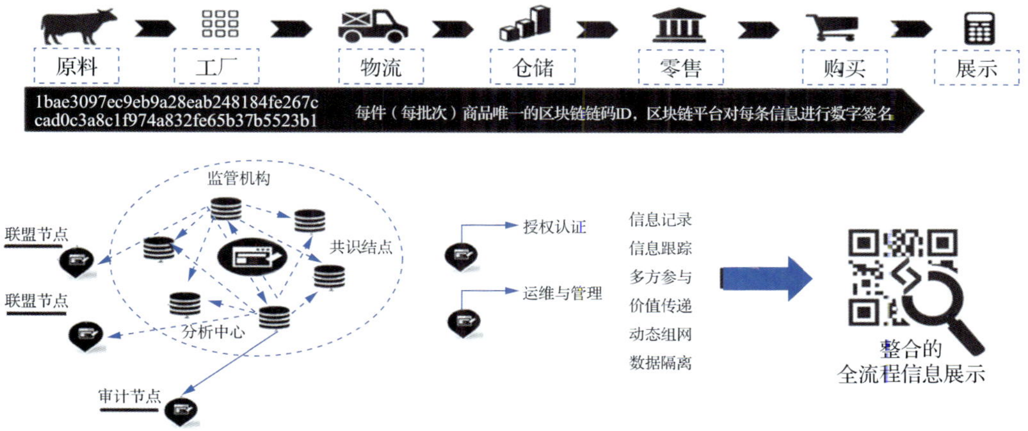

图 7-46　区块链溯源架构

第 8 章

畜禽养殖废弃物处理和资源化利用

8.1 养殖废弃物处理和资源化利用检测技术

数据化和可视化是智慧牧场废弃物处理和资源化利用的关键特点，科学合理及时地检测、记录、分析牧场废弃物处理过程中的关键数据，对于提高废弃物处理效率、调整废弃物处理工艺、积累废弃物处理经验、指导未来废弃物处理新技术具有重要意义。

智慧牧场废弃物处理和资源化利用的数据化和可视化依赖于先进、稳定的检测技术，包括红外技术、超声波技术、数据采集记录技术、可编程控制器(PLC)编程自控技术等。

牧场废弃物处理和资源化利用涉及的主要系统包括固液分离及回冲系统、固体有机肥发酵系统、牛床垫料再生系统、液体有机肥储存发酵系统、沼气工程等。

应根据不同系统的特点设计不同检测技术体系，以适应该系统的数据化和可视化要求。

8.1.1 固液分离及回冲系统检测技术

8.1.1.1 固液分离系统

牧场固液分离系统主要涉及的设备有：固液分离机、搅拌机、进料泵、液位仪等。

固液分离机是固液分离系统的核心设备，其关键参数有：每小时处理量、每小时固体出料量、固体出料含水率等。因此该设备主要检测技术为通过流量计检测进料量、溢流量、液体出料量，间接计算出分离机每小时处理量，通过电流值实时调节出口压力，从而达到调节出料含水率目的。

搅拌机及进料泵是保证粪污均匀及流畅供料的关键设备，关键参数为机身温度、电机工作电流、密封性等。因此该设备主要检测技术为通过热敏电阻实现过热保护，通过电流计检测电机工作电流，通过漏水短路设备检测设备密闭性。

固液分离系统启停的触发条件为液位高度，因此液位仪是实现固液分离系统自动化的关键设备，通过液位仪对液位的实时检测，实现高液位系统自动启动，低液位系统自动停止，且和前后端设备进行联动，当前后设备有故障后，可自动停机。

8.1.1.2 回冲系统

为实现节约用水，同时减少粪污总量，减轻粪污处理压力，现代化牧场粪沟冲洗采用分离后的液体回冲的方式，减少了外来水进入粪污系统的增量，保证了粪污源头减量化。

粪沟回冲系统主要设备有搅拌机、回冲泵、液位仪。该环节的搅拌机和液位仪主要功能与固液分离系统相似，检测技术也相同。回冲泵在进料泵的基础上增加大流量、高扬程的需求，因此该设备的检测点为出水流量、出水压力。通过流量计实现出水量检测,通过压力计实现出水压力检测。

8.1.2 固体有机肥发酵系统检测技术

牧场固体有机肥发酵后的产物主要作为初级有机肥,进行牧场周边青贮作物的施肥,因此产物的关键点为无害化、含水率。固体有机肥发酵的设备多种多样,有立式罐式发酵设备、槽式翻抛发酵设备、膜式鼓风发酵设备。虽然无害化程度难以实现数据化检测,但无害化的实现途径为高温灭菌,因此通过检测发酵设备中的温度可以间接实现实时的无害化的检测。一般可通过温度计和计时器检测无害化,通过水分仪检测含水率。同时固体有机肥发酵是通过微生物好氧发酵产生高温,实现无害化,所以物料中含氧量也是关键参数,可通过溶氧仪或氧气浓度传感器实现含氧量的检测。

8.1.3 牛床垫料再生系统检测技术

牛粪经过高温发酵后,其含水率降低,蓬松度增加,其中的有害病菌也被杀灭,可作为卧床垫料进行资源化利用。牛床垫料的关键参数为含水率、病菌杀灭度。病菌杀灭通过微生物好氧发酵产生的高温实现。因此牛床垫料再生系统的检测关键点也为无害化和含水率,检测技术同固体有机肥发酵系统。

8.1.4 液体有机肥储存发酵系统检测技术

牧场液体有机肥储存发酵系统主要将固液分离后的液体无害化处理后,用于牧场周边青贮作物等的施肥。原理为通过厌氧发酵,将固液分离后液体部分中的虫卵、微生物等杀死,实现无害化。关键点在于保证储存发酵系统的厌氧环境,对温度要求比较低,因此关键检测参数为储存发酵系统中的氧气含量,可通过氧气浓度传感器来实现检测。

8.1.5 沼气工程检测技术

牧场粪污中含有大量纤维素和氨氮成分,碳氮比合适,可进行厌氧发酵处理生产沼气,实现粪污能源化利用。沼气工程主要设备包括分离机、搅拌机、进料泵、液位仪和沼气发酵罐、储气柜、锅炉或发电机等。

沼气发酵罐的关键参数为物料温度、罐体压力、液位高度等。可通过温度计检测物料温度,通过压力传感器检测罐体压力,通过正负压保护器实现罐体压力异常情况的自动调节,通过液位仪检测液位高度,从而判断物料多少。

储气柜一般为双膜式储气柜,主要参数为内膜压力、外膜压力、内外膜高度差等。可通过压力传感器检测内、外膜压力,通过红外测距仪检测内外膜高度差。

沼气锅炉和发电机稳定工作的关键点在于沼气的持续稳定供应,因此关键参数为沼气流量和压力。通过增压风机来对沼气进行增压,用流量计和压力机检查其流量或压力是否达标。

8.1.6 废弃物处理和资源化利用的自动化控制

上述废弃物处理和资源化利用系统中的关键参数均可通过传感器检测。通过 PLC 系统的编程功能,可进行参数正常阈值的设计,实现数据记录、异常情况判断提示等,借助计算机系统,实现工作状态的实时监测、异常报警、分析建议、设备启停控制等,从而实现整个废弃物处理和资源化利用的自动化控制。

8.2 养殖废弃物处理及资源化利用装备

8.2.1 清粪系统

目前,国内小型牧场主要采用人工清粪方式,大中型牧场以机械、半机械清粪方式为主。

8.2.1.1 人工清粪工艺

人工清粪是小规模养殖场普遍采用的方式,主要是人工利用一些清扫工具清理出舍内地面的固体粪便,并用手推粪车等简单设备转运到暂存设施中。该方式虽然简单灵活、对圈舍要求不高,但工作环境差、劳动强度大、效率低。随着规模化、集约化、现代化养殖的发展和人力成本的不断增加,人工清粪工艺将被机械化清粪工艺取代。

8.2.1.2 机械清粪系统

针对舍饲散栏饲养,大型奶牛场清粪普遍采用机械清粪。清粪设备有机械铲车、吸粪车、机械刮板等。在选择不同清粪设备时,要充分考虑牧场饲养工艺、圈舍特点、养殖规模、生产条件等。

1. 铲车或吸粪车清粪

机械铲车或吸粪车清粪是目前奶牛场广泛采用的方法。机械铲车一般是由铲车(或拖拉机)改装而成的,为减轻装载机车斗在清粪过程中对牛舍地面的破坏,在车斗与地面接触部分增加一层保护垫层,一般是利用废旧轮胎制作,经用耐磨,安装拆卸方便。

该清粪方式的优点是铲车可推可铲粪,吸粪车可边刮粪边吸粪,都可一机多用,还可完成舍外粪污装运。缺点是设备噪声大、体积大,容易对奶牛造成惊吓等应激反应,而且铲车工作时产生的尾气也会影响牛的生活环境;另外,铲车清粪只能在挤奶间隙或将牛赶出牛舍后进行工作,清粪时间受限制,给牛场饲养管理带来很大不便。

2. 机械刮板+回冲水回冲

机械粪板根据清粪工艺不同有多种选择。如针对漏缝地板,清粪工艺选择漏缝式机械刮板;针对水泥地面,清粪工艺选择组合式刮板;针对清粪通道较宽的,清粪工艺选择折叠式刮板等。机械刮板由主机座、转角轮、牵引绳、刮板等组成,由电机运转带动减速机工作,通过链轮转动牵引刮板运行,完成清粪工作,如图 8-1 所示。此外还设置有避障装置,当机械刮板刮到牛或其他障碍物后,电机负载增大,机械刮板自动停止。对于舍内有粪沟的牧场,一般将牛舍粪污集中刮至粪沟,并用固液分离后的液态粪污水对粪沟进行回冲,将粪污收集到粪污处理区进行集中处理。该技术大大降低了人工成本。

8.2.1.3 水冲清粪

水冲清粪方式,主要是通过使用大量冲洗水来对牛舍地面进行清洗。冲洗水可以从罐体、高压泵或高水位池体中通过管路来获得,冲洗管路可以是简易的放水阀,也可以是气动冲洗阀。

图 8-1　**机械刮板清粪**(由北京京鹏环宇畜牧科技股份有限公司供图)

8.2.1.4　漏粪地板+机器人清粪

漏粪工艺的牛舍整个舍内都铺有漏缝地板,整个漏缝地板下面是粪污接收池。漏缝地板使得污粪能立即漏到下面的粪污接收池中,然后由自动刮板运走、用水冲走或依靠重力流走。奶牛走动时,尿、粪能很快从漏缝地板漏下去,从而保证牛蹄的干燥和牛舍的清洁。漏缝地板上面可结合刮板或机器人进行清粪。

漏粪地板+机器人清粪工艺能实现牛舍的全自动清粪,运行轨迹可预先设置程序,简便地编制机器人在牛舍内的清扫路线,通过 GPS 定位实现清粪。其优点是动物友好型、自动化程度高,缺点是土建需做漏缝地板地面,初期建设成本较高。

8.2.1.5　清粪控制系统

清粪控制系统可支持在 PLC 显示屏或 App 端口上进行设备调试及参数设置,实时显示刮板的位置及运行电流等,还可与回冲系统进行联动(图 8-2)。

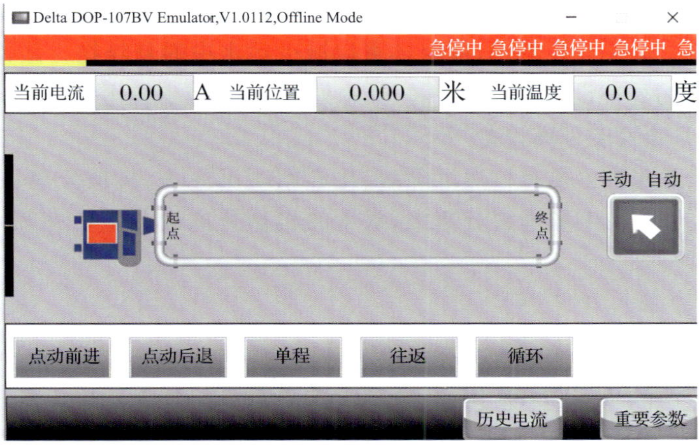

图 8-2　**清粪控制系统界面**(由北京京鹏环宇畜牧科技股份有限公司供图)

以刮板电控系统为例,可自由选择手动或者自动运行模式:手动模式可选择“单程运行”“往返运行”“连续运行”等运行方式;自动模式下系统根据设置的启动时间和次数自动运行,不再需要人工参与管理。除此之外，根据实际运行工况，牛场刮板清粪控制系统还特殊进行了避障设计及防冻保护设计。

1. 避障设计

考虑到刮板实际运行路线上可能遇到病牛不能站起避让或其他障碍阻力不能自行移开的情况，因此需要在控制上考虑过载避障、临时停驶刮板，以避免强行运行造成牛只伤害或设备故障。设定系统运行的避障功能，当电机牵引力大于最大力值与阻力值之和时刮板会临时停驶，5 s 后再重试。如最大力值设为 1 500 kg，阻力值设为 300 kg，即当检测到病牛或障碍物时，刮板将会持续牵引，直到实时牵引力超过最大力值＋阻力值的和(1 800 kg)时，刮板停驶，5 s 后再运行，待第 3 次重试障碍因素仍未消除时，刮板停止运行，同时系统报警提示牛场管理人员进行清障。

2. 防冻保护

刮板系统安装的温度传感器可以感应环境的实时温度。当温度低于设置的临界温度(一般设置为－5 ℃)时，系统启动防冻保护程序，即使在非刮粪时间也会迫使刮板运行，每隔一段时间启动向前移动一定距离(如 0.5～1 m)后回位，来阻止刮板和链条冻结，移动距离通过时间或位移控制。在秋冬过渡时期有冻霜趋势的潮湿区域，该功能可以实现防冻保护。

8.2.2 固液分离及回冲系统

8.2.2.1 牛场粪污固液分离的必要性

目前，我国大部分规模化牛场虽然都已经实现了机械方式清粪，较之以前在清洁生产方面有了一定进步，但收集起来的粪污含水量高，储存不方便，因而在存放或堆积过程中仍对周围环境产生了很大污染。另外，由于牛场粪污中含有较多未消化的纤维素、半纤维素、木质素等，而且在收集过程中难免会混入长稻草、秸秆、泥沙、动物杂毛、饲料残渣等杂物，造成后续处理单元运行不畅，因此在牛场粪污收集后需进行必要的固液分离处理。

牛场粪污经过固液分离预处理后，可有效改善牧场及周边环境卫生，方便固、液态粪污的管理，有利于固态有机废物的再生利用，同时还可以减少污水中的悬浮物含量，减轻液态粪污后续处理的难度，降低粪污处理设施的投资，缩短粪水处理时间，减少粪污水处理设施的运行费用。

8.2.2.2 常见的固液分离设备

常用的固液分离方法主要有自然沉降法、化学絮凝沉淀法、机械分离法等，分离效果最好的是机械分离法。目前在牛场固液分离中，常用的机械分离设备主要有筛分机、离心分离机、螺旋挤压机等类型。

1. 筛分机

筛分分离是一种根据粪污的粒径分布进行分离的一种方法。其固体物的去除率取决于筛孔大小，筛孔大则去除率低，但不易堵塞，清洗次数少；反之，筛孔小则去除率高，但易堵塞，清洗次数多。筛分机有很多类型，最常用的是斜板筛和振动筛。筛分型分离设备需要配备专用的清洗设备。

2. 离心分离机

离心分离是利用固体悬浮物在高速旋转下产生离心力的原理，使其达到固液分离的一种设备。近年来,在畜禽粪便的分离中,离心分离也得到了一定的应用。

离心分离机的分离效率要高于筛分机,而且分离后的固体物含水率相对较低。这种设备用于分离畜禽粪便在技术上是可行的,国内也有应用实例,但离心分离机设备相对来说比较昂贵、能耗大,而且维修困难,因此推广应用受到限制。

3. 螺旋挤压机

螺旋挤压机是将重力过滤、挤压过滤以及高压压榨融为一体的新型分离装置,这种分离机分离出的固体物的含水率可达 70%左右,不会出现堵塞,配套土建投资相对较少,而且设备操作维护方便。

以上几种固液分离机的分离效果均能满足牧场对固液分离的粗放需求。需要注意的是,从工作原理来看,分离后的固体粪污含水率,筛分型最高,挤压式居中,离心式最低。由于牛场待分离的物料为牛场粪便及污水,物料腐蚀性较强,且固液分离机所处环境多为湿度大的环境,运行环境较为恶劣,因此在设备选用中,要求电机及筛网或滤网、滤布等具有良好的耐腐、防潮性能。在实际选用过程中,应从处理要求、设备材质、设备投资、运行费用、操作维护便利性、配套土建工程费用等方面综合考虑。

8.2.2.3 固液分离系统及主要设施设备

结合牛场生产工艺和清粪工艺,目前应用较多的主要是固液分离及污水循环水冲系统。固液分离以后的固体粪便作为有机肥或牛床垫料,污水则循环利用来冲洗粪沟或牛舍地面。

如图 8-3 所示,牛舍内粪污经机械刮板或水冲工艺清理之后进入集污池,集污池内安装有切割进料泵和搅拌机。由于粪污中除了粪便、垫料外,还不可避免地混有动物杂毛、长稻草、绳子等杂物,需要粪污进集污池前设置格栅机去除大尺寸杂物,避免堵塞切割进料泵、缠绕搅拌机;同时集污池内的搅拌机对池内粪污持续进行混合、搅拌,混合均匀后的粪污再由切割进料泵提升到固液分离机,分离出的固体直接落到分离平台下方的硬化地面上,液体部分排放至污水池。经过固液分离后的固体粪便部分含水率低(70%左右),运输方便,可加工生产有机肥,也可制作牛床垫料;液体一部分可循环用于回冲牛舍清粪通道或粪沟,另一部分作为备用稀释用水回流到集污池中,其余污水经自然腐熟处理后,可作为液态粪肥施用,或进一步进行厌氧发酵产沼气处理或达标排放处理。

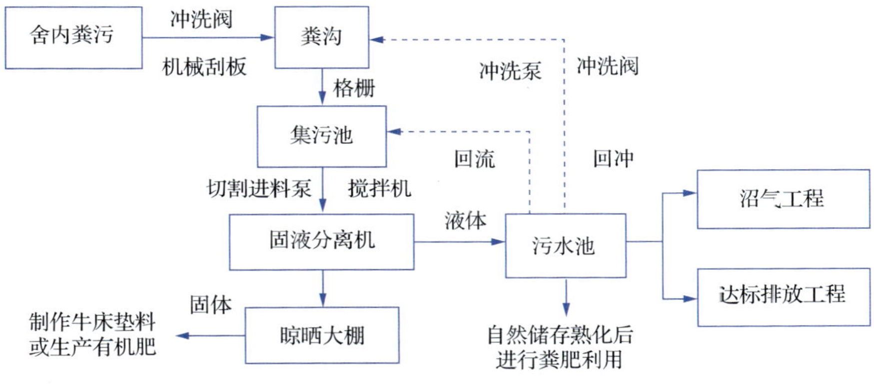

图 8-3　固液分离及水冲系统工艺流程图(由北京京鹏环宇畜牧科技股份有限公司供图)

固液分离系统主要构筑物及设备有集污池(内装切割进料泵、搅拌机、液位仪)、固液分离平台(放置固液分离机用)、污水池(内装回冲泵及液位仪),如图 8-4 所示。

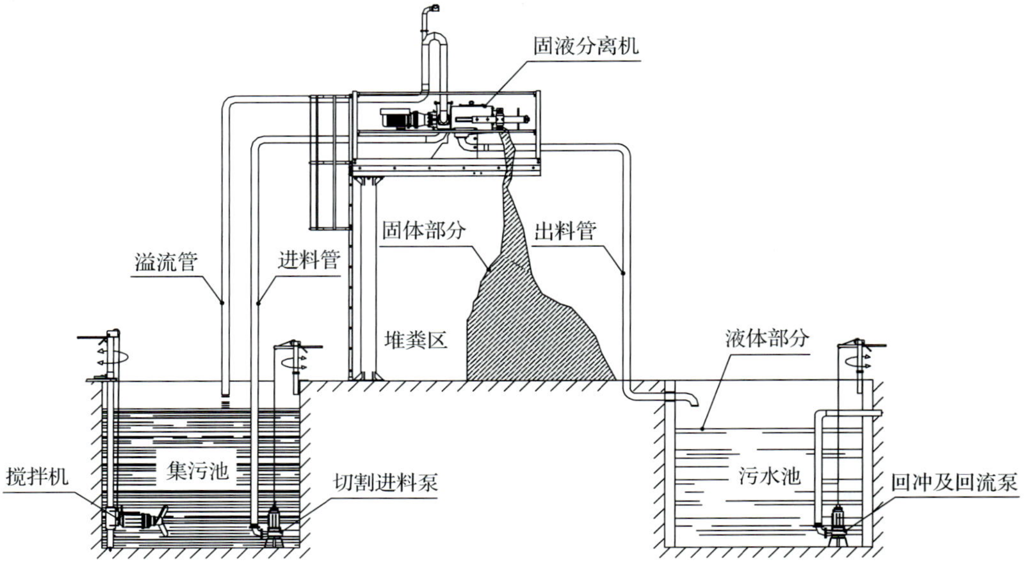

图 8-4　固液分离系统断面示意图(由北京京鹏环宇畜牧科技股份有限公司供图)

1. 固液分离平台及设备

(1)固液分离平台　其基本功能是为固液分离机提供安装平台,留出足够的固体粪污储存空间,同时使固体粪污在分离后的降落过程中降低固体含水率。可以根据固体粪污两次清理的时间间隔、运输机械的高度来选择安装平台的高度。考虑到分离机房结构的经济性,一般选用 3 m 左右。

固液分离平台可以是钢结构的,也可以是钢筋混凝土结构的,如图 8-5 和图 8-6 所示,但其平台尺寸、落料口位置等应与分离机结构尺寸相配备。

图 8-5　钢结构平台及固液分离机(由北京京鹏环宇畜牧科技股份有限公司供图)

图 8-6　钢筋混凝土结构平台及固液分离机（由北京京鹏环宇畜牧科技股份有限公司供图）

（2）固液分离机　固液分离机是该系统的核心设备。分离机的型号应根据粪污处理量、粪污干物质浓度、粪污种类等来选择。例如，对于牛场粪污前分离，含稻草等杂质较多的粪污，可选择 0.75 mm 的筛筒孔径；而对于含稻草等杂质较少的粪污以及沼气发酵后的沼液沼渣分离，可选择 0.5 mm 的筛筒孔径。图 8-5 和图 8-6 所示的螺旋挤压式固液分离机，机身为铸铁，核心部件均为不锈钢材质，耐腐蚀性强。

2. 集污池及池内主要设备

（1）集污池　集污池的主要功能是收集粪污水。由于畜禽舍冲洗水排放的不稳定性，集污池（图 8-7）的另一个功能是调节水量，保证后续固液分离机的稳态连续运行。集污池内装有搅拌机和切割进料泵，搅拌机主要是将粪便和污水进行混合搅拌，以保证进料的均匀；切割进料泵能将粪污中的杂草等纤维物质切碎后，连同粪污水一并提升至固液分离机。切割进料泵及搅拌机的启动及停止受液位自动控制，保证高液位时池内粪污能得到及时处理，防止低液位时切割进料泵及搅拌机电机烧毁。

图 8-7　集污池（由北京京鹏环宇畜牧科技股份有限公司供图）

(2)搅拌机　搅拌机主要用于对粪污混合液进行混合、搅拌和环流，为切割进料泵和固液分离机创造良好的运行环境，提高泵送能力，有效阻止粪污中悬浮物的沉积，避免对管路造成阻塞，从而提高整个系统的处理能力和工作效率。牛场粪污含有较多的纤维杂质，且带有一定的腐蚀性。因此在搅拌机选择上应选择材质耐腐蚀性强、搅拌力度大的，以满足使用环境要求，并保证搅拌效果。图 8-8 所示搅拌机整体采用铸铁材料，叶轮和提升系统采用不锈钢材质，耐腐蚀性强，可在 pH 为 5～12 的酸碱范围内工作。

图 8-8　搅拌机(由北京京鹏环宇畜牧科技股份有限公司供图)

(3)切割进料泵　主要用于固液分离机进料。同样，由于牛场粪污杂草等纤维杂质较多，所配备的进料泵应带有切割功能，使其能够在进料时把粪污中的粪渣、稻草等大的纤维状物体切碎并顺利抽至固液分离机，降低管路堵塞概率，为分离机创造一个稳定的进料环境。如图 8-9 所示切割进料泵带有双重切割功能，能有效切碎粪污中的纤维杂质，可抽取的粪污水固形物含量最大可高达 12%，非常适合用于处理纤维固形物杂质含量较高的牧场粪污水。

(4)液位仪　主要通过高低液位的控制来实现分离系统的自动启闭。图 8-10 所示液位仪为浮子式液位仪。不同的液位控制点可以在集污池有效池深范围内自由设定。对于固液分离系统，当池内粪污水液位到达高液位时，搅拌机、切割进料泵及分离机自动启动，随着分离机对粪污水的不断处理，当池内液位下降到设定的低液位时，则分离机、搅拌机、切割进料泵等自动关闭。

3. 污水池及池内主要设备

污水池主要功能是容纳固液分离后的液体部分，并作为循环回冲水池，兼有沉淀池的功能。分离出的液体部分在污水池经过自然沉淀后，上清液可循环利用作为粪沟和牛舍清粪通道的冲洗水，其余的可待储存熟化或厌氧发酵后用于农田施肥，也可经进一步处理后达标排放。

污水池内主要有回冲泵和液位仪。回冲泵选择应考虑整个回冲系统中回冲管道末端流量和水头压力的要求，并综合冲洗管道的总扬程损失来选择。

图 8-9　切割进料泵(由北京京鹏环宇畜牧科技股份有限公司供图)

图 8-10　液位仪(由北京京鹏环宇畜牧科技股份有限公司供图)

8.2.2.4 污水循环回冲系统主要设施设备

传统的人工收集方式已不适应集约养殖的需要，将逐渐被淘汰。目前，国内集约化牛场舍内清粪工艺广泛应用的主要有机械刮板清粪和水冲清粪。根据牛舍内清粪二艺的不同，污水循环水冲系统的应用形式主要有两种：一种是固液分离及污水循环冲洗粪沟的方式，主要适用于牛舍地面为机械刮板或铲车等干清粪工艺的牛场；另一种是固液分离及污水循环冲洗牛舍清粪通道的方式，主要适用于我国南方地区牛舍地面为水冲清粪工艺的牛场。

1. 适合机械刮板清粪方式的粪沟回冲系统（图 8-11）

这种清粪方式都是在不需要大量冲洗水的情况下，直接对牛舍内产生的粪污进行清除，将粪污刮至牛舍端头的粪沟内，由粪沟最终将粪污输送至集污池，粪沟回冲系统可与集粪池液位进行联动，当集粪池内液体较多时候，可暂停粪沟回冲。由于舍内清理出的粪污黏稠度较高，为保证粪污输送的顺畅，必须在粪沟的起始端配备气动冲洗阀（粪沟较长时，可在中间加设气动冲洗阀），通过气动冲洗阀的瞬时开启形成的水压和水流来推动粪沟内粪污的输送。该清粪工艺的水冲系统主要是用气动冲洗阀（图 8-12）回冲粪沟，主要组成设备有回冲泵、气动冲洗阀、回流泵、空压机（图 8-13）等。

（1）回冲水源　对于机械刮板清粪工艺，由于粪沟与牛舍相对分离，其对舍内养牛卫生和防疫不会造成太大的影响，该部分冲洗水可以采用经固液分离完后的污水。而对卫生安全要求高的挤奶厅必须采用清水冲洗。

（2）回冲泵选型　回冲泵的扬程除考虑回冲管道高程损失、沿程损失、局部损失外，还应满足气动冲洗阀开启的最小水头压力要求和冲洗流量要求。不同原理的泵其性能曲线不同，应由专业厂家人员根据产品性能曲线，结合项目现场情况进行选型。当单台泵扬程无法满足扬程和流量要求时，还需增设管道增压泵（图 8-14）。管道增压泵需与回冲泵性能匹配，以保证设备间更顺畅的配合。

（3）回流泵　放置于污水池中，用于将沉积的粪浆回抽至集污池，以便再次分离。根据方案布局不同，有时回流泵的回流功能也可由回冲泵加设支管来实现。

（4）粪污水量　牛舍采用干清粪、粪沟循环水冲工艺的牛场，其粪污水的产生主要有 3 个方面：牛体每天排放的鲜粪尿量、粪沟冲洗水量和挤奶厅冲洗水量。粪沟冲洗水量根据冲洗阀流量、冲洗时间等确定，挤奶厅冲洗水量与挤奶工艺、清洗制度等有关，不同设备、不同清洗工艺下的水量差别较大。在此，仅介绍不同牛体每天排放的鲜粪尿量参考值，见表 8-1。可以根据粪污水产生量及前述其他条件来计算集污池容积、并用于选择搅拌机、分离机型号等。

2. 适合地面冲洗阀清粪方式的水冲系统（图 8-15）

该清粪工艺是牛舍内的粪污收集采用地面冲洗阀冲洗，设备主要包括水塔、地面冲洗阀及空压机，该水冲清粪方式适合在我国南方地区应用。这种设备需要的人力少、劳动强度小、劳动效率高、能频繁冲洗，从而保证牛舍的清洁和奶牛的卫生。该系统初始使用时需配备充足的水量，并保证合适的牛舍清粪通道坡度、地面形式及粪沟输送能力及坡度（坡向集污池）。

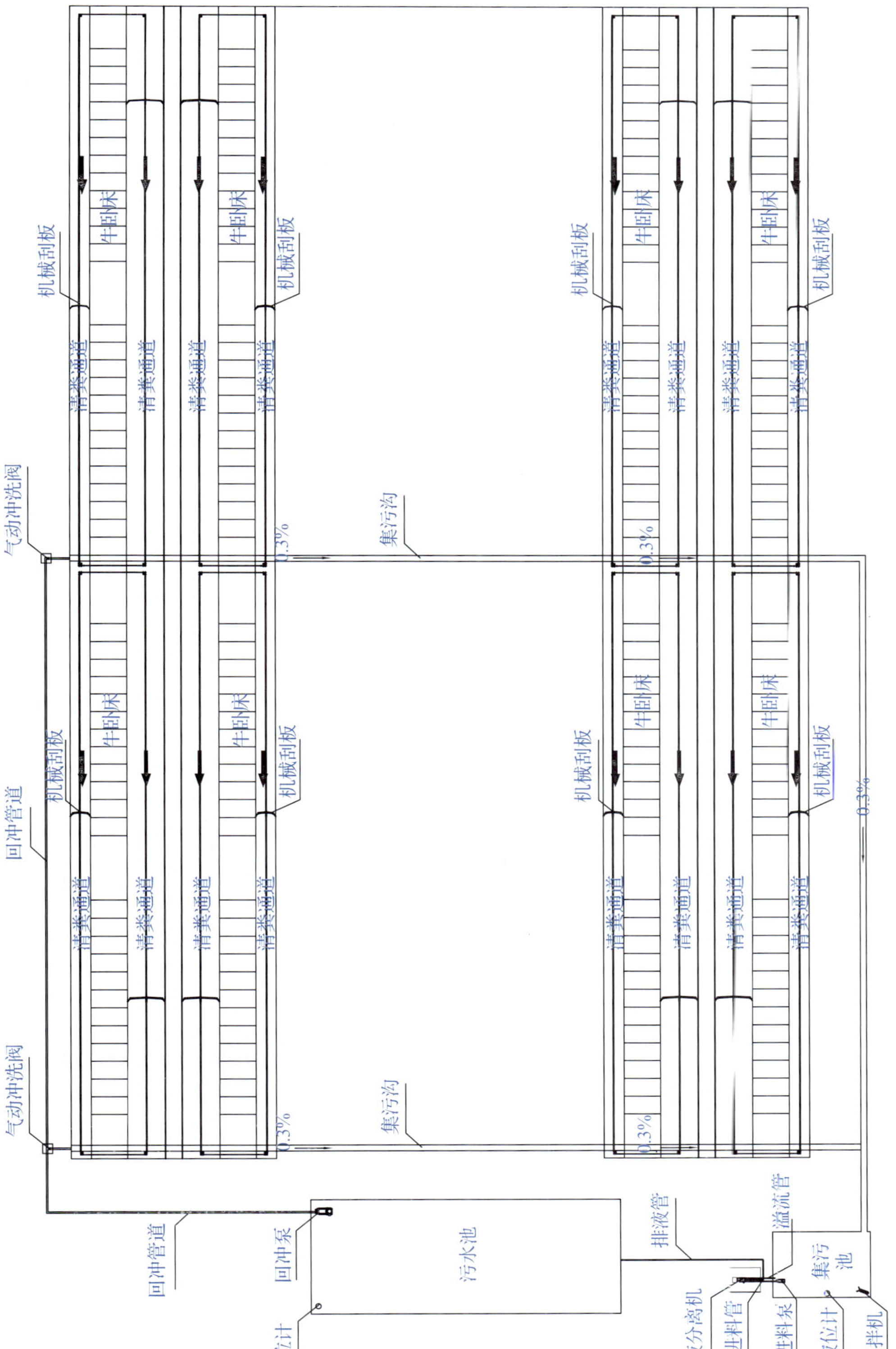

图8-11　适合机械刮板清粪方式的粪沟回冲系统（由北京京鹏环宇畜牧科技股份有限公司供图）

图 8-12　粪沟用气动冲洗阀

图 8-13　空压机

（由北京京鹏环宇畜牧科技股份有限公司供图）

图 8-14　增压泵（由北京京鹏环宇畜牧科技股份有限公司供图）

表 8-1　不同牛群日产粪尿量参考值

牛群结构	粪便量/[kg/(d·头)]	尿量/[kg/(d·头)]
0～1 月龄犊牛	3	2
1～2 月龄犊牛	5	3
2～6 月龄犊牛	7	5
7～15 月龄育成牛	15	6
16～25 月龄青年牛	18	10
产牛	25	15
干乳牛	25	15
泌乳牛	30	20

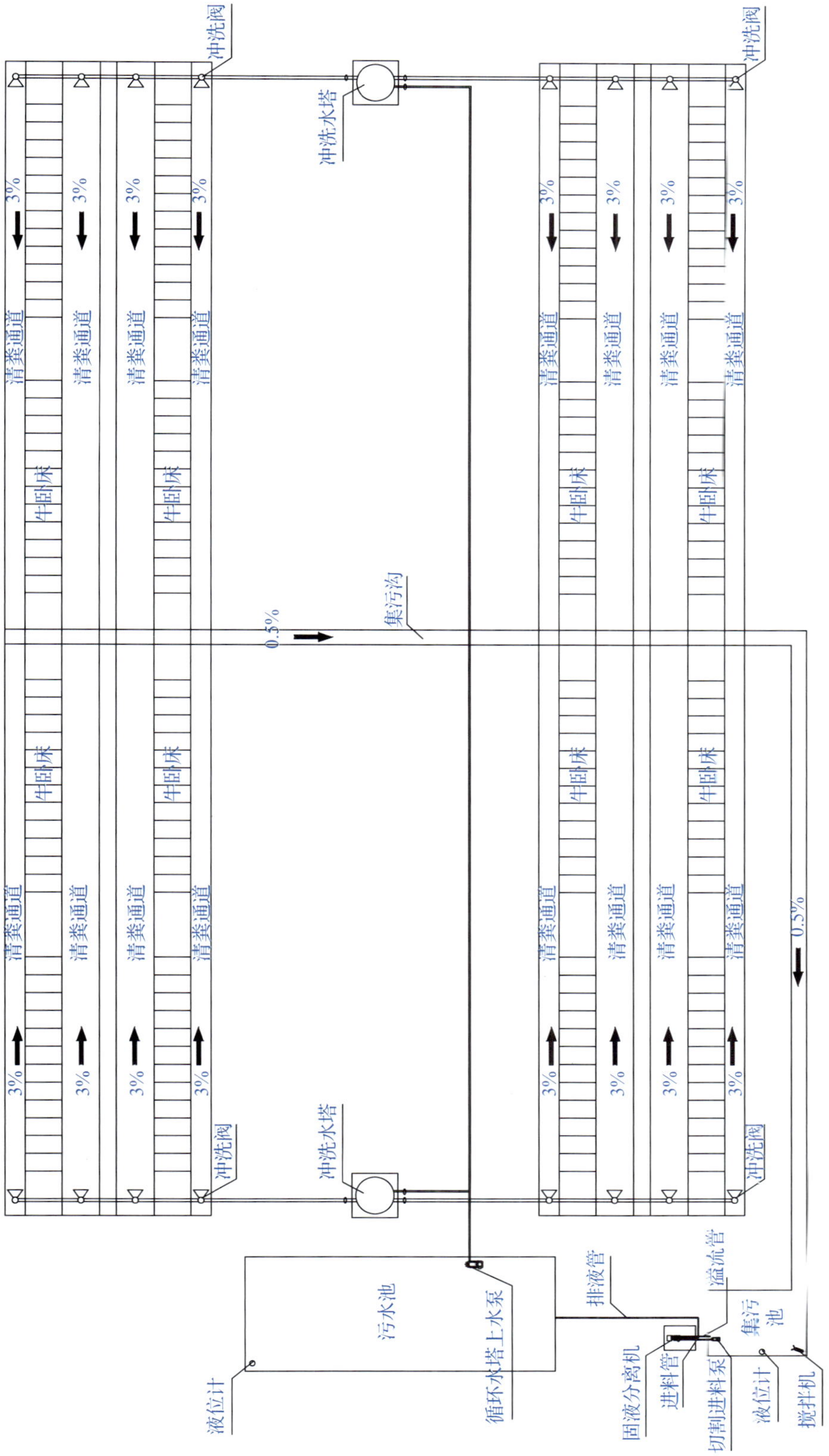

图8-15 适合地面冲洗阀清粪方式的水冲系统（由北京京鹏环宇畜牧科技股份有限公司供图）

地面水冲清粪工艺，在牛舍清粪通道内设置地面冲洗阀，地面冲洗阀可由冲洗水塔供水（也可由冲洗泵供水，本书主要介绍冲洗水塔）。水塔系统设有上水管道和出水管道，上水、出水管道各设置有控制支管启闭的气动阀。上水管道连接水塔补水泵，出水管道连接牛舍或待挤厅地面冲洗阀。各地面冲洗阀可选择采用定期定时自动开启或根据挤奶班次手动开启，各地面冲洗阀的工作时间也可根据实际需要进行调节。冲洗时，出水管道上的气动阀开启，水塔内的水依靠重力通过各地面冲洗阀瞬间释放到清粪通道，来达到冲洗粪污的目的。冲洗完的污水流入粪污收集沟，最终流入粪污处理区的集污池。

(1)冲洗水塔(图 8-16)　为了满足冲洗阀冲水压力要求，冲洗水塔高度一般不宜小于 6 m，在直径选择上需要考虑水塔所服务的冲洗阀对应的冲洗水用量，冲洗水塔的容积不宜小于该组冲洗阀一次冲水的水量。冲洗水用水量计算见表 8-2。

(2)冲洗水塔补水泵　泵的正常工作状态下的流量应能满足在每次冲洗间隔时间内保证将水补充完毕，需要说明的是，补水受到液位控制，当冲洗水塔补满水后，补水泵及补水阀自动关闭。例如白天早、中、晚各冲洗一次，冲洗间隔约 4 h，则在结合扬程损失等选择补水泵流量时，应使其满足在 4 h 内将水塔内的水达到满足下次冲洗用量的要求。单台流量小的时候，可以通过两台泵并联实现流量增倍，如图 8-17 所示。

图 8-16　冲洗水塔
（由北京京鹏环宇畜牧科技股份有限公司供图）

图 8-17　两台补水泵并联实现为水塔供水
（由北京京鹏环宇畜牧科技股份有限公司供图）

(3)地面冲洗阀(图 8-18)　冲水开始前，水阀可由气动控制自动弹起。弹起后，阀帽与周围地面成一定角度。冲水停止后，水阀自动收回，收回后阀帽顶同周围地面平齐。

(4)回冲水源　地面冲洗阀水冲工艺，考虑到挤奶厅和特殊牛群的特殊卫生要求，挤奶厅及特需牛舍均宜采用清水水冲工艺。而其他牛舍，如泌乳牛舍、后备牛舍等可采用循环污水作为冲洗水。

图 8-18　地面冲洗阀(由北京京鹏环宇畜牧科技股份有限公司供图)

选用分离后的污水作为地面回冲水源时，应采取措施尽量减少粪污存放过程中的发酵，避免发酵后粪水黏度增加、造成冲洗地面湿滑、增加牛只滑倒风险。如在存储池内安装鼓风机及搅拌机，鼓风机进风管道连接至搅拌机搅拌叶片附近，对系统边搅拌边鼓风充氧，使粪污水在搅拌均匀的情况下抽送到水塔，减少沉淀，也可达到对污水进行初步好氧处理的目的，同时也有助于减少粪污水存放过程中的黏度增加。

(5)冲洗地面坡度　清粪通道的坡度对冲洗用水量影响很大，见表 8-2。从节约水源和奶牛站立舒适性两方面考虑，建议选用 2%的坡度。牛舍冲洗坡度、冲洗方向直接影响冲洗阀、水塔、分离机等设备配置和集污池、存储塘等土建规模，因此在项目前期一定确定好冲洗坡度和冲洗方向等。

表 8-2　不同长度和坡度情况 3.05 m 宽冲洗通道冲洗水用量　m^3/次

序号	冲洗通道长度/m	冲洗通道坡度		
		1%	2%	≥3%
1	45.75	8.50	4.92	3.60
2	61.00	11.36	6.43	4.73
3	76.25	14.19	8.14	5.87
4	91.50	17.03	9.84	7.00
5	106.75	19.87	11.36	8.25
6	122.00	22.71	13.06	9.46

8.2.2.5　回冲控制系统

回冲控制系统可实现自动控制和手动控制，实时显示液位高度、泵体流量和设备运行状态(图 8-19)。

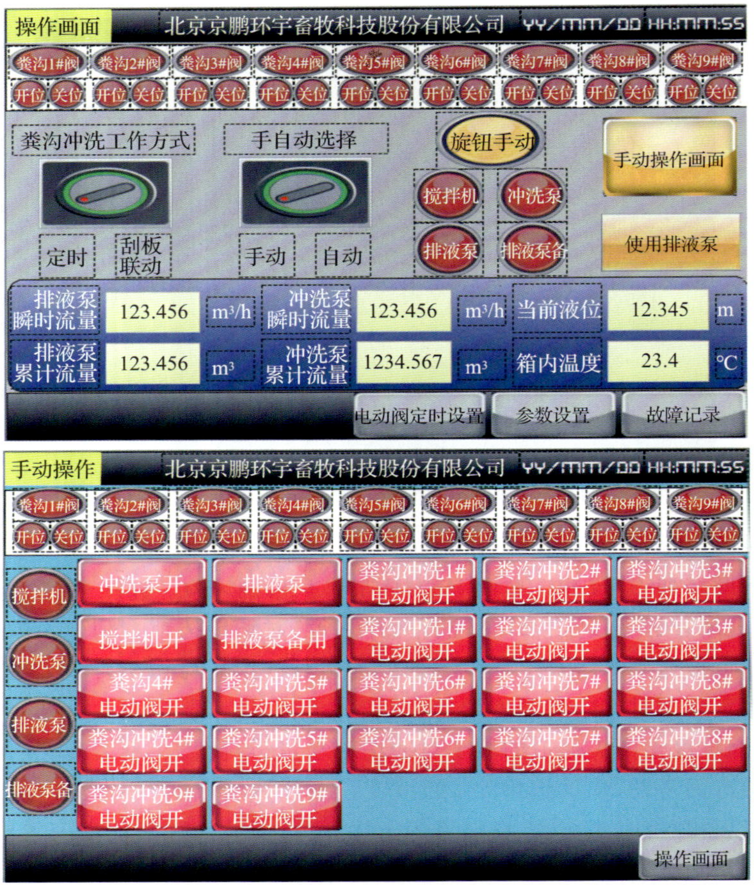

图 8-19　回冲控制系统界面（由北京京鹏环宇畜牧科技股份有限公司供图）

8.2.3　固体有机肥发酵设备

8.2.3.1　发酵槽设备

1. 链板翻抛机（图 8-20）

采用链式传动、滚动支撑的托板结构，翻抛阻力小，省电节能，适合深槽作业。翻抛托板配备柔性张紧和弹性减震系统，保护传动系统和工作部件高效作业。翻抛托板上装有可拆换的耐磨曲面齿刀，破碎能力强，料堆充氧效果好。翻抛时，物料在托板上停留时间长，高位抛撒，与空气接触充分，易降水分。通过横向和纵向移位可实现槽内任意位置翻抛作业，机动灵活。翻抛工作部件的升降采用液压系统操控，柔性工作，安全快捷。可远距离遥控该机前进、横移、翻抛和快速后退等作业，改善操作环境。

2. 轮盘式翻抛机

轮盘式翻抛机翻堆深度可达 1.5～3 m，翻抛宽度可达 6～30 m。翻抛轮结构具有破碎功能，物料发酵均匀；双翻抛轮结构，车间翻抛无死角。轮盘式翻抛机主要由双梁纵向行走机构、横向行走翻抛车、翻抛轮盘及驱动装置、液压升降机构 4 大部分组成。双梁纵向行走机构的钢制双梁

图 8-20　链板翻抛机(由北京京鹏环宇畜牧科技股份有限公司供图)

横跨于发酵床两侧承载轨道上，最大跨度达 30 m，由行走机构驱动双梁，承载横向翻抛车沿钢轨纵向行走。横向行走翻抛车下部与翻抛轮盘及其驱动装置在行走机构驱动下，完成横向动作。翻抛轮盘对称布置于驱动装置两侧，与驱动减速电机直连，翻抛轮盘在减速电机的驱动下，完成翻抛动作。液压升降机构用于调节翻抛轮盘高度，当翻抛机完成一个周期的翻抛作业后，通过液压机构提升翻抛轮盘，使之脱离发酵料层，以快速从作业终点返回起点。

8.2.3.2　曝气系统

1. 风机

曝气系统可采用高压、大风量、低噪声、轻量化，适合长时间使用的风机。外壳可使用铝合金材质，可降低重量。

2. 电动蝶阀

电动蝶阀为灰铸铁阀体，带有 EPDM 阀座和上下轴设计。阀门内有一个可旋转的阀板(旋转角度为 360°)。阀板的位置由位于阀轴顶部的槽口指示。

3. 出料换轨车

出料换轨车供翻抛机换槽用，可以多台共用，其行走平均速度在 8 m/min，配有接料斗、出料皮带机。

4. 投料仓

有机肥经过槽式发酵及陈化以后，通过铲车上料加入投料仓中，为以后有机肥深度加工起到一个缓存作用。投料仓两侧安装振动电机，主要是破拱作用。

5. 布料机

布料机主要用于有机肥槽式发酵的每个槽自动布料，由横向皮带和纵向皮带组成，每一次布料都能自动完成一个布料工位。

6. 圆筒筛分机

用筛分机把细粉和大颗粒全部筛出，细粉通过返料皮带机直接回到搅拌机与原料混合后，再次参与造粒过程，大颗粒粉碎后与细粉通过同一条返料皮带机回到搅拌机中，如此形成完整的生产循环。

7. 粉碎机

粉碎机主要用于制肥行业对有机和无机原料的粉碎，可粉碎含水率在 10% 以下的无机肥料和含水率在 30% 以下的有机原料，产量 4～6 t/h。筒体立式结构，链锤对称设置，运转平稳，无强力震动，噪声小，锤头采用特殊耐磨材料，粉碎腔设有可拆卸衬板，使用维修方便，生产率高，安全可靠，坚固耐用。

8. 双轴搅拌机

双轴搅拌机是将有机肥物料和配料混合搅拌的一种设备，具有搅拌充分、搅拌均匀等特点。

9. 配料系统

采用自动配料系统，各种原料经过皮带秤进行精确计量，按照预置的配方将有机肥粉料、氮、磷、钾、添加剂、微量元素等进行自动配料，既保证了配方的准确，又实现了连续生产。料斗进料口与地面平齐，降低了工人劳动强度。

10. 主料仓、辅料仓

主料仓主要是暂存固体粪污，辅料仓主要是暂存秸秆粉或其他辅料。上料利用铲车，出料采用双轴绞龙，这样物料不易结拱，出料更顺畅。

11. 包装机

包装机是用于对颗粒状及粉状物料进行精确、快速称量并装袋的机电一体化产品，广泛应用于粮食、饲料、肥料、化工等领域。对于工作环境较差的场合具有良好的适应性；可针对湿度较高、流动性较差的黏性物料进行包装计量；称量范围较宽，在 20～50 kg 可进行任何包重设置（只需考虑包装袋开口的尺寸）；称重控制采用目前性能先进的软件和硬件技术，使该产品得以更加稳定可靠地工作。

12. 电控系统

电控系统留有与上位机通信接口，能可靠实现与厂内的上位工控机进行信息交流并被中控系统集中控制，输送至中央控制室的信号和数据包括所有设备的运行状态、故障状态和记录信息等。

8.2.3.3 一体化发酵设备

一体化有机肥快速发酵设施作为一个集机、电、液于一身的自动化设备，有机肥快速发酵设施具有传统有机肥设备难以达到的优势。目前国内一体化有机肥处理设施主要分为：流化床式发酵装置、塔式发酵一体机和小型一体发酵罐。

1. 流化床发酵装置

流化床发酵装置根据微生物学特殊性，采用多级发酵，多级翻抛，自动控温控氧，以杀灭病原微生物、虫卵，达到无害化处理要求。产品含水量低，有机质、氮、磷、钾含量高。可采用预热回抽系统，不需要添加热源，运行成本低，自动化程度高，省工省力。总装机功率小，运行成本低。

该发酵装置采用在密闭的发酵柜内设置发酵传送带运送原料。混料桶内设置分散装置进一步混合原料，并将混合后的原料分散导出。发酵柜内设有摊平装置，使堆积落下的原料平摊在发酵传送带上。原料在发酵传送带运送的过程中发酵，利用畜禽粪便好氧发酵放热的特点，实现发酵过程的自发持续进行，实现连续生产。该装置包括依次连接的加料组、上料装置、发酵装置、废气余热再利用装置(废气处理装置和辅助加热装置)。

2. 塔式发酵一体机

塔式发酵一体机是一种以中空轴空气传导为主的立式搅拌型发酵机。主体结构为带有夹套保温层的壳体、低速回转中空轴、油控运动装置和空心搅拌桨叶,其内均通以气流载体(如室外温度适宜,可不加热,视情况而定),多层桨叶同时对物料匀速搅拌。气流载体从干燥机中部送入,通过呈搅拌状态的物料层表面,从另一侧排出重新循环送入使用。

该类设备工艺流程如下:

(1)备料混料　将粪便与辅料混合,根据粪便的水分含量添加辅料,确保混合后物料的水分含量在60%~70%,按照每吨物料添加500 g左右菌种的量添加菌种。

(2)上料　将混合好的物料加进提升料斗,利用提升料斗将物料加进设备。每天正常上料。

(3)发酵　进入塔内粪料连续发酵。温度逐渐上升至50~65 ℃,同时灭活病原微生物和有害物质等。粪料随时间自上而下,连续发酵7 d。

(4)出料　根据设备底端温度计的温度以及放出的料的性状决定放料的量,每天从下端将发酵好的物料放出,取样检测,包装成成品有机肥。

该类设备优点:

(1)物料滞留时间可调,可处理高、低含水物料,实用性极强。

(2)典型传导方式,节能,传导系数大,溶解氧接触面积大,能更好保证气泡的分散,增加罐内物料循环和溶解氧的输入,可深层发酵。

(3)因所需气流载体全部由空心叶片和夹套供给,为降低排气湿度,补充少量热空气即可,粉尘夹带低,尾气易处理,不需除尘等辅助设备。

(4)桨叶具有自洁能力。桨叶相向旋转,产生轴向液流,剪切力小,使物料上下翻转,反复搅拌、压缩、松弛并推进物料,混合效果好。桨叶具有独特的自洁能力,桨叶与物料接触面不断获得更新。

3. 小型一体发酵罐

小型一体发酵罐与塔式发酵一体机在发酵原理上相类似,组成系统也相近。该类设备一般包括总控制系统装置、进料装置、温控装置、发酵装置、卸料装置和成品收集装置。各个装置通过电气连接,负责操控各个装置的运转。具有操作方便、成本低及经济效益高等优点。

8.2.4　垫料再生系统

8.2.4.1　牛床垫料再生系统类型

牛床是奶牛的主要活动休息场所,对奶牛的舒适性、生产性能及牧场的经济效益都起着重要作用。而牛床垫料是奶牛散栏饲养模式下不可或缺的生产资料。因此,选择合适的牛床垫料应该综合考虑奶牛舒适性、奶牛健康、材料来源、粪污后续处理难易程度、经济成本等方面。

根据垫料的物理特性,可将奶牛卧床垫料分为有机垫料和无机垫料。有机垫料中含有机物,可为致病菌的生长提供营养物质,容易滋生细菌,因此与有机垫料相比而言,无机垫料较安全。但无论是有机垫料还是无机垫料,一旦被奶牛粪尿污染都会造成细菌迅速呈指数增殖。常见的无机垫料有沙子、石灰岩、橡胶垫等;有机垫料如稻壳、秸秆、木屑、刨花、牛粪等。沙子被认为是理想的奶牛卧床垫料,主要是因为沙子具有限制微生物生长和含水率低的优点,其质地在奶牛躺卧时可增加缓冲作用,减少对奶牛关节和肢蹄的摩擦,给奶牛提供良好的舒适性。但沙子易与牛粪混合在一起,处理时可能造成清粪设备、固液分离机等的严重磨损甚至损坏,且输送过程中易堵塞管路,沉积在储粪池底部,增加清理难度,而且,沙子垫料的成本较高。橡胶垫是一种新型的牛床垫料,铺设在水泥牛床上使用,方便后续粪污的处理,但舒适性、排湿性不好,易滋生致病菌,且成本高昂。稻壳、秸秆、木屑等垫料能满足奶牛的舒适性,但稻壳、秸秆等垫料作为有机垫料,容易造成微生物的增殖,且使用受市场和季节控制。与上述各种类型垫料相比,牛粪再生垫料不仅可以增加奶牛的舒适性,减少肢蹄病的发病率,而且解决了大量牛粪可能带来的环境污染问题,也减少了牧场购买和运输垫料的成本。

20 世纪 70 年代,美国中西部地区使用固液分离后的牛粪作为奶牛卧床垫料,应用于当地炎热干旱的地区。随着厌氧消化、堆肥技术的发展,研究人员将其组合用来生产牛粪再生垫料,固体牛粪开始推广到美国的湿冷地区及全球各地,被称为绿色垫料。已有研究表明,牛粪再生垫料的生产方式对垫料成品的理化特性和生物安全性有显著影响。目前牛粪再生垫料的生产方式主要有 3 种:固液分离后的固体牛粪直接作为垫料、厌氧发酵生产垫料、好氧发酵生产垫料。

厌氧发酵生产垫料是指奶牛场的粪污输送到发酵罐进行厌氧发酵,发酵完的沼渣沼液经固液分离,固体部分晾晒后用作垫料。厌氧发酵过程中,牛粪在 35～38 ℃停留 20 d 或者更长时间,可以有效杀灭各种病原菌。但这种垫料生产方式前期投资成本高,工艺流程复杂,多以能源化利用为主,牛粪再生垫料仅为副产物,适用于已建设沼气工程的奶牛场。好氧发酵生产垫料是指奶牛场的粪污先经过固液分离,固体部分经过好氧发酵处理后用作垫料。好氧发酵过程中,有机物在好氧微生物的作用下降解产生热量,其内部温度可以达到 40～65 ℃,可以最大化地杀灭病原菌,维持微生物稳定性,降低含水率。与固液分离、厌氧发酵生产的牛粪再生垫料相比,滚筒好氧发酵生产的牛粪再生垫料成品中未检出大肠杆菌,并且芽孢杆菌、葡萄球菌和链球菌的数量也最低。好氧发酵生产牛粪再生垫料具有良好的杀菌效果。大中型牧场常用的好氧发酵型牛床垫料再生系统装置有立式牛床垫料装置、卧式牛床垫料装置、立式牛床垫料装置。

8.2.4.2 牛床垫料再生系统装置

1. 立式牛床垫料装置

牛床垫料系统包括温控系统、环控系统、搅拌系统、称重系统。在这些系统的共同作用下,通过好氧微生物自身繁殖活动氧化、吸收分解掉一定的有机物,产生热量,使物料在 70 ℃温度下发酵至少 60 min,确保牛粪 100%进行好氧生物发酵,达到杀灭有害病菌的作用。发酵后的产物回用到牛卧床,为牛群提供舒适的躺卧环境,进而提高奶牛的产奶量。

牛床垫料设备优势:

(1)经济适用　经过“HBC”牛床垫料生产设备(图 8-21)处理的牛粪可代替传统的牛床垫料(秸秆、稻壳、木屑、沙子、牛床垫等)。

(2)设备可 24 h 生产,牛床垫料再生设备生产量连续生产≥40 m^3/(d·台)。发酵仓中的温度为 65～75 ℃,70 ℃保持至少 1 h。发酵周期时间在 24 h 以内完成。

(3)HBC2500 牛床垫料再生系统产出量≥40 m^3/d,按照稻壳售价 500 元/t 计算,0.9 年内即可收回产品投资成本。

(4)自动化控制　可远程控制,使用方便。设备采用模块化安装,控制系统界面友好,可在办公室电脑上实现对设备的远程控制。

(5)安全可靠　设备通过电子控制系统确保牛粪经过巴氏杀菌达到安全化的质量要求，保障泌乳奶牛的健康。

(6)粪便处理经济简单　由于不使用传统的牛床垫料，采用牛粪作为垫料，大大降低了后续粪便的处理难度，减轻了牧场环保的压力。

(7)节省储存晾晒空间　牛床垫料再生设备为立式结构，与生物分子膜发酵、卧式牛床垫料再生设备相比，该设备安装灵活，可大大节省占地面积。

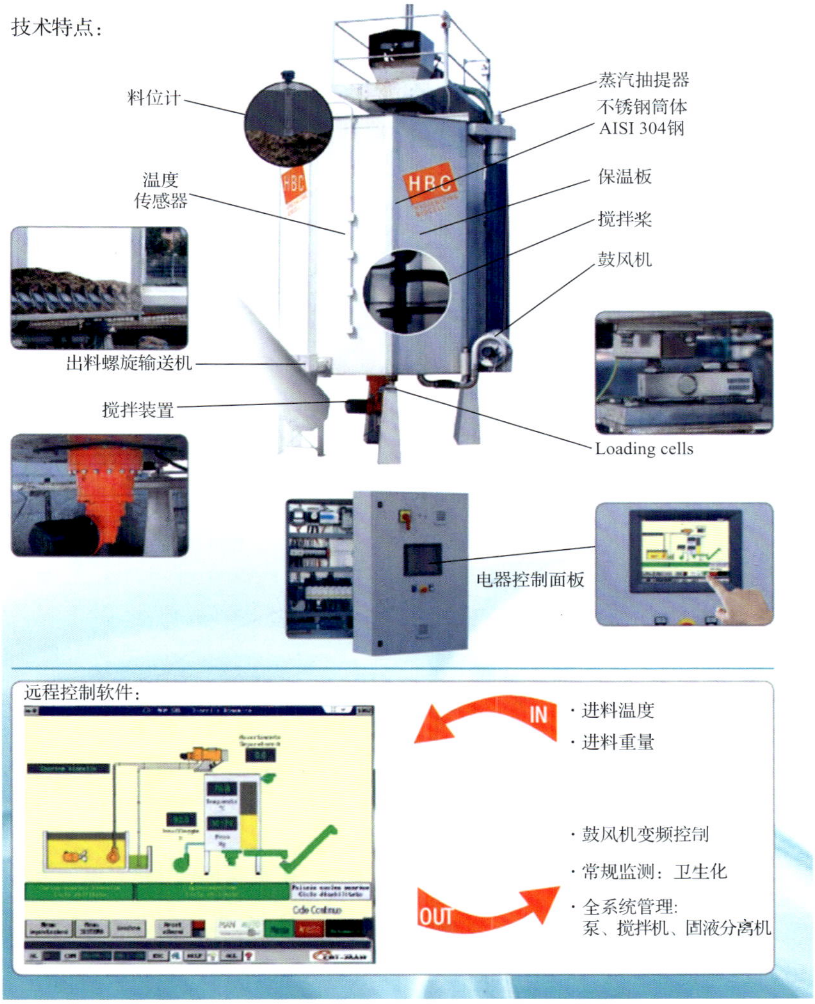

图 8-21　“HBC”牛床垫料生产设备(由北京京鹏环宇畜牧科技股份有限公司供图)

2. 卧式牛床垫料装置

与立式牛床垫料装置原理相同，卧式牛床垫料装置为集装箱形式，具有以下优点：

(1)重量轻、强度高、耐腐蚀、使用寿命长。

(2)采用智能云平台管理系统生产，可远程控制和监测。

(3)设备模块安装，易于调试和维护保养。

(4)采用“快速生物好氧发酵技术”,不需要加热即可实现高温发酵、杀灭有害病菌。

3.覆膜式静态好氧发酵

覆膜式静态好氧发酵方式,是在传统好氧条垛发酵工艺基础上进行优化改良而成的,具有土建费用低、运行费用少、雨污隔离、隔臭气等优势。

覆膜式静态好氧发酵工艺是指在功能膜覆盖下完成物料高温好氧发酵,发酵过程形成相对密闭的微正压气候箱,大大缓解了发酵过程中臭气、扬尘等对环境的污染,有效防止了雨雪天气对发酵的影响,也有效克服了传统露天发酵雨水及渗滤液混流的弊端。在发酵过程中,未散发出去的水蒸气会在复合膜的内侧形成冷凝水膜,发酵过程产生的大部分臭气物质,如氨气、硫化氢、挥发性有机化合物等在向外散过程中溶解在复合膜内表面的水膜中,并随水滴返回料堆内,从而被微生物继续降解转化。

覆膜式静态好氧发酵还可根据对堆高、进出料环境整体布置的要求,选用地面式或发酵槽式方式,堆体断面示意如图 8-22 所示。

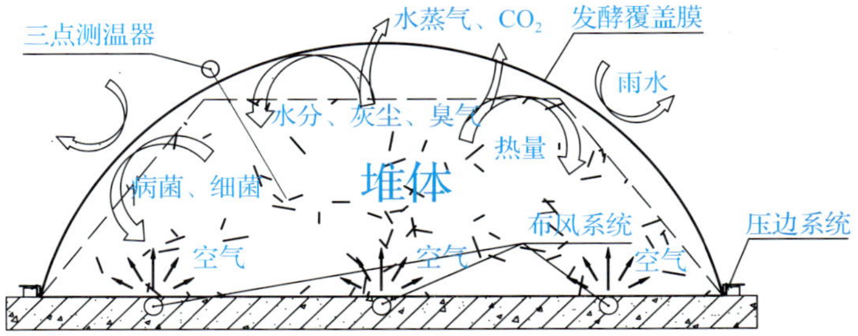

(a)地面式

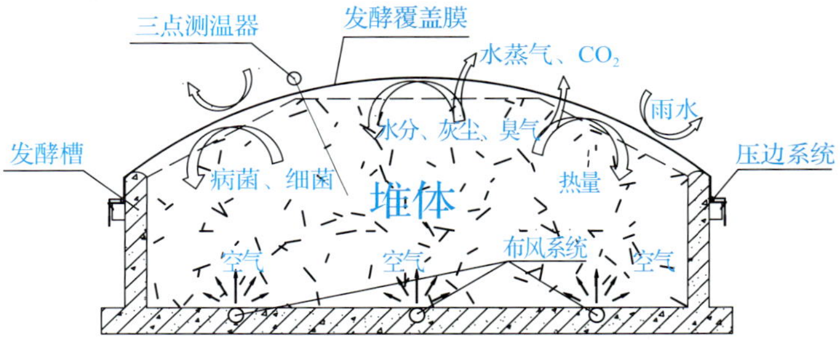

(b)发酵槽式

图 8-22　覆膜式静态好氧发酵示意图(由北京京鹏环宇畜牧科技股份有限公司供图)

覆膜式静态好氧发酵作为一种改良的静态发酵方式,其发酵工艺简单、投资少、施工周期短,可直接硬化面覆膜发酵,也可结合发酵槽进行覆膜发酵,不需要另建厂房,对场地选择灵活性高;发酵过程能很好地抑制臭气外散,并实现雨污分离;运行费用低,有很好的节能效果;发酵温度可通过现场控制箱或手机 App 远程实现人工调节干预,结合不同物料对发酵温度的需求,可达到较好的发酵效果。

该系统(图 8-23)采用变频调控,通过现场或远程控制改变供风设备运转功率使风机转速发生变化,来实现调整风量、控制发酵。变频控制调整风量和频率曲线几乎没有突变的区间存在,变化较为均匀,所以变频调节在膜覆盖系统中,可调性与稳定性均较好。通过变频控制,操作人员可以结合发酵阶段和实时情况来调整鼓风设备运行频率,对发酵温度进行干预,从而间接调节微生物活性，提高发酵均匀度和发酵效率。

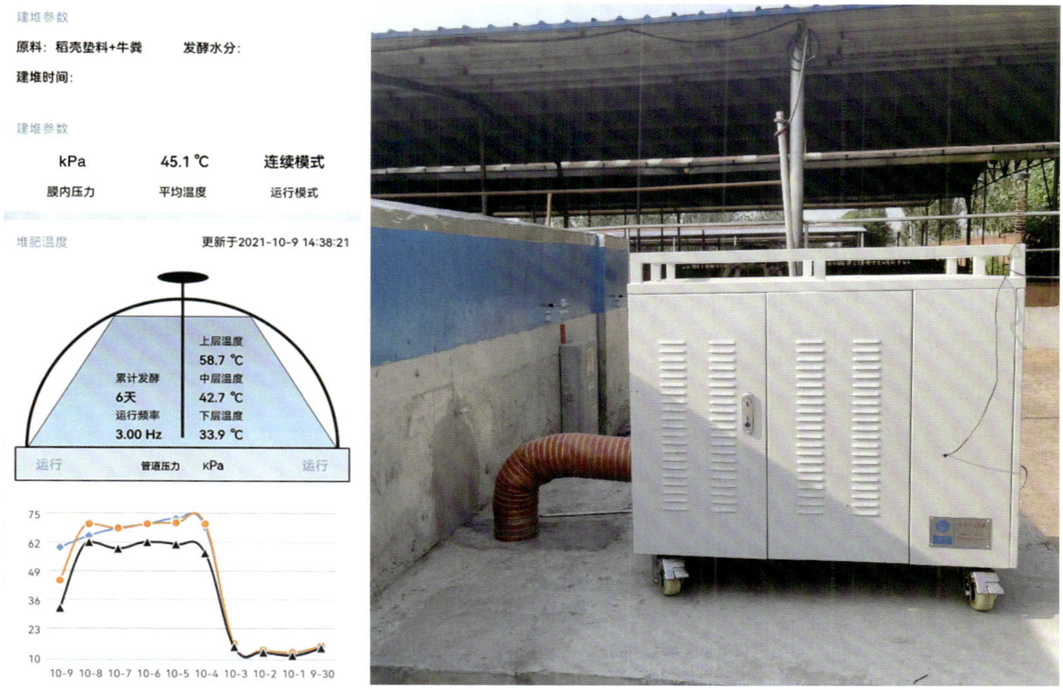

图 8-23　覆膜式静态好氧发酵控制系统（由北京京鹏环宇畜牧科技股份有限公司供图）

8.2.5　沼气工程

8.2.5.1　罐体

传统沼气工程建设大多采用钢混结构，但存在工期长，施工难度大等缺点。近年来，为了缩短施工工期，节省建筑材料，提高装备化水平，建设美观大方的能源工程处理装置，采用新型柔性搪瓷拼装板材料，相关构筑装置可以使用该搪瓷材料进行现场拼装成型。此种材料是在钢板的表面喷涂一层搪瓷，具有抗酸碱的功能，能阻止罐体腐蚀，并且具有维修便利、外观美观的特点。钢材质罐按制作工艺的不同，主要有拼装罐、利浦罐和焊接罐 3 种形式。

搪瓷拼装罐是高温下在搪瓷专用钢板的两面各搪烧两层高惰性的釉层而成的。由于搪瓷钢板采用高标准的烧制程序、优质的釉层、严格的检测方式，搪瓷罐比碳钢罐、混凝土罐更加标准化，产品质量更加有保障。电泳拼装罐是继利浦罐、搪瓷罐之后兴起的全新的抗腐蚀、抗摔打、安装方便的沼气发酵罐。拼装罐采用钢板搭接技术，利用螺栓进行连接紧固安装而成，罐体及罐顶材料均采用符合国家标准的（Q235-B）钢板，在工厂内将钢板机械加工处理后，进行纵向、横向搭接，搭接处采用专业高分子密封材料聚硫胶，将其密封拼装组合。

利浦罐是从德国引进的建造技术，建造方法独特。施工时，先将一定宽度的卷板由开卷机送入成型机轧制成所需的几何形状，再通过弯折机弯折、咬口，围着罐外侧形成一条宽 30～40 mm、连续环绕的螺旋凸条，在结构上起到加强罐的作用。对于材质不同的两种材料，罐建造设备也能实现双层弯折施工。

焊接罐通常是先用专用机械加工成片，然后在现场进行组焊制作，相对而言，劳动强度大、效率低，经常会受到天气、季节的影响，而且需要技术较强的焊工操作。但焊接罐相对造价较低，且现场变更难度较小。此外，碳钢焊接罐体钢板厚度可调，因此单体强度较高，单体最大容积较大。

8.2.5.2 反应器

1. 升流式固体反应器

升流式固体反应器（upflow solids reactor，USR）是一种结构简单、适用于高悬浮固体原料的反应器。原料从底部进入消化器内，与消化器内的活性污泥接触，使原料得到快速消化。未消化的生物质固体颗粒和沼气发酵微生物靠自然沉降滞留于消化器内，上清液从消化器上部溢出。这样可以得到比水力滞留期高得多的固体滞留期（SRT）和微生物滞留期（MRT），从而提高固体有机物的分解率和消化器的效率。

2. 完全混合厌氧反应器

完全混合厌氧反应器（complete stirred tank reactor，CSTR）是在常规反应器内安装搅拌装置，使发酵料和微生物处于完全混合状态。与常规反应器相比，其活性区域遍布整个反应器，其效率比常规反应器有明显提高。该反应器采用恒温连续投料或半连续投料运行，适用于高浓度及含有大量悬浮固体原料的处理。

3. 厌氧接触反应器

厌氧接触反应器是完全混合式的，是在连续搅拌完全混合厌氧反应器（CSTR）的基础上进行了改进的一种较高效的厌氧反应器。反应器排出的混合液在沉淀池中进行固液分离，污水由沉淀池上部排出，沉淀池下部的污泥被回流至厌氧消化池内。这样的工艺既保证污泥不会流失，又可提高厌氧消化池的污泥浓度，从而提高了反应器的有机负荷率和处理效率，此外反应器还设有多点测温装置，能够根据测温装置的温度反馈对进入反应器的液体进行加温或停止加温，从而有效提高沼气产量。目前，全混合式的厌氧接触反应器已被用于废水中 SS 浓度较高的高浓度有机废水的处理。

4. 塞流式反应器

塞流式反应器（plug flow reactor，PFR）也称推流式反应器，是一种非完全混合式反应器，高浓度悬浮物固体原料一般从一端进入，从另一端流出。由于反应器内沼气的产生，呈现垂直的搅拌作用，而横向搅拌作用甚微，原料在反应器的流动呈活塞式推移状态。

5. 产气储气一体化反应器

随着沼气技术的发展，德国、捷克、荷兰等发达国家的沼气工程装备已达到设计标准化、产品系列化、生产工业化，质量得到有效控制。工程装备的组装技术也达到模块化、规范化。其大型厌氧消化装置（容积为 2 000～4 000 m^3）为圆柱形立式罐，多为钢结构；小型厌氧消化装置（容积在 200～1 500 m^3）多为圆柱形立式罐、钢结构或钢筋混凝土结构。这些厌氧消化装置（立式罐）顶部常常装有双膜储气柜，构成了发酵、储气一体化装置，既节省了单独设计储气装置的费用和占地面积，又解决了在寒冷地区传统储气装置水封冬季结冰的问题。

8.2.5.3 膜式储气柜

传统沼气工程储气多采用湿法储气罐，其存在管理复杂、地域适应窄、投资高等缺点。膜式储气柜是将一种新的软膜材料加工成由内层膜和外层膜组成的气体储存袋。外层膜构成储气袋的外部球体，内层膜与底膜构成内腔来存储气体，同时外层膜顶部设有测距仪，内层膜里面设有压力传感器，可对内层膜升起的高度及内层膜内气体的压力同时进行检测，防止内层膜被撑爆；此外，膜式储气柜还设有防爆鼓风机、水封罐等配套设备，以保证外层膜始终处于在一定安全压力下呈充气撑起状态，从而有效保护外层膜不被损坏，进一步保护内层膜。

8.2.5.4 沼气净化装置

沼气工程净化装置主要包括汽水分离器和脱硫塔，可根据沼气产量选取合适的设备，还可根据实际需要配置检测沼气流量计及气体组分检测仪，进而及时提醒操作人员对脱水剂及脱硫剂进行检查及更换。

8.2.5.5 搅拌设备

搅拌设备主要用于原料搅拌均质，主要分为桨式搅拌器和潜水搅拌器两类。一般沼气工程中多采用潜水搅拌器，具体参数根据工程规模大小具体选型，潜水搅拌器的启动及停止受到液位自动控制，保证物料得到及时搅拌，并防止低液位搅拌机电机烧毁。

8.2.5.6 格栅机

根据工程实际情况，如原料中含有大块杂物，需在进入集中处理区之前设置格栅机，一般多采用回转式格栅除污机。格栅机的运行可与牛舍粪沟冲洗进行联动，粪沟冲洗泵工作时，格栅机可同时或延时开启。

8.2.5.7 进料泵

沼气工程中，原料首先在调配池内混合，随后被提升到后续各构筑设施。为防止提升过程中一些较大尺寸的原料或杂质堵塞管道或泵体、影响整个系统的运行，因此多选用潜水无堵塞切割泵和单螺杆泵。潜水无堵塞切割泵的启动及停止可由液位自动控制，以确保高液位时池内粪污能得到及时处理，并防止低液位时造成泵体电机烧毁。

8.2.5.8 沼气蒸汽锅炉

为了保证沼气工程长期正常产气，寒冷季节必须对沼气发酵原料及发酵设施等进行加热保温处理。目前多采用沼气蒸汽锅炉，锅炉使用沼气工程本身产生的沼气作为燃料。

8.2.5.9 固液分离机

如果沼气工程周围不能消纳产生的沼渣，应设置固液分离机，对沼渣进行脱水浓缩。国内常用的固液分离机主要为带式压滤机、板框压滤机、箱式压滤机，可根据工程规模和业主要求具体选用。固液分离机可与前端设备及后端设备进行联动启动，从而有效节约能源，提升自动化，减少操作人员。

8.2.5.10 沼气工程控制系统

沼气工程控制系统(图 8-24)可实现对整个系统所有设备的集中控制，并可实时显示设备的运行状态、关键参数等。

8.2.6 液态粪肥储存

液态粪肥储存设施(图 8-25)主要用于储存固液分离后的液态粪污部分或沼气工程产生的沼液，经过一段时间的常温厌氧密闭储存，经检验达到《粪便无害化卫生要求》中的相关要求后，便可作为液体有机肥进行施用。液态粪肥储存设施存储周期可根据建设地的气候条件及最长施肥间隔综合确定。

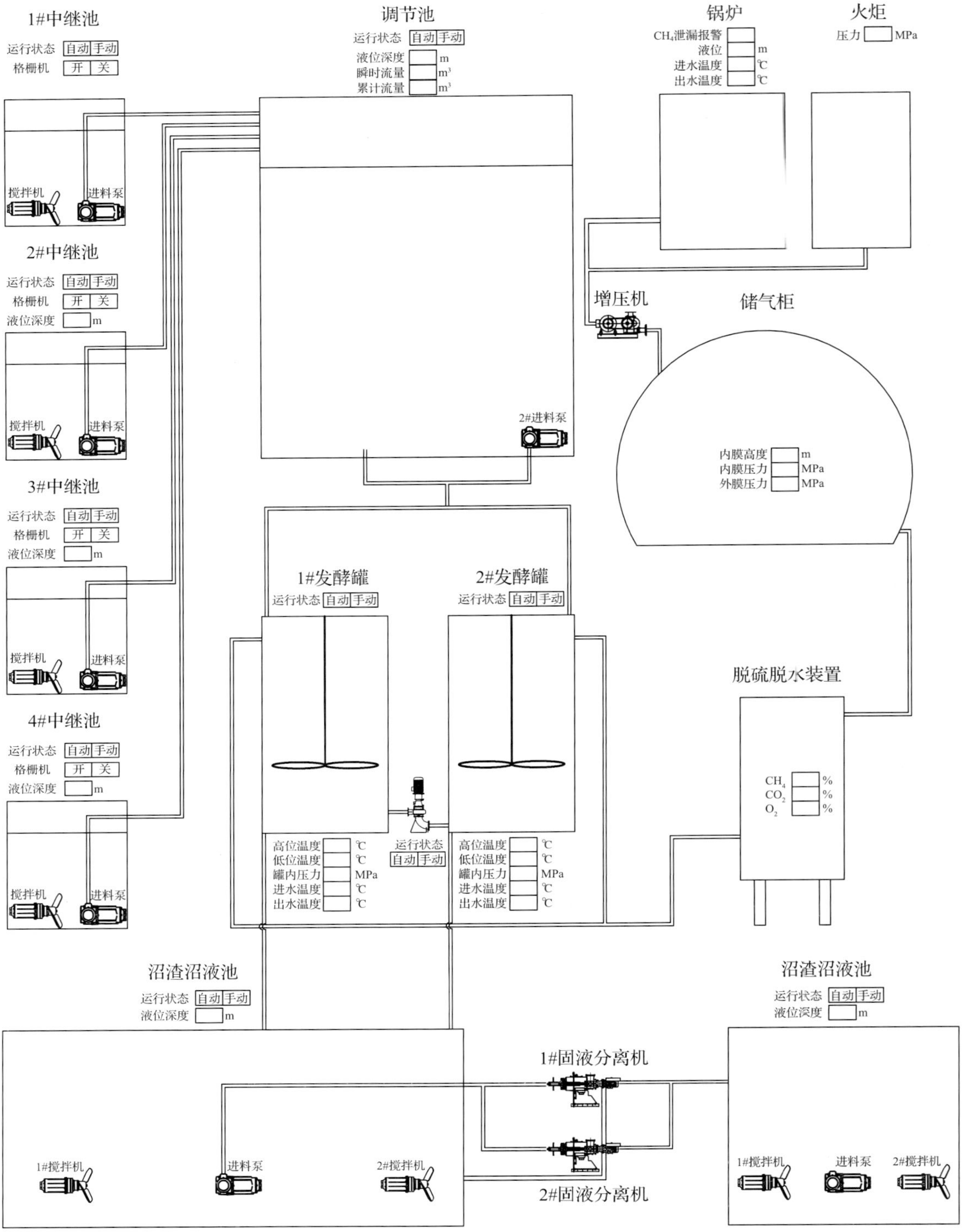

图 8-24　沼气工程控制系统示意图(由北京京鹏环宇畜牧科技股份有限公司供图)

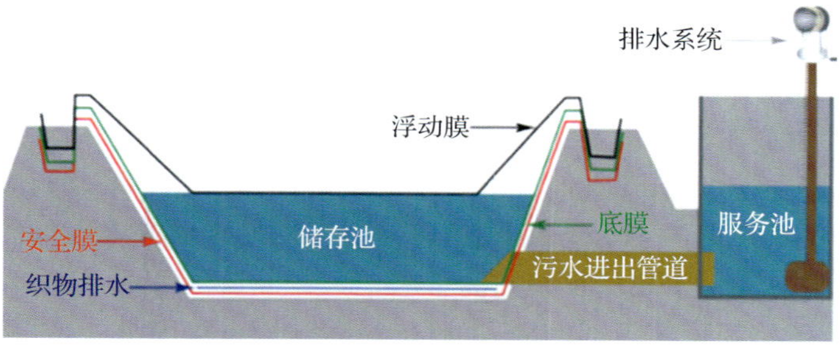

图 8-25　液态粪肥储存设施示意图(由北京京鹏环宇畜牧科技股份有限公司供图)

液态粪肥储存设施要最大化保留液体有机肥肥效,储存过程做到无渗漏、无蒸发,不得对周边大气、土壤、地下水等造成污染。

8.2.6.1　液态粪肥储存设施选址要求

(1)应符合当地有关要求和规定,且需远离湖泊、小溪、水井等水源地,避免对地下水和地表水造成污染;应符合关于液态粪肥储存设施与各水源地之间距离的相关规定。

(2)由于在处理及储存过程中会不可避免地产生臭味,选址时尽量将其建设在养殖场生产区及生活管理区的下风向或侧风向,并且尽量远离风景区以及住宅区。

(3)不得将液态粪肥储存设施建设在坡度地及容易发生水灾的地方,避免由于雨量较大或洪水暴发造成的液态粪肥储存设施内污水溢出而对环境造成污染。

(4)其他因素,如与大树应有一定的距离,避免树根破坏池底,从而破坏储存设施的稳定性等。

(5)施工前应勘查拟建场地的工程地质条件,分析该地土质、岩土等基础情况,并对土壤的渗水性进行检测,确定该地是否能满足防渗要求,避免液态粪肥储存设施通过池壁和池底对周围的土壤和地下水造成污染。

8.2.6.2　液态粪肥储存设施的主要结构单元

(1)液态粪肥储存设施主体　储存塘主体形式分为两种,混凝土和土制形式。混凝土形式的液态粪肥储存设施,池壁和池底由一定厚度的混凝土层组成,混凝土层厚度需根据建设地土质情况、气候条件等计算确定。土制形式液态粪肥储存设施是根据地质情况条件,挖出一定量的土方,形成土制形式液态粪肥储存设施主体,池底和池壁夯实度应达到 95%以上。两种形式均可根据项目规模及现场情况设置为全地下式或半地下式。

(2)防渗装置　液态粪肥储存设施要求池底和池壁有较高的抗腐蚀性和防渗性。对于混凝土形式的储存设施,本身已具有防渗功能,但也可在混凝土层上层或下层铺设 1.5 mm 厚的防水土工膜,以达到双重防渗的效果;对于土制形式的存储设施,其防渗装置是在其底部铺设两层防水土工膜,由下到上分别是安全膜和底膜,底膜是防渗的关键,安全膜为底膜防渗增加了一次保障。一般铺设的防水土工膜材质为聚乙烯(PE-HD、PE-LD、PE-LLD 等)。

(3)防蒸发装置　液态粪肥储存设施需密闭,以保证相对厌氧的存储环境,有效杀死有害病菌。一般做法是池顶覆盖一层防水浮动膜,粪水在浮动膜以下储存,浮动膜上有沼气收集管道(收集、净化后加以利用),并配置雨水泵,真正达到雨污分离、隔离气味、最大化保留肥效的目的。

(4)注入输出服务装置　主要用于不适合在主体上开洞、埋管的土制储存设施。由具有防渗结构的钢筋混凝土服务池和储存设施连接管道组成，粪水进出储存设施均经由此服务装置进行，以免对已有的储存设施造成破坏。

(5)报警装置　由粪水渗漏报警装置和地下水上涌报警装置组成，粪污渗漏报警装置的收集管道位于底膜与安全膜之间，可及时观测发现底膜的泄漏情况并采取相应的修补措施；地下水上涌报警装置的收集管道位于安全膜下方，可及时观测发现储存塘底部的地下水上涌情况，并采取相关措施减少对地下水和储存设施的影响。

(6)锚固沟　位于储存设施顶部四周，工膜铺设时需深入锚固沟内，并覆土压实，达到固定锚固目的。

与混凝土形式储存设施相比，土制储存设施施工工期更短、投资成本更低。此外，土制储存设施不再使用时，可通过移除所安装的膜、设备等材料并回填，能够恢复安装前的原有地貌，不会对原有地貌造成永久性破坏。

8.3　养殖废弃物管理系统

伴随养殖业的集约化、规模化发展，现代化养殖场越来越企业化，养殖业的管理也需要信息化程度高的管理平台。畜牧业养殖废弃物管理系统，是一套运行稳定、熟化并完善、低成本、高可靠性、适于大面积推广的养殖业物联网解决方案。系统通过流量、液位、湿度、温度等传感器，对养殖场废弃物处理及资源化利用设备参数进行实时采集分析，自动开启或者关闭指定设备。同时在设备运行现场布置摄像头等监控设备，进行 24 h 不间断监控，实现养殖场废弃物处理及资源化利用工程的智能生产与科学管理。

8.3.1　系统组成

针对养殖粪污资源化利用推进工作中，台账数据采报不及时、繁杂流程难操作、工作成效难评估等问题，养殖废弃物管理系统以采集与管理的统筹优化为立足点，通过对养殖粪污资源化利用细化分析，全面覆盖养殖粪污的收集、储存、运输、处理、综合利用等多个环节，结合物联网、移动互联网、云计算的新技术，进行信息化的采集、监管、统计和分析，力图打破各监管部门和生产主体之间“信息隔阂”的现状，实现过程与结果的有效联动，帮助生产主体科学确定粪肥还田利用计划，及时记录粪污日处理量和粪肥施用时间、施用量与施肥方式等，为数据管理和监管提供决策支撑。

(1)养殖废弃物智能监测系统　通过传感器、音频、视频和远程传输技术在线采集养殖场废弃物设备温度、运行时间、液位、管道流量等信息，实时监测设施运行状态，及时预警异常情况，减少损失。

(2)养殖废弃物智能监测系统　现场环境实时查看；手机 App 远程实时监控；视频信息可回看、传输和存储，及时发现设备运行过程中遇到的问题，查找分析原因，确保安全生产。

(3)养殖废弃物智能控制系统　根据现场的实际情况，设备可实现自动运行及远程操作，对于故障及时处理，有效预防设备损坏，实现根据运行时间对设备进行维护，实现精细化管理，减少损失。

(4)数据库系统　基于物资管理，便于盘点设备备品、备件等的输入与输出量，避免库存空缺或积压。基于设备管理,可以实时录入设备运行时间及故障。

(5)手机远程管理系统　手机控制是农业物联网控制系统的另一种便捷控制方式,用户预先在智能手机上下载物联网系统,通过手机上的客户端,用户可以远程查看设施环境数据和设备运行情况,还可以分析数据,方便灵活管理。

(6)信息管理平台　各监督部门可通过该平台查看养殖废弃物的产生量、设备故障率等情况,便于养殖场管理,对设备进行综合分析。

8.3.2 功能设计

(1)可靠性　本系统为养殖废弃物全过程管理,要求在各阶段都能支持系统数据录入维护及查看,便于随时监控各种养殖数据情况,要求系统具有可靠性,具有长时间无故障运行、故障及时恢复等功能。

(2)灵活性　本系统要进行养殖管理、物联网数据采集监测,系统的架构需要支持业务功能模块横向发展,在设计阶段应考虑到养殖场今后业务功能扩充的需要和集团规模变化对系统进行响应调整的需要,并考虑充分现有的资源,发挥其最大作用。

(3)易用性　系统要求操作界面及使用说明应简洁明了,应尽量避免采用计算机专业术语,在较复杂的界面上提供方便的使用说明。

(4)可适应性　本系统在硬件配置,用户规模、结构、名称等方面不尽相同,要求系统具有灵活的功能配置。

8.3.3 建设效果

(1)信息化程度高　养殖废弃物管理系统从信息的采集到传输、处理都可以将数据实时上传到系统进行保存、分析、指导管理,信息化程度高。

(2)全程可视化追溯　养殖废弃物管理系统对废弃物产生量、设备运行状态进行全程跟踪,对每个环节进行详细记录,可实现全程可视化追溯。

(3)追溯的高效性　系统全电子化的数据集中管理,使得大量数据的查找工作由服务器来完成,节省了大量的人力和时间,使得对事件的反应得以提速。

(4)提高管理水平　系统实现了集中管理、分布式控制,规范了设备寿命的监督管理,减少了各个不必要的环节,使得突发事件第一时间可得到及时处理。

第 9 章
智能畜牧机器人

畜牧机器人即替代畜牧养殖工人并具备一定独立决策能力的智能设备，是畜牧业自动化、集约化发展过程中的关键环节，包括环境测控与清洁机器人、生产与饲喂环节辅助机器人、动物表型采集与疾病诊断机器人、动物驱赶与管理机器人等。由于养殖环境复杂，畜禽运动频繁，使畜禽养殖比工业生产更加复杂，加之劳动力日益短缺，养殖机械迫切需要向着自动化、智能化的方向发展，这种趋势极大地促进了畜牧机器人技术的发展。

9.1 养殖环境下自主导航

9.1.1 卫星导航技术

卫星导航技术是一种以卫星为基础的无线电导航技术，主要利用飞行的卫星不断向地面广播、发送特定频率，并加载一些特殊定位信息的无线电信号来提供全天时、全天候、高精度的导航、定位和授时服务。目前，全球卫星导航系统主要有美国的 GPS、俄罗斯的 GLONASS、欧盟的 GALILEO 以及中国的北斗卫星导航系统（BDS）。

9.1.1.1 GPS

美国的 GPS 是世界上最早发展起来的卫星导航系统，自 1994 年建成以来，就凭借其全天候、高精度、覆盖面广、定位速度快、效率高等特点，成为目前全球最受欢迎的卫星导航系统之一。随着 GPS 应用的不断扩展和卫星的升级换代，该系统在保持连续稳定运行的同时，各方面性能也在不断提升，包括定位精度、定位速度、抗干扰能力等。

GPS 主要由 3 部分组成，即空间部分、地面监控部分和用户部分，如图 9-1 所示。空间部分位于距地表 20 000 多 km 的上空，主要由用于定位的 24 颗 GPS 卫星组成，卫星均匀分布在 6 个轨道面上，轨道倾角为 55°，卫星运行周期为 11 h 58 min。卫星的分布使得在全球任何地方、任何时间都可观测到 4 颗及以上的卫星，并能在卫星中预存导航信息。空间部分主要用于播发导航测距信号以及电文信息。地面监控部分由 1 个主控站、3 个注入站和 5 个监控站组成，监控站的主要任务是通过接收机对 GPS 卫星进行连续观测，采集导航信息、大气数据并将所有观测数据略做处理后传送给主控站。主控

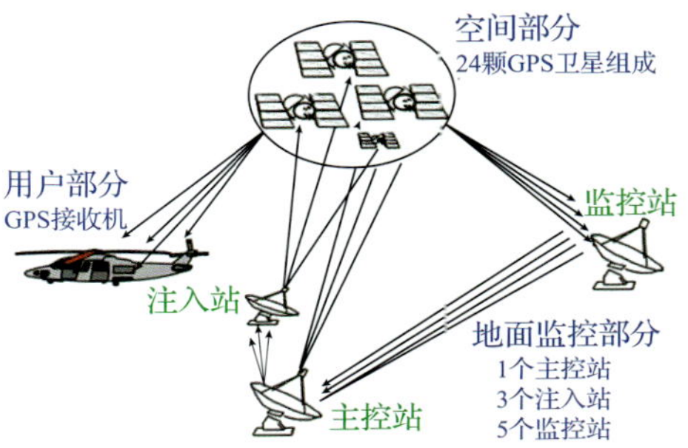

图 9-1 GPS 组成

站是地面监控部分，甚至是整个 GPS 的核心，其作用是监控和维护 GPS 卫星，接收监测站传来的数据计算卫星的精确位置，编制导航电文，并将其传送给注入站。注入站的作用主要是在主控站的控制下，向卫星注入主控站传来的指令、导航电文等，并确保传输信息的准确性。用户部分主要为 GPS 接收机和天线等设备，用于接收来自卫星的无线电信号，经数据处理后获得所需的导航定位信息和观测信息，最终完成定位、导航、授时等任务。

9.1.1.2 GLONASS

GLONASS 最早开发于苏联时期，后由俄罗斯继续该计划，其主要用途是导航定位，也可广泛应用于各种等级和种类的定位、导航和时频领域。GLONASS 也由空间部分、地面监控部分和用户部分 3 部分组成。该系统于 1976 年开始研制，1982 年发射了第一颗导航卫星，1996 年形成了由 24 颗卫星组成的完整系统，并于 2007 年开始运营，当时只开放俄罗斯境内卫星定位及导航服务，到 2009 年，其服务范围已经拓展到全球。GLONASS 提供军用和民用两种服务，经过不断的技术创新，GLONASS 现已成为完备的全球导航系统，为上亿用户提供精准、智能的现代化导航与定位服务。

GLONASS 的卫星位于距地表 19 100 km 的上空，卫星均匀分布在 3 个独立椭圆轨道上，轨道倾角为 64.8°，每颗卫星绕过一周的运行周期为 11 h 15 min，在同一时间能观测到至少 5 颗的卫星。GLONASS 星座相对轨道低、周期短，有利于对所有卫星较均匀地进行跟踪观测。地面监控部分由系统控制中心、中央同步器、遥测遥控站（含激光跟踪站）和外场导航控制设备组成，主要完成卫星轨道测量、时间测量、导航电文生成、遥测遥控等。用户部分（即接收机）能接收卫星发射的导航信号，并测量其伪距和伪距变化率，同时从卫星信号中提取需要的导航信息并进行处理，接收机处理器对上述数据进行处理并计算出用户所在的位置、速度和时间信息。GLONASS 在卫星上配置了激光反射镜，通过激光测距观测卫星和地面站的距离，并对无线电测距结果进行校正，能够大幅提高测距精度和卫星定轨精度。根据国内监测站的地理分布特点，GLONASS 在星座设计和卫星设计方面采取了优化设计，使得在局部部署监测站条件下，实现了全球系统的精密测量和定轨。

9.1.1.3 GALILEO

GALILEO 是欧洲自主独立的全球多模式卫星定位导航系统，它是由欧盟和欧洲空间局共同建设的世界上第一个基于民用的全球卫星导航系统，能够提供高精度、高可靠性的定位服务，实现完全非军方控制、管理，可以进行覆盖全球的导航和定位功能，在 2008 年投入运行后，已经服务于全球超过 30 亿用户。2023 年，欧洲空间局宣布 GALILEO 全球导航卫星系统的高精度定位服务（HAS）已启用，水平和垂直导航精度分别可以达到 20 cm 和 40 cm。

GALILEO 的全球设施部分由空间段和地面段组成。空间段由 30 颗中等高度轨道卫星组成，其中 27 颗工作星、3 颗备份星，卫星均匀分布在 3 个倾角为 56°的轨道平面内，卫星轨道高度为 23 616 km，轨道升交点在赤道上相隔 120°，卫星运行周期为 14 h，可为全球提供足够的覆盖范围。地面段包括全球地面控制段、全球地面任务段、全球域网、导航管理中心、地面支持设施、地面管理机构等部分，主要完成星座控制及管理、导航控制、完好性监测和分发。同时，GALILEO 可以实现与 GPS 和 GLONASS 的兼容，其接收机可以采集各个系统的数据或者通过各个系统数据的组合来实现定位导航的要求。

9.1.1.4 BDS

BDS 是由中国自主研究制造的全球卫星导航系统，是继 GPS、GLONASS 之后的第 3 个成熟的全球卫星导航定位系统，能够在全球范围内全天候、全天时为各类用户提供高精度、高可靠定位、导航、授时服务。北斗系统运行平稳，经全球范围测试评估，定位精度优于 10 m，测速精度优于 0.2 m/s，授时精度优于 20 ns，服务可用性优于 99%。

BDS 由空间段、地面段和用户段 3 部分组成。空间段由 3 种若干个轨道卫星构成，主要包括地球静止轨道卫星、倾斜地球同步轨道卫星和中圆地球轨道卫星，其中，高轨卫星多，抗遮挡能力更强。地面段包括主控站、基准站、遥测站和监测站等。用户段主要包括北斗系统兼容其他卫星导航系统的芯片、模块及终端产品等。与其他卫星导航系统相比，BDS 具有许多优点：首先，BDS 系统空间部分由 3 种轨道卫星混合组成，高轨卫星多，抗遮挡能力更强；其次，BDS 采用三频定位技术，定位精度更高；再次，BDS 的卫星有通信功能，现在第三代卫星可以进行短信通信；最后，BDS 还包含很多遥感技术，是唯一的通、导、遥一体化的全球系统。

9.1.2 激光导航技术

激光导航技术是一种基于激光测距原理，通过对目标物体进行激光扫描、测量、反射等操作，得出目标物体在空间中的位置和轨迹信息的一种技术。该技术广泛应用于航空、航天、机器人、自动化生产等领域。由于其原理较为简单，比较成熟，是目前较为稳定且主流的定位导航方法，具有非接触、精度高、稳定性好、反应快等特点。

9.1.2.1 激光导航技术的原理

激光导航技术是基于激光测距原理实现的。在激光导航技术中，激光器产生激光束，通过透镜进行聚焦，将激光束对准目标物体。当激光束照射到目标物体上时，一部分激光束被目标物体吸收，另一部分激光束被反射。激光测距仪接收到反射回来的激光束，通过计算激光的传输时间和光速，就可以得出目标物体和激光测距仪之间的距离。同时，如果将反射回来的激光束与发射的激光束进行比较，并进行适当的处理后可获得目标物体的距离、方位、高度、速度、姿态甚至形状等参数，并以此来构建环境地图并规划导航路径。在实际应用中，通常会用到多个激光器和激光测距仪组成一个激光导航系统。由于原理较为简单，涉及计算量也不至于短时间内让处理单元难以负载，同时获得的数据更加精确，所以使用激光导航技术往往可以更精准地绘制二维地图或三维模型。

9.1.2.2 激光导航技术的优缺点

1. 优点

(1)高精度　激光导航技术可以实现高精度的测量和定位，精度通常可以达到几毫米。

(2)实时性　激光导航技术可以实时地获取目标物体的位置和轨迹信息，响应速度非常快。

(3)适应性强　激光导航技术可以适应各种不同的环境和场景，包括室内和室外环境。

2. 缺点

(1)成本较高　激光导航技术的设备成本比较高，需要大量的投资，同时，设备损坏时维修成本较高。

(2)易受到环境干扰　在一些复杂的环境中，如有很多障碍物的室内环境，激光导航技术的效果可能会受到一定的干扰。

9.1.2.3 激光导航技术的形式

一是基于反射标记物的激光导航，在目标物体行驶路径的周围放置一定数量的反射板、反射柱等激光反射标记物，通过激光探测仪等传感器探测并识别反射标记物，从而完成定位与导航，该方式定位精度高、稳定可靠，同时对外界环境要求较低。二是基于自然环境的激光导航，又称自然导航，通过激光探测仪等传感器探测到的周围物体的信息作为参考完成定位与导航，该方式定位精度稍低，而且容易受到外界环境的干扰，尤其是在非结构化环境中。三是基于反射标记物和自然环境的复合式激光导航，该方式融合了前两种激光导航形式，定位精度较高，同时，导航的算法复杂程度也最高。

9.1.2.4 激光导航技术在农业领域的应用

激光导航技术在农业生产中的应用越来越广泛，利用激光导航技术能够对农作物的高度和占地面积展开准确测算，同时也能够对农业机械的运行路线进行调控，如大型收割机、拖拉机等农业机械的无人驾驶、小型农业机器人的自主定位导航等。激光导航技术可以帮助农业机器人实现完全自主导航，农业机器人可以通过激光测距仪扫描周围环境，得到环境中物体的位置和距离信息，从而规划自己的行动路径和避开障碍物。

9.1.3 人工标记导航

人工标记导航是事先在移动机器人的工作环境中，人为地设置一定数量、位置确定、特征明显、易识别且有别于环境信息的特殊标记物。移动机器人利用自身携带的基于激光测距仪、红外传感器、超声波传感器、相机等视觉检测系统对布置在环境中的人工标记物进行捕获，根据捕获到的特殊标记物的特征，如位姿、颜色、形状等信息估计移动机器人相对人工标记物的位姿，以实现对移动机器人实际位姿的估计，从而实现移动机器人的定位与导航。

9.1.3.1 人工标记导航的特点

人工标记导航具有精度高、识别算法简单、易于实现等优点，因为人工标记可以根据视觉识别的需要，有针对性地设计标记物的颜色、形状、图案等，其识别难度大大降低，即使在工作环境比较复杂的情况下也能得到较为准确的识别结果，而且，该导航方式的适应性较强，能够适用于多种环境，包括温室、农场等室内环境以及果园等室外环境中。然而，人工标记导航也存在着以下几个问题：受到环境光照变化等的影响，标记物的识别准确率会下降，导致导航的稳定性较差；对单个标记物进行识别的定位导航误差较大，当需要对多个标记物同时观测时，对工作环境要求较高；当移动机器人与标记物距离较远或观测角比较大时，容易产生导航精度下降的情况；人工标记导航需要提前进行规划和标记，增加了使用成本和时间。

9.1.3.2 人工标记物的设计与选择

为使移动机器人能够快速准确地识别，人工标记物通常采用一些特殊设计的颜色或纹理结构、信息图案等，可以是数学中的几何形状，也可以是字母及二维码等，而且一般都是用特殊材料的纸片打印制作而成。只有人工标记物能够获得稳定、准确的识别结果，导航的精度才能更高，所以在设计或者选择标记物时，应考虑以下几个要求：要求在人工标记物中嵌入有别于环境的特定信息，保证视觉检测系统能够识别；要求从不同角度、不同距离对标记物进行识别时，尽管观测到的标记物尺度不同，但必须保证识别结果是正确的；要求当人工标记物与视觉检测系统存在一定的角度时，移动机器人仍然能够识别出人工标记物的准确信息；要求当人工标记物部分损坏或部分被遮挡时，视觉检测系统仍然能够对人工标记物未损坏或未遮挡部分进行识别，且得到完整准确的标记物信息。

9.1.3.3 人工标记导航在农业领域的应用

自主定位与导航是农业机器人必须具备的基本功能之一，它是完成许多农业生产任务的前提。在大田、果园等室外环境中，农业机器人可以采用 GPS、北斗等卫星导航系统实现定位与导航，而在温室、农场、牧场等室内或其他信号薄弱的环境中，很难利用 GPS 等方法完成定位与导航，这时常用到的方法就是基于人工标记的定位导航方法，农业机器人可以通过人工标记导航系统进行精准的定位和导航，从而实现自动化的农业作业，如采摘、除草、喷药等。

9.2 作业信息感知

9.2.1 动物健康状况判别

在畜牧养殖中，动物健康状况监测对于当前养殖业的发展具有十分重要的意义，同时，针对牲畜的健康状况监测和疾病诊断成为现代智能养殖产业发展需求，因此，动物健康状态信息感知技术是智能化养殖过程中的关键技术。与传统的人工观察方式相比，智能感知技术具有客观高效、非侵入性、抗污染性等众多优点，能有效提高动物福利。并且随着深度学习的不断发展，视觉特征表征困难的问题得以突破，图像和视频的认知水平也大大提高，从而加速了计算机视觉技术在畜牧业的技术进步。

畜禽体温、形态和行为特征是动物健康状况评价的重要指标，也是对动物进行疾病诊断的重要依据，因此，主要对这 3 个指标进行智能监测。

畜禽体温是反映其生理状态的重要指标，分析畜禽体温变化能够了解其健康状况，有助于早期发现患病动物，并及时给予疾病判断和处理。目前常用的自动测量动物体温的技术分为两大类：第一类是接触式传感设备，该类技术由于成本相对较低且发展较早，已经被广泛应用于畜禽养殖领域，虽然这种方法测量精准，但接触式传感器容易造成动物应激，且穿戴不便；第二类是非接触式的热红外成像技术，能够直观表现出畜禽不同部位的体表温度与差异，不但减轻动物应激压力，也可以减少劳力消耗，简化操作过程。基于红外热成像图像的动物温度测量，一般先选择动物的某区域作为热窗，通过热窗的温度反演其体温，常用热窗一般有头部、耳后部、胸部等。例如，研究人员通过红外热像仪测量了猪头的温度，并通过不同热窗区域检测了猪的早期发烧。但是热红外用于动物体温测量时，容易受到环境温度和测量距离影响，导致测量精度不高，因此需要相关算法来提高体温检测的准确性。随着神经网络的发展，有学者依据温度、湿度、光照强度等环境因素，建立了基于 BP 神经网络的多因素肉鸡体温反演模型，与实际测量结果相比，查准率达到 96.77%。

形态和行为特征是畜禽动物是否发生疾病的直观外在表现，在非接触式识别中，常用机器视觉与红外激光技术获取动物的图像或点云信息，进而对动物的体表形态异常进行识别与判断。

首先，就动物外表形态而言，患病动物个体通常表现出身体结构变化、轮廓变化、关键部位形态（如鸡冠、牛腿等）变化，目前的研究主要从基于可见光和深度图像的畜禽形态识别、基于红外成像的畜禽异常识别两个方面展开。前者利用采集的图像计算分析动物关键形态参数、骨骼角度参数、轮廓几何特征，检测畜禽身体形态异常状态。例如利用 3D Kinect 相机采集奶牛的相关特征信息，结合牛体重和年龄赋予信息权重，并自动计算出五分制体况评分(BCS)，进而依据该评分实现奶牛脂肪肝、酮病、乳房炎、跛行和不育等不良状态的预警。基于形态特征的识别方法可以结合深度卷积网络模型来克服环境、姿态和角度的影响，从而提高识别准确率。而红外成像技术在动物体表寄生虫识别、动物局部组织病变等方面有较大优势，例如通过识别和分析奶牛眼睛和乳房的红外热像信息来检测奶牛乳房炎。这种方法不容易受到背景环境的干扰，有较高的疾病诊断准确率。而且，若利用可见光与红外成像融合算法，还能进一步排除动物重叠、其他高温物体带来的干扰，进一步提高检测能力。

其次，动物行为也是其健康水平的有效反应。目前非接触式动物行为识别方法通常通过计算机视觉系统获取目标图像和视频等信息，再进行特征提取、目标检测和行为识别分类。采食、饮水、躺卧等基础生理行为一般需要长时间的跟踪监测，从而获取动物活动规律并进行分析。例如使用 Kinect 深度相机从俯视角度采集肉鸡的 3D 图像，并对肉鸡的躺卧与站立状态进行识别，并检测躺卧次数、统计躺卧持续时间，可以间接评价肉鸡腿部健康状态。而步态、互动等高级行为往往能预警动物可能出现的疾病。例如针对奶牛跛行的检测，研究人员利用机器视觉技术，结合时空插值算法来实现牛蹄定位，并根据牛蹄轨迹来检测跛行。

9.2.2 动物器官状态识别

在智慧畜牧领域中，对动物器官和关键区域的识别有助于进一步挖掘动物生理信息，掌握动物的生长状况，实现精细化畜牧养殖。近年来，基于计算机视觉技术和智能算法的非接触式目标检测被广泛应用，检测区域通常包括眼部、口鼻、面部、躯干(图 9-2)。

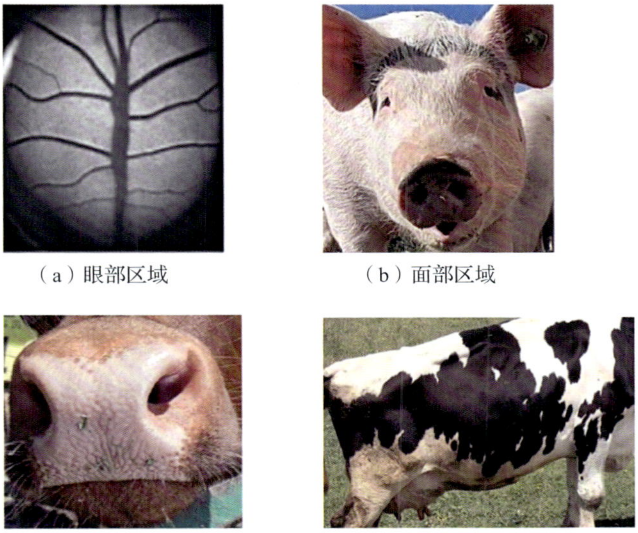

(a) 眼部区域　(b) 面部区域

(c) 口鼻区域　(d) 躯干区域

图 9-2　家畜常用检测区域

近期，研究人员利用深度学习算法实现了猪、牛、羊等动物脸部的高效识别。以猪脸识别为例，研究人员首先采集猪面部数据并进行特征点标注，然后构建猪脸人脸匹配数据集，其次利用该数据集训练形变卷积神经网络 TPS(thin plate spline)，得到形变后的猪脸数据集，最后使用形变猪脸数据集对人脸特征点检测神经网络模型进行微调，得到猪脸特征点检测模型，检测错误率仅为 5.60%。还有使用实际猪场采集的猪脸视频数据集建立基于 GoogLeNet、ResNet、SE-Net、DenseNet 4 种不同深度学习模型的猪脸识别方法，实验结果表明 DenseNet 模型的性能最佳，平均精确率可高达 98.47%，这为精准化养殖中的个体识别提供了参考。

有关基于口鼻特征的个体识别技术的研究也在积极开展。牛的鼻部有类似于人指纹一样的皮肤纹理，有珠状和脊状两类。鼻纹具有差异性和稳定性，因此可以作为个体识别的特征。表 9-1 展示了不同算法在基于口鼻的牛个体识别方法的优势和不足。

表 9-1　基于口鼻的牛个体识别方法对比

算法	优势	不足
GSRC	提高了口鼻图像的识别能力	数据库规模较小，算法有待改进
CNN、DBN 和 SDAE	DBN 识别准确率较高	图像采集时受环境影响较大
DBN 和 SDAE	适合于处理光照差、奶牛姿态不稳定导致的牛口鼻图像变化	牛只口鼻图像不易获取
WLD 和 AdaBoost 分类器	具有较高的识别准确度	识别时间较长，效率不高
SURF 和 LBP	利用加权融合规则将高斯平滑后的图像纹理特征描述符进行组合	口鼻图像数据集单一，没有考虑到光照等因素的影响

对于畜牧动物其他器官（如奶牛乳房）的识别同样是智慧畜牧领域的重要组成部分。在智慧奶业中，发达国家自 20 世纪 90 年代便开始推广使用挤奶机器人，以此避免人工挤奶造成的应激，进而提高动物福利。乳头识别是机器人挤奶的关键环节，也是智慧奶业必须突破的关键技术，目前奶牛乳头识别与定位运用较多的是激光扫描视觉传感技术，通过激光扫描相机得到乳头的准确位置，但较为耗时，如美国 Boumatic 公司设计生产的 ProFlex 机器人挤奶系统，在机械臂上配备了摄像头和激光传感器来实现对奶牛乳头的精准测距和定位。此外，3D 直接拍摄、红外热成像以及结构光等技术开始在乳头识别与定位的解决方案上崭露头角，但都存在着性能不稳定、耗时较长、套杯准确率偏低等问题。而双目立体视觉技术是建立在计算机视觉和图像处理基础上的一门新兴技术，用计算机模拟人的视觉功能，通过摄像机获取场景图像，经过图像处理与分析获取被识别物体的信息，结合双目摄像机对深度信息的感知能力，最终完成目标的识别与定位任务。国内有研究人员采用双目立体视觉技术进行仿真乳头的识别与定位，并根据定位结果控制滑台模组对仿真乳头进行自动奶杯套杯，取得了良好的实验结果，为后续的研究奠定了基础。

针对动物躯干部分的识别，有研究人员提出了一种 FLYOLOv3(FilterLayer YOLOv3)深度学习框架，实现了复杂场景下奶牛个体关键区域的检测（如躯干、腿和头部），并在白天和夜间数据集上进行了验证，均取得了较好的检测结果。

9.2.3　养殖设备信息监测

全球的畜牧业朝着标准化、规模化与智能化的发展态势不可逆转，迫切地需要现代智能装备的支撑。智能家畜养殖设备是智能农机装备的组成部分之一，是提高生产效率、转变发展方式、增强农业综合生产力的物质基础。养殖设备当前在奶牛、猪、鸡和鸭等动物的养殖运用广泛，例如奥地利 Schauer 公司生产的 COMPIDENT 奶牛饲喂站（图 9-3），采用坚固的气动入口门设计，每台饲喂站可饲喂 50 头奶牛，在饲喂站里可以模块化集成 6 种不同精饲料原料分配器。与饲喂站配套的 TOPO 饲料管理程序，可以使奶牛在一个综合生产周期内，实现精饲料配方和饲喂量的灵活调整，方便了料仓的管理。

图 9-3 奥地利 Schauer 公司 COMPIDENT 奶牛饲喂站

相应的，机械设备运行过程中若出现故障将造成机械设备异常运行状态，严重影响生产安全。因此智能畜牧机器人在机械设备不解体、不停机的状态下，监测机械设备运行状态尤为重要。当前，巡检机器人对于设备的信息监测可以通过红外摄影仪、热图像处理技术或物联网技术来采集设备温度数据，考虑到农业机器人并不会受到热辐射等环境影响，因此农业机器人大多使用红外摄影仪通过温度监测实现对养殖设备的信息监测。影响设备红外图像的主要因素包括电压、电流和电力负荷。当变电设备处于稳定运行状态时，电压升高与电流持续输出所产生的热效应，均会对设备产生一定负面影响，造成变电设备的损伤和老化。

通过巡检机器人采集到的数据信息，具体分析设备运行时的热力参数，可以判断出设备当前状态，明确指标性能，进而对养殖设备进行性能监测。如果还需要对设备故障信息进行诊断，则具体流程如图 9-4 所示，但巡检机器人主要对大型变电设备进行检测。畜牧业中运用的设备以中小型为主，如果需要进一步对设备进行监测，智能畜牧机器人还需具有智能表盘识

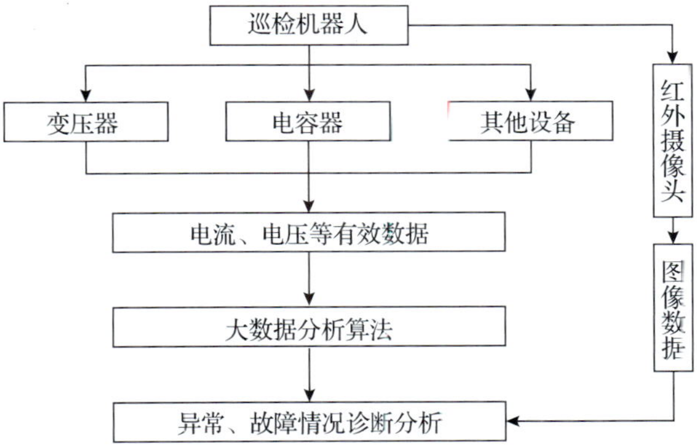

图 9-4 巡检机器人故障信息诊断流程

别功能，更精准地识别设备信息。图 9-5 为浙江国自机器人技术股份有限公司的 GZ-TS200 智能巡检机器人，其很好地兼容了智能表盘识别和红外测温检测功能。在巡检过程中拍摄仪表盘可见光图像，即可通过图像识别明确当前时刻下仪表读数。若数值不符合设备正常值，处于偏离过大或过小，系统也发出警报，提醒日常运营维护人员的注意。目前针对仪表自动读数方法的研究大多基于预先获取到的高质量图像，其中仪表目标位于图像中央且占比较大，仪表表盘与相机平面平行，这需要大量预先的仪表测量与相机标定工作，不能满足实际农业生产环境下的使用要求。为了解决上述问题，利用卷积神经网络模型检测当前视野下仪表目标的包围框位置，计算其距离视野中央的偏离值与图像占比，据此调整相机位置和缩放倍数。通过透视变换消除表盘平面与相机平面偏差造成的仪表图像畸变，通过霍夫变换检测仪表的表盘与指针，完成仪表读数识别。实际测试实验结果表明，本方法最大读数误差仅为 1.82%，对于复杂畜牧背景下多类别仪表的自动检测与识别任务具有良好的准确性与稳定性，可满足农业生产实际应用需求。

图 9-5 GZ-TS200 智能巡检机器人

总体来说，对于智能畜牧机器人，对养殖设备进行设备监测可通过温度检测和识别仪器表盘实现。

9.3 关键执行部件

9.3.1 末端执行器

末端执行器(end effector)是位于机械臂末端、与外界对象进行物理交互的工具，工具选择取决于机器人的特定应用领域。在工业机器人领域作业环境较为单一，具有较高的通用性。农业机器人的作业环境比较复杂，在畜禽养殖中需要面对不同的养殖对象，对它们进行不同的养殖或处理操作，如饲喂、环境消杀、挤奶、注射和健康巡检等，即使是相同的养殖对象，在不同的成长阶段，它们的形状、大小、颜色和外部环境也存在差异。末端执行器按其作用可分为手爪式和工具式。采用手爪式可以完成挤奶、消杀等工作，是一种多用途的机械。工具可用于饲喂、注射以及其他一些工作。以末端执行器的机构功能为依据，畜禽养殖机器人末端执行器常见机构具体包括挤奶机构、饲喂机构和肉禽处理机构。

9.3.1.1 挤奶机构

挤奶机器人能大大节省牧场日常的运营成本，提高牧场生产效率和奶源的整体品质。其中机器人的末端执行器在识别牛乳头位置、姿态、套杯和牛乳头清理消毒过程中发挥了至关重要的作用，其工作性能决定着挤奶机器人整体的稳定性和工作效率。

于亚君研发的末端执行器主要由奶杯、清洗装置、奶杯调节装置、激光扫描装置和微型气缸组成，可进行作业对象的检测以及奶杯位置的调整，是完成整个作业的关键结构，其三维结构模型如图 9-6(a)所示。奶杯调节装置布置在挤奶机器人末端执行器安装板上，由奶杯倾斜机构和奶杯回收机构两部分组成，主要完成奶杯的倾斜、对接、回收和挤奶等动作，如图 9-6(b)所示。

胡海霞运用 TRIZ 理论中的因果分析法和矛盾矩阵及物-场模型对现有的挤奶机器人末

端执行器进行分析，得出了一种新型气动式自适应双夹持的末端执行器，结构如图 9-7 所示，该执行器具有双夹持和微调节功能，满足了不同牛乳房间距和位姿的调节要求，提高了末端执行器的适应性和挤奶工作效率。

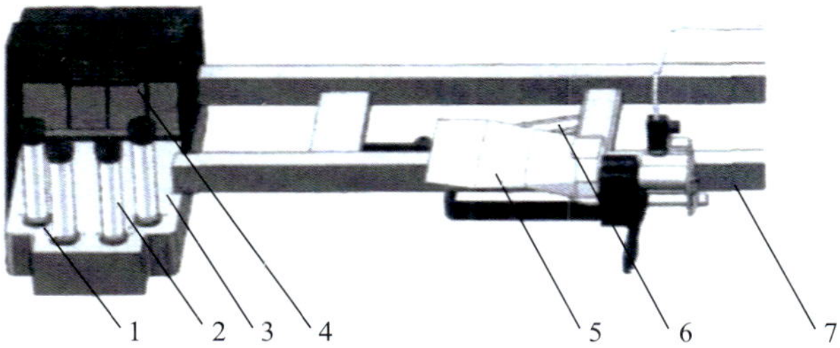

1.奶杯调节装置 2.奶杯 3.末端执行器安装板 4.激光扫描装置 5.清洗装置 6.微型气缸 7.下臂

（a）挤奶机器人的末端执行器

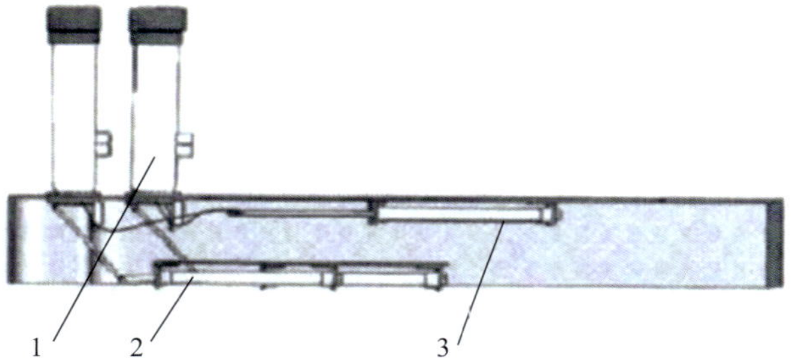

1.奶杯 2.奶杯倾斜机构 3.奶杯回收机构

（b）奶杯调节装置

图 9-6　挤奶机器的关键部件

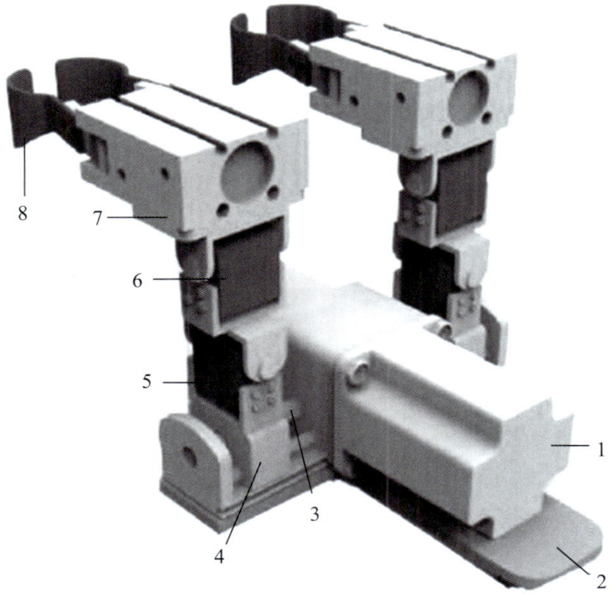

1.伺服电机 2.底板 3.丝杠 4.丝杠滑块 5.纵向角度调节舵机
6.横向角度调节舵机 7.气动夹持器 8.弹性夹片

图 9-7　自适应双夹持末端执行器

9.3.1.2 饲喂机构

喂料机器人属于一种能够代替畜牧养殖工人，具备一定独立决策能力的智能喂料设备，它可以被分成两种类型，分别是轨道式喂料机器人和自走式喂料机器人，在宽泛的定义中，它的末端执行器也就是机器人底部的饲喂机构。轨道式喂料机器人是指运行在固定轨道上实现对家畜饲喂功能的一类机器人，荷兰 Trioliet 公司研制的一款悬挂式饲喂机器人 Triomatic HP2300，如图 9-8(a)所示，在畜舍的内部轨道上进行工作，悬挂系统能够自动调整高度，从而可以有效地避开畜舍内的障碍物，给料机器人可与固定式搅拌站、饲料仓房相结合。自走式喂料机器人指的是在养殖场内可以自由行走，具有自动导航和定位功能的一种家畜饲喂机器人。荷兰 Lely 公司研制的 Vector 喂料机器人，如图 9-8(b)所示，是一种独立的电池供电机器人，能够自动喂养自混合饲料。此外还有单独固定式的智能饲喂装备，如图 9-9 所示，王开云所设计的小猪智能饲喂装置包括储料桶、料槽、下料装置、破拱装置、水阀和出水口、下料和料位感应装置、监测装置等，整体结构为模块化，工作稳定，维修简便。

（a）HP2300悬挂式喂料机器人

（b）Vector喂料机器人

图 9-8　饲喂机器人

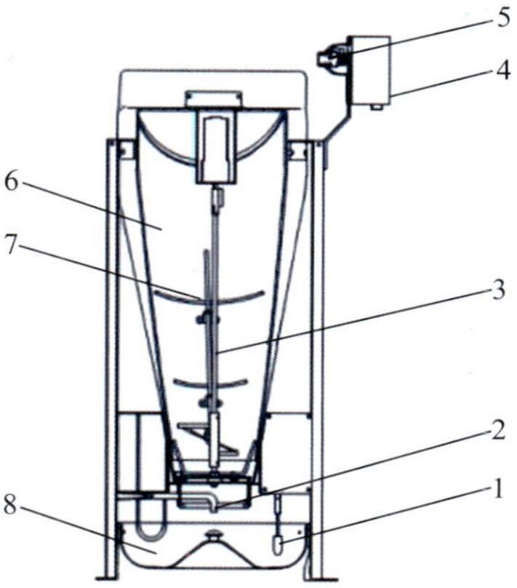

（a）实物图　　　　（b）剖面图
1.下水下料触碰及料位感应装置 2.出水口 3.下料装置
4.监控装置 5.水阀 6.储料桶 7.破拱装置 8.料槽

图 9-9　仔猪智能饲喂器

9.3.1.3　肉禽处理机构

常见的肉禽处理机器人，包括进行屠宰、分级、分拣、清洗、称重等预处理加工的机器人，以及肉类加工、剪羊毛、鱼类去骨等。

不同类型的肉禽处理机器人所使用的末端执行器在结构和功能上可能会有所不同。以下是一些常见的末端执行器。

（1）分割机器人的末端执行器通常是一些特殊设计的切割工具，如圆形锯片、切肉刀等。这些工具可根据需要进行更换，以适应不同的肉类和不同的分割需求。

（2）包装机器人的末端执行器通常是夹持器或吸盘，用于抓取并定位包装材料和产品，并将其快速而准确地放置在正确的位置。

（3）排骨机器人的末端执行器通常是带有旋转刀片的夹持器，可以准确切割猪肋排骨，并将其从肉块中分离出来。

（4）脱毛机器人的末端执行器通常是一些旋转式的橡胶滚轮或者钢丝刷，用于去除禽类身上的毛羽，达到脱毛的效果。

（5）清洗机器人的末端执行器通常是喷头或者旋转式刷子，通过高压水流或者机械清洗的方式，对肉禽表面进行清洗和消毒。

末端执行机构除了常见的抓取类，其次是吸附类。吸附类的末端执行机构通常是一个真空吸盘。肉禽类加工机器人在抓取食物过程中，通过吸盘与食物接触，使食物两端的真空形成压差，实现了食物的平稳抓取，减少了对食物的伤害。张浩等研发的一款羊胴体自动化切割机器人末端执行器如图 9-10 所示，采用内部仿形内模与外部弧形夹板共同配合夹紧的工作方式，通过 4 个气缸实现夹具一键式夹紧与张开，实现了一次夹紧即可完成全部路径切割的功能。

夹持类末端执行器是机器人末端执行器中非常重要的一类，抓手是一种接触式夹持机构，在实现抓取功能时，在夹持机构的爪指和物体之间会产生夹持力，物体在静摩擦力的作用下被提升。图 9-11 为德国 Festo 公司采用选择性激光烧结工艺制造的仿生机械抓手，该抓手由轻质塑料制成，通过气动方式驱动，轻柔灵活犹如人类的手指，可以用来抓取肉蛋类食物。

图 9-10　羊酮体切割末端执行器

图 9-11　夹持末端执行器

针刺式末端执行器(图 9-12)可用于很多肉禽类食物的加工,特别是对柔性较大的肉禽类食物。这种终端操作装置依赖于一系列的针头插入食物的表层或里面,并牢固地抓住;针头与食物机器相互锁定,位置准确,易于抓住食物并在狭小的空间内运输。但如果用针头扎进肉禽类食物,食物表面就会留下一些小孔,而这些小孔不仅会影响食物的外观品质,而且在大多数情况下都是不可接受的。

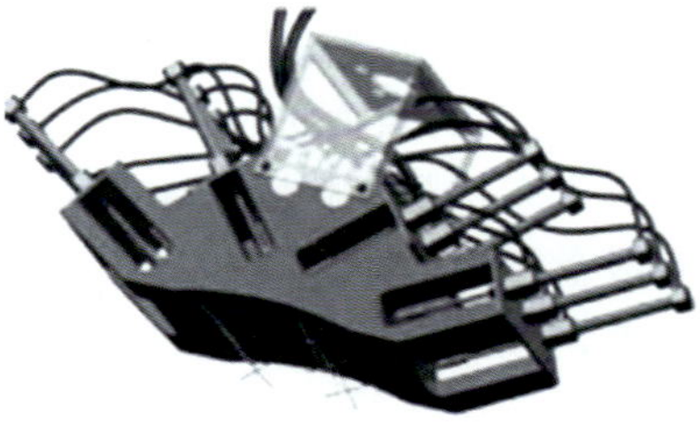

图 9-12　针刺式末端执行器

9.3.1.4　其他特殊机构

消杀机器人是消毒防疫机器人的简称,如图 9-13(a)所示,它的末端执行机构是搭载在机器人上部的喷雾装置,在机器人内部装置消毒水,利用机器人的气动系统驱动喷雾装置旋转喷雾并在空间内扩散,能有效、无死角地杀灭空气中的病毒。

巡检机器人主要是人脸识别,对事物和人进行识别排查,遇到可疑的物体会自主报警,给企业带来安全保障，如图 9-13(b)所示，它的末端执行器即为机器人上部搭载的深度摄像机，能实现 360°的回转运动。

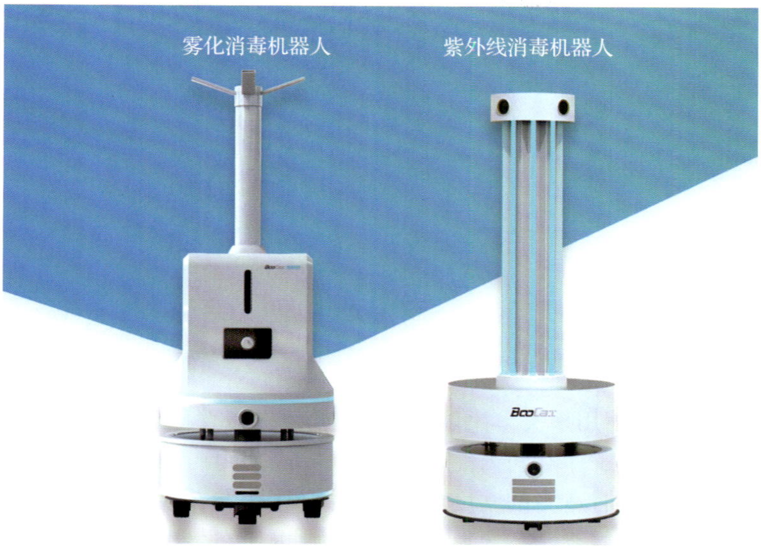

（a）消杀机器人

（b）巡检机器人

图 9-13　其他特殊机构

9.3.2　操作机械臂

操作臂(manipulator)又称为多自由度机械臂，是农业机器人中的一项重要执行机构。最初主要用于生产制造流通领域，应用场合多为工厂。随着操作臂柔性的提高以及生产成本的降低，操作臂被越来越多地应用于农业领域。

就机械臂来说，它的结构有串联和并联两种。串联机械臂是一种以基座为起点，依次将连杆、铰链等连接在一起形成的开放式链条机构。该机构的运动副由连续连接组合而成，工作空间大，速度快，正解容易。然而，串联机器人因其非紧凑性，存在着刚性差、承载力低等问题。由于各关节的运动轨迹与前一个关节的运动轨迹密切相关，导致各关节的运动轨迹存在着累计误差、定位精度不高、逆运动学难求解问题。常见的串联机械臂如图 9-14 所示。

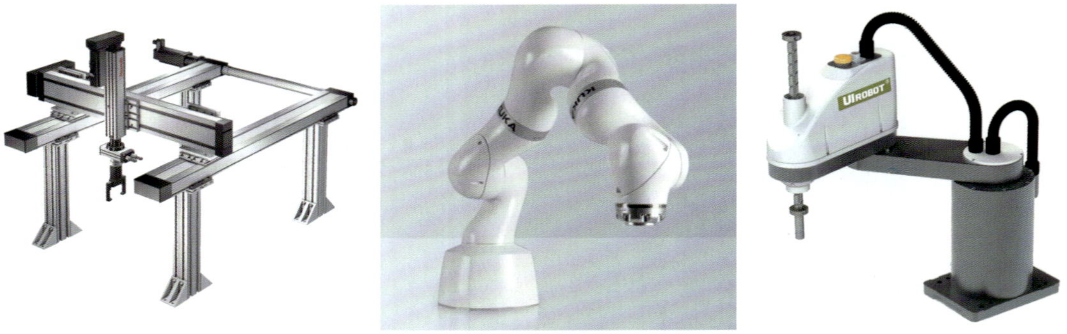

（a）直角坐标机械臂　　（b）多关节机械臂　　（c）4轴SCARA机械臂

图 9-14　串联机械臂

例如挤奶机器人通常使用多关节串联机械臂，这种机械臂能够模仿人手的自由度和灵活性，使它们能够在更广泛的工作空间内完成复杂的任务。而且，挤奶机器人的机械臂通常采用特殊的设计，以确保它们具有适当的刚度和精度，同时还能够在牛的身体表面平稳地移动。此外，挤奶机器人的机械臂还需要具备快速响应的能力，以便在牛出现任何不良反应时可以立即停止操作，从而保证安全性。

并联机械臂是一类闭环机构，其动静平台之间由两条或多条独立的运动链连接，并连接在一起。相对于串联机构而言，并联机构具有刚度大、速度快、运动负载小、无累积误差等优势，而且因为其高度紧凑的结构，使得其工作空间更小，因此，并联机械臂在要求高刚度、高精度或者大载荷而不需要很大工作空间的领域中得到了广泛应用。与串联机械臂相比，在定位问题上，并联机械臂的正向问题困难，逆向问题倒是十分简单。常见的并联机械臂如图 9-15 所示。

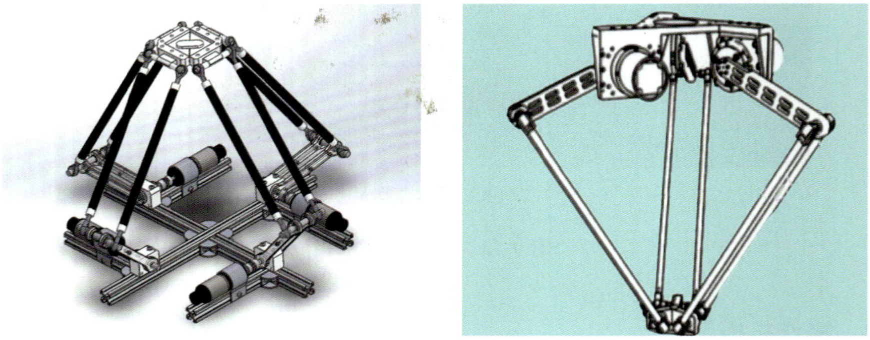

（a）四轴Delta机械臂　　（b）SW系列并联机械臂

图 9-15　并联机械臂

机械臂的关节是各杆件间的结合部分，是实现机器人各种运动的运动副。主要包括两类关节：转动关节（revolute joint）和移动关节（prismatic joint）。转动关节使相邻的两个构件绕转动轴产生旋转运动，移动关节使相邻的两个构件产生相对直线移动，这两类关节都只有一个自由度。结合目前已有的机械臂关节，又可以细分为 5 类，包括线性关节、正交关节、旋转关节、扭转关节、V 形关节。

根据驱动能源的不同，操作臂的驱动形式分为液压驱动、气压驱动和电气驱动。液压驱动的特点是功率大，结构简单，响应快，有较高的精度，但易产生液体泄漏。气压驱动的能源、结构都比较简单，但功率体积较小，而且速度不易控制。电气驱动所用能源简单，机构速度变化范围大，效率高，速度和位置精度都很高，且具有使用方便、噪声低和控制灵活的特点，是较理想的农业机器人驱动，常见的驱动装置，包括伺服驱动器、步进驱动器、无刷电机，如图 9-16 所示。

（a）伺服驱动器　　（b）步进驱动器　　（c）无刷电机

图 9-16　常见的驱动装置

驱动装置产生的动力，必须通过某种传动装置，才能传递到机械臂的杆件上，在机械臂的内部结构中，传动装置通常有减速器和传动皮带。减速器是一种由封闭在刚性壳体内的齿轮传动、蜗杆传动、齿轮-蜗杆传动所构成的独立部件，通常用作原动件与工作机之间的减速传动装置，实现转速匹配、扭矩传输的功能。根据结构的不同可以分为齿轮减速器、蜗轮蜗杆减速器、谐波减速器和行星减速器。

9.3.3　移动作业平台

移动作业平台是畜牧机器人的重要组成部分，是完成一切工作任务的基础，其性能直接影响着整机的工作效率和质量。移动作业平台由驱动机构、传动机构、传感器、位置监测部件等组成，它不仅是机器人的支撑，还是机器人各个部件的总和，因而必须有足够的刚度和稳定性，为机器人在各种复杂环境下运动提供保障。此外，移动作业平台上还要安装其他功能性机构，使畜牧机器人能够完成巡检、消毒、饲喂、防疫等工作。现如今，随着移动作业平台技术的不断发展，这项技术已经成为智能农机装备研究发展的核心。根据移动作业平台的运动形式将其分为卧轨式、悬挂式、自走式 3 大类。

(1)卧轨式移动作业平台　卧轨式移动作业平台是指运行在预铺设轨道上进行巡检、消毒、饲喂等工作的一类机器人所使用的平台。机器人在铺设轨道沿固定路径运行，同时对自身和预设目标进行识别定位，根据预设程序完成相应的工作任务。卧轨式移动作业平台工作过程稳定，能够精准无误地完成工作任务，但由于运动路径单一，且需要在地面铺设大量导轨，使畜禽舍清理、维护、后续改造的成本极大提高，所以实际应用较少。

(2)悬挂式移动作业平台　悬挂式移动作业平台通过悬挂系统在畜禽舍内运行，悬挂方式主要包括轨道悬挂、单螺杆悬挂、双面皮带输送机悬挂等。悬挂式将动力支撑由地面更改为顶空，并且增加了自行调节悬挂高度功能，增强了机器人在工作时的灵活性，与卧轨式相比，其能够有效避开障碍物，对其他工作任务干扰程度也有所降低，有效提高了畜禽舍内的空间使用率。目前，荷兰 Trioliet 公司、Lely 公司和奥地利 Hetwin 公司在悬挂式移动作业平台领域技术积累较为成熟，图 9-17 所示为荷兰 Trioliet 公司研制的悬挂式喂料机器人，图 9-18 为荷兰 Lely 公司研制的悬挂式抓料机器人。

图 9-17　荷兰 Trioliet 公司研制的悬挂式喂料机器人

图 9-18　荷兰 Lely 公司研制的悬挂式抓料机器人

(3)自走式移动作业平台　自走式移动作业平台配备自动导航定位、环境检测、避障等系统，具备较高智能化程度，可以在畜禽舍内自由行走。这类移动作业平台大多搭载有以单片机为控制核心、传感器和通信模块辅助行走的智能化系统，并且可以根据传感器所获取的数据更改工作模式，高效高质量地完成工作任务。与卧轨式和悬挂式相比，自走式在工作时有更高的环境适应能力，在工作结束后可自行移动充电，且不需要预铺设轨道、螺杆等设施，能够有效减少人为参与度，降低畜禽舍空间占用率，可以满足大部分家畜养殖企业的需求。目前，国外已有比较成熟的自走式畜牧机器人产品，如图 9-19 所示为荷兰 Trioliet 公司研制的自走式喂料机器人，图 9-20 为荷兰 Lely 公司研制的自走式推料机器人。国内也出现了部分产品，图 9-21 为北京市农林科学院研制的自走式消毒机器人。自走式移动作业平台技术含量更高，实际应用也更为广泛，是移动作业平台技术的核心研究方向，也是未来主要的发展方向。

图 9-19　荷兰 Trioliet 公司研制的自走式喂料机器人

图 9-20　荷兰 Lely 公司研制的自走式推料机器人

图 9-21　北京市农林科学院研制的自走式消毒机器人

9.4　典型应用场景

9.4.1　畜禽舍巡检机器人

畜禽舍巡检机器人是指以人工智能技术为基础，可以对养殖场进行实时状态检测的设备。其传感器可以置于任何地方，方便监测水源、空气、温度、湿度等参数，在异常时发出警报，提醒工作人员对问题进行排查。畜禽舍巡检机器人通常配备多种传感器，如气体传感器、温度传感器、湿度传感器、光照传感器等，能够实时监测畜禽舍内环境变化。将机器视觉技术集成到畜禽舍巡检机器人后，可对畜禽舍内动物状态进行监控，如动物出现异常情况，畜禽舍巡检机器人向工作人员发出提醒，工作人员可尽快找到状态异常动物，提高养殖场管理自动化程度与工作效率。

畜禽巡检机器人

畜禽舍巡检机器人具备路径规划和自主导航功能，可在畜禽舍内自主移动，对畜禽舍进行巡检，减少工作人员工作量。对畜禽舍巡检机器人进行联网后，可将监测数据上传至云端，工作人员可直观知晓畜禽舍内动物状态，可利用深度学习技术进行分析，对疾病的传播提出预警，实现精细化管理并进行优化。

相对于人工来说,智能巡检机器人可以不受时间、空间、天气等因素的限制,能够长时间持续工作,提高养殖场巡检效率与精准度。在养殖场内使用智能巡检机器人可大幅度降低人工成本,一台智能巡检机器人可代替多名工人的工作,机器人的养护成本相对较低。在疫病或其他风险地区,智能巡检机器人代替人工巡检,可以减缓疫病的传播,降低工人伤亡风险。

西班牙的 Faromatics 公司研发的 ChickenBoy 鸡舍智能检测机器人(图 9-22)将摄像头、传感器等设备安装在悬挂在畜禽舍天花板轨道上,监测畜禽舍内温度、湿度、空气质量、光线与声音。采用人工智能技术对肉鸡的健康状态进行监测,并对风险进行预测。Faromatics 公司开发云平台对数据进行处理,工作人员通过云平台与 ChickenBoy 互动,掌握鸡舍内信息。

图 9-22 ChickenBoy 鸡舍智能检测机器人

9.4.2 畜禽舍消毒机器人

防疫消毒是畜禽养殖业的必要管理环节,而传统人工作业劳动强度大、效率低、安全性差。目前畜禽舍养殖消毒设备主要分为以下 4 类:机械消毒设备、物理消毒设备、化学消毒类设备及生物消毒设备。畜禽养殖过程中防疫消毒作业主要针对以下 3 个环节:养殖过程中畜禽舍内日常防疫消毒、畜禽出栏状况下畜禽舍和养殖器具的清洁消毒、养殖废料无害化处理。对畜禽舍进行消毒,阻止疫病的传入和蔓延,减少有害物质排放风险,是预防、控制和消灭传染病和维持养殖环境生态可持续发展的主要途径。

传统畜禽舍消杀方式是由人工背负药液进行喷洒,喷洒效果取决于工作人员的熟练程度,工作强度大、药液沾染皮肤会对人体造成伤害。药剂配比和喷施粗放,防疫杀菌效果差、药残危害风险高。与传统人工消杀相比,消毒机器人具有以下优势:避免交叉感染,畜禽舍消毒机器人可远程控制执行消毒任务,在单次消毒任务结束后,对机器人进行彻底消杀,隔断病毒传播链;工作效率高,畜禽舍消毒机器人比人工装药量大,减少换装次数,行走速度快;可以对畜禽舍 360°无死角消杀,远超人工效率;消杀程序标准,药液浓度控制在安全范围之内,操作规范严格,严格按照设定好的程序执行消杀任务,消杀效果较好。

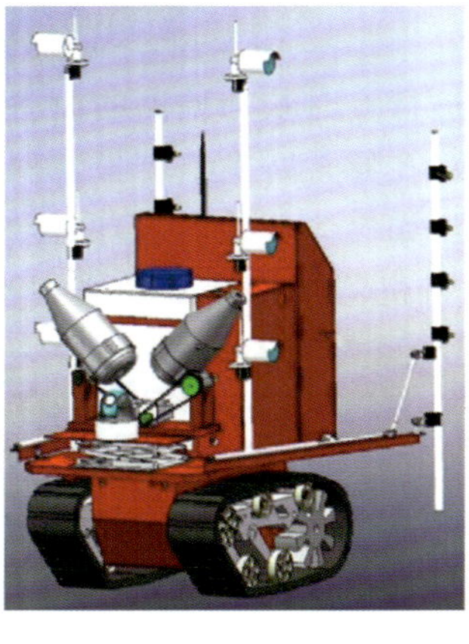

图 9-23 畜禽舍防疫消毒机器人

北京市农林科学院智能装备技术研究中心研制的畜禽舍防疫消毒机器人(图 9-23)支持全自动运行与遥控操作两种运行模式,以履带车为底盘,由"磁标-射频识别"组合的导航路径探测方法在畜禽舍内自主移动。

该机器人设计了风助式药液喷嘴,可对药液进行雾化与喷洒,基于 Ansys Fluent 软件对喷嘴腔体内的气场进行仿真(图

9-24)，分析气流速度、压力与轨迹的变化特征，确定喷嘴锥形导流垫块和栅板的最优结构参数。

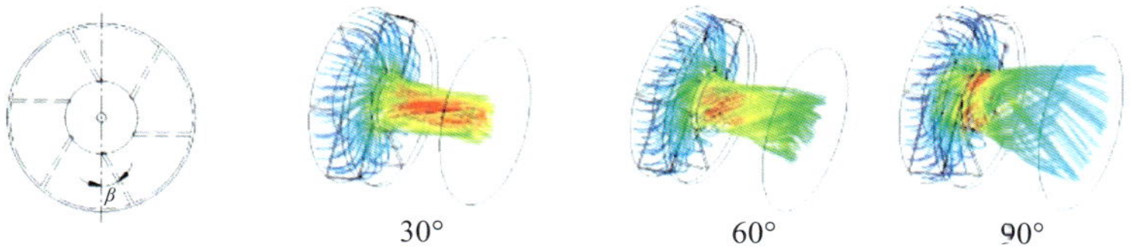

图 9-24 喷嘴腔体内的气场仿真结果

基于 Visual Studio 平台开发了畜禽舍防疫消毒软件(图 9-25)，设有视频监测、相机控制、云台控制、移动平台信息监测、养殖环境信息监测、变量喷雾监控、通信设置和作业控制等功能。

图 9-25 畜禽舍防疫消毒软件界面

为了验证防疫消毒机器人的实际工作性能，在选择阶梯式笼养禽舍内对机器人导航和喷雾性能进行了现场试验(图 9-26)。对 0.1 m/s、0.2 m/s、0.3 m/s、0.4 m/s 和 0.5 m/s 5 等速度模式下机器人的导航精度进行试验，在 0.5 m/s 移动速度下，分别对 100 mL/min、200 mL/min、300 mL/min、400 mL/min 和 500 mL/min 5 档药液流量进行试验。试验结果表明防疫消毒机器人达到了防疫杀菌要求。

图 9-26 畜禽舍防疫消毒机器人现场试验

此外，国内还有其他公司也研发了畜禽舍巡检机器人，并取得一定成果。

(1)清华紫光(Tsinghua Unigroup) 该公司推出了“九云环保”品牌的畜禽舍智能巡检机器人，可以自主巡检畜禽舍内环境，还可以进行智能饲喂、疫情预警等操作。

(2)大族激光(Hans Laser) 该公司推出了“智慧养殖”品牌的畜禽舍巡检机器人,可以实现自主巡检、环境监测、病情监测、饲喂管理等功能。

(3)爱普科技(Aibee) 该公司推出了“智养机器人”品牌的畜禽舍巡检机器人,可以进行自主巡检、环境监测、数据分析等操作。

(4)联华电子(LH) 该公司推出了畜禽舍巡检机器人,主要功能有自主巡检、环境监测智能饲喂等。

(5)玖城智能(JiuCheng Intelligence) 该公司推出了“福瑞云养殖机器人”品牌的畜禽舍巡检机器人,可以自主巡检、环境监测、病情预警等操作。

9.4.3 挤奶机器人

乳制品传统生产方式是由挤奶工逐个对奶牛进行挤奶,若环境条件或挤奶工个人卫生较差的情况下,极易造成奶源被污染。采用机械化设备挤奶大大提高了乳制品生产的效率和卫生质量,但仍需挤奶工往复走动为同一批奶牛进行挤奶。现有的挤奶机分为并列式挤奶机与转盘式挤奶机。并列式挤奶机挤奶单元间距小,便于人工操作,前处理时间较短,奶牛舒适度较高。转盘式挤奶机在各类挤奶机器人中效率最高,转盘的使用提高了奶牛进出挤奶位的速度,已完成挤奶的奶牛无须等待同批奶牛完成挤奶即可退出转盘。操作工无须来回走动,在原地即可对奶牛进行药浴和套杯作业,大大提高了养殖场挤奶效率。

国内现有挤奶机在进行挤奶作业时,清洗、套杯、消毒等环节仍需人工操作,劳动强度大,工作环境恶劣,若存在不当操作,会影响奶牛健康状况,导致奶源污染。使用全自动挤奶机器人可全自动完成挤奶所有工作流程,降低人工成本,可杜绝由操作不规范引起的奶源污染,提高奶源质量。

瑞典公司利拉伐研发的 E300 转盘式挤奶系统(图 9-27)可提升牛奶生产能力和效率,同时减轻挤奶劳动强度。该系统仅用一名工人即可完成所有挤奶操作,挤奶时间缩短可达 7%,奶流增速可达 9.3%,并能通过自动药浴及奶衬消毒保证奶牛健康及奶源质量。该系统会进行乳房的挤前准备,并配备有专用透明挤奶杯,奶杯会为每个乳头单独进行清洁和前三把奶刺激,促进泌乳放射,提升产奶表现。

图 9-27 E300 转盘式挤奶系统

该公司研发的 VMS V300 自愿挤奶系统(图 9-28)机械臂比以往更快速、更准确且更高效地完成套杯、准备、挤奶、药浴喷雾和清洁工作。其药浴准确率可达 99%,每天挤奶量超过 3 500 kg,套杯准确率 99.8%,挤奶能力提升 10%,套杯时间提高 50%,参配率提高 32%。这些性能的改进,是由集成尖端科技的摄像头、硬件和软件在挤奶环境中相互配合而实现的。

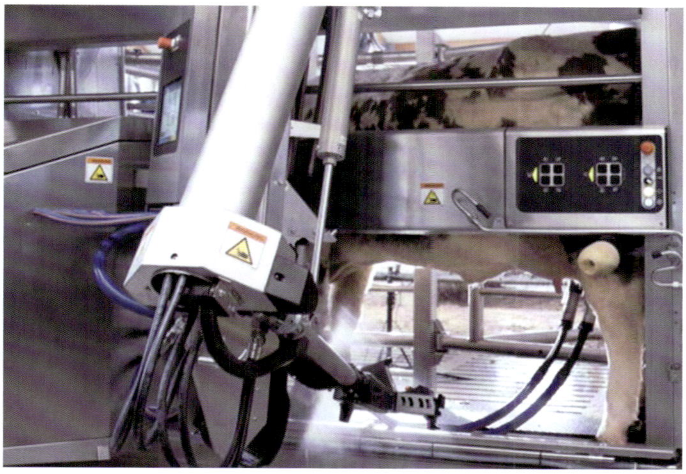

图 9-28　VMS V300 自愿挤奶系统

荷兰 Lely 公司是全球领先的农业机器人和挤奶技术供应商之一,该公司研发的 Lely Astronaut挤奶机器人(图 9-29)主要围绕奶牛的舒适度开展研发。采用了静音混合臂,并改善了乳头检测系统,使奶牛舒适度得到更大提高。采用的 Astronaut A5 的混合臂将电动与气动结合,采用气动承载机械臂重量的同时利用电控精确移动机械臂。气动系统可在牛踩踏时平衡机械臂负荷,防止电气系统损坏。静音混合臂噪声较小使得奶牛在挤奶过程中更加放松,混合臂精准快速将吸奶杯连接到奶牛乳房完成挤奶流程。

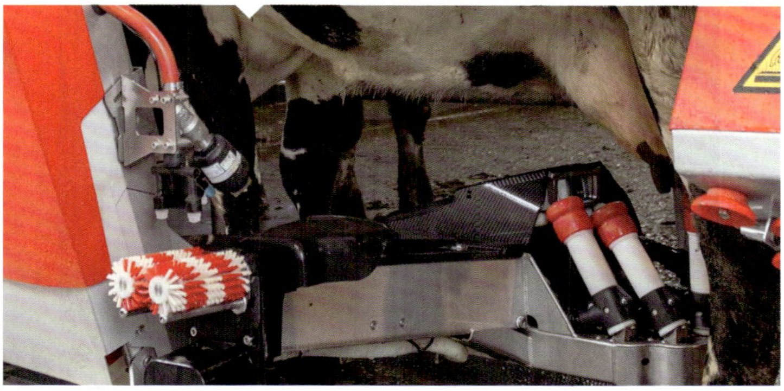

图 9-29　Lely Astronaut 挤奶机器人

该公司采用的乳头检测系统通过三维激光扫描装置(图 9-30)准确提供乳头位置信息,激光扫描不受光线影响,可在黑暗条件之下运行,对奶牛舒适度影响较小。每次挤奶结束之后奶牛将乳房与乳头位置信息保存并进行深度学习,结合 3D 相机可在挤奶前精准定位奶牛乳房。混合臂可保证挤奶过程中奶牛移动与乳房形状变化不会使奶杯衬套打滑,使其与乳房的连接受影响。

图 9-30　激光扫描装置

9.4.4　饲喂机器人

饲喂机器人主要用于家畜的饲喂管理过程，目的是提高动物进食量，可有效避免夜间工人休息导致动物进食量不足，从而导致产奶量降低的问题。随着信息技术、人工智能、深度学习等技术的发展，饲喂机器人向着智能化、简洁化、便利化方向发展，能够有效提高动物舒适度。养殖场采用饲喂机器人可降低工人劳动量，提高饲喂量控制准确性和效率，保证动物健康，提高产奶量，保证奶源质量，减少饲料浪费，降低环境污染。

瑞典利拉伐公司研发的 OptiDuo 自动搅拌推料机器人（图 9-31）先将饲料混合搅拌后推送至奶牛方便食用的位置，保证了饲料新鲜可口的同时使其免受挤压。双螺旋绞龙对饲料进行重新混合后移动到饲喂台面上，吸引更多奶牛采食，增加奶牛采食频率及采食量，提高产奶量。采用自适应驱动系统，可根据饲料品类、奶牛数量不同改变堆放量、堆放密度等参数。其混合均匀性较高，使每只奶牛食用的饲料成分相同。采用自主导航系统，根据不同类型、不同数量的饲料自行选择行进路线与速度，确保奶牛饲喂时效性。

图 9-31　OptiDuo 自动搅拌推料机器人

荷兰 Trioliet 公司根据不同养殖场需求研发了不同种类饲喂机器人。Triomatic HP 悬浮供料机器人（图 9-32）通过悬挂于天花板的轨道系统在养殖场内移动，移动不受地面放置物品的影响，可以在已铺撒区域添加草料。Triomatic HP 给料机器人有两个垂直搅拌螺杆，一个可卸料交叉输送带，容积为 3 m^3。结合固定式饲料搅拌机、饲料打包机可组成全自动饲喂系统。Triomatic WB 电动供料机器人(图 9-33)靠电池供电,电机驱动轮子进行移动。电量较低时可自主充电,大大降低工作人员劳动量。在地板设置感应线,位于车体的感应天线跟随感应线运行,无须铺设轨道,减少了安装时的施工量,也使养殖场内更加简洁。配合该公司研发的 Triomatic T40 自动供料储存系统(图 9-34)可组成全自动饲喂系统。Triomatic T40 自动供料储存系统可将饲料分为多层储存,不同饲料层储存不同成分与数量饲料,可储存 3～5 d。内部包含切割单元,配备的圆形刀可对饲料进行均匀切割,使供料机器人铺撒饲料更加均匀。

图 9-32 Triomatic HP 悬浮供料机器人

图 9-33 Triomatic WB 电动供料机器人

图 9-34 Triomatic T40 自动供料储存系统

9.4.5 屠宰机器人

屠宰机器人通常使用先进的机器视觉和运动控制技术来自动化动物屠宰和处理过程，从而提高生产效率和屠宰质量。这些机器人能够精准和快速地识别和定位动物的身体部位，进行自动化的宰杀和分割，同时还能够提高动物屠宰的安全性和卫生质量。

美国 Shinkei System 公司利用机器人实现鱼类自动化捕捞与宰杀，10～15 s 可完成对一条新鲜鱼的捕获。先用高压水柱射到鱼头后部，使鱼瞬间无痛死亡，另一个水柱将鱼从尾部开始切割放血。该公司采用的杀鱼方式可减轻鱼的痛苦，同时防止鱼挣扎时乳酸释放影响口感，从而使鱼肉质量更好，保鲜时间更长。用机械化代替手工去除鱼刺可有效避免鱼片损坏，减小细菌滋生风险。冰岛 Marel 公司研发的 MS2610 鱼类去刺机（图 9-35）设计简单，能有效去除三文鱼鱼刺，且不会损坏鱼肉本身。该机器可用作手动进料的独立机器，也可集成到生产线中。去刺辊速度可调整，以适应不同鱼类。新型水喷清洁嘴可提供最佳清洁度，减少耗水量，并最大限度提升性能。该公司还研发了自动去皮机、自动真空包装机、清洗装置、干燥装置，可根据不同需求组成全自动生产线，大大降低了工人的劳动强度，也保证了鱼肉的新鲜及卫生。

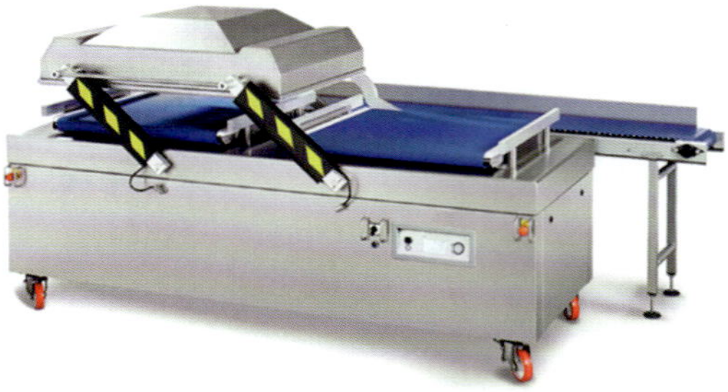

图 9-35　MS2610 鱼类去刺机

9.4.6 免疫机器人

免疫机器人是应用机器人技术来执行与免疫学相关任务的设备，包括但不限于疫苗接种、药物输送、病原体检测、免疫监测等。免疫机器人可以通过自动化和智能化的方式，减少人工干预、提高工作效率，并在一些危险、高风险或工作人员难以通行的环境中执行任务，从而对医疗、生物安全、公共卫生等领域产生了积极的影响。

病原体检测机器人也属于免疫机器人的范畴内，在现代畜牧医疗和公共卫生领域具有广泛应用前景，有望为提高疾病诊断的准确性、提升检测效率、减少工作人员感染风险等方面带来积极的影响。需要注意的是，病原体检测机器人的研发和应用涉及严格的法律法规和伦理审批，确保其安全性、准确性和可靠性。在使用病原体检测机器人时，应遵循相关法律法规和标准，并且由专业工作人员进行操作和解读检测结果。

西班牙 Faromatics 公司将研发的 ChickenBoy 机器人悬挂于天花板上，该机器人有一套完整设备用于监测畜禽舍内温度、湿度、光线和声音。利用机器视觉技术，对畜禽粪便进行分析，对畜禽的健康状况进行分析，对养殖场内动物可能存在的疫病发出预警，提早进行人工干预，降低由疫病造成的损失。

应用篇

第 10 章

畜禽智慧养殖与管理典型案例

10.1 数智赋能实现养殖业转型升级

10.1.1 生猪

10.1.1.1 集群式楼房智能化养猪模式——以广西贵港扬翔为例

广西扬翔集团股份有限公司(以下简称“扬翔”)成立于 1998 年,是农业产业化国家重点龙头企业,业务涵盖饲料、种猪、猪精、肉猪、屠宰、深加工、食品、智能养猪平台、智能养猪设备等领域,目标是为公众提供健康、安全、美味、便利的食品。秉承“科技改变养猪业”的理念,扬翔立足养猪业的根本需求,以科技为导向,以创新为驱动力,实现了从传统养猪、科学养猪、数据养猪再到互联网养猪 4 个阶段的跨越。

2019 年,自然资源部和农业农村部联合发布了《自然资源部　农业农村部关于设施农业用地管理有关问题的通知》,明确指出养殖设施允许建设多层建筑。楼房养猪是 18 亿亩耕地红线制约养殖用地的宏观背景下,向空间要发展、向楼房要效益的创新之举,为中国生猪养殖产业的持续健康迅速发展做出了宝贵的探索、尝试和贡献。潘飞等的研究表明,楼房养猪具有 4 大特点:①节约土地。据测算,年出栏万头猪场楼房猪舍仅需用地不到 1 hm^2(8～10 亩),与传统模式用地需要 5～7 hm^2(70～100 亩)相比,节约土地效果明显。②公摊面积大,单位面积造价也较高。楼房猪舍需要更多的通道、电梯间、坡道等附属设施,头均所需的饲养面积有所增加;同时,由于前期桩基础、土方挖填、边坡支护等均有较大的投入,楼房猪舍土建成本比单层猪舍每平方米高 500～800 元。③饲养密度大,效率高。综合应用自动化技术,可以推动节约人力,从而大幅提高生产效率;但由于饲养密度大,该模式对管理、防疫、环保等要求较高,以物联网、互联网技术为基础的智能化养殖刚好可以满足楼房养猪对管理、防疫、环保等方面的要求。④楼房养猪可以更好地实现智能养殖。与传统模式相比,楼房养猪进行最初设计方案时必须提前完善自动饲喂、粪污处理及环控等相关工艺。目前,环控技术主要包括水帘降温、地暖加温、风机通风;饲喂可采用全自动料线系统;饮水可采用自动给水系统;粪污可采用舍内粪污分离、污净道分离及管道专用,从源头上实现粪尿分离处理。广西扬翔集团股份有限公司是我国率先投产“楼房养猪”的先驱,建设成效卓然,其智能化楼房猪场(图 10-1)入选广西“大数据与农业深度融合重点示范项目”。

扬翔与华中农业大学、中山大学等多所院校及国内外科研机构开展“产、学、研”深度合作,在智能化养猪领域率先展开探索和实践,其智能化养猪方案覆盖养猪的全过程,特色功能主要

图 10-1 扬翔集群式智能化楼房猪场

智能养猪平台

包括如下。

1. 将线下场景数字化

对猪场所有对象进行个体精准管理。账号、指纹、人脸之于人，二维码之于物，RFID 电子耳标之于猪，以及按线下猪场空间 1∶1 构建的线上猪场，让猪场内每个对象都有唯一身份，每类对象都有对应的身份识别器，并将具体的生产任务，通过场景建立与人、猪、物等的连接，完成线下场景的数字化，实现把猪场搬上互联网。

2. 软硬件联动

实现自动、实时、精准的生产数据采集，减少人工工时。以“猪只转栏”环节为例，传统转栏要经过赶猪、读取猪只身份、挂卡、纸质登记、录入 5 步，工作量非常大；而智能系统通过安装在猪舍门上的固定读卡器配合手持读卡器，自动识别猪只身份，自动记录猪只位置变动信息，猪场员工仅需赶猪 1 步，就自动完成猪只转栏。“母猪称重”和“仔猪称重”业务也是用调膘器等智能设备自动采集数据并根据算法决定后续的生产管理任务。

3. 生产管理——实现个体精准管理

母猪是猪场最重要的资产，精心养护和管理十分重要。在传统的养猪模式中，限于人力投入和操作方法的门槛，管理效率较低，只能实行群体管理。而智能化场景之下，个体身份很方便识别，软件平台就能对数以万计的母猪实现个体管理，每一头母猪都能做到针对性管理。

4. 生产管理任务自动化

智能引擎以任务推送的形式自动驱动业务，猪场员工在 App 上一眼可看到今日待办任务，在空间导航直观查看任务猪只，目标清晰，工作高效。

所有这些生产管理的任务，都是结合猪只生产规律及企业管理目标，基于大数据分析和经验丰富的员工操作实践，优化出最佳方案，实现经验每日积累，管理每日提升，系统越用越智能、越高效的持续迭代优化，大幅度降低对一线员工经验和技能的要求。

5. 精准饲喂——省人工，省饲料，营养精准

精准饲喂解决方案，是通过精准营养算法为每一头母猪生成最佳饲喂计划，然后智能饲喂器精喂仪根据饲喂计划到点自动精准下料，不需要人工计算饲喂量，也不需要人工下料，让猪该吃什么吃什么，该吃多少吃多少，该什么时间吃就什么时间吃。

如何做到精准呢？首先是系统按照猪的品种品系、生长阶段、膘情、胎龄等信息计算每头猪的营养需求量；其次精喂仪能精准进料、精准饲喂，精度达到 20 g；最后结合自由采食开关、饮水宝、余料检测盒等智能硬件，可实现哺乳母猪水料饲喂、随时采食、且采食干净无余料。智能化猪场采用的精准饲喂设备如图 10-2 所示。

图 10-2　智能化猪场采用的精准饲喂设备

同时在猪场的旁边布置智能供料系统“精喂坊”，根据猪场内部的饲料用量和营养需求，即时生产、供应相应的饲料，确保饲料新鲜且与营养需求高度吻合。

6. 智能查情——提高查情准确率

猪场大都是人工给母猪查情，凭借的是配种员丰富的查情经验，这不仅导致猪企培训成本高，而且由于人工只在上班时间查情，以及人员易受情绪等影响，而可能出现漏查、乱报等情况，直接影响到母猪的生产效率。

国内首个可本地独立查情的 AI 智能硬件——“查情宝”解决了这个问题，它可以 24 h 不断监测母猪状态并上传云端，云端查情算法能根据数据判断母猪发情指数，当母猪发情指数到达一定数值时（通常为 90%），查情宝即亮灯提醒配种，并显示最佳配种时间。这样既节省人工，又提高了查情准确率。

7. 精准环控

养猪环境对猪的生存和生长影响很大，猪场内与环控有关的传感器、风机、湿帘、中央空调以及特定区域的调温板、通风门等设备连接到一起，通过内置的控制策略，实现自动化调节，确保猪舍内环境稳定，以及特定位置的温湿度合乎要求，即使特定情况下栏舍内环境出现了较大波动，系统也能自动调节，不需要过多的人工干预。

8. 严密生物安全控制

2018 年 8 月以来的非洲猪瘟在给中国养猪业带来巨大损失的同时，也让从业者对生物安全的防控提高到了足够的重视程度，在保障生物安全可靠性方面，对诸多细节采用了智能化的控制。例如人员的进场，有智能手环来严格管控其行进通道及在关键节点（如泡手、洗澡）是否按要求进行。物资的消毒，采用 AB 门控制。车辆的洗消和进入，也通过自动识别车牌和 GPS 控制。

9. 以数据智能分析指导生产经营

对于员工，支持对员工进行绩效和能力评估，发现员工待提升点；对于猪只，能准确评估个体生产性能，并给予养殖建议；对于设备，能自动监测其运行情况，及时推送维护任务及异常预警信息；对于猪场，能综合评估猪场养猪能力、猪群整体状况、待提升改进方面；对于企业，能全面评估企业生产经营效益，提供结构性的发展建议。

10.1.1.2 全流程智慧化管理养猪模式——以山东滨州中裕为例

1. 基本情况

滨州中裕食品有限公司成立于 2003 年 10 月，坐落于山东省滨州工业园区。中裕在全国首创了“三产融合、绿色循环”的发展模式，率先打造了我国最长最完整的小麦全产业链，包含“高端育种、订单种植、仓储物流、初加工、深加工、食品加工、生态养殖、废弃物综合利用、蔬菜种植、餐饮商超服务”等 10 大板块。通过这条产业链，中裕生产出了 10 大类 600 多种产品，包括面粉、挂面、谷朊粉、酒精、高纤维、蛋白肽、纯粮猪肉、烘焙、面食、速冻、绿色蔬菜系列等。公司年小麦加工能力 120 万 t，年产面粉 50 万 t、挂面 42 万 t、谷朊粉 11 万 t、特级酒精 20 万 t、膳食纤维 2.5 万 t、蛋白肽 2 万 t、速冻食品 2 万 t、烘焙食品 2 万 t，年出栏生猪 150 万头，年销售收入超 100 亿元。

公司建立了覆盖全国的线下线上销售网络：线下，全国稳定的经销商客户已经达到 2 000 多个，产品走进了全国 2.2 万家大型超市和 30 万家中小型超市，被全国人大、农业农村部等 50 多个部委定为内部食堂专供。线上，登陆天猫、京东、苏宁等 30 多家电商平台，并自建“中裕商城”“中吃网”“好食材”3 个电商平台。跨界融合发展餐饮商超业，打造了“中裕快餐”、“法兰卡 1876”西点、“面食家”主食等自营实体店 800 多家。

2018 年，滨州中裕食品有限公司根据山东省滨州市滨城区畜禽养殖数字农业建设试点项目建设要求，综合运用现代信息技术，开展“物联网＋”数字农业系统平台建设，以信息化推动生猪养殖现代农业要素聚集，开创经营组织模式，完善农民利益链接机制，引领新型农业现代化。

2. 养猪产业链智慧化管理平台建设

滨州中裕食品有限公司信息化内容主要包括生猪养殖环境智能化控制系统、智能化生猪饲养管理平台、生猪质量监管与追溯平台、智慧养猪大数据平台等内容建设。本书中所涉及界面中数据均为模拟数据，并非基地实际使用数据。

（1）生猪养殖环境智能化控制系统（图 10-3） 集成场区环境监测设备，实现猪舍温湿度等环境因子的在线监测与设备的远程控制，同时环境监测数据和控制执行接口接入至智慧养猪大数据平台，实现养殖数据互联互通。用户可通过安卓手机终端实现对猪舍环境在线监测和远程控制。平台可直观监测各个猪舍现有温度以及湿度详情，当舍内温度和湿度超出设定的阈值范围时，系统会发出警报（以 App、短信、邮件、电话等可选形式），提醒相关管理人员对禽舍进行巡检并对设备进行查看。

图 10-3　养殖环境智能化控制系统首页

(2)智能化生猪饲养管理平台　整合基地生猪养殖饲喂数据,利用信息化手段管理生猪饲养数据内容,对生猪的生产养殖数据进行管理,包括养殖场信息、生猪批次编号、生猪个体资料(来源、品种纯度)等;以生猪养殖场的基本数据和养殖档案数据为基础,对养殖场的购入生猪、入栏、饲喂、疾病防疫、生产、流转、出栏等养殖流程进行数字化管理。

平台包括 Web 端以及安卓 App 端,主要功能模块包括批次管理(图 10-4)、饲喂管理、防疫管理、成本管理、栋舍管理、供应商管理、销售商管理、盘重管理、饲料配方管理、品种管理、预警参数设置、料线管理、成本分析、系统设置等 14 部分内容。实现对生产行为智能干预和精细饲养集约化管理,实现生猪养殖全程数字化、自动化、网络化和智能化。

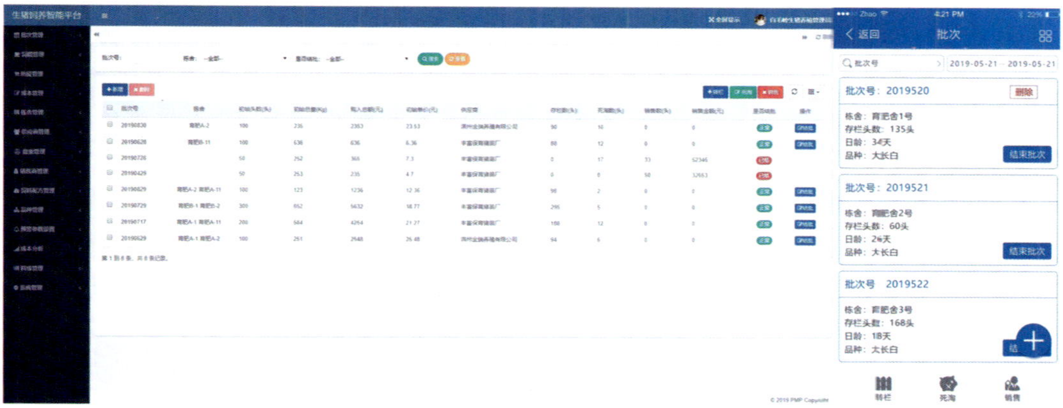

图 10-4　智能化生猪饲养管理平台批次管理功能

(3)生猪质量监管与追溯平台　实现对生猪产品流通过程进行信息化管理,集成生猪养殖、产销分析、市场反馈和屠宰信息,在肉品分割包装时,通过条码打印控件打印一维和二维条码,实现生猪产品质量安全追溯;在储运环节,对安装物联网监测设备的物流车辆中的车内环境信息与当前位置进行实时显示。

质量监管与追溯平台(图 10-5)具有 4 大核心功能模块,分别是车辆监控模块、路径规划模块、车辆管理模块以及质量追溯模块等 4 大核心功能,其中质量追溯模块对接养殖管理平台数据或其他汇入数据以信息展示形式,其入口在 3 个系统中均有设计。实现生猪养殖追溯信息的全平台跟进,全产业追踪,为食品安全提供有效保障。

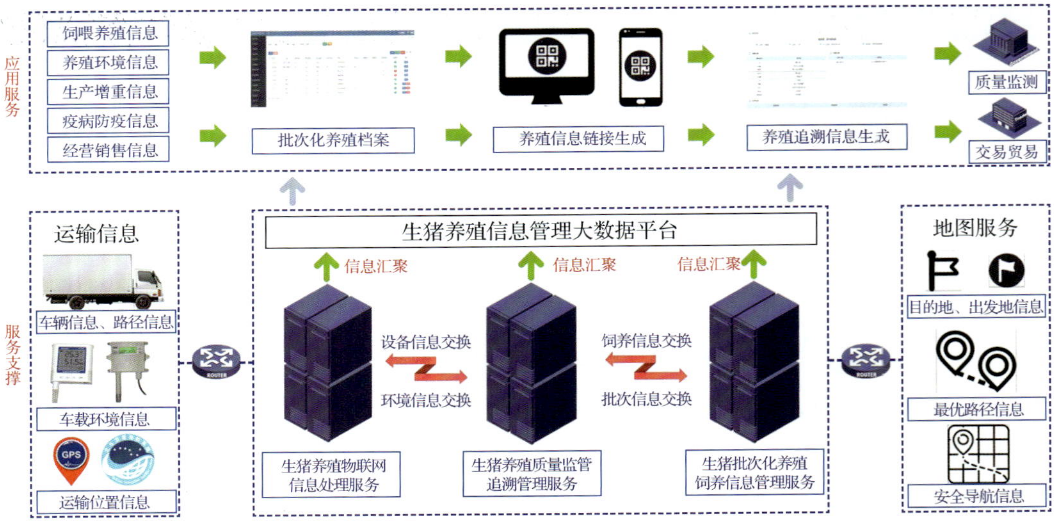

图 10-5　生猪质量监管与追溯平台架构示意

图 10-5 展示了生猪质量监管与追溯平台架构，平台通过与多个服务器通信获取数据进行展示：平台通过与物联网服务器通信获取车辆信息、位置信息、温湿度信息等内容；通过与饲喂数据服务器通信获取饲喂信息；通过与地图服务器进行通信获取基础地图渲染信息。

选用开放式传感器设备，并根据设备指定的 ID 号码绑定已有运输车，形成车辆信息、温湿度信息、位置信息的绑定。根据传感器服务器搭建 MQTT 服务器以定时接收传感器参数，质量追溯平台服务器汇总各类传感参数服务器，以及汇总饲喂平台批次数据，利用地图服务对运输车辆路径进行规划并进行平台显示，最终追溯平台生成以批次号为标识的二维码链接，用户可通过扫描二维码直接查看此类批次信息，实现追溯功能。

(4)智慧养猪大数据平台　以资源共建共享为目标，建立生猪智慧养殖信息管理平台，汇聚各生产区域、各网络节点、各设备/系统的多源异构数据资源，同时根据养殖管理流程并同步智能化控制系统采集到的环境监测信息，整合生猪养殖信息，构建智慧养猪大数据中心。通过在服务器上对数据存储、解析，完成智慧养猪关键指标大数据统计分析，实现猪舍环境、饲喂等设备进行在线监测与智慧管控，实现畜禽健康、高效养殖的目标。

10.1.1.3　“公司＋农户”的智能化生猪养殖模式——以广东温氏为例

畜禽养殖与生俱来两大风险，一是价格周期性波动风险，二是行业危机事件风险。“公司＋农户”模式的最关键点是公司承担市场价格风险，合作农户安心养殖。公司通过构建合理的利益分配机制，将公司与农户(家庭农场)联结为利益共同体，公司为合作养殖户提供猪苗、饲料、药物、技术、防疫措施及销售等一条龙服务，实行全程专业、科学管理，降低农户养殖风险；农户负责投资修建育肥场，可以在一定程度上减轻集团的资金压力，集团可以用更少的钱养更多的猪。通过实施“公司＋农户”的经营模式，不仅充分发挥了公司市场、资金、技术、管理等方面的优势，还可以将农村闲散土地和剩余劳动力充分利用起来，实现了真正意义上的优势互补。“公司＋农户”的模式以其多方面优势呈现压倒性的发展势头，这也造就了当时最大的养殖集团——温氏集团，随后正邦、新希望、天邦等企业也借助这一模式快速发展。下面以广东温氏为例，介绍“公司＋农户”的智能化生猪养殖模式。

温氏集团创立于 1983 年，是一家涵盖养殖、食品加工、农牧设备、房地产开发、实业投资等几大产业的大型现代化、信息化农牧企业。截至 2023 年 12 月 31 日，温氏集团已在全国 20 多个省(自治区、直辖市)拥有控股公司 390 家，合作农户(家庭农场)4.59 万户，员工 52 858 名，与华南农业大学、中山大学等全国 10 多所高等院校、科研院所建立了长期的"产、学、研"合作关系，于 2004 年成立了温氏博士后科研工作站，2007 年获准组建广东省温氏研究院。

温氏集团以"公司＋农户"的养殖模式实现了规模的快速增长，2023 年温氏集团上市肉猪 2 626.22 万头、肉鸡 11.83 亿只，毛鸭 4 723.74 万只，实现营业收入 899.21 亿元。具体来说，温氏集团"公司＋农户"模式是公司保留种猪繁育和育仔阶段，而将育肥阶段以委托饲养的方式交由农户负责。公司不需要提供仔猪育肥舍，由合作农户按照公司的标准自己出资新建或改造现有的养殖场，并通过与公司签订委托协议，缴纳一定的预付金(400 元/头)，"代替"公司进行生猪养殖。生产周期结束，公司按照合同约定价格回购成熟的商品猪，并支付一定的托管费(图 10-6)。

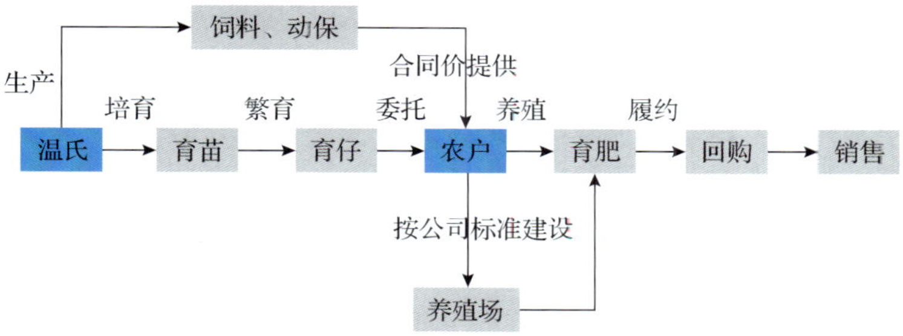

图 10-6　温氏集团"公司＋农户"的养殖模式

温氏集团为农户提供先进的技术指导、优质的饲料和疫苗采购等，并统一管理分散的农户生产活动。在这个过程中，生猪的产权仍属于公司，农户的托管从传统的"雇佣农工饲养-支付工资"变为"委托农户饲养-支付托管费"，不过饲料等费用计入应收账款直至合同履约时才能收回。公司凭借先进的养殖技术和现代化信息系统，帮助农户提升养殖效率、降低市场和技术风险，在确保农户顺利完成饲养的前提下，确保农户获得稳定的收益(主要是代养费)。对于农牧产业的信息化建设进程，温氏集团有比较明确的实现路径：云＋端、云迁移、云深化、云产业，最终打通整个产业的信息化共享平台。温氏集团通过与不同单位合作、设立下属公司的方式，针对养殖产业链条的各个环节和不同场景，构建专属智能养殖解决方案，共同打造畜牧养殖物联网生态圈。

1. 农管宝系统智慧养殖平台

温氏集团经营养鸡及养猪设备、钢结构畜禽养殖栏舍等，目前已成为细分领域全球领先的农机公司，同时提供专业的物联网智慧养殖平台。温氏集团专注于畜牧养殖物联网领域相关的技术研究、硬件产品开发、智慧养殖技术咨询服务、应用系统设计和平台运营服务，致力打造畜牧养殖物联网生态圈。

农管宝系统智慧养殖平台(图 10-7)搭载"七度融合"功能，满足养殖生产、经营管理过程中的"管设备、管数据、管摄像头、管生产、管人、管能耗和管知识"等需求。以物联网技术、大数据分析技术、云计算和人工智能技术为手段，落地智养家、守护者平台、设备运维管家、精准饲喂、生产助手和物联网环控器等一系列产品，打造全生态一体化链路的智慧养殖云平台，助力养殖生产流程实现标准化和自动化养殖模式，逐步推动养殖场向规模化发展。

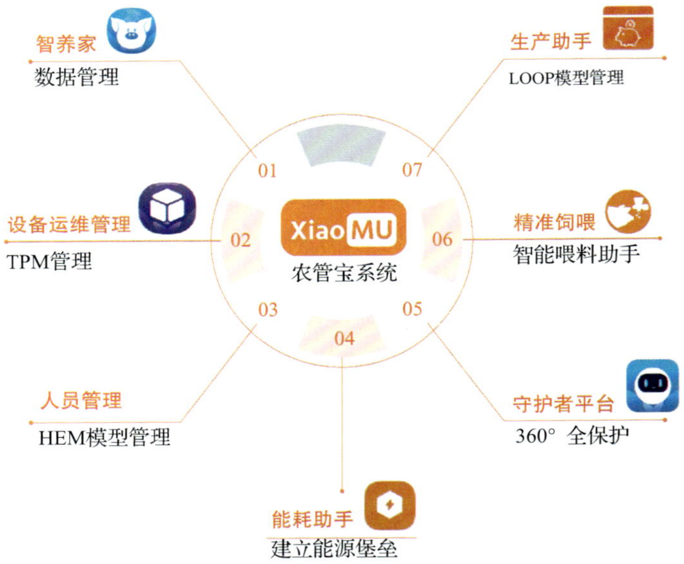

图 10-7　农管宝系统智慧养殖平台

智养家系统通过整合养殖现场的环控器、温湿度传感器、智能水电表机采集网关、料塔/液态料等物联网硬件产品的养殖数据，利用数据分析与管理功能，为一线养殖人员提供养殖环境监测、环境异常报警和能耗数据管理等服务，实现对养殖环境的自动化精准调控，确保动物生活在适宜的条件下，从而提高生长速度和健康水平，同时也提高养殖效率，降低生产成本。

守护者平台系统利用实时视频监控和 AI 图像识别技术，实现养殖场摄像头智能化应用，包括视频数据统计分析、猪只盘点、猪只电子围栏、养殖区域监管等。另外，通过守护者平台可实现动物疫病监测预防，通过对动物行为异常情况监测，及时发现并预警疾病，减少疾病传播的风险。

设备管家系统是面向公司或场部养殖设备运维人员的应用系统，通过“一物一码”机制建立设备台账，管理人员可按照自身的管理要求和设备的维护要求建立相关的设备保养规范、设备巡检规范和设备异常处理流程，需要重点监控的设备可通过物联网技术收集设备实时运行信息。

2. 智能养殖大数据平台

利用智能养殖大数据平台，可将在育种、养殖、销售等过程中通过物联网采集的环控数据、环境监测数据、个体生理特征数据、个体生长监测数据、栏舍能耗数据以及相关业务系统数据进行大数据分析，挖掘数据应用价值。目前大数据平台可提供养殖场物联网数据采集、预警分析、养殖场档案的统计分析、养殖场管理等功能，可为各级养殖人员提供及时的养殖信息服务。功能特点如下：

（1）疫情预测　利用分公司及合作农户养殖场的发病情况数据，结合我国各地区气候变化数据、地理特征、人口特征、历史疫情发展趋势及扩散轨迹等宏观数据的综合分析，实现对未来疫情的预测，提前发布疫情预警。

(2)销量预测和价格预测　利用企业历年的销售数据，结合我国宏观经济数据、各地区人口特征等宏观数据，建立大数据销售价格及销售数量预测模型，指导各地区养殖分公司制定生产计划和销售策略。

(3)养殖效率优化　通过对大批量生猪饲养历史饲喂数据、环境数据、饲料配方、生猪品种等数据的综合大数据分析，得出提高该类型生猪饲养效率的改进措施，如饲料配方变更、环境温湿度变更等。

(4)智慧选育　同一品种生猪饲养历史、饲喂数据、环境数据、疾病数据、饲料配方等数据与该品种不同族系生猪基因数据的大数据分析，选育出饲养效率更高、更符合市场需求的生猪品种。

(5)养殖模式评价　通过对大批量生猪饲养历史、饲喂数据、环境数据、饲料配方、疾病情况、用药情况、生猪品种等数据的综合大数据分析建立养殖模式评价分析模型，寻找出最优的养殖模式。

3. 物联网智能环控系统

除了农管宝系统智慧养殖平台，温氏集团也为养殖环境管理提供环控硬件解决方案。智能养殖解决方案的核心技术在于其能够精确控制养殖环境，包括温度、湿度和光照等条件，确保动物生活在最适宜的环境中，而环境控制器则是满足以上需求的核心，利用物联网智能环控系统，为养户实现风机、天窗、水帘、加暖等环控设备智能控制和设备运行状态远程监控；对栏舍的温度、湿度、氨气、二氧化碳等数据实时远程监测；对栏舍环境异常、设备运行异常、断电情况实时智能预警环控管理系统，具体解决方案如图 10-8 所示。

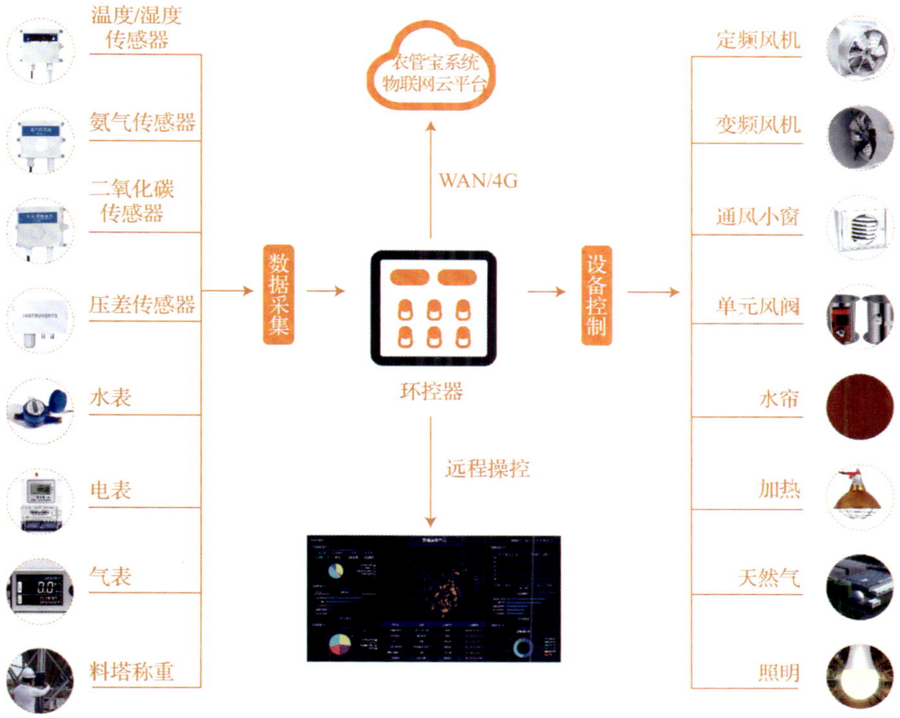

图 10-8　环控硬件解决方案系统架构

温氏集团可针对特定养殖场需求，提供定制化环境控制解决方案，包括传统养殖场解决方案 NIC100 控制器、美式通风环控解决方案 NIC300 负压环控器、正压或微正压通风环控解决方案 NIC310V2 环控器、高效养殖场环控解决方案 NIC510 环控器和楼房精准送风中央通风环控解决方案 NIC800 环控器等(图 10-9)，实现养殖环境的实时监控和管理，通过减少人工干预，推动了养殖过程的自动化和智能化。它不仅极大地提高了养殖效率，降低了成本，还提升了养殖产品的质量和安全性。

图 10-9　环境控制器系列产品

4.“农户管家”

为了“智能养殖”的普惠化，温氏与金蝶联合成立了“广东欣农互联科技有限公司”，目的是把大数据、物联网等技术赋能给普通的中小养殖户，不仅是与温氏合作的农户实现“智能养殖”，也带动上下游伙伴都实现智能技术的跃迁。为此，温氏与金蝶共同推出了农管宝系统助农应用。

“农管宝”作为农户服务百事通，它综合了所有农户常规业务的线上办理功能，包含消息通知、流程审批、物联网监控、社交功能、生态圈(信贷、保险、投资、电商)等，得到了业内外人士的广泛肯定。过去，经常让养殖户头疼的“跑断腿”“填不完的表”，苦苦发愁的各种供销资源信息以及金融信贷保险业务等，如今都可以通过手机终端坐在家中办理，大大节省了农户的时间成本、精力付出和财力支出。值得一提的是，“农管宝”在 2019 年荣获了“2019 中国 IDC 数字化转型先锋”“2019 中国数字化服务典范奖”“创业邦卓越数字化创新企业 Top10”三大奖项。据了解，该 App 后续还将逐步上线物联网监控、远程问诊、服务预约等，使其更好的为农户服务。

以往，养殖户需要每天定时到养殖场栏舍手工记录信息，昼夜不休，十分辛苦。农管宝系统作为一款功能针对性更强的“综合型”智慧养殖云平台，用户可通过农管宝系统在手机、电脑甚至电视终端上实时掌握养殖场栏舍信息、环控数据、水电用料、异常信息等，实现对养殖场的远程精细化管理，从而减轻养殖生产工作量，提高养殖生产效率。目前“智养宝”小程序已接入无线环控设备、水帘、水表、摄像头等，并做到了环控数据可视化，方便数据的实时追踪和定位。

在传统养殖中，农户最害怕的是意外事件的发生，一次突发的事故没有及时发现、及时处置，往往让一家养殖场、一个养殖周期的努力付诸东流，带来难以挽回的损失。对此，农管宝系统就扮演了养殖户的“安全卫士”。当栏舍发生断电、高温、低温、二氧化碳过高、氨气过高等紧急事件，系统会以电话、微信推送消息、对讲机等形式告知用户及时处理，避免损失，可谓是解除了农户的心头大患、后顾之忧。

由此可见，温氏集团上线的农管宝系统能够有效帮助农户实现养殖智能化、过程全溯源，并支持体系实时管理。这不仅提升了养殖效益，也让养殖过程的管理更加规范、科学，对减少畜禽疫病、提升出栏品质具有重要意义。

10.1.2 家禽

10.1.2.1 高密度叠层笼养模式下的数字化蛋鸡养殖——以北京德青源为例

德青源北京生态园位于北京市延庆区张山营镇，2002 年开始建设，到现在已运行 22 年，培养了一大批专业的技术和管理人才。现是国家农业科技创新与集成示范基地、国家循环经济教育示范基地、国家蛋品工程技术研究中心坐落地、国家现代农业科技园区核心区、国家蛋鸡产业技术体系延庆综合试验站，示范带动作用显著。生态园内已布设有 100 MB 的 T1 级光纤出口，园区内也基本实现了有线和无线局域网全覆盖。全部采用高层全重叠式叠层笼养工艺，配合先进的全自动喂料、饮水、通风、调温、清粪、集蛋设备、全自动鸡蛋分级包装机，实现了整个生产过程的自动化，与国际先进水平同步。

“十一五”期间，德青源、中国农业大学等联合承担了国家科技攻关计划“家禽健康养殖新型模式研究与示范”项目子课题“蛋鸡健康养殖远程监控与鸡蛋后处理综合技术研究”，通过研究大规模集约化养殖条件下蛋鸡健康预警指标和模型，开发了蛋鸡健康预警系统、远程监控与管理技术系统、家禽生产信息监控系统（图 10-10）；通过研究蛋鸡养殖及环境控制技术，确定了优质鸡蛋规模化生产工艺参数和标准；通过研究规模化鸡场鸡蛋后处理规范，建立了洁蛋标准和鸡蛋的可追溯体系。

图 10-10　家禽生产信息监控系统

“十二五”期间，德青源、中国农业大学等联合承担了国家科技支撑计划项目“设施养殖数字化智能管理技术设备研究”，以数字化养殖为研究和应用核心，围绕环境监控数字化、畜禽管理信息化及畜牧生产智能化等进行了研究与应用，建立了基于 Web 技术的环境数据采集体系，研发了一套基于嵌入式服务器的音视频环境监控系统，集成了蛋鸡鸡舍新型温度调控、降尘、除臭技术和设备，对示范基地试验鸡舍现有设备（包括风机、湿帘、天窗、自动喷雾系统、清粪带、光照设备、喂料设备、饮水设备等）进行了基础参数采集，对现有商品代蛋鸡笼养鸡舍进行了环境控制和福利评价方面的资料收集，研究了蛋鸡主要疫病远程检测和综合控制技术，就鸡群死淘率、抗体水平和福利状况进行了监测跟踪。

德青源北京生态园在延庆进行了小型试验平台搭建，进行了鸡舍内传感器设备及高速网络部署；在试验鸡舍内部署了相关的可控制物联网智能节点（畜禽舍温度、湿度、光照、二氧化碳浓度、耗水、耗电等生产过程参数采集点）的传感器设备；示范基地内部建立了高速网络（有线为主、无线为辅），实现了所采集的环境信息、音视频信息、生产性能信息的传输及存储；实现了与 Internet 互联互通，与中国农业大学信息中心和德青源试验基地进行信息实时共享。同时，还开发了基于 Andriod 和 iOS 系统的手机 App，使相关技术和管理人员在全球各地对现场情况一目了然。设施养殖数字化智能监测系统如图 10-11 所示。

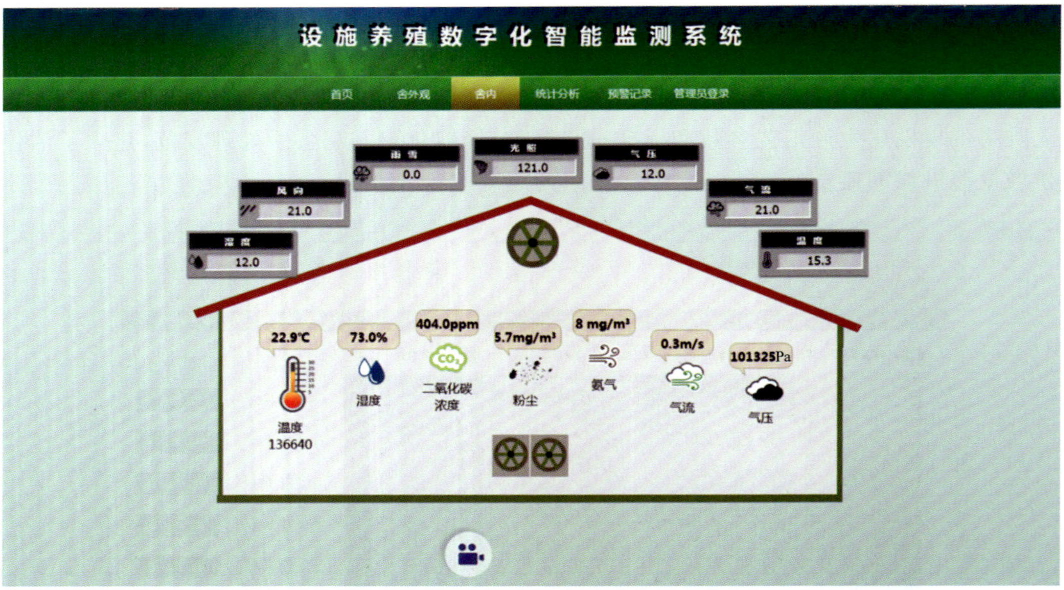

图 10-11　设施养殖数字化智能监测系统

“十三五”和“十四五”期间，北京德青源农业科技股份有限公司与中国科学院信息中心、中国农业大学等合作，用无源环境采集节点替代了原有的有源节点，实现了物联网管理平台（图 10-12）。该平台通过融合低功耗物联网技术、边缘计算、BLE、LoRa 等技术，实现了集通信、计算和存储“三位一体”的融合物联网，不仅实现了鸡场内各鸡舍的养殖过程性大数据，包括温度、湿度、氨气浓度、二氧化碳浓度等实时采集、处理和设备报警，还汇集了饮水量、喂料量、破蛋数、死淘数等生产数据，有效降低了人工成本，提高了养殖生产效率和效益。此外，还开展了鸡舍环境采集机器人、红外识别死鸡等新设备的开发与应用。

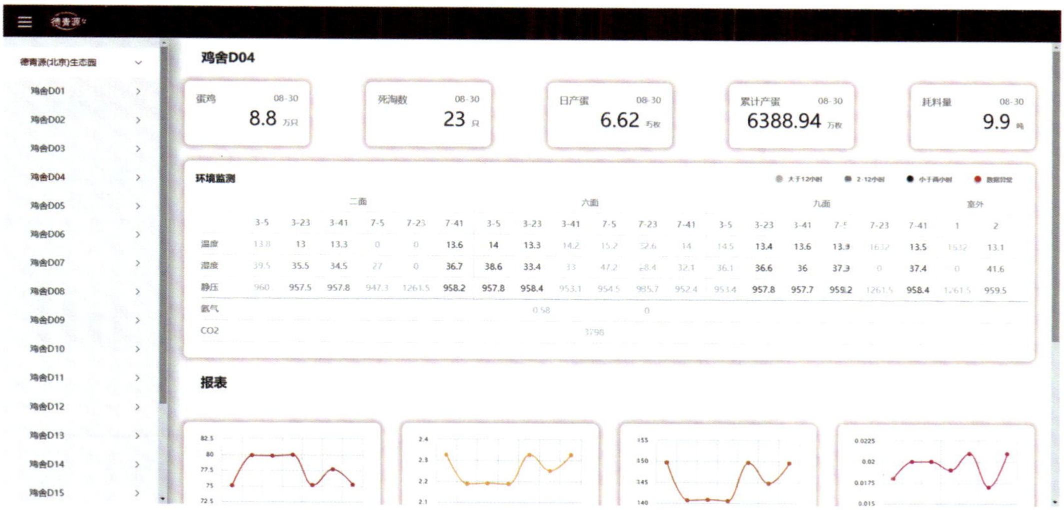

图 10-12 家禽养殖物联网管理平台

10.1.2.2 全流程互联互通蛋鸡智慧养殖模式——以天津广源为例

1. 基本情况介绍

天津市广源畜禽养殖有限公司被认定为天津市农业产业化经营市级重点龙头企业，是天津食品集团重点支柱企业之一，是农业农村部农垦局农产品质量追溯系统 2017 年建设单位，是天津地区“菜篮子”工程的主要肉、蛋等食品供应商。广源集团位于天津市宝坻区，公司蛋鸡养殖基地现总占地 248 亩(1 亩≈667 m^2)，其中现有厂区占地 160 亩，蛋鸡存栏鸡 100 万只，生产鲜鸡蛋 1 800 万 kg。

其中广源公司一期养殖基地有 12 栋鸡舍、蛋品分拣中心、养殖办公室和监控室。12 栋鸡舍中 8 栋产蛋鸡舍，4 栋育雏鸡舍。产蛋鸡单体占地面积及建筑面积均为 1 717.61 m^2，育雏鸡舍各单体占地面积及建筑面积均为 1 200 m^2，蛋品分拣中心位于蛋液加工车间一层，监控室位于蛋液加工车间二层，蛋液加工车间总建筑面积为 6 243.4 m^2。

通过整合蛋鸡养殖环境调控、数字化精准饲喂、自动化集蛋加工和蛋鸡物联网等系统的养殖资源数据，建立蛋鸡养殖大数据资源服务平台；通过汇聚各网络节点、各设备/系统的多源异构数据资源，构建蛋鸡养殖大数据中心；通过蛋鸡数字化生产分析智能决策，发布和共享蛋鸡养殖数据资源和数据分析服务。养殖数据资源的利用为天津广源蛋鸡带来新的发展方式，一方面为蛋鸡养殖生产数字化建设提供数据支撑，另一方面为蛋鸡全产业流程的智慧管理提供养殖数据资源。

2. 数字化生产智能管理平台

蛋鸡养殖大数据中心与数字化生产智能管理平台(图 10-13)分为业务交互层、资源汇聚层、数据分析层和决策应用层等模块，本书所涉及界面中数据均为模拟数据，并非基地实际使用数据。

业务交互层主要是对鸡舍自动化精准环境控制系统、数字化精准饲喂管理系统和自动化集蛋系统及视频数字化监控系统进行软件集成，接收和存储各个业务系统上传的数据，在平台中进行物联网设备接入、生产管理经营数据抽取和汇聚，形成蛋鸡养殖数据资源的集成和海量

图 10-13　蛋鸡数字化生产智能管理软件平台首页展示

异构蛋鸡养殖数据资源的高效存储。

资源汇聚层主要是对存储的数据资源进行分类编码，形成数据资源目录管理，同时针对蛋鸡养殖数据资源构建面向蛋鸡养殖生产、加工、流通的数据资源专题库，形成蛋鸡养殖数据资源仓库和大数据中心。

数据分析层主要是进行数据清洗、数据归类和处理，形成可视化数据统计图表，同时运用数据挖掘、机器学习等手段，基于分布式流式计算框架对鸡舍自动化精准环境监测与控制、数字化精准饲喂、产蛋率、蛋品合格率、蛋料比、生长状况、饲料配比等目标数据进行挖掘分析，形成不断优化的环境调控、精准饲喂模型。

决策应用层主要是对挖掘分析产生的模型进行生产应用，以各个鸡舍的实际生产数据作为参数，生成最优蛋鸡生产决策方案；为优化现有配置、改良现有营养配方提供决策支持依据；形成标准化蛋鸡养殖链自动化控制脚本，对蛋鸡生产链进行智能参数设定和调整；并对环境、采食量、产蛋率、蛋品合格率进行阈值监控和异常报警。

（1）自动化精准环境管理　通过网络采集养殖设备接口信息并进行数据调取，实时获取鸡舍内空气温度、空气湿度、光照强度、CO_2浓度、NH_3浓度情况，进行数据存储、分析、展示和报警管理，构建关键参数模型，综合单一指标趋势分析和多指标关联分析。系统将定期获取的蛋鸡品种、生长阶段、均重、产蛋信息等实际数据参数传入环境决策模型，计算出最优环境指标，提供鸡舍环境硬件设备运行参数优化决策。具体包括实时监测报警、数据采集汇聚、通风决策应用等方面。

系统对接 12 栋鸡舍的自动化精准环境控制系统(图 10-14),结合舍内配备的传感器、可采集的数据清单和类别,获取相应传感器和设备的运行参数,并分析运行状态,对所有添加的设备出现断电、断网、欠压、设备损坏进行提醒。在设备运行状态预警功能开启后,当传感器或系统运行状态发生错误时,可根据用户设置的信息接收方式将报警信息发送给相关人员,及时进行设备维护,解除报警状态。同时,采用适当的技术手段合理组织气流,借助换气稀释或通风排除等手段,控制或消除生产过程中产生的粉尘、有害气体、高温及余热等危害,创造良好生产环境。通风量需求估计是蛋鸡通风调控的基础,生产中常用冬季和夏季每只鸡每千克体重所需的换气量估计通风量需求,进而配置风机的开启数量。

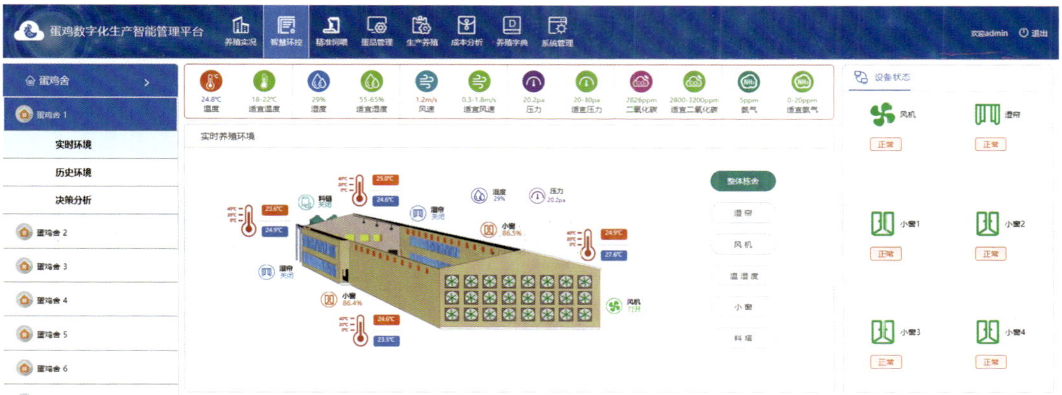

图 10-14　蛋鸡数字化生产智能管理软件平台智慧环控模块

(2)数字化精准饲喂管理　精准饲喂管理以"精准、高效、个性化定制"为主要特征,根据动物营养、生长状态、生长环境、效益目标等多种因素,形成针对不同养殖对象的饲喂配方和饲喂方案。在饲养过程中实现自动化、智能化精准饲喂目标(图 10-15),模型重点解决 3 个关键问题:饲料监测、体况感知、饲喂方案。其中,饲料监测主要通过喂料、喂水终端设备的自动启停和料线传感器、料塔重量传感器等实现饲料数据、饮水数据、喂料系统状态数据、饮水系统状态数据的连续自动采集与汇聚;体况感知主要解决当前家禽群体或个体生长状况,包括体重、体型、状态、行为等信息的自动化获取与解析,作为评价饲喂情况的依据;饲喂方案主要解决如何确定饲喂配方和策略,需要针对物种品种、动物营养需求和饲养目标确定生长模型,形成一套完整的体系和计算模型,包括饲料配比、投放量、投放时间等因素;而投放调控需要智能化的设备,按照指定的饲喂方案实现喂料、喂水终端设备的自动启停和料线感知。

(3)智能化产蛋管理　智能化产蛋管理(图 10-16)主要包括产蛋率、料蛋比以及蛋品合格率等内容。蛋鸡鸡群产蛋有规律性,反映在整个产蛋期内产蛋率遵循一定的变化模式。鸡群开产后,产蛋率迅速增加。产蛋高峰一般维持 10 个月以上,高峰过后,曲线下降一分平稳,基本呈一条直线。标准曲线每周下降幅度接近。一般每周下降不超过 1%(0.5%左右),直到 80 周龄产蛋率下降至 80%左右。

通过对场区内鸡蛋自动计数系统获取每栋鸡舍日产蛋总数、在线化记录每栋鸡舍日存栏量,根据公式统计分析出企业级、场区级、栋舍级的日产蛋率、周产蛋率、月产蛋率、季度产蛋率、年度产蛋率和全生命周期的产蛋率。

图 10-15　蛋鸡数字化生产智能管理软件平台精准饲喂模块

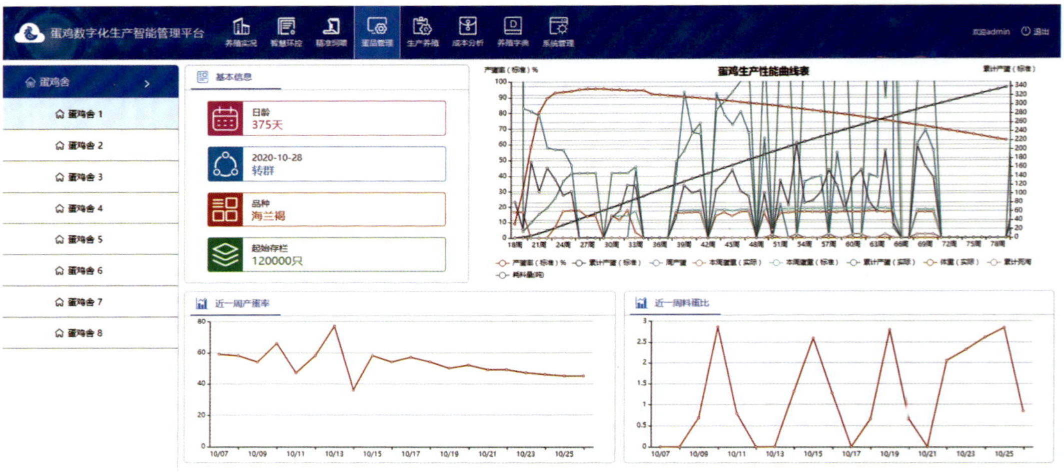

图 10-16　蛋鸡数字化生产智能管理软件平台蛋品管理模块

(4)养殖智能辅助决策　养殖智能辅助决策综合数据分析核心内容为数据模型分析空间建立灵活配置的数据新工作台，基于成熟专业数据分析软件、开放式系统仿真软件系统、大数据自助式数据访问与建模工具系统，方便不同数据分析技能的用户和数据访问用户使用时间序列分析、多元回归分析、主成分分析、聚类分析模型、语义分析模型对数据仓库内数据进行多维分析(图 10-17)。

蛋鸡养殖综合数据包括有环境数据、饲喂数据、生长数据和产蛋数据。运用大数据挖掘工具进行数据预处理挖掘分析，利用分类预测、聚类分析、关联分析、序列挖掘和异常挖掘等技术手段，对获取到的数据进行定制化分析，形成优化蛋鸡生产的智能决策模型，以决策模型给出的最优参数配置环境、饲喂环节的操作数据，实现数据服务的个性化、精准化和智能化，同时有效结合蛋品加工分级管理端的产出数据，实现以最好的养殖结果和最低的成本获得最高的投入产出比。通过大数据智能分析技术将全面揭示信息流的流量、流向，并对蛋鸡全生长过程进

图 10-17　蛋鸡数字化生产智能管理软件平台决策分析模块

行模拟，针对关键节点进行分析，最终实现动态预警和精准调控。

10.1.2.3　大数据驱动的全产业链资源一体化增值服务模式——以华都峪口为例

北京市华都峪口禽业有限责任公司始建于 1975 年，是集蛋/肉鸡品种选育、种鸡扩繁、商品鸡推广和科技服务于一体的世界级家禽育种企业、全球最大的蛋鸡制种企业和农业产业化国家重点龙头企业，其种鸡规模世界第一，产品全国市场占有率 50%以上。

2014 年 9 月，峪口禽业率先开始"产业＋互联网"的实践，启动"智慧蛋鸡"项目。该项目是峪口禽业基于蛋鸡行业痛点而量身打造的服务平台，旨在应用云计算、大数据、人工智能等现代信息技术，构建"智慧蛋鸡"产业互联网平台，为畜禽产业的数字化建设提供发展路径，解决制约中国蛋鸡产业的品种、效率和效益问题。

智慧蛋鸡平台涵盖智慧育种、智慧养殖和智慧服务 3 个部分，是生物技术与信息技术深度融合的创新应用。通过集聚产业链上下游与鸡相关的各类资源，平台成功构建了一套完善的商业生态系统，推动蛋鸡行业"智慧化"发展。智慧蛋鸡以终端客户的实际需求作为导向，形成蛋鸡行业独具特色的"大数据"应用模式，有力推动了自主家禽品种培育的进程，全方位提高了蛋鸡产业的效率与效益。

智慧育种，基于 20 年育种的宝贵经验，通过"软、硬、智"融合，以培育适合中国饲养环境、生产性能国际领先的蛋鸡新品种为目标，自主研发出国内首个智慧蛋鸡育种管理系统，为育种企业提供品种选育、遗传资源管理、性能评估与预测等解决方案。通过表型数据的自动精准采集，大数据的智能分析以及人工智能选种选配，国产蛋鸡育种效率提升 50%以上。通过系统的产业化应用，目前已成功培育出具有自主知识产权的京系列蛋鸡品种 5 个，市场占有率高达

58%以上；沃德系列肉鸡品种 3 个，一举打破白羽肉鸡种源垄断，为国家"种业振兴""端牢中国饭碗"奋力跑出"加速度"。

智慧养殖，依托物联网、云计算、人工智能等现代信息技术，构建蛋种鸡养殖物联互通模式，将网络化、智能化、数据化、在线化贯穿蛋鸡养殖经营管理全过程，成功建设并应用规模化蛋种鸡数字化养殖物联互通平台。通过打通养殖现场智能养殖设备的通信协议，将实时的生产、生长、环境等数据通过平台已建立的大数据深度学习分析模型，实现生产过程的生产管理、经营分析、风险预警、指导决策，推动我国蛋鸡养殖由经验型粗放管理到数字化高效管理的转变，整体提升养殖效率和效益。

智慧服务，以鸡为门户，聚集产业链上下游资源，构建 10 大数智化应用场景(图 10-18)，为全国养殖场(户)提供其最需要的信息、技术、培训、交易等服务，打造"好用、爱用、常用"的信息化产品。目前智慧蛋鸡平台服务全国 70%蛋鸡养殖场(户)，帮助其实现"资讯通、标准养、科学记、智能诊、精准测、在线聊、便捷交易"，快乐养鸡、轻松买卖！

图 10-18　10 大数智化应用场景

1. 行业资讯——重磅资讯播报(图 10-19)

此栏目作为蛋鸡行业的"今日头条"，精准推送蛋鸡养殖相关的重磅政策、权威管理和最新技术。同时依托大数据个性化推荐技术，深度分析用户的浏览喜好，进而智能筛选出契合用户需求的信息，并实现精准推送，带给用户"千人千面"的新体验。

2. 市场行情——行情动态解读(图 10-20)

此栏目每天发布中国蛋鸡市场价格信息，同时推出蛋鸡行情四大指数，定期发布行情报告，打造中国蛋鸡行业晴雨表，为生产经营提供可靠的参考依据。四大指数包括蛋价、成本、盈利、进鸡指数，其中蛋价是基础，成本是核心，盈利是关键，而进鸡指数则是在盈利指数的基础上，利用云计算技术开发的一款能够帮助测算未来盈利走势的计算工具。只要选定进鸡品种、进鸡时间、饲养周期，轻松一点，饲养这一批鸡能挣多少，后期盈利走势如何，秒出答案。

图 10-19　智慧蛋鸡平台“行业资讯”界面

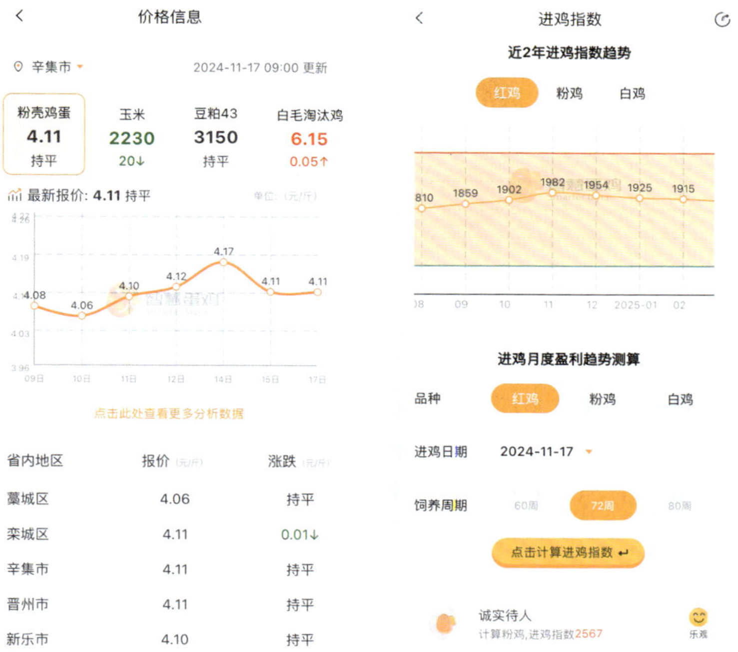

图 10-20　智慧蛋鸡平台“市场行情”界面

3. 热点话题——热点话题互动(图 10-21)

热点话题是智慧蛋鸡 App 中唯一一个用户可自主发表观点和相互对话的开放性栏目。涵盖养殖管理、疾病防控、行业故事、市场行情、供求信息 5 大类主题,行业专家、养殖高手与用户在线互动,相互讨论、思想碰撞,解决养殖场(户)实际难题。除发布常规文字话题外,用户还可以自己发布"视频"话题,尽情展示自己的观点和动态。

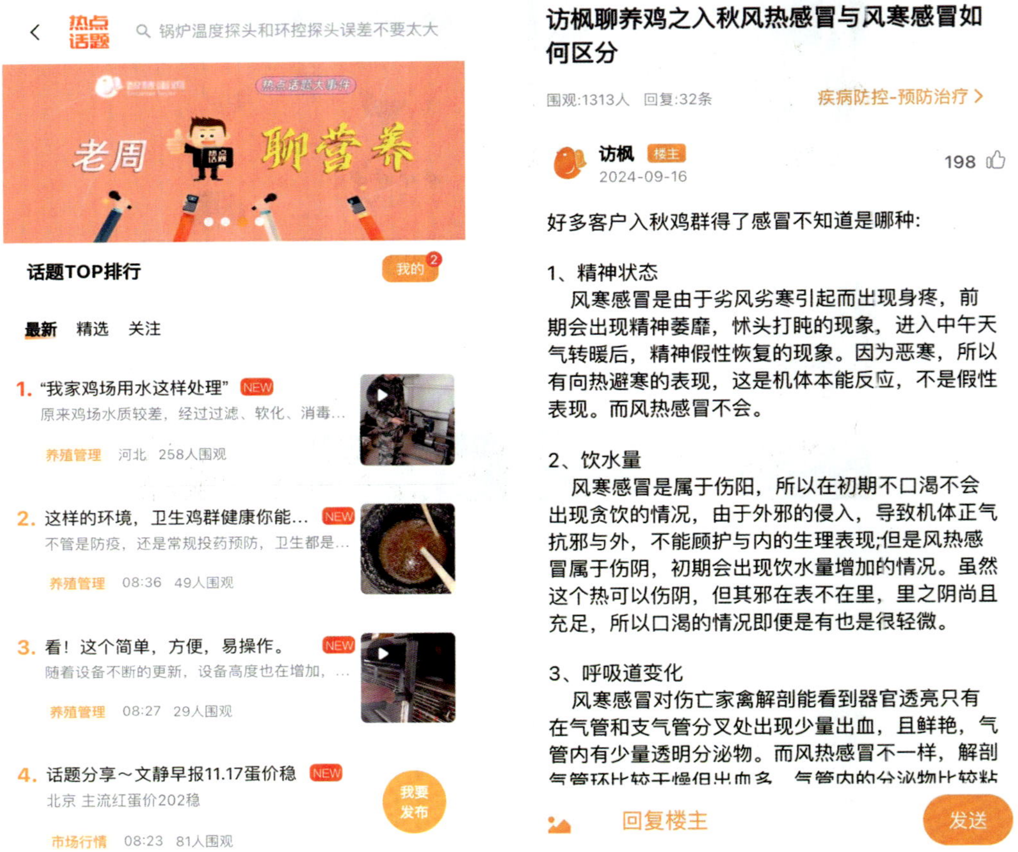

图 10-21 智慧蛋鸡平台"热点话题"界面

4. 养殖预案——管理要点早知道(图 10-22)

此栏目依托蛋鸡 40 年养殖经验,通过梳理蛋鸡"全品种、全代次、全业务、全周期"的 162 个关键要点,构建百万级别的预案"标准库"和"管理库",形成饲养、营养和防疫 3 大环节的养殖预案模型,通过数据聚合和抽取形成养殖预案。结合大数据算法,依据养殖场所处地域、进鸡时间(季节)、饲养品种等差异,为养殖场(户)提供"一场一批一策"的精准化、智能化、个性化的养殖预案服务。

图 10-22　智慧蛋鸡平台“养殖预案”界面

5. 生产统计——数字化养鸡(图 10-23)

作为一款记录和分析鸡群生产性能的数字化工具，生产统计通过线上创建专属的养殖场，记录数据，统计指标，对比标准，计算收益，帮助养殖场(户)轻轻松松记录，明明白白养鸡。

6. 智慧兽医——贴身的兽医博士(图 10-24)

以“10 亿＋”临床样本为基础，建立深度学习＋智能演进知识图谱的疫病推理模型，形成了疾病数据库、症状数据库以及诊断方案库。用户仅需提出相应症状，系统秒出诊断、预防和治疗的全套方案，助力养殖场实现“智能诊”。

同时利用智慧兽医智能诊断功能所积累的数据，展现全国及所在地区近 30 d 和近 3 个月内的疾病流行情况，帮助养殖场及时掌握疾病的流行状况，进而采取相应的预防措施，降低养殖风险，帮助用户“精准防”。

图 10-23 智慧蛋鸡平台“生产统计”界面

图 10-24　智慧蛋鸡平台“智慧兽医”界面

7. 蛋鸡商城——线上买卖

智慧蛋鸡平台通过打通产业链上下游，构建“124”的交易模式，即搭建以交易为核心的平台，构建农资“B2B、B2C”、农产“B2B、B2C”的 4 种交易场景，打通“信息流、资金流、物流”，实现“农资下乡、农产回城”。

目前智慧蛋鸡平台已入驻产业链头部企业超 580 家，雏鸡、饲料、疫苗、兽药、设备、鸡蛋等十几个品类，5 800 多种商品，服务全国用户轻松买卖，平台交易额突破 90 亿。

8. 智慧超市——线上线下服务

此栏目匹配线下服务主体“流动蛋鸡超市”。作为农户家门口的服务主体，通过聚集产业优势资源，一方面承接线上农资交易订单，线下开展雏鸡、饲料、动保产品配送服务和承接线上农产需求订单，集中农产货源；另一方面根据养殖场实际需求，提供鸡群免疫、抗体检测、环境检测、饲料营养检测等技术服务。让养殖户足不出户就能养上好雏鸡、用上好饲料、用上好疫苗，极大降低了农民养鸡的风险，让农民养鸡变得简单。目前全国已成立上千个流动蛋鸡超市，服务全国近 6 亿只蛋鸡。

9. 沃德学习——开启智慧人生之旅（图 10-25）

沃德学习是为落实国家乡村振兴战略，培育新型农民而创办的线上培训栏目，是提升思维技能的窗口，栏目聚集“产学研”领域的院士、教授和行业专家，组建百名线上王牌、金牌和银牌讲师队伍。通过直播互动、视频授课让学员随时随地学习。栏目设置课程涵盖“思想、管理、技术”3 大类别，为全国养殖场（户）提供随时随地学习的平台。

图 10-25　智慧蛋鸡平台“沃德学习”界面

在当今数字化浪潮席卷各行各业的大背景下，蛋鸡养殖行业同样迫切需要借助科技的强劲力量来实现转型升级，智慧蛋鸡产业互联网平台的诞生恰逢其时，承载着引领行业变革的重要使命。在运营过程中，平台精准锁定产业链存在的痛点与难点，并以先行者的姿态，率先在蛋鸡养殖的蛋鸡行业引入移动互联网、云计算、大数据、人工智能等先进的现代信息技术，以数字化赋能发展，为产业提供综合性、一体化的解决方案，是产业提质增效的关键。

智慧蛋鸡产业互联网平台立足我国蛋鸡产业发展的实际情况，从蛋鸡产业数字化发展所处的宏观环境、当下的具体发展现状，再到具有代表性的数字化发展等多个维度进行全方位、深层次的阐释。它就像是一本蛋鸡产业数字化发展的“百科全书”，为政府部门制定科学合理的产业政策、为整个行业把握发展方向、为广大产业同仁学习借鉴先进经验提供了极具价值的参考和指引，对于未来进一步推动我国蛋鸡产业在数字化道路上加速转型，以及助力蛋鸡行业整体迈向高质量发展阶段，有着不可忽视的重要作用，是蛋鸡养殖行业在数字化时代蓬勃发展的有力支撑。

10.1.3　奶牛

10.1.3.1　标准化的奶牛养殖数字牧场管理模式——以哈尔滨完达山为例

智慧畜牧与信息技术在奶牛养殖产业中的拓展与应用，有力推进奶牛养殖科技水平进步，大大丰富智慧畜牧的理论内涵。奶牛是群体饲喂动物，养殖环境、饲喂条件等均有相应的标准，以满足其福利养殖的需求。围绕“奶业优质安全、提质增效、绿色发展”的目标，以降成本、提质量、增效率、延链条为着力点，结合大数据、人工智能与视觉感知等前沿科学与技术，围绕奶牛精准饲喂与采食行为、养殖环境智能控制、发情行为分析、个体目标自动识别等开展基础和应用基础研究，形成奶牛养殖数据资源池，构建奶牛智慧养殖大数据服务平台，以信息化手段获取奶牛生长环境信息、生理信息，监测奶牛异常行为、疾病，及时监测奶牛生产数据变化，追溯生鲜乳质量安全，解决奶业数据信息孤岛，提高奶牛单产、乳品质量和养殖效益，对传统群养动物的信息化、智能化实践提供借鉴意义。

奶牛养殖管理系统

哈尔滨完达山奶牛养殖有限公司是标准化的奶牛养殖数字牧场管理模式代表之一，位于哈尔滨市松北区对青山镇，距市区约 31 km。2010 年 10 月投产，建设用地 45.7 hm^2，建筑物和构筑物总面积为 12.09 万 m^2，注册资本 3.59 亿元，可饲养奶牛 5 000 头，是一个标准化、规模化、现代化的大型奶牛场。在环保及粪肥资源化利用方面建设了雨污分流系统，粪污地下输送系统、螺旋挤压粪污固液分离车间、日处理 300 t 污水的水解＋厌氧—好氧的污水处理厂、5 个具有防渗功能的氧化塘及储水池，有效容积达 10 万 m^3，建设了 5 000 m^2 具有防渗防雨功能的堆粪场，做到收集、储存、处理设施“三配套”，实现了种养结合粪肥资源化利用，已通过环保验收。牧场使用国际领先的 CPM 软件，精确计算出奶牛日粮配方，通过模型计算出饲喂配方后不同牛群的预计变化，包括奶量、乳成分、体况、瘤胃 pH、尿素氮含量、能氮平衡、离子平衡等。同时科湃腾 TMRWatch™ 全混日粮监管系统（图 10-26）可实现对精准饲喂情况的实时监控、过程分析、误差分析、用料分析、效率分析与统计功能。

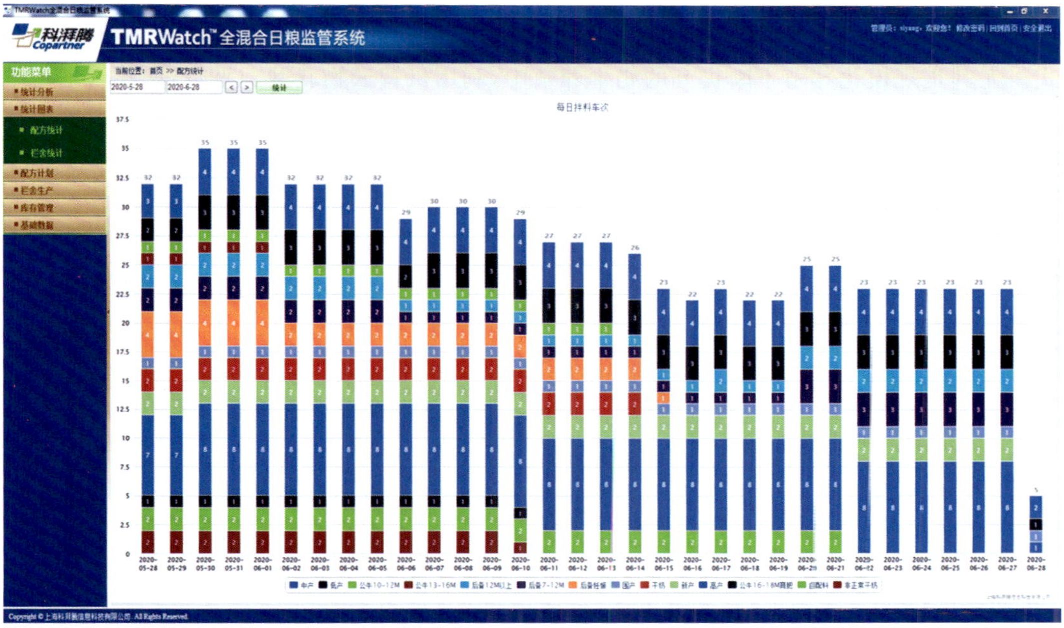

图 10-26　全混合日粮监管系统

牧场通过手机客户端实时查询服务器中奶牛定位信息、产奶量、活动量、繁殖等信息（图10-27），便于技术员根据每头牛的实际情况进行保健跟踪。同时牛舍内配有温控系统，当牛舍温度超过22 ℃时，风扇和喷淋交替启用，防暑降温，减少奶牛夏季热应激。通过组装奶牛养殖环境智能控制技术、奶牛饲喂与生理特征在线分析技术、奶牛发情行为分析技术等科研成果，提高规模化奶牛场智能化管理水平，提高牧场饲养管理水平。

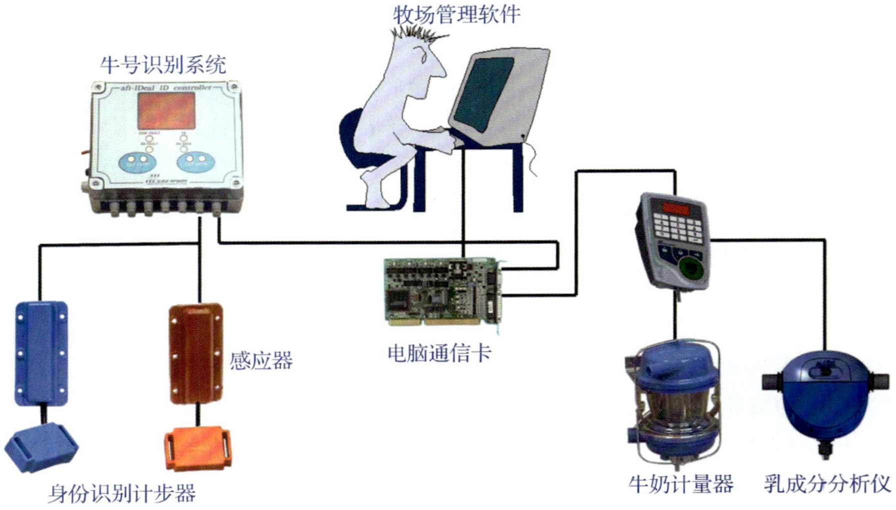

图 10-27　在位识别

10.1.3.2　云平台下的奶牛全链条精准管理模式——以天津嘉立荷为例

互联网和人工智能技术飞速发展，推动了传统畜牧业向着更集成与高效的方向发展。随着现代畜牧业的大力发展，传统的养殖结构与管理模式已经不适用现代大规模、集约化的养殖模式。尤其是规模化养殖不断提升的奶牛养殖中，利用机智云物联网云平台，构建云平台下的奶牛全链条精准管理模式，实现奶牛产业链全方位数字化监管、信息共享透明，使奶牛场环境的管理更加科学规范和有效，更能大大降低人工成本，提高运营效益。

以天津嘉立荷牧业集团有限公司（简称“嘉立荷牧业”）为例，“嘉立荷牧业”于2007年5月成立，注册资金3.9亿元，是天津食品集团有限公司的全资子公司，是中国奶业20强企业（D20观察员企业），是天津市首批“科技小巨人”企业，主要经营奶牛养殖、生鲜乳销售、奶牛育种、饲料加工、养殖高新技术开发及服务等。下辖17个奶牛场、1个饲料公司和1个种业公司。奶牛场分别坐落在天津辖区、山东德州、河北唐山和甘肃武威。

“嘉立荷牧业”拥有金蝶K3、奶业之星、云之家、ERP管理平台，通过岗位设置和绩效考核将公司人、财、物等资源进行合理匹配，通过物料的统一采购和配送，以及对物料进、销、存等管理严加控制，使奶牛养殖庞杂的资源得以合理利用，为企业决策层高效管理提供必要的技术支撑。

通过网络软硬件智能端口连接实现公司大数据智能分析和决策系统、牛场生产管理系统、移动端牛场生产管理系统、奶牛智能化挤奶系统、牛只智能分群管理系统、牛只行为监测系统、牛只智能称重系统、精准饲喂监控系统、粪污处理智能监控系统等设备的有效整合；通过中控室使各个独立运行的系统互联互通、数据共享，打破牛场“信息孤岛”，建立高效的信息采集体系、规范的牛群动态档案，实现牛只个体管理、群体管理、繁殖管理、精准饲喂管理、健康管理、产奶管理和环境管理。公司管理部门及高层领导则通过不同权限，进入系统查看牛场的管理情况和生产运行情况，进而对各个奶牛场运行情况进行监督、指导和决策。

1. 牛场生产管理系统

牛场生产管理系统负责收集奶牛的基本信息，包括奶牛系谱、生长发育、外貌、生产性能、发情配种、饲料营养、饲养管理、疾病状况等管理信息，从而对奶牛个体和群体的经营情况进行管理和信息汇总上报，通过端口查看视频及生产数据，指导生产。

2. 挤奶厅信息采集

目前，智能化挤奶系统在挤奶的同时会自动实时监测奶牛的生产性能、挤奶设备性能（挤奶效率、挤奶过程、挤奶速度等）以及挤奶员（每名挤奶员所管理的每个挤奶位的效率和持久性）的操作状况，并将这些数据信息即时传输进入牛场管理软件自动生成专业报表，通过奶牛场网络信息平台实现数字化信息管理与共享。

当奶牛进入挤奶厅后，对整个挤奶过程进行远程在线监控，转盘电子牛号识别系统会自动识别获得奶牛的牛号，然后调用相关档案资料，确认其身份信息，保证牛号和转盘牛位一一对应。在挤奶的同时，通过自动测量装置自动计量挤奶量，通过测定牛奶的导电率来判断奶牛是否患有隐性乳房炎，并将数据收集，以便针对每头奶牛个体的具体情况，进行有针对性的饲料投入和病害防治，实现基于个体差异的精准养殖。同时能够整合地磅及饲喂系统数据，得出不同批次的草料饲喂产量对比，用产量优化采购方案。

3. 发情监测信息

发情监测系统能持续监控每头牛每天的繁育，健康，营养和活动量的状况，提示每一头发情牛，便于用户统一管理，提早采取行动，做好繁殖育种工作，提高育种工作效率，同时处理奶牛群潜在的问题。通过对奶牛身份信息的识别，将其所监测的信息数据与奶牛场管理系统对接，实现信息共享。

4. TMR 配送中心信息

TMR 配送中心可以进行参数设定、配方管理、数据存储输出，实现全程自动控制原料投放、计量、切割、搅拌、出料等所有运行，可有效提高 TMR 产品的配比精度和稳定性，避免人为失误、随意性，实现数字化精细生产控制和管理。所有制作过程即时数据均可自动采集。当每批 TMR 制作完成时，系统将所有数据包括电脑配方数据、饲料实际投入数据、饲料消耗数据等自动存储，配置远程在线监控，数据无线输出，为数字化信息化管理提供便捷的途径，及时按照不同牛群生成饲养成本，指导生产应用，实现奶牛场 TMR 配送中心信息的采集、共享和利用。

5. 地磅系统信息

地磅为无人值守的地磅，饲料运输车入门即领取卡片，料、卡、车进行绑定，摄像头抓取车牌号，采集电子显示屏的称重信息，一体化形成采购单、质检单等。地磅系统完善的报表功能可以与进销存系统实现无缝同步对接，生成出入库日报表/周报表/月报表/季报表、出入库过磅数据汇总报表、物料收发日报表、原料入库汇总日报表、成品出库汇总日报表等多种专业报表，并将上述数据信息及报表进行自动存储、无线传输与网络共享。随着牛只智能称重系统的开发完善和使用，奶牛的体重、增重等重量信息也将得以实现共享。

6. 喷淋系统

采用先进的红外线控制喷淋，由红外线感知采食牛只，控制喷淋开启状态。智能喷淋系统通过红外线精准感知，控制水线上的电磁阀门进行精准喷淋，为牛体进行降温。较传统节水效率提高60%，极大地减少了饲养员清理粪污的工作量，减少了粪污处理量，减轻了沼液还田的压力。

7. 固定资产管理系统

所有固定资产都有可识别的唯一编码，以资产为核心，以唯一识别码为主线，通过唯一识别码对资产的调拨、维修、盘点、报废等全生命周期进行管理，做到账、物完全相符。该系统覆盖资产管理的"生、老、病、死"，提高资产管理效率，使得资产使用、维护责任清晰，有效降低资产闲置率，资产利用率大幅度提高；通过平台式管理掌控实物资产全貌，直观跟踪资产责任人、责任部门，实现资产责任到人的管理；通过运维所产生的记录与费用对资产进行多维度管控，实现资产保值增值，为提高企业利润打下坚实基础。

8. 视频监控系统

牛场视频监控系统全覆盖，通过在牛舍安装摄像头，牛场管理人员不必进入生产区，利用视频监控技术就可以掌握整个牛场的生产状况，减少人员出入生产区的次数，避免交叉感染和应激反应，同时监控系统实现牛场的信息化管理，有效地提高养牛业的管理水平。通过视频监控系统，就可以对牛场实施全天不间断的监控和管理，从而提高生产和管理效率，维护牛场正常生产秩序。

10.2 数字驱动服务畜牧业公共管理

10.2.1 饲料数据监测统计系统

10.2.1.1 饲料和饲料添加剂生产许可信息管理和查询系统

为切实做好添加剂预混合饲料和混合型饲料添加剂产品备案工作，按照《农业农村部办公厅关于实施添加剂预混合饲料和混合型饲料添加剂产品备案管理的通知》(农办牧〔2019〕32号)要求，农业农村部畜牧兽医局开发了"饲料和饲料添加剂产品备案系统"，于2019年6月上线试运行。

添加剂预混合饲料和混合型饲料添加剂生产企业(以下简称"生产企业")生产相关产品不再申请产品批准文号，省级饲料管理部门不再审批核发相关产品批准文号。生产企业需在产品投入生产前，将产品信息通过添加剂预混合饲料和混合型饲料添加剂备案系统(以下简称"备案系统")进行网络在线备案。省级饲料管理部门负责本行政区域混合型饲料添加剂和添加剂预混合饲料产品备案管理工作，定期抽查企业备案情况，组织市、县级饲料管理部门督促生产企业按照本通知要求实施备案，按照"双随机、一公开"要求对生产企业备案工作进行监督检查。生产企业进行备案时，需在线提交产品配方、产品质量标准、产品标签样式和使用说明等材料。生产企业存在应备案而未备案情形的，依据相关法律法规进行处罚。生产企业的生产许可证被吊销、撤销、撤回、注销的，备案系统将废止该企业所有产品备案信息，并对相关信息进行公示。

10.2.1.2 中国饲料工业统计信息系统

为规范饲料工业统计工作，农业农村部制定了《全国饲料工业统计调查制度》，已经获得国家统计局批准，于 2019 年 3 月印发。

调查是为了及时了解全国饲料工业生产动态及主要产品的市场价格，为各级饲料管理部门制定行业发展规划、指导和引导本行业的生产提供依据。调查对象和统计范围包括各省、自治区、直辖市（以下简称“省级”）所辖行政区域内的各种经济类型的饲料工业体系产品生产单位。调查内容包括饲料工业产品生产情况、饲料工业企业情况、饲料工业产品市场价格、饲料原料价格、企业经营及进出口情况等。包括 12 套报表，调查频率包括综合年报、集团年报、基层年报和基层月报。

报送时间为：次年 1 月 31 日前由各省级饲料管理部门将上一年度综合年报通过中国饲料工业统计信息系统报送。次年 1 月 31 日前由集团企业总部将上一年度集团年报通过中国饲料工业统计信息系统报送。次年 1 月 15 日前，全国饲料工业产品生产单位将上一年度的各类基层年报通过中国饲料工业统计信息系统报送。次月初 3 个工作日内，全国饲料工业产品生产单位将上一月度的各类基层月报通过中国饲料工业统计信息系统报送（https://sltj.nahs.org.cn/slcja/index.action），报表目录见表 10-1。

表 10-1 中国饲料工业统计信息系统报表目录

表名	报告期别	填报范围	报送单位	选送日期方式
综合年报表	年报	饲料、饲料添加剂、单一饲料、饲料机械生产单位	各省级饲料管理部门	次年 1 月 31 日前通过中国饲料工业统计信息系统报送
集团年报表	年报	饲料、饲料添加剂、单一饲料、饲料机械生产单位	集团企业总部	次年 1 月 31 日前通过中国饲料工业统计信息系统报送
配合饲料、浓缩饲料、添加剂预混合饲料基层年报表	年报	配合饲料、浓缩饲料、添加剂预混合饲料生产单位	配合饲料、浓缩饲料、添加剂预混合饲料生产单位	次年 1 月 15 日前通过中国饲料工业统计信息系统报送
宠物饲料基层年报表	年报	宠物饲料生产单位	宠物饲料生产单位	次年 1 月 15 日前通过中国饲料工业统计信息系统报送
饲料添加剂和混合型饲料添加剂基层年报表	年报	饲料添加剂和混合型饲料添加剂生产单位	饲料添加剂和混合型饲料添加剂生产单位	次年 1 月 15 日前通过中国饲料工业统计信息系统报送
单一饲料基层年报表	年报	单一饲料生产单位	单一饲料生产单位	次年 1 月 15 日前通过中国饲料工业统计信息系统报送

续表 10-1

表名	报告期别	填报范围	报送单位	选送日期方式
饲料机械基层年报表	年报	饲料机械生产单位	饲料机械生产单位	次年1月15日前通过中国饲料工业统计信息系统报送
配合饲料、浓缩饲料、添加剂预混合饲料基层月报表	月报	配合饲料、浓缩饲料、添加剂预混合饲料生产单位	配合饲料、浓缩饲料、添加剂预混合饲料生产单位	次月初3个工作日通过中国饲料工业统计信息系统报送
宠物饲料基层月报表	月报	宠物饲料生产单位	宠物饲料生产单位	次月初3个工作日通过中国饲料工业统计信息系统报送
饲料添加剂和混合型饲料添加剂基层月报表	月报	饲料添加剂和混合型饲料添加剂生产单位	饲料添加剂和混合型饲料添加剂生产单位	次月初3个工作日通过中国饲料工业统计信息系统报送
单一饲料基层月报表	月报	单一饲料生产单位	单一饲料生产单位	次月初3个工作日通过中国饲料工业统计信息系统报送
饲料机械基层月报表	月报	饲料机械生产单位	饲料机械生产单位	次月初3个工作日通过中国饲料工业统计信息系统报送

10.2.1.3 粮改饲信息统计上报系统

为贯彻2017年中央一号文件精神，全面落实《政府工作报告》粮改饲试点任务目标，经商财政部，原农业部制定了《粮改饲工作实施方案》，并于2017年5月印发。

粮改饲主要是采取以养带种方式推动种植结构调整，促进青贮玉米、苜蓿、燕麦、甜高粱和豆类等饲料作物种植，收获加工后以青贮饲草料产品形式由牛羊等草食家畜就地转化，引导试点区域牛羊养殖从玉米籽粒饲喂向全株青贮饲喂适度转变。中央财政补助资金主要用于优质饲草料收贮工作，支持对象为具有优质饲草料收贮和使用能力的规模化草食家畜养殖场户、具有稳定饲草料供销订单的专业收贮企业（合作社），兼顾提供收贮服务的社会化服务组织。

实施区域包括河北、山西、内蒙古、辽宁、吉林、黑龙江、安徽、山东、河南、广西、贵州、云南、陕西、甘肃、青海、宁夏、新疆等17个省（自治区）和黑龙江省农垦总局。原则上以县级行政区划为单位，由省级农牧部门会同财政部门遴选符合以下条件的县（市、区，以下简称试点县）实施：一是草食家畜养殖基础好，规模化程度较高；二是气候、水土条件适宜发展规模化饲草料种植；三是政府重视种植结构调整和草食畜牧业发展；四是农民粮改饲积极性高、养殖场户收贮条件好。对总体收贮规模有限、但拥有较强带动能力的大型规模养殖场或专业收贮企业的县，也可酌情遴选纳入试点范围。有条件的省（自治区），可以选择地市级行政区划实施整市（州、盟）推进。

10.2.2 畜产品市场价格监测系统

10.2.2.1 中国农业信息网

中国农业信息网(www.agri.cn)是农业综合信息服务网站,于 1996 年建成,主要为农户、涉农企业和广大社会用户,提供分行业、分品种、分区域的与其生产经营活动以及生活密切相关的各类资讯信息及业务服务。网站由农业农村部主办,农业农村部信息中心负责该网站的日常运行和维护。已经形成以 54 个精品频道、28 个专业网站以及各省(自治区、直辖市)农业网站为一体,全国各级政府农业网站联网运行,成为具有权威性和广泛影响的国家农业综合门户网站。作为中国政府农业官方网站,其对国内外的影响日益扩大。

中国农业信息网已经初步形成了以农业农村部信息中心为网络中心的集群网络系统。中国农业信息网既担负为各部门、各单位的信息存储、处理、发布、传播的服务,也担负对全国农业系统和基层信息服务组织服务的职能。各部门可以在系统里存储、处理、维护各自的信息,并根据信息的不同等级,通过不同的授权,分别提供部内和部外各类用户查询。此外,图形、无纸刊物、气象图片等多媒体信息可以方便地在网上传播和发布。现已经建成多个农村经济的数据库,向部内外各类用户提供查询服务。中国农业信息网络与全国各省(自治区、直辖市)农业厅(局),近千个地、市、县,几十个农垦局(场)以及几十个大中城市的农副产品批发市场、水产品批发市场相连;横向与各部委、新闻单位、科研院校及海关、气象等部门的 20 多个信息机构联网。信息网的网员队伍不断扩大,现在网员 2 000 多家,已经形成了以信息中心为枢纽的上下贯通、左右相连的农业信息网络。农业信息网络为农业系统的管理、调控、服务起到了积极的作用。

新技术条件背景下的农业信息网应当视为农业联盟的动态数据库,能够有效地对接各类技术、交易与信息平台,帮助农民、农企等实现农业经济各个环节的良性发展,为农业的整体战略提供技术支撑。系统主要包括价格指数、价格行情、价格报送、市场动态、分析报告、批发市场简介、政策法规等模块,涵盖气象农业、农科讲堂、绿色食品、物联网、土地流转多个专题板块,为农民、农企提供了完备的信息发布渠道。

10.2.2.2 重点农产品市场信息平台

重点农产品市场信息平台是农业农村部贯彻落实国务院《促进大数据发展行动纲要》的一项标志性成果。2022 年 4 月 6 日,新版重点农产品市场信息平台(http://ncpscxx.moa.gov.cn)正式上线运行,新版平台的建设及运行将为释放数据资源价值、完善农产品价格形成机制、促进农业供给侧结构性改革、推动农业高质量发展发挥重要作用。

新版平台覆盖旧版平台的全部功能并在以下两方面加强改进:一是加强了数据资源治理,创新构建了适用重点农产品全产业链的数据治理模式及流程,汇聚形成了 8 大类 20 个品种的数据资源池,能够提供覆盖生产、流通仓储、加工、消费、贸易、价格、成本收益和舆情等全产业链 8 个关键环节 596 个指标的数据展示与查询。二是打造了一站式数据服务,平台以品种为主线,及时提供各品种各关键环节的动态数据,同时能够自动形成分析报告,并能提供经专家汇聚多源数据形成的重点农产品供需形势分析报告。

社会公众可通过农业农村部门户网站数据频道访问新版重点农产品市场信息平台。平台首次以品种为主线串起全产业链数据,打造"一网打尽"式信息发布服务平台,首次开放大量可机读的原始数据,促进数据资源的再开发、再利用,首次基于大数据技术提供了可视化工具,方便公众在线分析决策。

10.2.2.3 全国农产品批发市场价格信息系统

为向农民及涉农企业及时提供准确、详尽、全面的国内直至国际农产品市场价格信息，推进国家电子政务建设、推进农业信息化，农业农村部在1995年建立了全国农产品批发市场价格信息系统(https://pfsc.agri.cn)。全国各地的批发市场通过互联网联网将信息报送。目前，全国农产品批发市场价格信息系统在全国产生了广泛影响，在引导农产品产销方面发挥了很大的效应。

全国农产品批发市场价格信息系统主要用于监测各大批发市场所销售的各类农产品价格信息，由各个批发市场进行数据填报，由农业农村部进行统计分析。价格指数主要包括农业农村部"农产品批发价格200指数"——日度指数、近期农产品批发价格200指数日度走势图、近期"菜篮子"产品批发价格200指数日度走势图、农业农村部"农产品批发价格200指数"——月度指数、农产品批发价格200指数月度走势图、"菜篮子"产品批发价格200指数月度走势图等内容。

价格行情记录当日全国农产品批发市场价格行情，单位为元/kg，可根据省份、市场、品种大类以及品种名称进行筛选。

价格报送界面展示当日已报价的批发市场列表。

市场动态根据农产品大类、产销类型记录集散地价格变动情况。同时可根据地区、产销地、集散地等类型筛选。

分析报告模块记录了由农业农村部所编制的各农产品大类的价格分析报告，可根据地区以及农产品大类进行筛选。

10.2.3 畜牧业监测预警公共服务系统

10.2.3.1 养殖场直联直报信息平台

为认真贯彻落实习近平总书记在中央财经领导小组第十四次会议上的重要讲话精神和《国务院办公厅关于加快推进畜禽养殖废弃物资源化利用的意见》(国办发〔2017〕48号)要求，农业农村部畜牧业司会同全国畜牧总站组织开发了养殖场直联直报信息平台，有力推动了畜禽粪污资源化利用工作进展。

养殖场直联直报信息平台的主要形式为畜牧生产管理考核信息平台，以互联网、物联网为基础，具有大数据采集上报功能和云计算监测生产情况功能。该平台整合了畜牧业信息即时采集上报系统、畜禽规模养殖场信息云平台两大畜牧业统计监测系统的功能，实现了集养殖场备案管理、生产效益监测、价格监测、畜禽粪污资源化利用监测、畜牧信息发布、绩效考核、信息统计监测分析和预警等应用于一体的目标。达到了统一管理、分级使用、共享直联的总目标。作为畜禽粪污资源化利用监测进入信息化时代的重要标志，该平台的成功上线，对提高畜牧业统计监测水平，加强畜禽粪污资源化利用监测具有重大意义，是推进畜禽粪污资源化利用的重要抓手。

信息平台由6大数据板块构成，分别是公告通知、基础信息及备案管理、信息数据采集、统计分析、畜禽粪污资源化利用管理、系统管理。养殖场利用手机登录"掌上牧云企业版"，填报、上传生产数据信息，县市级畜牧兽医局利用"养殖场直联直报信息平台"对数据信息进行审核、备案和分析。其中畜禽粪污资源化利用管理模块，包含"资源化利用-项目计划""资源化利用-配套验收”“粪污综合利用情况”“专业机构畜禽粪污综合利用情况”“规模以下养殖场综合利用情况”5 个子模块，实现从养殖场备案到资源化利用设施设备验收，再到畜禽粪尿综合利用的全程数据信息的采集上报，达到全程监管畜禽粪污资源化利用工作的目的。

10.2.3.2 中国畜牧兽医信息网

中国畜牧兽医信息网(http://www.nahs.org.cn/)由全国畜牧总站主办，全国畜牧总站信息中心负责该网站的日常运行和维护。网站于 1998 年建立，以“为行业发展提供权威资讯与专业服务”为宗旨，宣传政策法规，提供行业最新资讯，推广先进的专业技术知识，服务广大畜牧业从业者，是行业交流的重要平台。网站内容涵盖行业政策性、新闻性和科普性多个方面，是行业内具有权威声音的门户网站之一。

网站作为全国畜牧总站的门户系统外还具备公共服务功能，具体包含首页、机构、动态、公开、业务管理、生产数据、监测预警等模块。网站业务管理中分别由牧业经济与国际合作、畜牧业统计监测、技术推广、质量标准、畜禽种业、畜禽资源保护与利用、生产指导、奶业振兴、绿色发展、饲料质量安全、饲料评价、饲草产业等模块组成，每个模块具备对应的时效信息可通过网站了解最新的行业信息、技术信息。

网站监测预警模块中包含工作动态、生产形式、价格行情、各地生产、国外生产、进出口贸易、种业统计等板块，分别作为公众服务平台为养殖户、养殖企业提供最新的生产数据。

展望篇

第 11 章

智慧畜牧业发展趋势

11.1　产业发展趋势

11.1.1　产出高效

近年来，人类对动物产品的消费需求不断上升促使畜牧业快速发展，其产值已占到全球农业 GDP 的 40%～50%。预计到 2050 年，全球畜禽产品增长率将达到 70%。特色畜牧业迎来了较好的发展机遇，肉兔生产保持稳定，毛兔、獭兔生产仍在恢复，驴、肉鸽、鹌鹑、骆驼等特色产业稳定发展，毛皮动物和鹿业正式纳入畜牧业生产体系。随着畜牧业集约化生产的快速推进，畜禽养殖方式逐渐由传统散户饲养向规模化养殖方式发展，由粗放经营向集约型转变，全国各地规模化养殖业迅速发展。据农业农村部统计，自 1985 年以来我国鸡蛋产量一直居世界首位，蛋鸡规模化养殖比重已从 2007 年的 47.8%提高到 2019 年的 72.5%，蛋鸡规模化养殖场(5 万只以上)已达 3 000 多家。规模化养殖使畜禽养殖可持续发展面临着较高的健康风险与管理压力，安全、高效的数字养殖技术将是实现畜牧业由数量型向智能型转型升级的有效途径。

11.1.2　产品安全

让人民群众吃得好、吃得放心，是中国共产党初心使命的体现和治国理政的头等大事，确保农产品质量安全和数量安全，大力促进畜牧业高质量发展。畜产品产业链条长、业务部门多，涉及加工、运输、贮藏等方方面面，是农产品质量安全保障的重要环节及控制成本、提高效率的重要环节。随着我国市场经济体制不断完善、经济全球化趋势日益深化的条件下，畜牧业生产面临的环境日益复杂，影响畜产品安全与供需平衡的因素日益增多，主管部门传统的思维模式与管理手段难以适应现代农业管理需求。利用现代信息追溯技术，加强生产、运输、贮藏等多环节的信息监测，综合开展农业信息分析与预警工作，实现准确精细化管理是国内外农业管理部门的普遍做法，也是我国转变政府职能的要求，有力提升畜产品安全服务水平。运用大数据、物联网、区块链等现代信息技术推动监管方式创新，将前端农药兽药等农业投入品购买、生产过程用药、上市农产品药物残留监测等数据关联匹配，实现全程质量安全控制，推动传统“人盯人”监管向线上智慧监管转变。聚焦重点品种、重点主体和重点问题，在规模生产经营主体试行食用农产品合格证制度，在有条件的主体开具电子合格证。建立健全质检机构能力验证、监督检查制度，扩大能力验证覆盖面，组织实施飞行检查，将畜产品质量安全与检测认证体系、防疫检疫体系建立关联，实现全产业链数据互相验证。推动建立畜产品生产者经营者诚信档案，加强信用管理，与农业执法、工商管理和农业农村系统互联互通，明确职责、营造良好的生产环境。

11.1.3 资源节约

建设资源节约型的养殖场已是业界共识和社会需求，是当前牧场建设的一大难题。资源节约要求主要包括节约水电消耗、减少兽药疫病和饲料原料投入。养殖业是一个特殊的行业，场地往往受到气候、地形、水源、周围土地资源等影响，未来养殖业发展在考虑土地承载力、区域特点和地域差异的基础上，合理选择建设地点，开展场区设计与功能划分，进行畜舍功能设计与设施设备选型，考虑水电消耗与配套建设，发展适度规模、扶持中小规模、做强规模经营。严格落实养殖药物饲料添加剂退出行动、兽用抗菌药使用减量化行动、规范用药宣教行动以及兽药残留监控、动物源细菌耐药性监测等，充分执行“用好药、少用药”。利用物联网、大数据技术收集记录畜牧业生产过程中的检疫数据、防疫数据、用药数据，通过历史数据积累并建立与生产性能的关系模型，实现检验检疫数据的回溯查询和基于数据的生产管理决策，给出畜禽养殖场最优的防疫方案，优化减少兽药使用。应用畜禽养殖精准饲喂技术，集成原料营养成分分析、饲料进出料称重系统，结合饲料原材料市场信息、采购价格数据和畜禽个体数据、环境数据和生长过程参数，构建最优饲料配方，减少饲料原料投入，提高饲养效率和管理水平。

11.1.4 环境友好

科学布局畜禽养殖，促进养殖规模与资源环境相匹配。缺水地区要发展羊、禽、兔等低耗水畜种养殖，土地资源紧缺地区要采取综合措施提高养殖业土地利用率。建立畜牧业绿色发展评价体系，推广绿色发展配套技术。推进种养结合，鼓励在规模种植基地周边建设农牧循环型畜禽养殖场（户），促进粪肥还田，加强农副产品饲料化利用。引导生猪、奶牛规模养殖场改水冲粪为干清粪，采用节水型饮水器或饮水分流装置，实行雨污分离、回收污水循环清粪等有效措施，从源头上控制养殖污水产生量。采用水泡粪工艺的生猪和奶牛规模养殖场，应最大限度降低用水量。肉牛、羊和家禽等以固体粪便为主的规模化养殖场，鼓励进行固体粪便堆肥或建立集中处理中心生产商品有机肥；生猪和奶牛等规模化养殖场鼓励采用粪污全量收集还田利用和“固体粪便堆肥＋污水肥料化利用”等技术模式，推广快速低排放的固体粪便堆肥技术和水肥一体化施用技术，促进畜禽粪污就近就地还田利用。未来，各地将结合畜禽养殖现状和资源环境特点，创新畜禽废弃物的资源化利用技术模式，推动养殖业转型升级与资源、环境相协调，实现养殖业健康发展。

11.1.5 调控有效

依托现代信息技术，加强畜牧业生产和畜禽产品市场动态跟踪监测，及时、准确发布信息，科学引导生产和消费。完善建立单品种全产业链大数据，构建汇集生产、加工、储运、销售、消费、贸易等环节的数据清洗挖掘和分析服务模型，健全重要农产品市场和产业损害监测预警体系，实现对各类畜产品生产情况、市场价格、供需平衡等的全面调控。以 GIS 技术为核心，整合电子地图、遥感影像、地名地址、地理国情、三维实景、全景地图等多类型、多尺度、多时态基础地理信息数据以及涉及的畜牧业、草业、饲料工业和奶业的平面数据、空间数据，通过折线图、柱状图、饼状图等可视化展现形式展示畜产品价格趋势、交易趋势、国内外贸易业务数据等多方面、多轴线、多维度数据分析结果，实现时间轴穿梭、动态大屏展示、高清缩放、地图任意点选、多地点管理、自定义触发推送等呈现效果。积极推进银行业金融机构开展土地经营权、养殖圈舍、大型养殖机械抵押贷款，逐步完善基于个体识别的活畜禽抵押贷款，探索推进畜禽养殖保险，鼓励有条件的地方自主开展畜禽养殖收益险、畜产品价格保险试点，逐步实现全覆盖。

11.2 技术发展趋势

11.2.1 畜禽养殖环境监控技术

我国畜禽养殖环境监控技术的研究在近十几年来才引起重视，不同畜禽种类环境调控技术发展程度不同，但长期以来养殖环境的测控处于人工控制或半自动化状态，依靠工作人员的主观判断、人工控制或调整环境调控设备来实现。虽然近年来我国在畜禽应激、环境测控技术研究方面加大了投入，但与动物育种、营养、饲料方面的研究基础相比还是相对薄弱，多为单一技术的研究，现有的环境自动测控系统以全套进口为主，价格贵、无法根据需要自主调整内部调控模型，难以适应我国不同生产地域差异的养殖需要。针对发展需要，在环境监测方面，未来需要加强环境参数监控系统、采集参数传感器的布置和传感器数据应用方面的研究，合理布置传感器、提高环境参数采集的效率和可靠性，充分考虑动物自身的感受，将监测对象由“单因素效应”转到“综合效应”，加强数据利用，提升数据价值。在环境调控方面，未来需要发展综合多因素的预测性环境参数智能测控策略及节能减排的调控技术，通过控制算法计算各个因子的合理输出值，使环境达到适宜动物健康生长且投入产出最优的状态，并通过设施设备配合实现自动化、智能化调节。

此外，为了满足畜禽生长最佳需求、实现环境因子的有效调控，环境调控设备的能耗在畜禽舍日程运维中所占的比例不断增加。依据 Costantino 等对欧洲规模化畜禽养殖的研究，环境调控所消耗电能在肉鸡、蛋鸡、奶牛和生猪饲养中分别占全部电能消耗的 75.5%、58.9%、27.4%和 50.2%。因此，未来需要考虑环境调控技术的降耗调优，通过余热、粪能、地热、太阳能等新能源的利用，充分结合设备与畜禽建筑形成节能换气技术。例如，猪舍内的废弃物会携带大量的热能，在猪舍集污池底铺设热能回收系统，将猪舍源源不断排出粪污内的能量进行收集，通过粪源热泵系统收集粪便发酵产生的热量，可以降低粪便温度，减少粪污有害气体排放。结合地热，通过热交换将收集的热量加以应用返还猪场，如加热饮水、加热空气、烘干物料等，实现热能循环利用，减少猪场的用电量。

11.2.2 畜禽生物信息获取与行为监测

畜牧业逐渐向以动物为中心的精细畜牧业方向转型，无损监测技术充分考虑禽畜感受，给予其人性化关怀，符合精细畜牧业保障和改善动物福利的理念。当前国内外一些学者对养殖过程中畜禽信息无损监测技术进行了大量研究，通过精准获取畜禽信息研究动物生理、健康、福利状况，但畜禽信息无损监测系统的准确性、抗干扰能力及工作效率等仍有待提高。还存在以下问题：

(1)高湿、高腐蚀性等恶劣的畜禽养殖环境导致监测装置无法长时间高效工作。

(2)传感器节点和声音采集器等需要固定在动物躯体上，在动物躺卧、互相打闹过程中容易遭到破坏。

(3)图像监测技术与声音监测技术获取数据量大、特征提取算法复杂，影响信息的传输和处理的效率。

(4)图像采集设备范围有限，获取畜禽图像信息时易受舍内饲养设施等障碍物的影响。另外，受环境光照条件限制，常规图像在阴天或者晚上无光条件下难以采集。

(5)畜禽声音信息获取时，环境中各种噪声以及动物发声的相互干扰制约着目标声音信息获取的精准度。

基于以上畜禽信息无损监测技术存在的问题，今后在畜禽生物信息获取与行为监测方面还需要重点围绕以下内容开展研究：

(1)设计无损监测系统时应采用耐压、防水的材料和结构，设计体积合理、易于动物穿戴的传感器节点和声音采集装置，排除干扰，提高监测系统的识别准确率和稳定性。数据有线传输时应采用耐压、耐腐蚀管路材料，并优化线路布置，建议采用无线传输。

(2)研发适应环境光照复杂多变的畜禽图像信息获取系统中的光源和图像采集布置方法，减少舍内设施干扰，全面、清晰获取动物身体图像，同时优化图像处理算法，精准高效获取畜禽的图像信息。

(3)优化声音采集装置的布置方案和声音降噪算法，排除环境噪声及动物发声相互干扰，获取精准的畜禽声音信息。

(4)当前禽畜养殖中无损监测主要基于传感器监测、图像监测及声音监测技术展开，3种无损检测技术在禽畜养殖中的不同运用领域各有利弊，例如，声音监测在动物情绪识别方面有较大优势，而传感器或者图像监测的方法难以判断动物情绪状态。因此，融合多种无损监测技术的优势快速高效监测畜禽信息是未来的发展趋势。

11.2.3 畜禽饲养精准管理

在了解配方的算法原理(如线性规划、目标规划)后，将算法与饲料配方问题结合后，产生了很多饲料配方系统。在移动智能手机还没有面市之前，主要采用个人计算机系统开发，这些数据库系统基本上是应用在个人计算机的关系型数据库系统，支撑大容量的数据库管理，解决了固定的个人计算机时代及笔记本电脑时代背景下对饲料配方计算的技术需求。随着智能手机功能的强大、应用的普及、移动及数据获得与系统在线更新的便利，开发 App 饲料配方系统成为必然。利用智能手机作为载体开发饲料配方系统，考虑到显示的界面不像 PC 机显示屏尺寸大，一屏显示的信息有限，通过键盘与鼠标的协作编辑处理数据不方便，这些都决定了手机饲料配方的功能设计要专业化，数据的修改要人性化，尽量避免手机上操作编辑数据的不便，因此要高度人性化及便捷化。

畜禽饲料配方 App 系统的开发与应用，将配方优化系统便捷化，是信息技术的软件及硬件技术的发展给专业领域的应用带来的便利，具有广泛的应用空间。下一步主要的发展目标是如何通过互联网快速同步更新本机的基础数据，包括饲料原料数据库及营养需要量数据库，以及如何更进一步优化功能模块，更多从应用者的角度出发，拓展新的优化及计算功能。例如，如何开展批量配方的协同优化，参数线性规划的计算模块的开发，以及将饲料基础养分的预测模型嵌入系统中，使系统具有从已有基础数据派生其他养分的功能，这些都是 AI 技术可支撑改善的方向。

我国目前在精准饲喂的日粮配制、不同生理阶段日粮营养需求模型、畜禽养殖环境与个体信息数据的精准采集、畜禽养殖数据库的建立与应用等方面缺少产业化研究开发，影响了饲喂装备技术的智能化开发应用。此外，为了一步开发精准饲喂系统，需要提高对动物代谢过程的理解，目前精准饲喂技术和设备的应用大多基于数学模型，特别是每日饲料需求量。但是，动物个体能够根据可用氨基酸水平调节生长，导致不同营养水平，氨基酸利用效率的不同，动物对摄入相同量的氨基酸的反应也不同。研发精准饲喂技术需要开发动物营养模型，以更精确地估计个体的实时营养需求。

11.2.4 畜禽疫病防控决策

据报道，我国确证发生的动物疫病已超过 230 种，其中 90 余种长期流行，平均每年给畜牧业造成的直接和间接经济损失超过 3 400 亿元。因此，畜禽疫病诊断防控对保障我国畜牧业的健康发展具有十分重要的意义。随着新一代信息技术的发展，研究者将人工智能与传统畜禽养殖业融合，极大提高了畜禽疫病诊断防控水平。

目前畜禽疫病监测诊断主要是通过影像、声音等便于获取的资料分析动物疫病的关键信息，以计算机视觉、音频识别、红外感应、传感器等信息技术手段实现远程监测，并极大地提高动物福利水平，减少畜禽受到的影响。而目前的技术突破点主要受限于设备与方法的准确性、稳定性、通用性及运算速度，诊断系统的条件设定不全面、诊断准确率低等因素。具体问题为：①畜禽养殖的高湿、高腐蚀性环境，畜禽活动过程中对仪器可能造成的损坏，在长时间的积累下可能导致监测不准确及不稳定；②大部分养殖场地处比较偏僻的地区，高新通信技术可能还无法覆盖，由此限制了一些监测方法的通用性和运算速度；③畜禽的某些疾病的判定条件不明确、不全面，导致专家系统对畜禽疫病的误判误诊；④养殖户提供的文字叙述以及拍摄的图片视频可能无法使在线专家了解到畜禽患病的关键情况，造成诊断准确率低。

在畜禽疫病防控决策方面，目前与科研的最新研究成果结合较少，主要集中在信息上报、信息管理、应急预案等功能。目前因物联网覆盖面积较小，信息采集方式无法全面转变为物联网监测，致使采集上报的数据真实性差、时效性差、可操作性差。但随着互联网＋、大数据、物联网等概念深入畜牧产业，物联网采集设备的成本降低、操作越发便利，未来的信息采集方式必定被实时监测取代，由管理决策部门直接掌握第一手信息，这样收集的数据将会更丰富、更真实，也将会有更多的分析管理方法，为疫病防控决策提供更良好的数据支撑。因此，研究畜禽典型疾病智能诊疗模型，构建病理、病症知识图谱，可实现畜禽疫病在线诊疗。利用畜禽体征监测、程序化防疫、科学饲料配方，以及不同养殖畜禽不同生长阶段的采食量、行为规律，结合各种疫情发生环境数据，运用智能推理与人工神经网络等方法构建畜禽疾病预警模型，可实现对畜禽疫病的预警、诊断和防控。

11.2.5 畜禽遗传育种信息化

深度学习、大数据和物联网是当前信息技术领域的重要研究方向，它们在畜牧业中的应用

也具有广阔的发展前景。未来,深度学习、大数据和物联网在畜牧业中的应用将呈现以下5个发展趋势:

(1)深度学习在畜牧业中的应用将更加广泛　深度学习作为人工智能的重要分支,具有强大的数据处理和模式识别能力,可以应用于畜牧业中的多个领域,如畜禽疾病诊断、饲养管理、智能监控等。未来,深度学习将在畜牧业中得到更加广泛的应用。例如,通过深度学习算法对大量的畜禽健康监测数据进行分析,可以实现对疾病的早期预警和诊断,从而减少疫病对畜禽生产的影响。此外,深度学习还可以应用于畜禽选种育种、饲养环境控制等方面,实现对畜禽生产过程的智能管理和优化。

(2)大数据在畜牧业中的应用将更加深入　畜牧业生产过程中产生的大量数据,包括畜禽的生长发育数据、环境参数数据、饲养管理记录等,可以通过大数据技术进行存储、管理和分析。未来,大数据在畜牧业中的应用将更加深入,从而实现畜禽生产过程的数字化、精细化管理。通过对大数据的深入分析,可以发现畜禽生产中的规律和趋势,为决策提供科学依据。例如,通过对大数据的分析,可以实现畜禽饲养管理的精准化,包括合理的饲养配方、饲养周期和健康监测等,从而提高畜禽的生产性能和经济效益。

(3)物联网在畜牧业中的应用将更加普及　物联网技术可以实现畜禽生产环境的智能监控、数据采集和远程管理,从而实现畜禽生产过程的实时监测和管理。未来,随着物联网技术的不断发展和成熟,其在畜牧业中的应用将更加普及。例如,通过在畜禽舍内部布置传感器和监测设备,可以实现对畜禽的生长发育、环境温湿度、气体浓度等参数的实时监测和记录。通过物联网平台,畜牧业从业者可以远程访问和管理这些监测数据,实现畜禽生产过程的远程监控和精细化管理。

(4)畜牧业信息化的产业生态将更加完善　随着深度学习、大数据和物联网技术的应用逐渐成熟,畜牧业信息化的产业生态将更加完善。未来,畜牧业信息化将形成从硬件设备、软件应用到数据服务等多层次、多领域的产业链,涵盖畜牧业生产、管理、销售等各个环节。例如,畜禽养殖场可以通过引入物联网设备、大数据分析平台和深度学习算法,实现对畜禽生产过程的智能管理和优化。同时,畜牧业信息化产业链中的软件开发、数据服务、智能设备制造等相关产业也将蓬勃发展,形成畜牧业信息化的生态圈。

(5)畜牧业信息化将促进畜牧业可持续发展　畜牧业信息化的应用将有助于实现畜禽生产过程的数字化、精细化管理,提高生产效率和经济效益,降低资源浪费和环境污染。例如,通过深度学习和大数据分析,可以实现对饲养配方的优化,从而减少饲料的浪费和环境污染。通过物联网技术的应用,可以实现对畜禽舍内环境的精确监控和控制,提高畜禽生产的环境友好性。畜牧业信息化的可持续发展将有助于促进畜禽业的绿色发展,推动畜牧业朝着生态、智能、可持续的方向发展。

总体来说,深度学习、大数据和物联网作为畜牧业信息化的重要技术,将在未来畜牧业中发挥越来越重要的作用。畜牧业信息化将促进畜禽生产过程的数字化、精细化管理,提高生产效率和经济效益,推动畜牧业朝着生态、智能、可持续的方向发展。同时,畜牧业信息化的产业生态将更加完善,涵盖硬件设备、软件应用、数据服务等多个领域,为畜牧业的可持续发展提供有力支持。

11.2.6 畜禽产品质量安全追溯

畜禽产品的质量安全不仅关系到公众的身体健康和生命安全，更关系到国家经济发展和社会和谐稳定。畜禽产品安全追溯体系建设是一个系统工程，需要政府监管、企业诚信、消费者认可三方共同推进。随着畜禽产品生产的规模化和集约化，以及云计算、大数据、物联网、区块链等新技术的发展，我国目前畜禽产品质量安全追溯存在的追溯过程断链、质量安全预警能力弱、全程追溯可信度低、供应链管理不善等问题将得到改变。

云计算技术的使用可实现畜禽产品供应链中各信息存储数据和计算技术能力的集中分布式共享资源，为数据的处理和分析提供有力的支持。用户只需使用现有的终端，即可随时在云中获取相应的信息内容和提供的服务，大大降低了基础设施建设成本。大数据技术在畜禽产品领域中通过各种信息源，可以了解生产和生产过程管理、畜禽产品优质资源、环境管理及畜禽产品各项综合监测数据等，以各种方式进行深入分析和计算，根据计算出不同的数据，结合实际情况，发现问题并解决问题。

将来随着数据挖掘、数学建模、人工智能在畜禽产品质量安全追溯中的应用，从而形成畜禽产品质量安全预警新的理论技术体系。通过建立畜禽产品质量及日常管理和安全控制措施的可追溯性质量技术管理系统，可应用在畜禽养殖、饲喂管理、疫病防控、屠宰加工、运输、销售、储存管理和分配等技术体系中，真正实现畜禽产品的“来源可追踪、去向可查询、责任可追究”。

11.2.7 畜禽养殖废弃物处理和资源化利用

围绕畜禽粪污的资源化利用主要是 3 种形式：一是能源化利用。对粪污进行厌氧发酵处理，生产沼气、生物天然气或发电上网，为农村提供清洁可再生能源。二是肥料化利用。主要包括堆沤熟化制作的农家肥、液态发酵的粪肥、工厂化生产的商品有机肥，最后用到种植业。三是工业化处理。通过生物或工程措施对畜禽养殖污水进行深度处理，实现达标排放或循环利用。根据前瞻产业研究院分析，工业化处理方式由于基本建设成本和运行成本较高，大多数企业很难承受，不适宜大范围推广。基于我国畜禽养殖小规模、大群体与工厂化养殖并存的特点，应坚持能源化利用和肥料化利用相结合，以肥料化利用为基础，以能源化利用为补充，同步推进畜禽养殖废弃物资源化利用。因此，还田利用是解决畜禽养殖污染问题的根本途径，因地制宜是养殖废弃物资源化利用的趋势和良方。未来的养殖废弃物处理将由“粪处理”向“肥利用”方向转变，亟待解决种养结合循环利用的农业废弃物处理模式，提升废弃物利用效率。

我国畜禽养殖污染治理行业目前还处于发展期，但随着农村城镇化的进程加快和城镇化程度的提高，大量散养户将会被集中养殖户替代，行业发展将迎来爆发式增长。当前阶段，养殖场废弃物处理与利用的信息化水平偏低，尚缺乏废弃物信息化管理方面的设备设施和理念，粪污处理和利用设施装备还需进一步改造升级；基础性研究不够完备，基础数据收集难点大；缺乏顶层设计，尚未建立健全废弃物管理过程关键环节监测手段和上下游之间信息共享的平台。随着数字化技术的发展，围绕“数字乡村”建设工程推进智慧养殖发展，推动乡村振兴和美丽中国建设。国家在粪污收集、贮存、处理、利用设施以及农机、有机肥、增值税等领域进行补贴或政策优惠，种养结合大省占据行业发展先机优势。畜禽养殖污染治理的环境压力和内在动力都已具备，未来需要结合我国畜禽养殖发展趋势及不同区域特点，充分分析国外畜禽养殖废弃物养分管理模型、信息化管理方式及经验，形成养殖废弃物养分管理的指标体系，构建场区、农田及区域养分管理模型，夯实数据基础，形成场区废弃物综合管理系统以及区域性综合养分管理平台，协助畜禽养殖决策者更好地实现畜禽养殖经济和资源最优化。

11.2.8 智能畜牧机器人

智能畜牧机器人的趋势主要包括以下 5 个方面：

（1）自动化和智能化　智能畜牧机器人将越来越趋向自动化和智能化。通过传感器、计算机视觉、人工智能和机器学习等技术，机器人能够实时监测、识别和分析动物的行为、健康状况和生产数据。这使得畜牧农场主可以更好地管理和照顾牲畜，提高生产效率和动物福利。

（2）健康监测和预警系统　畜牧机器人将能够实时监测动物的健康状况，并通过数据分析和算法提供预警系统。例如，机器人可以监测动物的体温、呼吸和心率等指标，并检测异常情况。一旦发现健康问题，畜牧机器人可以及时通知兽医或农场主，以便采取必要的措施，减少疾病传播和动物死亡率。

（3）自动喂养和饮水系统　智能畜牧机器人将能够实现自动化喂养和饮水过程。机器人可以根据动物的需求和饲料规划，自动供应合适的饲料和水。这样可以确保动物得到充分的营养，并减少饲料浪费和人工操作成本。

（4）动物行为监测和管理　畜牧机器人可以通过计算机视觉和传感器技术来监测动物的行为。例如，机器人可以识别动物的活动模式、进食行为和群体互动，从而帮助农场主了解动物的行为偏好和健康状况。这些信息可以用于优化饲养管理和改进畜牧环境，提高动物福利和生产效益。

（5）数据管理和决策支持　畜牧机器人将生成大量的数据，包括动物的健康数据、生产数据和环境数据等。这些数据可以被整合、存储和分析，为农场主提供决策支持。通过利用机器学习和数据分析算法，农场主可以更好地了解畜牧业的运营情况，优化决策并提高生产效率。

11.3 发展目标和任务

11.3.1 可持续、协调发展

农村改革开放 40 多年来，中国畜牧业高速发展，经历了过分强调饲养规模、种群数量，追求畜牧业 GDP 为优先目标的过程。党的十八大以来，党中央、国务院高度重视现代畜牧业建设，畜牧业发展取得显著成效。在新发展阶段，要实现畜牧业高质量发展，满足人民群众对优质、安全畜牧产品日益增长的需要，必须立足国情，突出绿色生态导向，大力推进畜牧业可持续发展。当前，促进畜牧业可持续发展面临前所未有的历史机遇。

党的十九大提出实施乡村振兴战略，坚持农业农村优先发展，按照产业兴旺、生态宜居、乡风文明、治理有效、生活富裕的总要求，加快推进农业农村现代化。党中央、国务院出台的一系列重要文件和政策，为畜牧业可持续发展提供了强有力的政策保障。畜牧业经过多年的探索与发展，物质基础日益雄厚，为畜牧业可持续发展提供了宽松的产业空间，有利于加快推进产业转方式、调结构。我国已进入畜产品消费结构升级的重要时期，消费者对于畜产品质量、营养、健康的要求越来越高，对“青山碧水”优美自然环境的渴望越来越强烈，为推进畜牧业可持续发展提供了重要的驱动力。规模化养殖占据主导地位，畜牧业设施装备水平大幅提升，现代化生产方式加快普及，为畜牧业可持续发展提供有力的技术支撑。党的二十大报告强调“加快建设农业强国”。2023年中央一号文件又明确提出：要建设供给保障强、科技装备强、经营体系强、产业韧性强、竞争能力强的农业强国。畜牧业是我国农业的重要组成部分，建设畜牧强国是建设农业强国的重要方面。我国是畜牧大国，但还不是畜牧强国，要依靠科技和改革双轮驱动，加快推进从畜牧大国向畜牧强国转变。

11.3.2 科技创新

1.研发具有自主知识产权的畜禽智能传感技术

在高品质、高精度、高可靠、低功耗养殖环境信息感知，高端动物生理及行为信息感知等技术方向实施攻关。例如：高效、低功耗、节点优化设计的环境传感器；畜禽个体识别与标识技术，针对个体监测管理的电子耳标、数字项圈、脚环、外貌图像等；监测养殖设备运行情况的机器视觉技术；准确测量畜禽个体及群体体温的红外热成像技术；基于音频多参数的畜禽发声评价技术；畜禽群体在线盘点技术与个体异常识别技术；基于计算视觉的畜禽体尺体重测量技术；小型化、低功耗、防水耐腐蚀、数据传输稳定、多功能集成化的佩戴式传感器；基于加速度传感器和机器视觉系统的步行检测方法和技术等。

2.畜牧业大数据深度挖掘与智能决策技术研究

突破畜禽大数据融汇治理技术、信息智能分析决策技术、云服务技术、畜禽业知识智能推送和智能回答等新型知识服务技术，构建养殖环境信息获取及调控模型、动物生理信息获取及身体状况分析模型、动物行为信息获取及身体状况分析模型。例如：温度、湿度、有害气体浓度、光照、通风、用水量、用电量等多参数的畜禽养殖环境适应性评价预测模型及方法；畜舍环境参数及气流分布可视化技术；接触式传感器对动物的应激作用研究；三维点云融合的体尺关键点检测模型；畜禽多姿态体尺分割计算模型；活体动物三维模型无损重建与体尺体重实时计算方法；基于3D摄像机及深度图像处理的体况评分技术；动物高级行为模型及检测理论与方法等。

3.复杂养殖工况下智能装备研发

进一步加大新型高端智能装备研发力度，研发制造智能化养殖装备和精准作业机器人，实现智慧牧场少人化、无人化。畜牧业工作环境复杂，任务多样性，为智能装备的研发带来巨大挑战。聚焦畜牧智能装备的使用场景，重点研发畜禽养殖关键环节机器人，加快专用机器人标准化研究，综合运用云计算、人工智能、5G、大数据等关键技术，通过对设施、装备、机械等进行远程控制，完成牧场生产、管理任务的全天候、全过程、全空间的少人化、无人化生产作业模式。

11.3.3 保障措施

我国农业农村信息化建设得到了政府的高度重视，迎来了难得的推进机遇。政府在基础设施建设、政策法规制定、全局统筹规划、关键技术研究等方面，开展引导支持、公共服务和考核评价。产学研各方力量进行畜牧业信息化科技合作，提升畜牧装备的智能化水平，提高劳动生产率和资源利用率。

（1）加强政府支持　统筹各类资源，大幅度给予从业者政府资源支持。发挥国家统筹规划优势，加强智慧畜牧理论研究、关键技术研究，编制发展规划与应用示范，总结经验，建立可复制、可推广模式。发挥政策和制度优势，加强畜牧信息化基础设施建设，探索因地制宜的发展模式。

（2）制定相关补贴政策　鉴于农业的社会公益性、生态区域性、高度分散和个性化特点，推广智慧畜牧的实施成本高、市场利润低、定制化需求多、可大规模复制性差，政府对智慧畜牧技术产品和应用主体给予政策性补贴，有效推动智慧畜牧可持续发展。

（3）制定智慧畜牧技术标准　依托科研院所、联盟、协会等团体和组织，快速建立包括数据标准、产品标准、市场准入标准等团体标准，实现数据共享和挖掘畜牧数据的潜在价值。并积极推动国家和行业标准的建设，引领技术进步，规范畜牧行业健康发展。

（4）加强数据信息共建共享　农业数据具有散乱杂、孤岛林立等特点，研究制定鼓励畜牧数据开放获取、整合、应用的政策，加快建立数据共享机制和数据资源有序开放，为政府部门、行业管理部门的管理决策和生产经营主体提供完善的数据服务。

（5）加强人才队伍建设　建立畜牧信息化专家库，收集专家专长、最新研究成果、研究动态，建立起产学研链条，促进畜牧信息化技术更新，提高生产效率。培养农业与信息多学科交叉的人才，鼓励信息领域人才进入农业领域开展相关科学研究与应用推广，积极开展学科间交流与科研投入，大力培养复合型人才，建设懂技术会操作的智慧农业推广队伍。同时，定期为农民开展技术培训和指导，提高农民思想认识和专业技能，为智慧农业发展和乡村振兴贡献力量。

参考文献

[1] 白维生，张瑞侠，史明昌，等. 基于 GIS 的北京市动物疫病应急指挥平台设计与应用[J]. 农业工程学报，2011，27(5)：195-201.

[2] 蔡景义，冯堂超，廖阔遥，等. 封闭型牛舍风机喷淋降温和饲粮添加铬改善肉牛生长性能[J]. 农业工程学报，2015，31(19)：190-194.

[3] 曹现刚，罗璇，张鑫媛，等. 煤矿机电设备运行状态大数据管理平台设计[J]. 煤炭工程，2020，52(2)：22-26.

[4] 常留栓，李蓉，李倩，等. 生物气溶胶采样方法及吸入危害研究进展[J]. 军事医学，2020，44(11)：860-864.

[5] 常明雪，刘卫东. 畜禽环境卫生[M]. 北京：中国农业大学出版社，2007.

[6] 陈滨，陈东东，檀志远. 卫星导航系统的研究现状与应用[J]. 现代工业经济和信息化，2022，12(11)：134-136.

[7] 陈鹏. 格洛纳斯卫星导航系统的发展历程及其现代化计划[J]. 导航定位学报，2021，9(5)：20-24.

[8] 陈晓华. 农业信息化概论[M]. 北京：中国农业出版社，2012.

[9] 程琼仪，穆钰，李保明. 进风位置对纵向通风叠层鸡舍气流和温度影响 CFD 模拟[J]. 农业工程学报，2019，35(15)：192-199.

[10] 大北农集团农信研究院. 中国猪产业“联网＋”发展研究报告(2017)[EB/OL]. (2020-11-19)[2022-4-30]. https：//www. doc88. com/p-99699061304140. html.

[11] 邓晓栋，翁绍捷. 基于 Android 平台的智能水肥灌溉系统设计[J]. 广东农业科学，2014，41(9)：203-206.

[12] 丁露雨，鄂雷，李奇峰，等. 畜舍自然通风理论分析与通风量估算[J]. 农业工程学报，2020，36(15)：189-201.

[13] 丁露雨，李奇峰，余礼根，等. 一种基于云模型的奶牛养殖环境舒适度评价方法及系统[P]. 北京市：CN108898275B，2020-12-29.

[14] 丁涛，宏帅，施正香，等. 缓解奶牛热应激的喷淋水滴特性试验[J]. 农业机械学报，2016，47(7)：323-331.

[15] 丁涛，李浩，何晓东，等. 夏季奶牛场喷淋降温系统中喷嘴的优化选择[J]. 中国畜牧杂志，2012，48(10)：33-37.

[16] 丁涛，施正香，王朝元，等. 一种用于奶牛舍的推进式扁嘴通风系统. CN201410791038. 5[P]. 2015-3-25.

[17] 董晓峰. 畜禽养殖环境感知及动物标识技术装备集成研究和应用[D]. 杭州：浙江大学，2015.

[18] 杜晓冬，滕光辉，Tomas N，等. 基于声谱图纹理特征的蛋鸡发声分类识别[J]. 农业

机械学报,2019,50(9):215-220.

[19] 杜欣怡,滕光辉,杜晓冬,等.基于雷达图的蛋鸡舍综合环境舒适度评价及应用[J].农业工程学报,2020,36(15):202-209.

[20] 冯青春,王秀,邱权,等.畜禽舍防疫消毒机器人设计与试验[J].智慧农业(中英文),2020,2(4):79-88.

[21] 傅衍.国外母猪的繁殖性能及年生产力水平[J].猪业科学,2010,27(3):32-34.

[22] 甘玲,黄瑞森,罗乔军.母猪精准饲喂器机械结构及控制系统的设计[J].中国农机化学报,2018,39(4):41-43,99.

[23] 高蕾.基于ZigBee与GPRS的畜禽养殖环境监测[J].智能计算机与应用,2014,4(3):19-22.

[24] 高岩.猪舍地沟通风[J].今日养猪业,2016,(6):38-40.

[25] 葛文杰,赵春江.农业物联网研究与应用现状及发展对策研究[J].农业机械学报,2014,45(7):222-230,277.

[26] 耿丽微,钱东平,赵春辉.基于射频技术的奶牛身份识别系统[J].农业工程学报,2009,25(5):137-141.

[27] 耿玮,钟日开,罗土玉.精准猪用饲喂器下料机构的介绍[J].现代农业装备,2018(5):38-40,55.

[28] 管国伦.移动服务机器人室内激光导航系统研究[D].重庆:重庆邮电大学,2017.

[29] 国家半导体照明工程研发及产业联盟.肉鸡养殖用LED光照系统一般技术要求:T/CSA 063-2020[S].2020-07-24.

[30]郭阳阳,杜书增,乔永亮,等.深度学习在家畜智慧养殖中研究应用进展[J].智慧农业(中英文),2023,5(1):52-56.

[31] 韩国鑫,谢秋菊,许译丹,等.猪舍环境监控技术及方法研究进展[J].中国畜牧杂志,2021,57(3):18-25.

[32] 韩红莲,张敏.发达国家农业物联网模式对中国的启示与借鉴[J].世界农业,2015,435(7):56-59.

[33] 郝中文,黄万军,马婧莉,等.环境对畜牧业引种的影响[J].青海畜牧业,2004(4):31-31.

[34] 何勇.精细农业[M].杭州:浙江大学出版社,2010.

[35] 胡海霞,常博斌,王成军,等.基于TRIZ理论的挤奶机器人末端执行器结构设计[J].机械制造与自动化,2022,51(5):159-162.

[36] 胡媛敏,张寿明.基于机器视觉的奶牛体尺测量[J].电子测量技术,2020,43(20):120-125.

[37] 胡云锋,孙九林,张千力,等.中国农产品质量安全追溯体系建设现状和未来发展[J].中国工程科学,2018,20(2):57-62.

[38] 黄露.基于人工路标的室内机器人导航方法研究与实现[D].合肥:中国科学技术大学,2017.

[39] 姬长英,周俊.农业机械导航技术发展分析[J].农业机械学报,2014,45(9):44-54.

[40] 姜德科,昝林森,杜书增.基于VB.NET和SQL Server肉牛场信息管理系统的研发

[J]. 中国牛业科学,2014,40(6):47-54.

[41] 姜旭明,卢庆萍,张宏福,等. 环境富集性对家禽福利的影响[C]. //第十三届全国家禽学术讨论会论文汇编,2007:733-737.

[42] 鞠喜鹏,田富洋,李法德,等. 基于深度图像的奶牛表型特征获取系统设计与试验[J]. 农业工程学报,2020,10(5):24-28.

[43] 康熙,张旭东,刘刚,等. 基于机器视觉的跛行奶牛牛蹄定位方法[J]. 农业机械学报,2019,50(S1):276-282.

[44] 李保明. 鸡舍纵向通风系统设计与应用中的几个问题[J]. 农业工程学报,1993(S1):82-85.

[45] 李保明. 湿垫蒸发降温对上海地区气候条件的适应性[J]. 北京农业工程大学学报,1990,10(2):66-70.

[46] 李保明,王阳,郑炜超. 我国规模化养鸡环境控制技术的最新进展[J]. 中国家禽,2019,41(9):1-7.

[47] 李保明,周允将,崔引安. 鸡舍纵向通风的气流组织[J]. 北京农业工程大学学报,1991,11(2):61-66.

[48] 李道亮. 物联网与智慧农业[J]. 农业工程,2012,2(1):1-7.

[49] 李道亮,杨昊. 农业物联网技术研究进展与发展趋势分析[J]. 农业机械报,2018,49(1):1-20.

[50] 李金祥. 畜禽养殖废弃物处理及资源化利用模式创新研究[J]. 农产品质量与安全,2018(1):3-7.

[51] 李瑾,马晨,赵春江,等."互联网+"现代农业的战略路径与对策建议[J]. 中国工程科学,2020,22(4):50-57.

[52] 李军. 农业信息技术[M]. 北京:科学出版社,2006.

[53] 李奇峰,丁露雨,李洁,等. 奶牛呼吸频率自动监测技术研究进展[J]. 中国畜牧杂志,2019,55(10):52-57.

[54] 李奇峰,李嘉位,马为红,等. 畜禽养殖疾病诊断智能传感技术研究进展[J]. 中国农业科学,2021,54(11):2445-2463.

[55] 李奇峰,王文婷,余礼根,等. 信息技术在畜禽养殖中的应用进展[J]. 中国农业信息,2018,30(2):15-23,41.

[56] 李向宇,李慧盈. 基于卷积神经网络的猪脸特征点检测方法[J]. 吉林大学学报(理学版),2022,60(3):609-616.

[57] 李小明,杨开锁,李军辉,等. 基于双目立体视觉的挤奶机自动奶杯套杯技术研究[J]. 中国奶牛,2020,368(12):42-45.

[58] 林耀明,麦先齐,郭志芬. 目标规划在饲料配方中的应用[J]. 饲料工业,1991,12(1):22-28.

[59] 刘道清. 空气过滤技术研究综述[J]. 环境科学与管理,2007,32(5):109-113.

[60] 刘冬. 精准畜牧中机器视觉关键技术研究及应用[D]. 咸阳:西北农林科技大学,2020.

[61] 刘国栋,朱建军,刘小弟. 基于灰色关联度——云模型的群评价数据质量改进方法及应用研究[J]. 运筹与管理,2021,30(3):144-150.

[62] 刘海林，高帅，段洪峰，等. 喷淋降温对荷斯坦奶牛抗热应激的研究[J]. 家畜生态学报，2013，34(1)：44-59.

[63] 刘强文. 基于人工路标的移动机器人自主定位和导航方法研究[D]. 西安：西安理工大学，2017.

[64] 刘沙沙，李兵，韩亚. 国外几种典型畜禽养殖废弃物处理模式浅析[J]. 农业技术与装备，2018(2)：90-92.

[65] 刘艳昌，李扬，李武举，等. 基于机器人的鸡舍环境监控系统[J]. 家畜生态学报，2016，37(10)：41-47.

[66] 刘雁征. 温室环境测控系统多传感器管理方法及应用研究[D]. 北京：中国农业大学，2007.

[67] 陆昌华. 重大动物疫病防治数字化监控与风险评估及预警的构建[J]. 中国动物检疫，2009，26(10)：24-26.

[68] 马畅，尹靖东，董冰. 饲养环境因素对母猪生产性能的影响[J]. 中国畜牧杂志，2018，54(12)：5-9.

[69] 马志江. 环境对家禽饲养的影响及其控制[J]. 中国畜禽种业，2019，15(8)：179.

[70] 宁芳芳，施正香，荆凯凯，等. 光触媒空气净化器对猪舍空气质量和猪生产性能的影响[J]. 家畜生态学报，2015，36(7)：47-50.

[71] 潘飞，甄艳红. 智能化技术在楼房养猪中的应用[J]. 猪业科学，2020，37(7)：62-63.

[72] 庞利娜，杜永所. 标准化鸡舍通风小窗开启大小的窗板刻度标记技术[J]. 家禽科学，2015(10)：28-29.

[73] 漆海霞，张铁民，罗锡文，等. 现代化生猪养殖环境测控技术现状与发展趋势[J]. 家畜生态学报，2015，36(4)：1-5，14.

[74] 钱建平，吴文斌，杨鹏. 新一代信息技术对农产品追溯系统智能化影响的综述[J]. 农业工程学报，2020，36(5)：182-191.

[75] 钱建平，杨信廷，吉增涛，等. 生物特征识别及其在大型家畜个体识别中的应用研究进展[J]. 计算机应用研究，2010，27(4)：1212-1215.

[76] 沈明霞，丁奇安，陈佳，等. 信息感知技术在畜禽养殖中的研究进展[J]. 南京农业大学学报，2022，45(5)：1072-1085.

[77] 沈明霞，刘龙申，闫丽，等. 畜禽养殖个体信息监测技术研究进展[J]. 农业机械学报，2014，45(10)：245-251.

[78] 沈明霞，陆鹏宇，刘龙申，等. 基于红外热成像的白羽肉鸡体温检测方法[J]. 农业机械学报，2019，50(10)：222-229.

[79] 史舟，梁宗正，杨媛媛，等. 农业遥感研究现状与展望[J]. 农业机械学报，2015，46(2)：247-260.

[80] 司开波. 基于物联网技术的机械设备运行状态监测系统[J]. 制造业自动化，2023，45(3)：1-4.

[81] 司永胜，安露露，刘刚，等. 基于 Kinect 相机的猪体理想姿态检测与体尺测量[J]. 农业机械学报，2019，50(1)：58-65.

[82] 宋一凡，王娟，李建丽，等. 精准化养殖模式下牛只个体识别方法综述[J]. 黑龙江畜

牧兽医,2021,634(22):48-53,148-149.

[83] 宋永生.养殖环境对生猪生产性能的影响[J].当代畜牧,2013(36):6-7.

[84] 孙小琴,宋振华,周静静,等.奶牛温热环境评价指数及其应用进展[J].动物营养学报,2021,33(10):5401-5415.

[85] 孙耀杰,蔡昱,张馨,等.基于 WDNN 的温室多特征数据融合方法研究[J].农业机械学报,2019,50(2):273-280,296.

[86] 唐珂.国外农业物联网技术发展及对我国的启示[J].中国科学院院刊,2013,28(6):700-707.

[87] 陶秀萍.不同温湿风条件对肉鸡应激敏感生理生化指标影响的研究[D].北京:中国农业科学院,2003.

[88] 滕光辉.畜禽设施精细养殖中信息感知与环境调控综述[J].智慧农业,2019,1(3):1-12.

[89] 万雪芬,郑涛,崔剑,等.中小型规模智慧农业物联网终端节点设计[J].农业工程学报,2020,36(13):306-314.

[90] 汪开英,赵晓洋,何勇.畜禽行为及生理信息的无损监测技术研究进展[J].农业工程学报,2017,33(20):197-209.

[91] 汪懋华.农业工程创新驱动发展的战略思考[J].农业机械,2010,655(27):42-44,47.

[92] 王斌,刘雪梅,张国强,等.猪舍生态环境监测和清洁控制系统的设计[J].农业工程学报,2020,36(3):55-62.

[93] 王德海.基于双目立体视觉的目标识别与抓取定位[D].长春:吉林大学,2016.

[94] 王海彬,王洪斌,肖建华.奶牛精细养殖信息技术进展[J].中国奶牛,2009,165(3):15-17.

[95] 王加启,王建平.减缓奶牛热应激的技术[J].中国乳业,2010(6):40-41.

[96] 王洁琼,贾娜,李瑾.国外农业信息化发展模式及经验[J].上海农业科技,2020(6):41-44.

[97] 王开云,高彦玉,边峰,等.一种仔猪智能饲喂器的研制与试验[J].现代农业装备,2022,43(6):66-70.

[98] 王利鹤,李颖,赵永来.自动饲喂机的国外研究现状及发展趋势[J].农机使用与维修,2021(10):9-12.

[99] 王启超,曹哲,施正香.东北寒区奶牛舍屋顶烟囱风机应用效果研究[J].中国奶牛,2017(1):42-46.

[100] 王韦韦,陈黎卿,杨洋,等.农业机械底盘技术研究现状与展望[J].农业机械学报,2021,52(8):1-15.

[101] 王艳阳,熊威,谭娟,等.基于巡检机器人的变电站设备运行状态监测技术[J].机械与电子,2022,40(9):71-75,80.

[102] 王阳,李保明.密闭式蛋鸡舍外围护结构冬季保温性能分析与试验[J].农业工程学报,2017,33(7):190-196.

[103] 王移山.园艺设施使用与维护[M].北京:中国农业大学出版社,2013.

[104] 王政,宋怀波,王云飞,等.奶牛运动行为智能监测研究进展与技术趋势[J].智慧农业,2022,4(2):36-52.

[105] 温鹏,李若兰,李丽华,等.基于灰色关联分析的鸡舍综合环境评价主要影响因子及其权重研究[J].中国家禽,2022,44(1):51-59.

[106] 吴梦茹,谢秋菊,李欣,等.基于深度学习的猪脸识别方法研究[J].智慧农业导刊,2021,1(9):1-8.

[107] 吴文斌,史云,周清波,等.天空地数字农业管理系统框架设计与构建建议[J].智慧农业,2019,1(2):64-72.

[108] 吴志君,伍少钦,肖有恩.空气过滤技术在养猪生产中的应用[J].猪业科学,2011,28(5):44-47.

[109] 奚旦立,孙裕生,刘秀英.环境监测[M].3 版.北京:高等教育出版社,2004.

[110] 谢军,郑晋军,张弓,等.卫星导航系统发展现状与未来趋势[J].前瞻科技,2022,1(1):94-111.

[111] 谢秋菊.基于模糊理论的猪舍环境适应性评价及调控模型研究[D].哈尔滨:东北农业大学,2015.

[112] 谢秋菊,苏中滨,Ni J,等.密闭式猪舍多环境因子调控系统设计及调控策略[J].农业工程学报,2017,33(6):163-170.

[113] 邢浩强,杜志岐,苏波.变电站指针式仪表检测与识别方法[J].仪器仪表学报,2017,38(11):2813-2821.

[114] 邢琳琳.基于 RFID 技术的多信息动态标识系统的研究及应用[D].杭州:浙江大学,2013.

[115] 熊本海,傅润亭,林兆辉,等.散养模式下猪只个体标识及溯源体系的建立[J].农业工程学报,2009,25(3):98-102.

[116] 熊本海,苗泽荣.线性规划和目标规划技术在优化饲料配方上的比较研究[J].饲料工业,1992,13(12):1-25.

[117] 熊本海,杨亮,郑姗姗.我国畜牧业信息化与智能装备技术应用研究进展[J].中国农业信息,2018,30(1):17-34.

[118] 熊本海,杨振刚,杨亮,等.中国畜牧业物联网技术应用研究进展[J].农业工程学报,2015,31(S1):237-246.

[119] 徐德成.基于人工路标的移动机器人定位导航系统设计[D].南京:东南大学,2016.

[120] 徐全刚,李金花,柳宜江,等.动物疫情信息分析系统本体的构建[J].中国动物检疫,2018,35(1):13-16.

[121] 许世卫.我国农业物联网发展现状及对策[J].中国科学院院刊,2013,28(6):686-692.

[122] 许万根.以可消化氨基酸为基础应用目标规划饲料配方程序配制蛋鸡日粮的研究[D].北京:北京农业大学,1990.

[123] 薛广顺,来智勇,张志毅,等.基于双目立体视觉的复杂背景下的牛体点云获取[J].计算机工程与设计,2015,36(5):1390-1395.

[124] 杨飞云,曾雅琼,冯泽猛,等.畜禽养殖环境调控与智能养殖装备技术研究进展[J].中国科学院院刊,2019,34(2):163-173.

[125] 杨亮,熊本海,王辉,等.家畜饲喂机器人研究进展与发展展望[J].智慧农业(中英文),2022,4(2):86-98.

[126] 杨琳,Minaingar M,傅伟龙,等.不同光照制度对黄羽肉鸡蛋白质沉积及血浆中甲状腺激素浓度的影响[J].动物营养学报,2000,12(4):57-61.

[127] 杨仕亮,罗睿.基于云模型的现代农业园区建设水平评价——以贵州省望谟县现代农业园区为例[J].天津农业科学,2018,24(7):49-52.

[128] 杨信廷,钱建平,孙传恒,等.农产品及食品质量安全追溯系统关键技术研究进展[J].农业机械学报,2014,45(11):212-222.

[129] 伊格尼齐奥.单目标和多目标系统线性规划[M].阀仲求,李毅华,谭讳,译.上海:同济大学出版社,1986.

[130] 佚名.牧场降本增效利器——国科蓝海 TMR 精准饲喂系统[J].农业工程技术,2018,38(15):48-51.

[131] 易诚,邓景衡,龙九妹,等.规模化畜禽养殖场除臭研究进展[J].湖南生态科学学报,2020,7(3):49-54.

[132] 易中懿,胡志超.农业机器人概况与发展[J].江苏农业科学,2010(2):390-393.

[133] 于亚君.挤奶机器人结构设计与运动性能分析[D].哈尔滨:哈尔滨工程大学,2016.

[134] 余礼根,滕光辉,李保明,等.蛋鸡发声音频数据库的构建与应用[J].农业工程学报,2012,28(24):150-156.

[135] 余欣荣.关于发展农业物联网的几点认识[J].中国科学院院刊,2013,28(6):679-685.

[136] 袁燕岭,朱长荣,高岭,等.基于热图像处理技术的电力设备温度监测[J].三峡大学学报(自然科学版),2023,45(2):89-94,112.

[137] 岳媛,赵刚.云技术下育种数据服务平台[J].中国种业,2018,282(9):11-16.

[138] 张爱斌,向观兵,田臻,等.铸造设备运行过程监测与数据可视化[J].铸造,2019,68(12):1402-1406.

[136] 张博,郭康康,陈立功,等.畜禽舍中微生物气溶胶的研究进展[J].黑龙江畜牧兽医,2020(7):38-41.

[140] 张晨光,雷金辉,陈焰,等.基于机器双目视觉的奶牛体尺参数的测量应用[J].电子技术应用,2020,46(6):59-62.

[141] 张凡建,关文怡,岳圆,等.物理性降温措施缓解奶牛热应激的研究进展[J].中国畜牧兽医,2012,39(6):236-239.

[142] 张国锋,肖宛昂.智慧畜牧业发展现状及趋势[J].中国国情国力,2019(12):33-35.

[143] 张浩.基于工业机器人的羊胴体自动分割系统设计与试验[D].武汉:华中农业大学,2021.

[144] 张家发,吴健,毛涛涛,等.开放式奶牛舍喷淋降温系统喷淋组合方案的优化[J].中国奶牛,2014(22):34-37.

[145] 张世琦,苗俊杰,李峻宇,等.基于深度学习的变电站表计智能识别方法[J].河北电力技术,2022,41(4):1-5,65.

[146] 张铁民,黄俊端.基于音频特征和模糊神经网络的禽流感病鸡检测[J].农业工程学

报，2019，35(2)：168-174.

[147] 赵春江，李瑾，冯献，等."互联网+"现代农业国内外应用现状与发展趋势[J]. 中国工程科学，2018，20(2)：50-56.

[148] 赵春江. 农业智能系统[M]. 北京：科学出版社，2009.

[149] 赵春江，杨信廷，李斌，等. 中国农业信息技术发展回顾及展望[J]. 农学学报，2018，8(1)：172-178.

[150] 赵春江. 植物表型组学大数据及其研究进展[J]. 农业大数据学报，2019，1(2)：5-18.

[151] 赵春江. 智慧农业的发展现状与未来展望[J]. 华南农业大学学报，2021，42(6)：1-7.

[152] 赵春江. 智慧农业发展现状及战略目标研究[J]. 农业工程技术，2019，39(6)：14-17.

[153] 赵国强，贾鹤鸣，张森，等. 微型植物工厂温湿度场分析与传感器优化布局[J]. 森林工程，2019，35(2)：61-68.

[154] 赵巧丽，李国强，冯晓，等. 基于 GIS 的畜禽疫病监测预警系统的构建与实现[J]. 河南农业科学，2016，45(3)：157-160.

[155] 赵同瑞，赵芙蓉，汪开英，等. 纳米 TiO_2 光催化对 NH_3 去除效果的研究[J]. 中国畜牧杂志，2015，51(3)：63-66，76.

[156] 赵亚蓓，时建新. 北斗卫星导航系统的应用研究[J]. 电子测试，2022，36(24)：133-135.

[157] 赵一广，杨亮，郑姗姗，等. 家畜智能养殖设备和饲喂技术应用研究现状与发展趋势[J]. 智慧农业，2019，1(1)：20-31.

[158] 郑翠芝. 畜禽场设计与环境控制[M]. 北京：中国轻工业出版社. 2015.

[159] 郑纪业. 农业物联网应用体系结构与关键技术研究[D]. 北京：中国农业科学院，2016.

[160] 周良墉. 9WAFM-11 型奶牛自动精准饲喂系统[J]. 农业装备技术，2004(1)：45.

[161] 宗哲英，王帅，苏力德，等. 奶牛发情行为的监测研究现状及进展[J]. 畜牧与兽医，2018，50(2)：147-150.

[162] Abid M H，Trabelsi M，Taktak J. Tonal prediction of a faulty axial fan[J]. Applied Acoustics，2012，73(19)：1022-1028.

[163] Albentosa M J，Cooper J J. Cage height preferences of groups of hens housed in furnished cages[J]. Spring Meeting of the WPSA UK Branch，2003(44)：5-6.

[164] Albentosa M J，Cooper J J，Luddem T，et al. Evaluation of the effects of cage height and stocking density on the behaviour of laying hens in furnished cages[J]. British Poultry Science，2007，48(1)：1-11.

[165] Albentosa M J，Cooper J J. Testing resource value in group-housed animals：an investigation of cage height preference in laying hens[J]. Behavioural Processes，2005，70(2)：113-121.

[166] Alvino G M，Archer G S，Mench J A. Behavioural time budgets of broiler chickens reared in varying light intensities[J]. Applied Animal Behaviour Science，2009，118：54-61.

[167] Alvino G M，Blatchford R A，Archer G S，et al. Light intensity during rearing affects the behavioural synchrony and resting patterns of broiler chickens[J]. British Poultry

Science,2009,50(3):275-283.

[168] Arablouei R,Currie L,Kusy B,et al. *In-situ* classification of cattle behavior using accelerometry data[J]. Computers and Electronics in Agriculture,2021,183:106045.

[169] Arakawa T. Possibility of autonomous estimation of Shiba goat's estrus and non-estrus behavior by machine learning methods[J]. Animals,2020,10(5):771.

[170] Armstrong D V. Heat stress interaction with shade and cooling[J]. Journal of dairy science. 1994,77(7):2044-2050.

[171] Astill J,Dara R A,Fraser E D G,et al. Corrigendum: Detecting and predicting emerging disease in poultry with the implementation of new technologies and big data: a focus on avian influenza virus[J]. Frontiers in Veterinary Science,2019,5:263.

[172] Aydin A,Bahr C,Berckmans D. A real-time monitoring tool to automatically measure the feed intakes of multiple broiler chickens by sound analysis[J]. Computers and Electronics in Agriculture,2015,114:1-6.

[173] Aydin A,Berckmans D. Using sound technology to automatically detect the short-term feeding behaviors of broiler chickens[J]. Computers and Electronics in Agriculture,2016,121:25-31.

[174] Aydin A. Using 3D vision camera system to automatically assess the level of inactivity in broiler chickens[J]. Computers and Electronics in Agriculture,2017,135:4-10.

[175] Banakar A,Sadeghi M,Shushtari A. An intelligent device for diagnosing avian diseases:Newcastle, infectious bronchitis, avian influenza[J]. Computers and Electronics in Agriculture,2016,127:744-753.

[176] Barwick J,Lamb D W,Dobos R,et al. Categorising sheep activity using a tri-axial accelerometer[J]. Computers Electronics in Agriculture,2018,145:289-297.

[177] Battaglia F,Iannizzotto G,Bello L L. A person authentication system based on RFID tags and a cascade of face recognition algorithms[J]. IEEE Transactions on Circuits & Systems for Video Technology,2017,27(8):1676-1690.

[178] Baxter M R. The space requirements of housed livestock[J]. Farm Animals and Their Environment,1992:67-81.

[179] Bello R W,Talib A Z H,Mohamed A S A B. Deep learning-based architectures for recognition of cow using cow nose image pattern[J]. Gazi University Journal of Science,2020,33(3):831-844.

[180] Blatchford R A,Klasing K C,Shivaprasad H L,et al. The effect of light intensity on the behavior,eye and leg health,and immune function of broiler chickens[J]. Poultry Science,2009,88:20-28.

[181] Bokkers E A M,de Boer I J M,Koene P. Space needs of broilers[J]. Animal Welfare,2011,20:2011.

[182] Bracke M B M,Spruijt B M,Metz J H M,et al. Decision support system for overall welfare assessment in pregnant sows : a model structure and weighting procedure[J]. Journal of Animal Science,2002,80(7):1819-1834.

[183] Budimir P, Nedic D, Micovic Z, et al. Veterinary information management system (VIMS) in the process of notification and management of animal diseases[J]. Acta Veterinaria, 2009, 59(1): 99-108.

[184] Buljo J O, Gjerstad T B, Caldwell D G. Robotics and automation in seafood processing[J]. Robotics & Automation in the Food Industry, 2013, 5(3/4): 354-384.

[185] Campbell D L M, Hinch G N, Dyall T R, et al. Outdoor stocking density in free-range laying hens: radio-frequency identification of impacts on range use[J]. Animal, 2016, 1(1): 121-130.

[186] Cao J, Wang Z, Dong Y, et al. Effect of combinations of monochromatic lights on growth and productive performance of broilers[J]. Poultry Science, 2012, 91(12): 3013-3018.

[187] Carolina N, Adams A W. Effects of floor versus cage rearing and feeder space on growth, long bone development, and duration of tonic immobility in single comb White Leghorn pullets[J]. Poultry Science, 1994, 73: 958-964.

[188] Carpentier L, Vranken E, Berckmans D, et al. Development of sound-based poultry health monitoring tool for automated sneeze detection[J]. Computers and Electronics in Agriculture, 2019, 162: 573-581.

[189] Chen C, Zhu W, Norton T. Behaviour recognition of pigs and cattle: journey from computer vision to deep learning[J]. Computers and Electronics in Agriculture, 2021, 187: 106255.

[190] Chen Y, Ni J Q, Diehl C A, et al. Large scale application of vibration sensors for fan monitoring at commercial layer hen houses[J]. Sensors, 2010, 10(12), 11590-11604.

[191] Cheng Q, Wu W, Li H, et al. CFD study of the influence of laying hen geometry, distribution and weight on airflow resistance[J]. Computers and Electronics in Agriculture, 2018, 144: 181-189.

[192] Cho Y S, Hong S C, Choi J, et al. Development of an automated wet-cyclone system for rapid, continuous and enriched bioaerosol sampling and its application to real-time detection[J]. Sensors and Actuators B: Chemical, 2019, 284: 525-533.

[193] Cominotte A, Fernandes A F, Dorea J R, et al. Automated computer vision system to predict body weight and average daily gain in beef cattle during growing and finishing phases[J]. Livestock Science, 2020, 232: 103904.

[194] Conti D, Thayla C, Vercellino R, et al. Positioning of sensors for control of ventilation systems in broiler houses: a case study[J]. Scientia Agricola, 2017, 74(2): 101-109.

[195] Costantino A, Fabrizio E, Biglia A, et al. Energy use for climate control of animal houses: the state of the art in europe[J]. Energy Procedia, 2016, 101: 184-191.

[196] Dawkins M. Cage height preference and use in battery-kept hens[J]. Veterinary Record, 1985, 116(13): 345-347.

[197] Ding L, Lv Y, Yu L, et al. Real-time monitoring of fan operation in livestock houses based on the image processing[J]. Expert Systems With Applications, 2023, 213: 118683.

[198] Diniz W J S; Banerjee P, Rodning S P, et al. Machine learning-based co-expression

network analysis unravels potential fertility-related genes in beef cows[J]. Animals,2022,12:2715.

[199] Downs K M,Lien R J,Hess J B,et al. The effects of photoperiod length,light intensity, and feed energy on growth responses and meat yield of broilers[J]. Journal of Applied Poultry Research,2006,15(3):406-416.

[200] Drakley C,Walker A. Effect of stocking density and cage height on the health, behaviour,physiology and production of laying hens in furnished cages[J]. Health (San Francisco),2001:18-20.

[201] Du X D,Carpentier L,Teng G H,et al. Assessment of laying hens' thermal comfort using sound technology[J]. Sensors,2020,20(2):473.

[202] Edgar J,Held S,Paul E,et al. Social buffering in a bird[J]. Animal Behaviour, 2015,105:11-19.

[203] Ellerbrock S,Knierim U. Static space requirements of male meat turkeys[J]. Veterinary Record,2002,151:54-57.

[204] Esther Z,Helen H. A note on fear reaction of three different genetic strains of laying hens to a simulated hawk attack in the hen run of a free-range system[J]. Applied Animal Behaviour Science,2008,113 (1-3):69-73.

[205] Evik K K,Boa M. Body condition score segmentation and classification in dairy cows using R-CNN deep learning architecture R-CNN[J]. European Journal of Science and Technology,2019(17):1248-1255.

[206] Fogarty E S,Swain D L,Cronin G M,et al. Behaviour classification of extensively grazed sheep using machine learning[J]. Computers and Electronics in Agriculture,2020, 169:105175.

[207] Fontana I,Tullo E,Butterworth A,et al. An innovative approach to predict the growth in intensive poultry farming[J]. Computers and Electronics in Agriculture,2015,119:178-183.

[208] Fontana I,Tullo E,Carpentier L,et al. Sound analysis to model weight of broiler chickens[J]. Poultry Science,2017,96(11):3938-3943.

[209] Fontana I,Tullo E,Scrase A,et al. Vocalization sound pattern identification in young broiler chickens[J]. Animal,2016,10(9):1567-1574.

[210] Freeman B M. Floor space allowances for the caged domestic fowl[J]. Veterinary Record,1983,112(24):562-563.

[211] Gaber T,Tharwat A,Hassanien A E,et al. Biometric cattle identification approach based on Weber's Local Descriptor and AdaBoost classifier[J]. Computers and Electronics in Agriculture,2016,122:55-66.

[212] Garner J P,Kiess A S,Mench J A,et al. The effect of cage and house design on egg production and egg weight of White Leghorn hens:an epidemiological study[J]. Poultry Science,2003,91(7):1522-1535.

[213] Giersberg M F,Kemper N,Hartung J,et al. Determination of body width in brown

and white layer pullets by image analyses[J]. British Poultry Science, 2017, 58(3): 230-235.

[214] Giovanetti V, Cossu R, Molle G, et al. Prediction of bite number and herbage intake by an accelerometer-based system in dairy sheep exposed to different forages during short-term grazing tests[J]. Computers and Electronics in Agriculture, 2020, 175: 105582.

[215] Giovanetti, V, Decandia M, Molle G, et al. Automatic classification system for grazing, ruminating and resting behaviour of dairy sheep using a tri-axial accelerometer[J]. Livestock Science, 2017, 196, 42-48.

[216] Guo Y, Chai L, Aggrey S E, et al. A machine vision-based nethod for monitoring broiler chicken floor distribution[J]. Sensors, 2020, 20(11): 3179.

[217] Hansen M F, Smith M L, Smith L N, et al. Towards on-farm pig face recognition using convolutional neural networks[J]. Computers in Industry, 2018, 98: 145-152.

[218] Hartcher K M, Hickey K A , Hemsworth P H , et al. Relationships between range access as monitored by radio frequency identification technology, fearfulness, and plumage damage in free-range laying hens[J]. Animal, 2016, 1(5): 1-7.

[219] Heide E, Veerkamp R F, Pelt M, et al. Comparing regression, naive Bayes, and random forest methods in the prediction of individual survival to second lactation in Holstein cattle[J]. Journal of Dairy Science, 2019, 102(10): 9409-9421.

[220] Huang J D, Wang W Q, Zhang T M. Method for detecting avian influenza disease of chickens based on sound analysis[J]. Biosystems Engineering, 2019, 180: 16-24.

[221] Hurndc J F, Lewis N J. Research note: body surface area, a reference for space allowance in confinement[J]. Poultry Science, 1990, 70: 412-415.

[222] Jiang J, Wu W, Yin Y, et al. FLYOLOv3 deep learning for key parts of dairy cow body detection[J]. Computers and Electronics in Agriculture, 2019, 166: 104982.

[223] Jia N, Kootstra G, Koerkamp P G, et al. Segmentation of body parts of cows in RGB-depth images based on template matching[J]. Computers and Electronics in Agriculture, 2021, 180(4): 105897.

[224] Khongdee S, Chaiyabutr N, Hinch G, et al. Effects of evaporative cooling on reproductive performance and milk production of dairy cows in hot wet conditions. [J]. International journal of biometeorology. 2006, 50(5): 253-257.

[225] Klein C J M I, Budiman T, Homberg J R, et al Measuring locomotor activity and behavioral aspects of rodents living in the home-cage[J]. Front Behav Neurosci, 2022, 16: 877323. doi: 10. 3389/fnbeh. 2022. 877323.

[226] Kongsro J. Estimation of pig weight using a Microsoft Kinect prototype imaging system[J]. Computers and Electronics in Agriculture, 2014, 109: 32-35.

[227] Krauchi J, Paetkau M J, Miller C C, et al. Comparison of infrared thermography of the eye and rectal temperature for obtaining true body temperature as measured by a reticulum bolus in beef cattle[C]. Infra Mation 2013, Orlando, Florida, 2013.

[228] Kumar S, Kumar S S, Kumar S A. Muzzle point pattern based techniques for individual cattle identification[J]. IET Image Process, 2017, 11(10): 805-814.

[229] Kumar S, Pandey A, Satwik K S R, et al. Deep learning framework for recognition of cattle using muzzle point image pattern[J]. Measurement, 2018, 116: 1-17.

[230] Kumar S, Singh S K, Abidi A I, et al. Group sparse representation approach for recognition of cattle on muzzle point images[J]. Int J Parallel Prog, 2018, 46(5): 812-837.

[231] Kumar S, Singh S K, Singh R S, et al. Real-time recognition of cattle using animal biometrics[J]. J Real-Time Image Proc, 2017, 13(3): 505-526.

[232] Lacquey B V. Grippers & handling in food industry[EB/OL]. (2011-04-13)[2023-04-15]. http://www2.fhi.nl/labautomation/archief/2011/images/richard_van_der_linde-lacquey.pdf.

[233] Lee J, Noh B, Jang S, et al. Stress detection and classification of laying hens by sound analysis[J]. Asian Australasian Journal of Animal Sciences, 2015, 28(4): 592-598.

[234] Lee S Y, Lee I B, Yeo U H, et al. Optimal sensor placement for monitoring and controlling greenhouse internal environments[J]. Biosystems Engineering, 2019, 188: 190-206.

[235] Lee W, Han K, Kim, H T, et al. Prediction of average daily gain of swine based on machine learning[J]. Journal of Intelligent & Fuzzy Systems: Applications in Engineering and Technology, 2019, 36(2): 923-933.

[236] Leksrisompong N, Brake J. Effect of feeder space during the growing and laying periods and the rate of feed increase at the onset of lay on broiler breeder female reproductive function[J]. Poultry Science, 2014, 93: 1599-1607.

[237] Lely. Lely juno[EB/OL]. [2023-4-15]. https://www.lely.com/cn/solutions/feeding/juno/.

[238] Lely. Vector[EB/OL]. [2022-3-10]. https://www.lely.com/us/solutions/feed-ind/vector.

[239] Lewis P D, Danisman R, Gous R M. Photoperiodic responses of broilers. I. Growth, feeding behavior, breast meat yield, and testicular growth[J]. British Poultry Science, 2009, 50(6): 657-666.

[240] Li G. Effects of feeder space on broiler feeding behaviors[J]. Poultry Science, 2021, 100(4): 101016.

[241] Li H, Ota K, Dong M. Learning IoT in edge: deep learning for the internet of things with edge computing[J]. IEEE Network, 2018, 32(1): 96-101.

[242] Li J Y, Liu W, Ma R Y, et al. Effects of cage size on growth performance, blood biochemistry, and antibody response in layer breeder males during rearing stage[J]. Poultry Science, 2019, 98(9): 3571-3577.

[243] Lopes F B, Magnabosco C U, Passafaro T L. et al. Improving genomic prediction accuracy for meat tenderness in Nellore cattle using artificial neural networks[J]. Journal of Animal Breeding and Genetics, 2020, 137(5): 438-448.

[244] Manteuffel G, Puppe B, Schön P C. Vocalization of farm animals as a measure of welfare[J]. Applied Animal Behaviour Science, 2004, 88(1-2): 163-182.

[245] Mcgrath N, Dunlop R, Dwyer C, et al. Hens vary their vocal repertoire and structure when anticipating different types of reward[J]. Animal Behaviour, 2017, 130: 79-96.

[246] McKechnie A E, Wolf B O. Thermoregulation and heat balance in small birds[J]. Journal of Experimental Biology, 2010, 213(15), 2665-2675.

[247] Mench J A, Blatchford R A. Determination of space use by laying hens using kinematic analysis[J]. Poultry Science, 2014, 93: 794-798.

[248] Mench J A, Tienhoven A V, Marsh J A, et al. Effects of cage and floor pen management on behavior, production, and physiological stress responses of laying hens[J]. Poultry Science, 1986, 65(6): 1058-1069.

[249] Milone D H, Rufiner H L, Galli J R, et al. Computational method for segmentation and classification of ingestive sounds in sheep[J]. Computers and Electronics in Agriculture, 2009, 65(2): 228-237.

[250] Moinard C, Morisse J P, Faure J M. Effect of cage area, cage height and perches on feather condition, bone breakage and mortality of laying hens[J]. British Poultry Science, 1998, 39(2): 198-202.

[251] Mortensen A K, Lisouski P, Ahrendt P. Weight prediction of broiler chickens using 3D computer vision[J]. Computer and Electronics in Agriculture, 2016, 123: 319-326.

[252] Mortola J P. Behavioral thermoregulation in avian embryos: spectrum analysis of calls in warm and cold conditions[J]. Behavioural Processes, 2019, 164: 30-37.

[253] Mtileni B J, Nephawe K A, Nesamvuni A E, et al. The influence of stocking density on body weight, egg weight, and feed intake of adult broiler breeder hens[J]. Poultry Science, 2007, 86: 1615-1619.

[254] Mushtaq M M H, Pasha T N, Saima, et al. Growth performance, carcass traits and serum mineral chemistry as affected by dietary sodium and sodium salts fed to broiler chickens reared under phase feeding system[J]. Asian-Australasian Journal of Animal Sciences, 2013, 26(12): 1742-1752.

[255] Nachmani E, Marciano E, Lugosch L, et al. Deep learning methods for improved decoding of linear codes[J]. IEEE Journal of Selected Topics in Signal Processing, 2018, 12(1): 119-131.

[256] Nakarmi A D, Tang L, Xin H. Automated tracking and behavior quantification of laying hens using 3D computer vision and radio frequency identification technologies[J]. Transactions of the ASABE, 2014, 57(5): 1455-1472.

[257] Navon S, Mizrach A, Hetzroni A, et al. Automatic recognition of jaw movements in free-ranging cattle, goats and sheep, using acoustic monitoring[J]. Biosystems Engineering, 2013, 114(4): 474-483.

[258] Nicol C J. Effect of cage height and area on the behaviour of hens housed in battery cages[J]. British Poultry Science, 1987, 28(2): 327-335.

[259] Ni J Q, Kaelin D, Lopes I M, et al. Design and performance of a direct and continuous ventilation measurement system for variable-speed pit fans in a pig building[J]. Biosys-

tems Engineering,2016,147:151-161.

[260] Noor A,Zhao Y,Koubaa A,et al. Automated sheep facial expression classification using deep transfer learning [J]. Computers and Electronics in Agriculture, 2020, 175:105528.

[261] Norton T,Chen C,Larsen M L V,et al. Review:Precision livestock farming: building 'digital representations' to bring the animals closer to the farmer[J]. Animal,2019, 13(12):1-9.

[262] Oliveira J L,Xin H,Wang K,et al. Evaluation of nesting behavior of individual laying hens in an enriched colony housing by using RFID technology[J]. International Journal of Agricultural and Biological Engineering,2019,12(6):7-15.

[263] Oliveira R L,Palmieri A D,Carvalho S T. Machine vision to identify broiler breeder behavior[J]. Computers and Electronics in Agriculture,2013,99:194-199.

[264] Onba E E,Poyraz Ö,Çetin S. Effects of breeder age and stocking density on performance,carcass characteristics and some stress parameters of broilers[J]. Asian-Australasian Journal of Animal Sciences,2008,21(2):262-269.

[265] Pan J,Lu M,Lin W,et al. The behavioral preferences and performance of female broilers under unevenly distributed yellow led lights with various intensities[J]. Transactions of the ASABE,2014,57(4):1245-1254.

[266] Pan J,Yang Y,Yang B,et al. Artificial polychromatic light affects growth and physiology in chicks[J]. PLoS ONE,2014,9(12):e113595.

[267] Pan J,Yang Y,Yang B,et al. Human-friendly light-emitting diode source stimulates broiler growth[J]. PLoS ONE,2015,10(8):e0135330.

[268] Paustian M,Theuvsen L. Adoption of precision agriculture technologies by German crop farmers[J]. Precision Agriculture,2017,18(5):701-716.

[269] Pereira E M,Naas I D A,Garcia R G. Vocalization of broilers can be used to identify their sex and genetic strain[J]. Engenharia Agricola,2015,35(2):192-196.

[270] Pereira G M,Sharpe K T,Heins B J. Evaluation of the RumiWatch system as a benchmark to monitor feeding and locomotion behaviors of grazing dairy cows[J]. Journal of Dairy Science,2021,104(3):3736-3750.

[271] Petherick J C. A biological basis for the design of space in livestock housing[J]. Farm Animal Housing and Welfare,1983:103-120.

[272] Petherick J C,Phillips C J C. Space allowances for confined livestock and their determination from allometric principles[J]. Applied Animal Behaviour Science,2009,117(1-2):1-12.

[273] Petkov C I,Jarvis E D. Birds,primates,and spoken language origins:behavioral phenotypes and neurobiological substrates[J]. Frontiers in Evolutionary Neuroscience,2012, 4(12):1-24.

[274] Pezzuolo A,Guarino M,Sartori L,et al. On-barn pig weight estimation based on body measurements by a Kinect V1 depth camera[J]. Computers and Electronics in Agriculture,148:29-36.

[275] Pietersma D,Lacroix R,Lefebvre D,et al. A case-acquisition and decision-support system for the analysis of group-average lactation curves[J]. Journal of Dairy Science,2001, 84(3):730-739.

[276] Purswell J L,Olanrewaju H A,Zhao Y. Effect of feeder space on live performance and processing yields of broiler chickens reared to 56 days of age[J]. Journal of Applied Poultry Research,2021,30(3):100175.

[277] Roman-Ponce H,Thatcher W W,Buffington D E,et al. Physiological and production responses of dairy cattle to a shade structure in a subtropical environment[J]. Journal of Dairy Science,1977,60(3):424-430.

[278] Rombach M,Münger A,Niederhauser J,et al. Evaluation and validation of an automatic jaw movement recorder (RumiWatch) for ingestive and rumination behaviors of dairy cows during grazing and supplementation[J]. Journal of Dairy Science, 2018, 101(3): 2463-2475.

[279] Rozenboim I,Biran I,Chaiseha Y,et al. The effect of a green and blue monochromatic light combination on broiler growth and development[J]. Poultry Science,2004,83: 842-845.

[280] Rozenboim I, Biran I, Uni Z, et al. The effect of monochromatic light on broiler growth and development[J]. Poultry Science,1999,78(1):135-138.

[281] Ruchay A,Kober V,Dorofeev K,et al. Accurate body measurement of live cattle using three depth cameras and non-rigid 3D shape recovery[J]. Computers and Electronics in Agriculture,2020,179:105821.

[282] Rutter S M,Champion R A,Penning P D. An automatic system to record foraging behaviour in free-ranging ruminants[J]. Applied Animal Behaviour Science,1997,54(2-3): 185-195.

[283] Sadeghi M,Banakar A,Khazaee M,et al. An intelligent procedure for the detection and classification of chickens infected by *Clostridium perfringens* based on their vocalization [J]. Revista Brasileira de Ciência Avícola,2015,17(4):537-544.

[284] Sakai K,Oishi K,Miwa M,et al. Behavior classification of goats using 9-axis multi sensors:the effect of imbalanced datasets on classification performance[J]. Computers and Electronics in Agriculture,2019,166:105027.

[285] Sarica M,Boga S,Yamak U S. The effects of space allowance on egg yield,egg quality and plumage condition of laying hens in battery cages[J]. Czech Journal of Animal Science,2008(8):346-353.

[286] Sathiyabarathi M,Jeyakumar S,Manimaran A,et al. Infrared thermal imaging of udder skin surface temperature variations to monitor udder health status in *Bos indicus* (Deoni) cows[J]. Infrared Physics & Technology,2018,88:239-244.

[287] Sclocco A,Sjy O,Syp A,et al. Integrating real-time data analysis into automatic tracking of social insect behavior[J]. Cold Spring Harbor Laboratory,2020.

[288] Shahinfar S, Page D, Guenther J, et al. Prediction of insemination outcomes in

Holstein dairy cattle using alternative machine learning algorithms[J]. Journal of Dairy Science, 2014, 97(2): 731-742.

[289] Sherwin C M. Light intensity preferences of domestic male turkeys[J]. Applied Animal Behaviour Science, 1998, 58: 121-130.

[290] Shimmura T, Ohashi S, Yoshimura T. The highest-ranking rooster has priority to announce the break of dawn[J]. Scientific Reports, 2015, 5: 11683.

[291] Shimmura T, Tamura M, Ohashi S, et al. Cholecystokinin induces crowing in chickens[J]. Scientific Reports, 2019, 9: 3978.

[292] Shimmura T, Yoshimura T. Circadian clock determines the timing of rooster crowing[J]. Current Biology, 2013, 23(6): 231-233.

[293] Siaka D S, Devi A. Response of shaver brown laying hens to different feeding space allowances[J]. International Journal of Poultry Science, 2014, 13(12): 714-717.

[294] Siewert C, Danicke S, Kerseten S, et al. Difference method for analysing infrared images in pigs with elevated body temperatures[J]. Zeitschrift für Medizinische Physik, 2014, 24: 6-15.

[295] Sohail S S, Bryant M M, Roland D A. Effect of reducing cage density on performance and economics of second-cycle (force rested) commercial leghorns[J]. Poultry Science, 2004, 13(3): 401-405.

[296] Spinu M, Benveneste S, Degen A A. Effect of density and season on stress and behaviour in broiler breeder hens[J]. British Poultry Science, 2003, 44(2): 170-174.

[297] Spoliansky R, Edan Y, Parmet Y, et al. Development of automatic body condition scoring using a low-cost 3-dimensional Kinect camera[J]. Journal of Dairy Science, 2016, 99(9): 7714-7725.

[298] Sy D, Pochwat K, Czarniecki D. An analysis of waste heat recovery from waste water on livestock and agriculture farms[J]. Resources, 2020, 9(1): 3.

[299] Tao X, Xin H. Acute synergistic effects of air temperature, humidity, and velocity on homeostasis of market-size broilers[J]. Transactions of the ASABE, 2003, 46(2): 491-497.

[300] Thogerson C M, Hester P Y, Mench J A, et al. The effect of feeder space allocation on behavior of Hy-Line W-36 hens housed in conventional cages[J]. Poultry Science, 2009, 88: 1544-1552.

[301] Thogerson C M, Hester P Y, Mench J A, et al. The effect of feeder space allocation on productivity and physiology of Hy-Line W-36 hens housed in conventional cages[J]. Poultry Science, 2009, 88: 1793-1799.

[302] Trioliet. Triomatic wheel driven feeding robot[EB/OL]. [2023-4-15]. https://www.trioliet.com/products/automatic-feeding-systems/feeding-robot/wheel-driven-feeding-robot.

[303] Tullo E, Finzi A, Guarino M. Review: Environmental impact of livestock farming and precision livestock farming as a mitigation strategy[J]. Science of the Total Environment, 2019, 650(2): 2751-2760.

[304] Umar S, Sabir H, Ahmed A, et al. Avian metapneumovirus infection in poultry [J]. Worlds Poultry Science Journal, 2016, 72(4): 833-845.

[305] Ungar E D, Rutter S M. Classifying cattle jaw movements: comparing IGER behaviour recorder and acoustic techniques[J]. Applied Animal Behaviour Science, 2006, 98 (1-2): 11-27.

[306] Wang X, Bjerg B S, Choi C Y, et al. A review and quantitative assessment of cattle related thermal indices[J]. Journal of Thermal Biology, 2018, 77: 24-37.

[307] Wang X, Gao H, Gebremedhin K G, et al. A predictive model of equivalent temperature index for dairy cattle (ETIC)[J]. Journal of Thermal Biology, 2018, 76: 165-170.

[308] Wang X S, Zhao X Y, He Y, et al. Cough sound analysis to assess air quality in commercial weaner barns[J]. Computers and Electronics in Agriculture, 2019, 160: 8-13.

[308] Wang Y, Li B, Liang C, et al. Dynamic simulation of thermal load and energy efficiency in poultry buildings in the cold zone of China[J]. Computers and Electronics in Agriculture, 2020, 168: 105127.

[310] Wang Y, Zheng W, Shi H, et al. Optimising the design of confined laying hen house insulation requirements in cold climates without using supplementary heat[J]. Biosystems Engineering, 2018, 174: 282-294.

[311] Xu B, Wang W, Falzon G, et al. Automated cattle counting using Mask R-CNN in quadcopter vision system[J]. Computers and Electronics in Agriculture, 2020, 171: 105300.

[312] Yang Q, Xiao D, Lin S. Feeding behavior recognition for group-housed pigs with the Faster R-CNN[J]. Computers and Electronics in Agriculture, 2018, 155: 453-460.

[313] Yang Y, Jin S, Zhong Z, et al. Growth responses of broiler chickens to different periods of artificial light[J]. Journal of Animal Science, 2015, 93(2): 767-775.

[314] Yang Y, Pan C, Zhong R, et al. The quantitative models for broiler chicken response to monochromatic, combined, and mixed light-emitting diode light: a meta-analysis[J]. Poultry Science, 2018, 97(6): 1980-1989.

[315] Yang Y, Zheng C, Yang B, et al. The effect of 580 nm-based-LED mixed light on growth, adipose deposition, skeletal development, and body temperature of chickens[J]. Journal of Photochemistry & Photobiology, B: Biology, 2018, 183: 288-292.

[316] Yoganathan D, Kondepudi S, Kalluri B, et al. Optimal sensor placement strategy for office buildings using clustering algorithms[J]. Energy and Buildings, 2018, 158(2): 1206-1225.

[317] You J, Klein S, Lou E, et al. Application of random forest classification to predict daily oviposition events in broiler breeders fed by precision feeding system[J]. Computers and Electronics in Agriculture, 2020, 175: 105526.

[318] Yu L G, Teng G H, Li B M, et al. A remote-monitoring system for poultry production management using a 3G-based network[J]. Applied Engineering in Agriculture, 2013, 29 (4): 595-601.

[319] Zehner N, Niederhauser J J, Nydegger F, et al. Validation of a new health monito-

ring system (RumiWatch) for combined automatic measurement of rumination, feed intake, water intake and locomotion in dairy cows[C]. // International Conference of Agricultural Engineering CIGR-Ageng 2012, 2012.

[320] Zhang H, Balaban M Ö, Principe J C. Improving pattern recognition of electronic nose data with time-delay neural networks[J]. Sensors & Actuators B: Chemical, 2003, 96 (1): 385-389.

[321] Zhang Q, Yang L T, Chen Z, et al. A survey on deep learning for big data[J]. Information Fusion, 2018, 42: 146-157.

[322] Zong C, Li H, Zhang G. Ammonia and greenhouse gas emissions from fattening pig house with two types of partial pit ventilation systems[J]. Agriculture, Ecosystems & Environment, 2015, 208: 94-105.

上架建议：创新 / 思维 / 畅销书
ISBN 978-7-300-32663-4
9 787300 326634 >
定价：68.00 元

不断思考

[英] 爱德华·德博诺◎著

中国人民大学出版社

让新想法源源

[英] 爱德华·
(Edward

中国人民大学出版社